普通高等教育系列教材

工 程 材 料

主　编　于文强　姜学波
参　编　王兆君　翟慎秋　郭娜娜
主　审　殷凤仕　林于一

机械工业出版社

本书在教学内容安排上，以材料的成分、工艺、组织结构和性能之间的关系规律这条主线贯穿始终，以利于学生建立完整的知识体系，保证教学内容的科学性和系统性。主要内容包括材料的性能、材料的结构、金属的塑性变形与再结晶、材料的凝固与相图、铁碳合金、材料的非平衡相变与热处理、表面处理、合金钢和铸铁，同时介绍了有色金属和常用非金属材料，并对机械零件的失效分析与选材等问题做了系统介绍。

本书注重学生分析问题与解决工程技术问题能力的培养及学生工程素质与创新思维能力的提高。以哲学思想为指导，深入剖析工程材料中的科学原理；从科学与技术的关系出发，培养学生的创新和创造思维。在内容编写上既体现了当前的国家标准与技术规范，同时秉承了工程材料与制造技术的历史传承和发展趋势，同时将思想政治教育融入课程教学中，培养学生的正确人生观。

本书可作为普通高等院校本科机械类和近机械类各专业的教材和参考书，也可供各类专科院校学生及机械制造工程技术人员参考。

图书在版编目（CIP）数据

工程材料/于文强，姜学波主编. —北京：机械工业出版社，2021.5
（2024.7 重印）
　普通高等教育系列教材
　ISBN 978-7-111-67912-7

Ⅰ.①工… Ⅱ.①于…②姜… Ⅲ.①工程材料-高等学校-教材
Ⅳ.①TB3

中国版本图书馆 CIP 数据核字（2021）第 058764 号

机械工业出版社（北京市百万庄大街 22 号　邮政编码 100037）
策划编辑：丁昕祯　　责任编辑：丁昕祯　　王勇哲
责任校对：李　杉　　封面设计：张　静
责任印制：李　昂
北京中科印刷有限公司印刷
2024 年 7 月第 1 版第 2 次印刷
184mm×260mm・15.75 印张・387 千字
标准书号：ISBN 978-7-111-67912-7
定价：45.00 元

电话服务　　　　　　　　　　网络服务
客服电话：010-88361066　　　机　工　官　网：www.cmpbook.com
　　　　　010-88379833　　　机　工　官　博：weibo.com/cmp1952
　　　　　010-68326294　　　金　书　网：www.golden-book.com
封底无防伪标均为盗版　　机工教育服务网：www.cmpedu.com

前 言

本书按照高等学校本科机械专业规范、培养方案和课程教学大纲的要求，合理定位，由长期在教学一线从事教学工作，具有丰富教学经验的教师立足于教学改革的需要，整合工程材料、金属材料热处理及机械零件选材与失效等重要专业基础知识，以科学性、先进性、系统性和实用性为目标来编写，以适应不同类型、不同层次学校教学的需要。

工程材料的微观结构特性与强化方法及零件的选材等是获得优秀工业产品所必需的核心技术，企业必须在其微观结构和宏观性能上充分把握，产品才有市场竞争力。工程材料课程是工科院校进行产品设计和制造工艺教育的一门重要的专业基础课程，着重阐述铁碳合金等常用金属材料及其热处理等材料改性方法的基本原理与应用，内容上关注新技术、新工艺，兼具基础性、实用性、知识性、实践性与创新性等特点，是培养现代复合型人才的重要基础课程之一。本书注重学生获取知识、分析与解决工程技术问题能力的培养，力求着重体现学生工程素质与创新思维能力的培养要求。为此，本书在内容编写上既体现了最新的国家标准与技术规范，同时秉承了工程材料与制造技术的历史传承和发展趋势。本书在内容的选择和编排上具有以下特点：

1) 贯穿主线。即在教学内容安排上，以材料的成分、工艺、组织结构和性能之间的关系规律这条主线贯穿始终，以利于学生建立完整的知识体系，保证教学内容的科学性和系统性。

2) 突出重点。即采用"删繁就简，削枝强干"的方法对教学内容进行调整，强调重点，促进学生对重点内容的掌握。

3) 强调实用。即坚持从应用的角度出发，提高学生对课程学习的兴趣，培养学生对所学知识的综合运用能力。

教材的编写秉承哲学思想，深入剖析工程材料中的科学原理，从科学与技术的关系出发培养学生的创新和创造思维，同时将思想政治教育融入课程教学中，培养学生的正确人生观。

课程团队倾力打造了智慧树线上平台教学内容，其访问网址是：

https://coursehome.zhihuishu.com/courseHome/2100651#teachTeam，教材使用学校和个人读者都可以通过网络平台完成线上内容学习，同时本书创建 QQ 群：39024033，用于专业教师同行探讨问题、研究教学方法、交流教学资源，同时为本书提供课件下载。

本书由山东理工大学于文强、姜学波、王兆君、翟慎秋、郭娜娜等一线教师合力完成编写工作。殷凤仕教授和美国密苏里大学终身教授林于一审阅了全文并提出了极具建设性的改进意见。在此，编者向为本书的出版付出了辛苦劳动的全体同仁表示衷心的感谢！

本书可作为普通高等院校本科机械类、近机械类各专业的教材和参考书，也可供各类专科院校学生及机械制造工程技术人员用作学习参考书。

由于编者水平有限，不妥及疏漏之处在所难免，恳请广大读者批评指正。

编 者

目 录

前言
第 0 章 绪论 ……………………………… 1
第 1 章 材料的性能 ……………………… 4
  1.1 力学性能 …………………………… 4
    1.1.1 强度 …………………………… 4
    1.1.2 塑性 …………………………… 6
    1.1.3 硬度 …………………………… 6
    1.1.4 冲击韧度 ……………………… 9
    1.1.5 断裂韧度 ……………………… 10
    1.1.6 疲劳 …………………………… 12
  1.2 物理、化学性能 …………………… 15
  1.3 工艺性能 …………………………… 16
  1.4 习题 ………………………………… 16
第 2 章 材料的结构 ……………………… 18
  2.1 材料结构的类型 …………………… 18
    2.1.1 结构类型 ……………………… 18
    2.1.2 几何晶体学的基本概念 ……… 18
    2.1.3 配位数和致密度 ……………… 20
    2.1.4 晶体的各向异性 ……………… 21
  2.2 金属键与金属的特性 ……………… 21
    2.2.1 金属键 ………………………… 21
    2.2.2 金属的特性 …………………… 22
  2.3 纯金属常见的晶体结构 …………… 23
    2.3.1 体心立方晶格 ………………… 23
    2.3.2 面心立方晶格 ………………… 23
    2.3.3 密排六方晶格 ………………… 24
  2.4 金属的实际晶体结构 ……………… 24
    2.4.1 多晶体结构和亚结构 ………… 24
    2.4.2 晶体中的缺陷 ………………… 25
  2.5 合金的结构 ………………………… 26
    2.5.1 固溶体 ………………………… 27
    2.5.2 金属间化合物 ………………… 32
  2.6 习题 ………………………………… 36
第 3 章 材料的凝固与相图 ……………… 37
  3.1 金属的凝固结晶 …………………… 37
    3.1.1 结晶概述 ……………………… 38
    3.1.2 纯金属的冷却曲线和冷却现象 … 38
    3.1.3 纯金属的结晶过程 …………… 39
    3.1.4 晶粒大小与金属力学性能的
         关系 …………………………… 40
    3.1.5 金属的铸锭组织 ……………… 42
  3.2 二元合金相图的建立 ……………… 43
    3.2.1 基本概念 ……………………… 43
    3.2.2 二元合金相图的建立 ………… 44
    3.2.3 二元匀晶相图 ………………… 45
    3.2.4 二元共晶相图 ………………… 48
    3.2.5 二元包晶相图 ………………… 51
    3.2.6 形成稳定化合物的二元合金
         相图 …………………………… 52
    3.2.7 具有共析反应的二元合金相图 … 53
    3.2.8 合金的性能与相图间的关系 … 54
  3.3 习题 ………………………………… 57
第 4 章 铁碳合金 ………………………… 59
  4.1 铁碳合金中的相及组织 …………… 59
    4.1.1 工业纯铁 ……………………… 59
    4.1.2 铁碳合金的组织结构及其性能 … 60
  4.2 金属的同素异构转变 ……………… 62
  4.3 铁碳合金相图分析 ………………… 63
    4.3.1 铁碳合金相图基础知识 ……… 63
    4.3.2 典型铁碳合金的结晶过程分析 … 66
    4.3.3 组织组成物计算 ……………… 70
    4.3.4 碳的质量分数对铁碳合金组织、
         性能的影响 …………………… 70
    4.3.5 铁碳合金相图的应用 ………… 71
  4.4 碳素钢 ……………………………… 72
    4.4.1 碳钢中常存杂质及对性能的

　　　　影响 …………………………………… 73
　4.4.2　碳素钢的分类、牌号及用途 …… 73
4.5　习题 ……………………………………… 78

第5章　金属的塑性变形与再结晶 …… 81
5.1　金属的塑性变形 …………………………… 81
　　5.1.1　金属单晶体的塑性变形 ………… 81
　　5.1.2　金属多晶体的塑性变形 ………… 84
5.2　金属的塑性变形对组织和性能的
　　　影响 ……………………………………… 86
　　5.2.1　纤维组织 ……………………………… 86
　　5.2.2　加工硬化 ……………………………… 86
　　5.2.3　织构现象 ……………………………… 87
　　5.2.4　残余应力 ……………………………… 88
5.3　变形金属在加热时组织和性能的
　　　变化 ……………………………………… 88
　　5.3.1　回复与再结晶 ………………… 88
　　5.3.2　再结晶温度与晶粒度 ………… 89
5.4　金属的热变形加工 ……………………… 91
　　5.4.1　热变形加工与冷变形加工的
　　　　　　区别 ……………………………… 91
　　5.4.2　金属的热变形加工对组织和
　　　　　　性能的影响 ………………………… 92
5.5　习题 ……………………………………… 93

第6章　材料的非平衡相变与热处理 … 95
6.1　钢的热处理原理 ………………………… 95
　　6.1.1　钢在加热时的组织转变 ………… 95
　　6.1.2　钢在冷却时的组织转变 ………… 98
　　6.1.3　过冷奥氏体的冷却转变曲线图 … 103
6.2　钢的普通热处理 ………………………… 112
　　6.2.1　钢的退火与正火 ………………… 112
　　6.2.2　钢的淬火 ……………………… 114
　　6.2.3　钢的淬透性 …………………… 118
　　6.2.4　钢的回火 ……………………… 122
6.3　钢的表面热处理 ………………………… 126
　　6.3.1　钢的表面淬火 ………………… 126
　　6.3.2　钢的化学热处理 ……………… 128
6.4　钢的其他热处理方法 …………………… 133
6.5　热处理的技术条件和结构工艺性 …… 134
　　6.5.1　热处理技术条件的标注 ……… 134
　　6.5.2　热处理零件的结构工艺性 …… 137
6.6　典型零件热处理工艺分析 ……………… 139
　　6.6.1　车床主轴热处理工艺 ………… 139
　　6.6.2　20CrMnTi变速箱齿轮的渗碳热

　　　　　处理工艺 ……………………… 140
6.7　习题 ………………………………………… 142

第7章　合金钢 ……………………………… 145
7.1　合金元素在钢中的作用 ………………… 145
　　7.1.1　合金元素对钢中基本项的影响 … 145
　　7.1.2　合金元素对 $Fe\text{-}Fe_3C$ 相图的
　　　　　　影响 ……………………………… 146
　　7.1.3　合金元素对热处理的影响 …… 148
7.2　合金钢的分类与编号 …………………… 151
　　7.2.1　合金钢的分类 ………………… 151
　　7.2.2　合金钢的编号方法 …………… 151
7.3　合金结构钢 ……………………………… 152
　　7.3.1　低合金高强度结构钢 ………… 152
　　7.3.2　合金渗碳钢 …………………… 153
　　7.3.3　合金调质钢 …………………… 156
　　7.3.4　合金弹簧钢 …………………… 159
　　7.3.5　滚动轴承钢 …………………… 162
7.4　工具钢 …………………………………… 165
　　7.4.1　刃具钢 ………………………… 165
　　7.4.2　合金模具钢 …………………… 174
　　7.4.3　量具钢 ………………………… 181
7.5　特殊性能钢 ……………………………… 182
　　7.5.1　不锈钢 ………………………… 182
　　7.5.2　耐热钢 ………………………… 184
　　7.5.3　耐磨钢 ………………………… 185
7.6　习题 ……………………………………… 186

第8章　铸铁 ………………………………… 189
8.1　铸铁的石墨化 …………………………… 189
　　8.1.1　铁碳合金双重相图 …………… 190
　　8.1.2　石墨化方式和过程 …………… 190
　　8.1.3　影响石墨化的因素 …………… 191
　　8.1.4　铸铁的分类 …………………… 192
8.2　灰铸铁 …………………………………… 193
　　8.2.1　灰铸铁的化学成分、组织和
　　　　　　性能 ……………………………… 193
　　8.2.2　灰铸铁的孕育处理 …………… 194
　　8.2.3　灰铸铁的牌号和应用 ………… 195
　　8.2.4　灰铸铁的热处理 ……………… 196
8.3　球墨铸铁 ………………………………… 197
　　8.3.1　球墨铸铁的成分、组织、性能和
　　　　　　用途 ……………………………… 197
　　8.3.2　球墨铸铁的热处理 …………… 200
8.4　可锻铸铁 ………………………………… 201

8.5 蠕墨铸铁 ………………………… 203
8.6 合金铸铁 ………………………… 204
 8.6.1 耐磨铸铁 …………………… 204
 8.6.2 耐热铸铁 …………………… 205
 8.6.3 耐蚀铸铁 …………………… 207
8.7 习题 ……………………………… 207

第9章 有色金属与非金属材料 …… 209
9.1 铝及铝合金 ……………………… 209
 9.1.1 工业纯铝 …………………… 209
 9.1.2 铝合金 ……………………… 210
9.2 铜及铜合金 ……………………… 213
 9.2.1 工业纯铜 …………………… 213
 9.2.2 铜合金 ……………………… 214
9.3 钛及其合金 ……………………… 215
 9.3.1 纯钛 ………………………… 215
 9.3.2 钛合金 ……………………… 215
9.4 滑动轴承合金 …………………… 216
 9.4.1 轴承合金的性能要求和组织特征 …………………………… 216
 9.4.2 轴承合金的分类及牌号 …… 216
9.5 粉末冶金材料 …………………… 217
 9.5.1 硬质合金 …………………… 218
 9.5.2 烧结减摩材料 ……………… 219

9.5.3 烧结铁基结构材料 …………… 219
9.6 高分子材料、陶瓷材料及复合材料 … 220
 9.6.1 高分子材料 ………………… 220
 9.6.2 陶瓷材料 …………………… 225
 9.6.3 复合材料 …………………… 227
9.7 习题 ……………………………… 230

第10章 机械零件的失效分析与选材 …………………………… 233
10.1 机械零件的失效分析 …………… 233
 10.1.1 零件的失效形式 …………… 233
 10.1.2 零件失效的原因 …………… 235
 10.1.3 失效分析 …………………… 235
10.2 选材的一般原则 ………………… 236
 10.2.1 材料的使用性能原则 ……… 236
 10.2.2 材料的工艺性能原则 ……… 237
 10.2.3 经济性原则 ………………… 237
10.3 典型零件的选材与工艺 ………… 238
 10.3.1 提高疲劳强度和耐磨性的选材与工艺 …………………… 238
 10.3.2 齿轮类与轴类零件的选材与工艺 ………………………… 239
10.4 习题 …………………………… 243

参考文献 ……………………………… 244

第0章

绪　论

1. 材料的分类及其在工程技术中的应用

人类生活、生产的过程是使用材料和将材料加工为成品的过程。材料使用能力和水平标志着人类文明和进步程度。人类发展的历史时代按人类对材料的使用分为：石器时代、青铜器时代、铁器时代等。在当今社会，能源、信息和材料已成为现代化技术的三大支柱，而能源和信息的发展又依托于材料。因此，世界各国都把材料的研究、开发放在突出的地位，我国"863"计划把材料列为七个优先发展的领域之一。当前，材料总数有50万余种，而且新材料每年以5%左右的速度递增。

为了便于材料的生产、应用与管理，也为了便于材料的研究与开发，有必要对材料进行分类。由于材料的种类繁多，用途甚广，因此分类方法也有很多。

按材料的用途可分为：建筑材料、电工材料、结构材料等；按材料的结晶状态可分为：单晶体材料、多晶体材料、非晶体材料；按材料的物理性能及物理效应可分为：半导体材料、磁性材料、激光材料（这类材料可受激辐射而发出方向恒定、波长范围窄、颜色单纯的激光，如红宝石、钇铝石榴石、含钕玻璃等）、热电材料（在温度作用下产生热电效应，由热能直接转变为电能或由电能转变为热能，可用于制造引燃、引爆器件）和光电材料（利用光电效应，可将光能直接转变成电能，如用硅、硫化镉等光电材料制作的太阳能电池）等。机械工程中使用的材料常按化学组成分成四类，如图0.1所示。

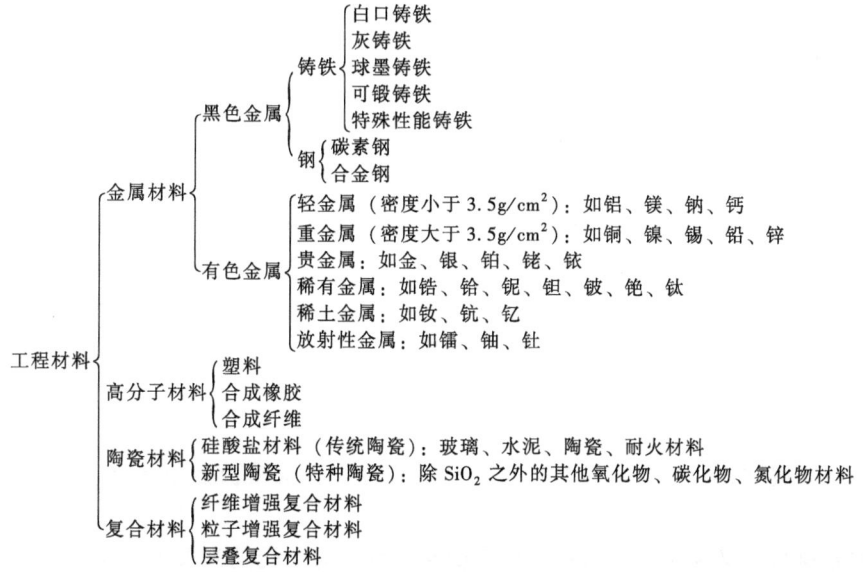

图0.1　工程材料的种类划分

需要指出的是，在工程上通常按材料的化学成分、结合键的特点将工程材料分为：金属材料、高分子材料、陶瓷材料及复合材料等几大类。以汽车工业为例：一辆轿车，需用800多种材料，图0.2所示为轿车车身部分所采用的材料。

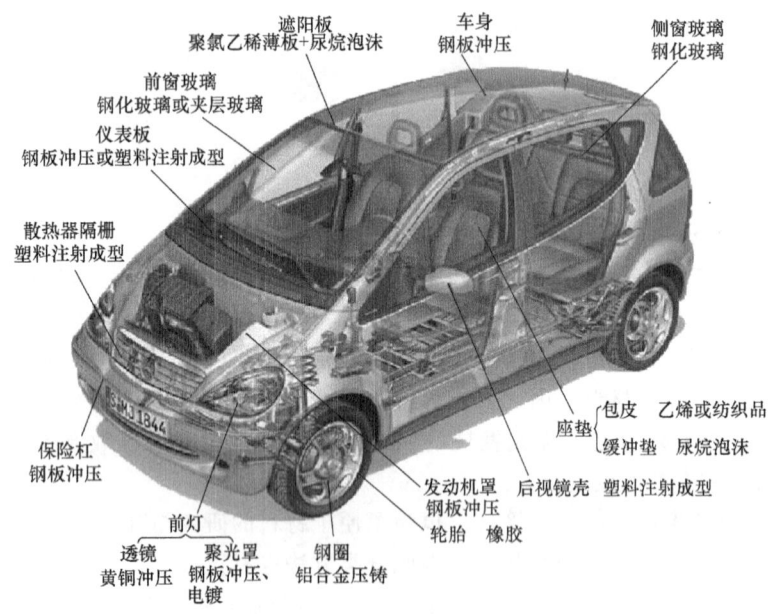

图0.2　轿车车身部分的材料

2. 材料的发展及材料科学的形成

随着社会的发展和科学技术的进步，新材料的研究、制备和加工应用层出不穷。每一种重要的新材料的发现和应用，都把人类改造自然的能力提高到一个新的水平。

工程材料目前正朝着高比强度（单位密度的强度）、高比模量（单位密度的模量）、耐高温、耐腐蚀的方向发展。图0.3所示为材料比强度（强度与密度之比）的进展，由图可知当代先进材料强度比早期材料增长了50倍。

新材料主要在以下几方面获得发展：

1）先进复合材料。由基体材料（高分子材料、金属或陶瓷）和增强材料（纤维、晶须、颗粒）复合而成的具有优异性能的新型材料。

2）光电子信息材料。包括量子材料、生物光电子材料、非线性光电子材料等。

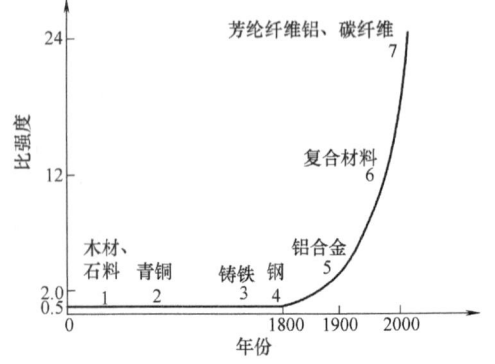

图0.3　材料比强度的进展

3）低维材料。指超微粒子（零维）、纤维（一维）和薄膜（二维）材料，这是近年来发展最快的领域。

4）新型金属材料。如镍基高温合金、非晶态合金、微晶合金和Al-Li合金金属间化合物等。

5）纳米材料。又称超微细材料，指至少在一维方向上受纳米尺度（0.1~100nm）调制的各种固体超细材料。

3. 本课程的性质、学习目的和要求

本课程是机械工程领域非常重要的专业基础课，是研究工程材料微观结构、宏观性能及材料改性、强化方法的一门综合课程，包括工程材料的分类、金属材料学基础知识、钢铁热处理、合金钢、有色金属与非金属材料，以及机械零件的失效分析与选材等内容。制造出性能优良的机器不但需要好的设计，更需要选择合适的材料并充分发挥其性能来保证。

本课程的主要内容有：

1）金属材料的性能。

2）金属的结构与结晶。

3）金属的塑性变形与再结晶。

4）合金的结构与相图。

5）铁碳合金。

6）钢的热处理。

7）合金钢。

8）铸铁。

9）有色金属与非金属材料。

10）机械零件的失效分析与选材。

本课程具有综合性强、实践性要求高的特点，涉及知识面广且与工程实践紧密相连。学习目的和要求包括：①掌握材料的基础知识和改性方法；②掌握工艺方法的基本原理；③具有初步的工艺路线设计能力。

第1章 材料的性能

金属材料是以过渡族金属为基础的纯金属及其含有金属、半金属或非金属的合金。由于金属材料具有良好的力学性能、物理性能、化学性能及工艺性能，能采用比较简便和经济的加工方法制成零件，因此金属材料是目前应用最广泛的材料。工业上通常把金属材料分为两大类：一类是黑色金属，它是指铁、锰、铬及其合金，其中以铁为基的合金——钢和铸铁应用最广，占整个结构和工具材料的80%以上；另一类是有色金属，它是指黑色金属以外的所有金属及其合金。这两类材料还可进一步细分为如图0.1所示的系列。

金属材料的性能包括使用性能和工艺性能。使用性能是指金属材料在使用过程中应具备的性能，它包括力学性能（强度、塑性、硬度、冲击韧性和疲劳强度等）、物理性能（密度、熔点、热膨胀性、导热性和导电性等）和化学性能（耐蚀性、抗氧化性等）。工艺性能是金属材料从冶炼到成品的生产过程中，适应各种加工工艺（如冶炼、铸造、冷热压力加工、焊接、切削加工和热处理等）应具备的性能。

1.1 力学性能

力学性能是指材料在外力作用下所表现出的抵抗能力。由于载荷的形式不同，材料可表现出不同的力学性能，如强度、硬度、塑性、韧度和疲劳强度等。材料的力学性能是零件设计、材料选择及工艺评定的主要依据。

1.1.1 强度

材料在外力作用下抵抗变形和断裂的能力称为材料的强度。根据外力作用方式不同，材料的强度分为抗拉强度、抗压强度、抗弯强度和抗剪强度等。在使用中一般多以抗拉强度作为基本的强度指标，常简称为强度，强度单位为 $MPa(N/mm^2)$。

材料的强度、塑性是依据国家标准（GB/T 228.1—2010）通过静拉伸试验测定的。它是把一定尺寸和形状的试样装夹在拉力试验机上，然后对试样逐渐施加拉伸载荷，直至把试样拉断，拉伸前后的试样如图1.1所示。标准试样的截面有圆形和矩形的，圆形试样用得较多。一般拉伸试验机上都带有自动记录装置，可绘制出载荷 F 与试样伸长量 ΔL 之间的关系曲线，

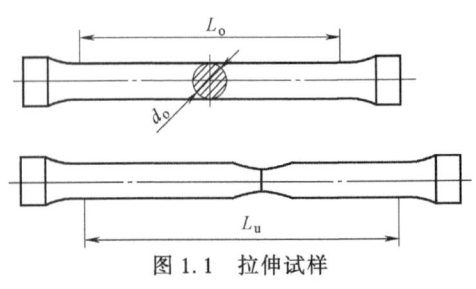

图1.1 拉伸试样

并据此可测定应力（R）-延伸率（e）关系，$R=F/S_0$（S_0 为试样原始截面积），e 为用引伸计

标距 L_e 表示的延伸百分率。抗拉强度 R_m 简称为强度,为相应最大力 F_m 对应的应力。图 1.2 所示为低碳钢的应力-应变曲线（R-e 曲线）。研究表明低碳钢在外加载荷作用下的变形过程一般可分为三个阶段,即弹性变形、塑性变形和断裂。

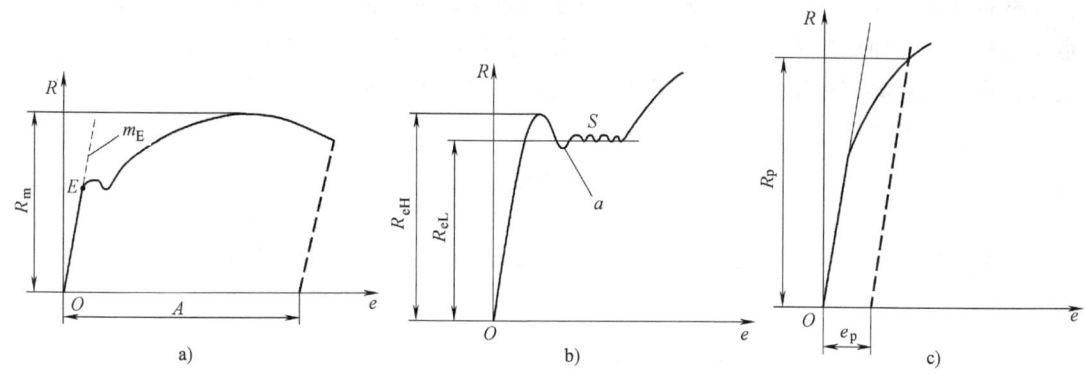

图 1.2 低碳钢的应力-应变曲线图
a）抗拉强度 R_m　b）屈服强度　c）规定塑性延伸强度 R_p

1. 弹性极限

在图 1.2a 中,OE 段为弹性阶段,即去掉外力后,变形立即恢复。这种变形称为弹性变形,其应变值很小,E 点对应的应力称为弹性极限。

在弹性变形范围内,应力与应变的比值称为材料的弹性模量 E（MPa）。弹性模量 E 是衡量材料产生弹性变形难易程度的指标,工程上常称为材料的刚度。E 值越大,则使其产生一定量弹性变形的应力也越大,即材料的刚度越大,说明材料抵抗产生弹性变形的能力越强,越不容易产生弹性变形。

2. 塑性变形

在图 1.2b 所示 S 点位置附近,曲线较为平坦,不需要进一步地增大外力,便可以产生明显的塑性变形,该现象称为材料的屈服现象。当金属材料呈现屈服现象时,在试验期间塑性变形发生而力不增加的应力点,称之为屈服强度 R_e。应区分上屈服强度 R_{eH} 和下屈服强度 R_{eL}。上屈服强度（Upper Yield Strength）是指试样发生屈服而力首次下降前的最大应力；下屈服强度（Lower Yield Strength）是指在屈服期间,不计初始瞬时效应时的最小应力,如图 1.2b 所示,图中 a 点为初始瞬时效应。

工业上使用的某些材料（如高碳钢、铸铁和某些经热处理后的钢等）在拉伸试验中没有明显的屈服现象发生,故无法确定屈服强度。国家标准规定,可用规定塑性延伸强度 R_p 来表征材料对微量塑性变形的抗力。R_p 定义为塑性延伸率即规定的引伸计标距 L_e 百分率时对应的应力,使用的符号应附下角标说明所规定的塑性延伸率,如 $R_{p0.2}$ 表示规定塑性延伸率为 0.2% 时的应力,如图 1.2c 所示。

3. 断裂

经过一定的塑性变形后,必须进一步增加应力才能继续使材料变形,当达到抗拉强度 R_m 最大值后,试棒的局部迅速变细,产生颈缩现象,迅速伸长,应力明显下降,最后断裂。

应该指出,低碳钢这类塑性材料在断裂前有明显的塑性变形,这种断裂称为韧性断裂。某些脆性材料（如铸铁等）在尚未产生明显的塑性变形时就已断裂,故不仅没有屈服现象,而且也不产生缩颈现象,这种断裂称为脆性断裂。

1.1.2 塑性

材料在外力作用下,产生永久变形而不致引起破坏的性能,称为塑性。许多零件和毛坯是通过塑性变形而成形的,(塑性变形)要求材料有较好的塑性;并且为了防止零件工作时脆断,也要求材料有一定的塑性。塑性通常由断后伸长率和断面收缩率表示。

(1) 断后伸长率

$$A = \frac{L_u - L_o}{L_o} \times 100 \quad (1-1)$$

式中,A 为断后伸长率;L_o 为试棒原始标距长度(mm);L_u 为试棒受拉伸断裂后的标距长度(mm)。

(2) 断面收缩率

$$Z = \frac{S_o - S_u}{S_o} \times 100 \quad (1-2)$$

式中,Z 为断面收缩率;S_o 为试棒原始截面积(mm^2);S_u 为试棒受拉伸断裂后的截面积(mm^2)。

A 或 Z 值越大,材料的塑性越好。两者比较,用 Z 表示的塑性更接近材料的真实应变。

圆形横截面比例长试样($l_o = 10d_o$)的伸长率写成 A 或 $A_{11.3}$;短试样($l_o = 5d_o$)的伸长率须写成 $A_{5.65}$。同一种材料 $A_{5.65} > A$,所以,对不同材料,A 值和 $A_{5.65}$ 值不能直接比较。一般把 $A > 5\%$ 的材料称为塑性材料,$A < 5\%$ 的材料称为脆性材料。铸铁是典型的脆性材料,而低碳钢是黑色金属中塑性最好的材料。

1.1.3 硬度

材料抵抗更硬物体压入的能力称为硬度。常用的硬度指标有布氏硬度、洛氏硬度等。

1. 布氏硬度

图 1.3 所示为布氏硬度测试原理图,在载荷 F 的作用下使硬质合金球压向被测试金属的表面,保持一定时间后卸除载荷,并形成凹痕。

布氏硬度值计算为

$$HBW = \frac{\text{所加载荷}}{\text{压痕表面积}} (N/mm^2) \quad (1-3)$$

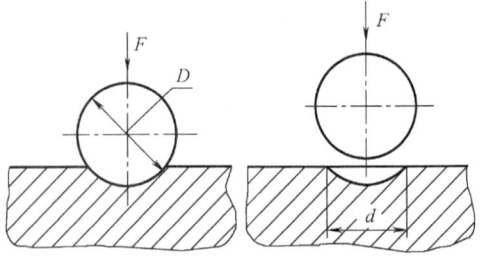

图 1.3 布氏硬度测试原理

按旧标准规定,布氏硬度试验可以采用钢球压头或硬质合金球压头两种。压头为钢球时,用符号"HBS"或"HB"表示;压头为硬质合金球时,用符号"HBW"表示。钢球压头的布氏硬度试验适用于 450HBS 以下的材料。硬质合金球压头的布氏硬度试验适用于 650HBW 以下的材料。由于淬火钢球相对硬质合金球压头容易产生变形,当布氏硬度值超过 350 时,用钢球和硬质合金球得到的试验结果明显不同。因此,为了统一起见,金属布氏硬度新国家标准(GB/T 231.1—2018)只规定了硬质合金球压头一种。因此,新国家标准实施后,硬度计应全部采用硬质合金球压头,技术文件应一律标注符号"HBW"。

布氏硬度试验适用于测量退火钢、正火钢及常见的铸铁和有色金属等较软材料。布氏硬度试验的压痕面积较大,测试结果的重复性较好,但操作较烦琐。

布氏硬度试验是由瑞典工程师布利涅尔(J. A. Brinell)于1900年提出的。

2. 洛氏硬度

洛氏硬度也是以规定的载荷,将坚硬的压头垂直压向被测金属来测定硬度的,它由压痕深度来计算硬度。实际测试时,直接从刻度盘上读值。

为了适应不同材料的硬度测试,采用不同的压头与载荷组合成几种不同的洛氏硬度标尺,每一种标尺用一个字母在洛氏硬度符号后注明,如 HRA、HRBW、HRC 等,几种常用洛氏硬度级别试验规范及应用范围见表 1.1。

表 1.1 常用洛氏硬度级别及其应用范围

洛氏硬度	压头	总载荷/N	测量范围	适用材料
HRA	金刚石圆锥	588.4	20HRA~95HRA	硬质合金材料、表面淬火钢等
HRB	φ1.5875mm 硬质合金球	980.7	10HRB~100HRB	软钢、退火钢、铜合金等
HRC	金刚石圆锥	1471.1	20HRC~70HRC	淬火钢、调质钢等

新版金属洛氏硬度试验方法国家标准(GB/T 230.1—2018)在旧标准基础上,增加了 15N、30N、45N、15T、30T、45T 共六个表面洛氏硬度标尺及其对应的硬度适用范围,见表 1.2。

表 1.2 增加的表面洛氏硬度标尺及其对应的参数

洛氏硬度标尺	硬度符号	压头类型	初试验力/N	主试验力/N	总试验力/N	适用范围
15N	HR15 N	金刚石圆锥	29.42	117.7	147.1	70HR15 N~94HR15 N
30N	HR30 N	金刚石圆锥	29.42	264.8	294.2	42HR30 N~86HR30 N
45N	HR45 N	金刚石圆锥	29.42	411.9	441.3	20HR45 N~77HR45 N
15T	HR15 TW	φ1.5875mm 球	29.42	117.7	147.1	67HR15 TW~93HR15 TW
30T	HR30 TW	φ1.5875mm 球	29.42	264.8	294.2	29HR30 TW~82HR30 TW
45T	HR45 TW	φ1.5875mm 球	29.42	411.9	441.3	10HR45 TW~72HR45 TW

新旧标准关于洛氏硬度表示符号的规定没有差别,仍用符号 HR 加相应的标尺符号表示。如,常用的 C 标尺洛氏硬度符号仍为"HRC"。新旧标准关于洛氏硬度值的表示方法的规定也没有差别,仍按硬度值、洛氏硬度表示符号这一顺序读写。但按新标准规定,洛氏硬度试验采用金刚石圆锥压头或硬质合金球压头。因此,为了区别洛氏硬度试验所使用的压头类型,新标准增加了在硬度符号后面追加符号"W"的规定。当采用硬质合金球压头时,应在原符号后面加字母"W";而采用金刚石圆锥压头时,则不用附加任何符号。如,B 标尺、硬质合金球压头测定的洛氏硬度值为60,应表示为"60 HRBW"。

按国家标准(GB/T 230.1—2018)规定,标尺为 A、C、D、15N、30N、45N 的洛氏硬度试验均为金刚石圆锥压头。其余标尺的洛氏硬度试验采用硬质合金球压头。因此,对标尺为 A、C、D、15N、30N、45N 的洛氏硬度试验,表示硬度值时,不必考虑附加任何符号;采用其他标尺的硬度试验需要考虑硬度符号后面附加字母 W。这一点须加以注意。

洛氏硬度试验测试方便，操作简捷；试验压痕较小，可测量成品件；测试硬度值范围宽，采用不同标尺可测定软硬不同和厚薄不同的材料，但应注意，不同级别的硬度值间无可比性。由于压痕较小，测试值的重复性差，必须进行多点测试，取平均值作为材料的硬度。

洛氏硬度试验是由美国洛克威尔（S. P. Rockwell）于 1921 年提出的。

3. 维氏硬度

洛氏硬度试验虽可采用不同的标尺来测定由极软到极硬金属材料的硬度，但不同标尺的硬度值间没有简单的换算关系，使用上很不方便。为了能在同一种硬度标尺上，测定由极软到极硬金属材料的硬度值，特制定了维氏硬度试验法。

维氏硬度的试验原理基本上和布氏硬度试验相同。图 1.4 所示为维氏硬度试验原理示意图，它是用一个相对面夹角为 136° 的金刚石正四棱锥体压头，在规定试验力 F 作用下压入被测试金属表面，保持一定时间后卸除试验力。再测量压痕投影的两对角线的平均长度 d，进而计算出压痕的表面积，最后求出压痕表面积上平均压力（F/S），以此作为

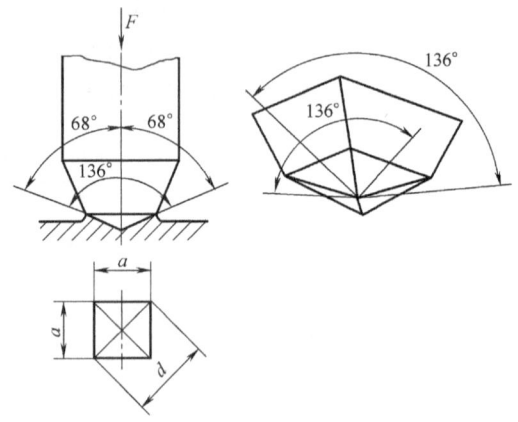

图 1.4 维氏硬度试验原理示意图

被测试金属的硬度值，称为维氏硬度，用符号 HV 表示。当试验力 F 的单位为牛顿（N）时维氏硬度值为

$$\mathrm{HV} = \frac{F}{S} = \frac{F}{\dfrac{d^2}{2\sin 68°}} = 0.1891 \frac{F}{d^2} \tag{1-4}$$

式中，两对角线的平均长度 d 的单位为 mm。与布氏硬度值一样，习惯上也只写出其硬度数值而不标出单位。在硬度符号 HV 之前的数值为硬度值，HV 后面的数值依次表示试验力（单位为 kgf）和试验力保持时间（保持时间为 10~15s 时不标注）。如，640HV30 表示在 30kgf（294.2N）试验力作用下，保持 10~15s 测得的维氏硬度值为 640。640HV30/20 表示在 30kgf（294.2N）试验力作用下，保持 20s 测得的维氏硬度值为 640。

维氏硬度试验常用的试验力有 49.03N、98.07N、196.1N、294.2N、490.3N、980.7N 等几种。试验时，试验力 F 应根据试样的硬度与厚度来选择。一般在试样厚度允许的情况下尽可能选用较大的试验力，以获得较大压痕，提高测量精度。

由式（1-4）可以看出，当所加试验力 F 已选定，则硬度值 HV 只与压痕投影的两对角线平均长度 d 有关，d 越大，则 HV 值越小；反之，HV 值越大。在实际测试时，硬度值并不需要用式（1-4）计算，一般是用装在机体上的测量显微镜，测出压痕投影的两对角线的平均长度 d，然后根据 d 值查国家标准 GB/T 4340.4—2009 附表求得所测的硬度值。

维氏硬度试验法的优点是试验时所加试验力小，压入深度浅，故适用于测试零件表面淬硬层及化学热处理的表面层（如渗碳层、渗氮层等）；同时维氏硬度是一个连续一致的标尺，试验时试验力可任意选择，而不影响其硬度值的大小，因此可测定从极软到极硬的各种金属材料的硬度。维氏硬度试验法的缺点是其硬度值的测定较麻烦，工作效率不如洛氏硬度

法高。

根据 GB/T 4340.1—2009 金属材料 维氏硬度试验 第 1 部分：试验方法规定，将试验力减小为 0.0981N、0.1961N、0.4903N、0.9807N、1.961N，使压痕对角线长度以 μm 级计量，从而可测定金属箔、金属粉末、极薄表层及金属中晶粒与合金相的维氏硬度值。

由于各种硬度试验的条件不同，因此相互间没有理论的换算关系。但根据试验结果，可获得粗略换算公式为

当硬度为 200~600HBW 时，$\quad\quad HRC \approx \dfrac{1}{10} HBW$

当硬度小于 450HBW 时，$\quad\quad HBW \approx HV$

1.1.4 冲击韧度

以很大速度作用于机件上的载荷称为冲击载荷，许多机器零件和工具在工作过程中，往往受到冲击载荷的作用，如蒸汽锤的锤杆、压力机上的一些部件、柴油机曲轴、飞机起落架等。瞬时冲击的破坏作用远大于静载荷的破坏作用，所以在设计受冲击载荷件时还要考虑抗冲击性能。材料在冲击载荷作用下抵抗变形和断裂的能力称为冲击韧度 a_K（新国家标准中冲击韧度 a_K 已废止，此处保留作为参考），常采用一次冲击试验来测量。

1. 冲击试验方法与原理

冲击试验通常是在摆锤式冲击试验机上进行的。试验时将带有缺口的试样放在试验机两支座上（图 1.5a），将质量为 m 的摆锤抬到 H 高度（图 1.5b），使摆锤具有的势能为 mHg（g 为重力加速度）。然后让摆锤由此高度下落将试样冲断，并向另一方向升高到 h 的高度，这时摆锤具有的势能为 mhg。因而冲击试样消耗的能量（即冲击功 K）为

$$K = m(H-h)g \tag{1-5}$$

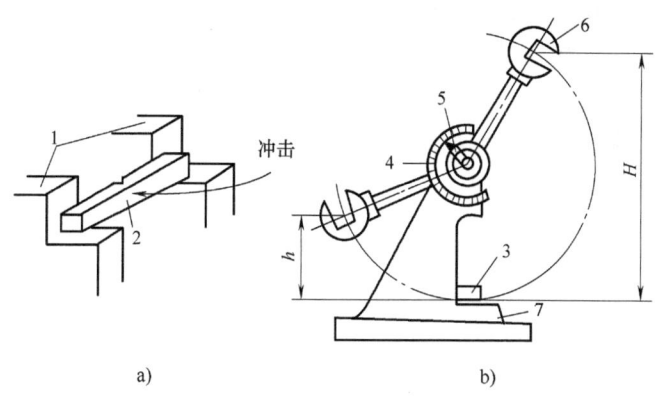

图 1.5 冲击韧度试验原理
a）试样安装 b）冲击试验机
1、7—支座 2、3—试样 4—刻度盘 5—指针 6—摆锤

在试验时，冲击功 K 可以从试验机的刻度盘上直接读得。KV 和 KU 表示缺口的几何形状，用下标数字 2 或 8 表示摆锤刀刃半径，如：

1) V 型缺口试样在 2mm 摆锤刀刃下冲击的吸收能量——KV_2。
2) V 型缺口试样在 8mm 摆锤刀刃下冲击的吸收能量——KV_8。

3) U 型缺口试样在 2mm 摆锤刀刃下冲击的吸收能量——KU_2。

4) U 型缺口试样在 8mm 摆锤刀刃下冲击的吸收能量——KU_8。

标准试样断口处单位横截面所消耗的冲击功,即代表材料的冲击韧度的指标,有

$$a_K = \frac{K}{A_0} \tag{1-6}$$

式中,a_K 为试样的冲击韧度值（J/cm²）;K 为冲断试样所消耗的冲击吸收能量（J）;A_0 为试样断口处的原始截面积（cm²）。

a_K 的值越大,材料的冲击韧度越好。冲击韧度是对材料一次冲击破坏测得的。在实际应用中许多受冲击件,往往是受较小冲击能量的多次冲击而破坏的,它受很多因素的影响。由于冲击韧度的影响因素较多,a_K 值仅作设计时选材的参考。

2. 冲击试验的应用

冲击试验主要用途是揭示材料的变脆倾向,其具体用途有:

(1) 评定材料的低温变脆倾向　有些材料在室温 20℃ 左右试验时并不显示脆性,而在低温下则可能发生脆断,这一现象称为冷脆现象。为了测定金属材料开始发生冷脆现象的温度,应在不同温度下进行系列冲击试验,测出该材料的冲击吸收功与温度间关系曲线（图 1.6）。由图可见,冲击吸收功随温度的降低而减小,当试验温度降低到某一温度范围时,其冲击吸收功急剧降低,使试样的断口由韧性断口过渡为脆性断口。因此,这个温度范围称为韧脆转变温度范围。在这个温度范围内,通常可根据有关标准或双方协议,确定某一温度为该材料的韧脆转变温度。

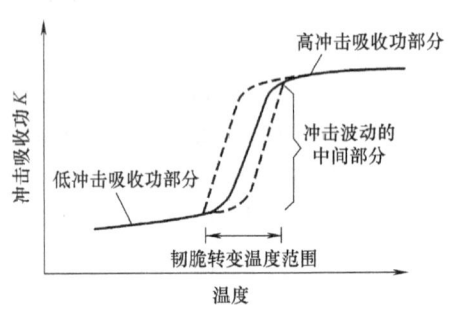

图 1.6　冲击吸收功-温度曲线示意图

韧脆转变温度的高低是金属材料质量指标之一,韧脆转变温度越低,材料的低温冲击性能就越好。这对于在寒冷地区和低温下工作的机械和工程结构（如运输机械、地面建筑、输送管道等）尤为重要,由于它们的工作环境温度可能为 -50～+50℃,所以必须具有更低的韧脆转变温度,才能保证工作的正常进行。

(2) 反映原材料的冶金质量和热加工产品质量　冲击吸收功对金属材料内部结构、缺陷等具有较大的敏感性,很容易揭示出材料中某些物理现象,如晶粒粗化、冷脆、回火脆性及夹渣、气泡、偏析等。故目前常用冲击试验来检验冶炼、热处理及各种热加工工艺和产品的质量。

1.1.5　断裂韧度

机械零件（或构件）的传统强度设计都是用材料的规定塑性延伸强度 $R_{p0.2}$ 确定其许用应力,即

$$R < [R] = \frac{R_{p0.2}}{n} \tag{1-7}$$

式中,R 为工作应力;$[R]$ 为许用应力;n 为安全系数。

一般认为零件（或构件）在许用应力下工作是安全可靠的,既不会塑性变形,更不会断裂。但实际情况却并不总是如此,有些高强度钢制造的零件（或构件）和中、低强度钢

制造的大型件,往往在工作应力远低于屈服强度时就发生脆性断裂。这种在屈服强度以下的脆性断裂称为低应力脆断。高压容器的爆炸,以及桥梁、船舶、大型轧辊、发电机转子的突然折断等事故,往往都是属于低应力脆断。

大量断裂事例分析表明,低应力脆断是由材料中宏观裂纹扩展引起的。这种宏观裂纹在实际材料中往往是不可避免的,它可能是材料在冶炼和加工过程中产生的,也可能是零件在使用过程中产生的。因此,裂纹是否易于扩展,就成为材料是否易于断裂的一种重要指标。在断裂力学基础上建立起来的材料抵抗裂纹扩展的性能,称为断裂韧度。断裂韧度可以对零件允许的工作应力和裂纹尺寸进行定量计算,故在安全设计中具有重大意义。

1. 裂纹扩展的基本形式

当外力作用于含有裂纹的材料时,根据应力与裂纹扩展面的取向不同,裂纹扩展可分为张开型(Ⅰ型)、滑开型(Ⅱ型)和撕开型(Ⅲ型)三种基本形式,如图1.7所示。

在实践中,三种裂纹扩展形式中以张开型(Ⅰ型)最危险,最容易引起脆性断裂。因此,本节随后对断裂韧度的讨论,就是以这种形式作为研究对象。

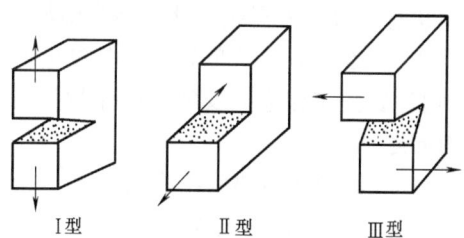

图1.7 裂纹扩展的基本形式

2. 应力场强度因子 K_I

当材料中存在裂纹时,在裂纹尖端处必存在应力集中,从而形成应力场。由于裂纹扩展总是从裂纹尖端开始向前推进的,故裂纹能否扩展与裂纹尖端处的应力场大小有直接关系。衡量裂纹尖端附近应力场强弱程度的力学参量称为应力场强度因子 K_I。其中,下角标 Ⅰ 表示 Ⅰ 型裂纹的应力场强度因子。K_I 越大,则应力场的应力值也越大。

Ⅰ型裂纹应力场强度因子 K_I 值与裂纹尺寸 a(Ⅰ型裂纹长度为 $2a$)和外加应力 R 的关系为

$$K_I = YR\sqrt{a} \tag{1-8}$$

式中,Y 为与裂纹形状、试样类型及加载方式有关的系数(一般取 $Y=1\sim2$);K_I 为单位为 $MPa \cdot m^{1/2}$。

3. 断裂韧度 K_{IC} 及其应用

由式(1-8)可知,K_I 是一个由 R 和 a 决定的复合力学参量。K_I 随 R 和 a 的增大而增大,故应力场的应力值也随之增大。当 K_I 增大到某一临界值时,就能使裂纹尖端附近的内应力达到材料的断裂强度,从而导致裂纹扩展,最终使材料断裂。这种裂纹扩展时的临界状态所对应的应力场强度因子,称为材料的断裂韧度,用 K_{IC} 表示。K_{IC} 实为平面应变下的断裂韧度,它表示在平面应变条件下材料抵抗裂纹扩展的能力。平面应变是三向拉伸应力下只产生两个主应变,在这样的应力状态下,裂纹最容易扩展,因此平面应变应力状态是一种最危险的应力状态之一。厚件中裂纹尖端附近就处于这种应力状态。K_{IC} 的单位与 K_I 相同,为 $MPa \cdot m^{1/2}$。

必须指出,K_I 和 K_{IC} 是两个不同的概念。两者的区别与 R、$R_{p0.2}$ 两者的区别相似。金属拉伸试验时,当应力 R 增大到规定塑性延伸强度 $R_{p0.2}$ 时,材料开始发生明显塑性变形。

同样，当应力场强度因子 K_I 增大到断裂韧度 K_{IC} 时，材料中裂纹就会失稳扩展，并导致材料断裂。因此，K_I 与 R 对应，都是力学参量，它们与力及试样尺寸有关，而与材料无关；而 K_{IC} 与 $R_{p0.2}$ 对应，都是材料的力学性能指标，它们与材料成分、组织结构有关，而与力及试样尺寸无关。

根据应力场强度因子 K_I 和断裂韧度 K_{IC} 的相对大小，可判断含裂纹的材料在受力时，裂纹是否会失稳扩展而导致断裂，即

$$K_I = YR\sqrt{a} \geqslant K_{IC} = YR_C\sqrt{a_C} \tag{1-9}$$

式中，R_C 为裂纹扩展时的临界状态所对应的工作应力，称为断裂应力；a_C 为裂纹扩展时的临界状态所对应的裂纹尺寸，称为临界裂纹尺寸。

式 (1-9) 是工程安全设计中防止低应力脆断的重要依据，它将材料断裂韧度与零件（或构件）的工作应力及裂纹尺寸的关系定量地联系起来，应用这个关系式可以解决以下三方面问题：

1) 在测定了材料的断裂韧度 K_{IC}，并探伤测出零件（或构件）中裂纹尺寸 a 后，可确定零件（或构件）的最大承载能力 R_C 为载荷设计提供依据。

2) 已知材料的断裂韧度 K_{IC} 及零件（或构件）的工作应力，可确定其允许的最大裂纹尺寸 a_C，为制定裂纹探伤标准提供依据。

3) 根据零件（或构件）中工作应力及裂纹尺寸 a 确定材料应有的断裂韧度为 K_{IC}，为正确选用材料提供依据。

1.1.6 疲劳

工程中有许多零件，如发动机曲轴、齿轮、弹簧及滚动轴承等都是在变动载荷下工作的。根据变动载荷的作用方式不同，零件承受的应力可分为交变应力与重复应力两种，如图 1.8 所示。

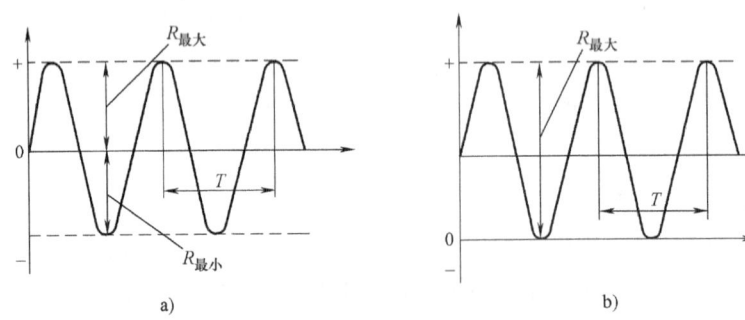

图 1.8 交变应力与重复应力示意图
a) 交变应力 b) 重复应力

承受交变应力或重复应力的零件，在工作过程中，往往在工作应力低于屈服强度的情况下发生断裂，这种现象称为疲劳断裂。疲劳断裂与在静力作用下的断裂不同，无论是脆性材料还是韧性材料，疲劳断裂都是突然发生的，事先均无明显的塑性变形的预兆，很难事先察觉到，也属于低应力脆断，故具有很大的危险性。

1. 疲劳断裂的原因

产生疲劳断裂的原因，一般认为是在零件应力高度集中的部位或材料本身强度较低的部

位，如原有裂纹、软点、脱碳、夹杂和刀痕等缺陷处，在交变或重复应力反复作用下产生了疲劳裂纹，并随着应力循环周次的增加，疲劳裂纹不断扩展，使零件承受载荷的有效面积不断减小，最后当减小到不能承受外加载荷的作用时，零件即发生突然断裂。因此，零件的疲劳失效过程可分为疲劳裂纹产生、疲劳裂纹扩展和瞬时断裂三个阶段。疲劳宏观断口一般也具有三个区域，即以疲劳裂纹策源地（疲劳源）为中心逐渐向内扩展呈海滩状条纹（贝纹线）的裂纹扩展区和呈纤维状（韧性材料）或结晶状（脆性材料）的瞬时断裂区。

2. 疲劳曲线与疲劳极限

大量试验证明，金属材料所受的最大交变应力 R_{max} 越大，则断裂前所经受的循环周次 N（定义为疲劳寿命）越少，如图1.9所示。这种交变应力 R_{max} 与疲劳寿命 N 的关系曲线称为疲劳曲线。

一般钢铁材料的疲劳曲线属于图1.9中曲线1的形式，其特征是当循环应力小于某一数值时，循环周次可以达到很大，甚至无限大，而试样仍不发生疲劳断裂，这就是试样不发生断裂的最大循环应力，该应力值称为疲劳极限。光滑试样的对称循环旋转弯曲的疲劳极限用 R_{-1} 表示。按国家标准（GB/T 4337—2015）规定，一般钢铁材料取循环周次为 10^7 次时，能承受的最大循环应力为疲劳极限。

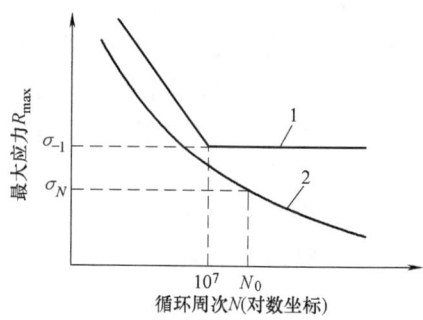

图1.9 疲劳曲线示意图
1—一般钢铁材料 2—有色金属、高强度钢等

一般有色金属、高强度钢及腐蚀介质作用下的钢铁材料的疲劳曲线属于图1.9中曲线2的形式，其特征是循环周次 N 随所受应力 R 的降低而增加，不存在曲线1所示的水平线段。因此，对具有如曲线2所示特征的金属，要根据零件的工作条件和使用寿命，规定一个疲劳极限循环基数 N_0 并以循环基数 N_0 所对应的应力作为"条件疲劳极限"，以 $R_{r(N_0)}$ 表示。一般规定：有色金属 N_0 取 10^8 次；腐蚀介质作用下的 N_0 取 10^6 次。

3. 提高疲劳极限的途径

由于金属疲劳极限与抗拉强度的测定方法不同，故它们之间没有确定的定量关系。但经验证明，在其他条件相同的情况下，材料抗拉强度越高时，其疲劳极限也越高。当钢材抗拉强度 $R_m<1400MPa$ 时，R_{-1} 与 R_m 之比（称为疲劳比）为 0.4~0.6。因此，零件的失效形式中，约有80%是由于疲劳断裂所造成的。为了防止疲劳断裂的产生，必须设法提高零件的疲劳极限。疲劳极限除与选用材料的本性有关外，还可通过以下途径来提高其疲劳极限：

1）在零件结构设计方面尽量避免尖角、缺口和截面突变，以避免应力集中及由此引起的疲劳裂纹。

2）降低零件表面粗糙度值，提高表面加工质量，尽量减少能成为疲劳源的表面缺陷（氧化、脱碳、裂纹、夹杂等）和表面损伤（刀痕、擦伤、生锈等）。

3）采用各种表面强化处理，如化学热处理、表面淬火和喷丸、滚压等表面冷塑性变形加工，不仅可提高零件表层的疲劳极限，还可获得有益的表层残余压应力，以抵消或降低产生疲劳裂纹的拉应力。图1.10所示为表面强化处理提高疲劳极限示意图，图中两根虚线分别表示外加载荷引起的拉应力和表面强化产生的残余应力，这两类应力的合成应力用箭头表示，实线为材料及其表面强化层的疲劳极限。由此可见，由于表层的疲劳极限提高，以及表层残余压应力使表层的合成应力降低，其结果为合成应力低于疲劳极限，故不会发生疲劳断裂。

4. 其他疲劳

（1）低周疲劳　上述疲劳现象是在机件承受的交变应力（或重复应力）较低，加载的频率较高，而断裂前所经受循环周次也较高的情况下发生的，故也称为高周疲劳。而工程中有些机件是在承受交变应力（或重复应力）较高（接近或超过材料的屈服强度），加载频率较低，并经受循环周次较低（$10^2 \sim 10^5$ 周次）时发生了疲劳断裂，这种疲劳称为低周疲劳。

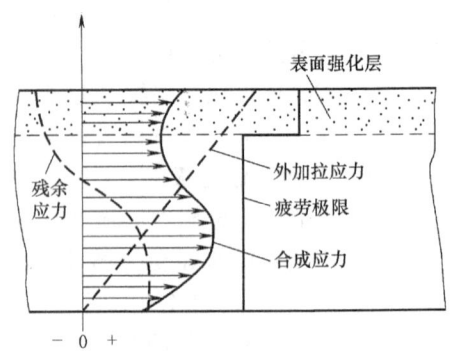

图 1.10　表面强化处理提高疲劳极限示意图

由于低周疲劳的交变应力（或重复应力）接近或超过材料的屈服强度，且其加载频率又较低，使每一个循环周次中，在机件的应力集中部位（如拐角、圆孔、沟槽、过渡截面等）都会发生一定量的塑性变形，这种循环应变促使疲劳裂纹产生，并在塑性区中不断扩张直至机件断裂。在工程中有许多机件是由低周疲劳而破坏的。如风暴席卷海船的壳体、常年阵风吹刮的桥梁、飞机在起飞和降落时的起落架、经常充气的高压容器等，往往都是因承受循环塑性应变作用而发生低周疲劳断裂。

应当指出，当机件在高周疲劳下服役时，应主要考虑材料的强度，即选用高强度的材料。而低周疲劳的寿命与材料强度及各种表面强化处理关系不大，它主要取决于材料的塑性。因而，当机件在低周疲劳下服役时，应在满足强度要求下，选用塑性较高的材料。

（2）冲击疲劳　工程上许多承受冲击载荷的零件，很少在服役期间只经受大能量的一次或几次冲击就断裂失效，一般都是承受小能量的多次（$>10^5$ 次）冲击才断裂。这种小能量多次冲击断裂和前述的大能量一次冲击断裂有本质的不同。它是多次冲击载荷引起的损伤积累和裂纹扩展的结果，断裂后具有疲劳断口的特征，故属于疲劳断裂。这种承受小能量冲击载荷的零件，经过千百万次冲击后发生断裂的现象，称为冲击疲劳。因此，对这些零件已不能用一次冲击弯曲试验所测得的冲击吸收功 KU（或 KV）来衡量其对冲击载荷的抗力，而应采用冲击疲劳抗力的指标。

冲击疲劳抗力是一个取决于强度和塑性、韧性的综合力学性能。大量试验表明，当冲击能量较高、断裂前冲击次数较少时，材料的冲击疲劳抗力主要取决于塑性和韧性；冲击能量较低、断裂前冲击次数较多时，则主要取决于材料的强度。

（3）热疲劳　工程上有许多零件，如热锻模、热轧辊、涡轮机叶片、加热炉零件及热处理夹具等都是在温度反复循环变化下工作的。由于温度循环变化而产生热应力循环变化，由这种循环热应力引起的疲劳称为热疲劳。

产生热应力的原因是由于温度变化时，材料的热胀冷缩受来自外部或内部的约束时，使材料不能自由膨胀或收缩，于是产生了热应力。热应力大小可表示为

$$R = E\alpha\Delta T \tag{1-10}$$

式中，E 为材料的弹性模量；α 为材料的线膨胀系数；ΔT 为温度差。

当热应力超过材料高温下的弹性极限时，将发生局部塑性变形，经过一定循环次数后，

这种局部应变的循环变化就可能产生疲劳裂纹,随后疲劳裂纹向纵深扩展而导致热疲劳破坏。

提高热疲劳抗力的主要途径有:降低材料的线膨胀系数;提高材料的高温强度和导热性;尽可能减少应力集中并使热应力得到应有的塑性松弛等。

(4) 接触疲劳　接触疲劳通常发生在滚动轴承、齿轮、钢轨与轮毂等零件的接触表面。因为接触表面在接触压应力的反复长期作用后,会引起材料表面因疲劳损伤而使局部区域产生小片金属剥落,这种疲劳破坏现象称为接触疲劳。接触疲劳与一般疲劳一样,同样有疲劳裂纹产生和疲劳裂纹扩展两个阶段。

接触疲劳破坏形式有麻点剥落(点蚀)、浅层剥落和深层剥落三类。在接触表面上出现深度在 0.1~0.2mm 以下的针状或痘状凹坑,称为麻点剥落;浅层剥落深度一般为 0.2~0.4mm,剥块底部大致和表面平行;深层剥落深度和表面强化层深度相当,产生较大面积的表层压碎。

提高接触疲劳抗力的主要途径有:尽可能减少材料中的非金属夹杂物;改善表层质量(内部组织状态及外部加工质量);适当控制心部硬度及表层的硬度与深度;保持良好的润滑状态等。

(5) 腐蚀疲劳　腐蚀疲劳是零件在腐蚀性环境下承受变动载荷所产生的一种疲劳破坏现象。由于材料同时受到腐蚀和疲劳两个因素的组合作用,加速了疲劳裂纹的产生和扩展,所以它比这两个因素单独作用时的危害性要大得多。在国内外如船舶推进器、压缩机和燃气轮机叶片等产生腐蚀疲劳破坏事故常有报道,故腐蚀疲劳也应引起人们重视。

由于材料的腐蚀疲劳极限与抗拉强度间不存在比例关系,因此,提高腐蚀疲劳抗力的主要途径有:在腐蚀介质中添加缓蚀剂;采用电化学保护;通过各种表面处理方法,使零件表层产生残余压应力等。

1.2　物理、化学性能

1. 物理性能

金属材料的物理性能主要有密度、熔点、热膨胀性、导热性、导电性和磁性等。由于机器零件的用途不同,对其物理性能的要求也有所不同。如,飞机零件常选用密度较小的铝、镁、钛合金来制造;设计电动机、电器零件时常要考虑金属材料的导电性、磁性等物理性能。

金属材料的物理性能有时对加工工艺也有一定的影响。如,高速工具钢导热性较差,锻造加热时应采用低速度来加热升温,否则容易产生裂纹;而材料的导热性对切削刀具温升也有重要影响。又如,锡基轴承合金、铸铁和铸钢的熔点不同,故所选的熔炼设备、铸型材料均有很大的不同。

2. 化学性能

金属材料的化学性能主要是指在常温或高温时,抵抗各种介质侵蚀的能力,如耐酸性、耐碱性、抗氧化性等。

对于在腐蚀性介质中或在高温下工作的机器零件,由于比在空气中或室温时的腐蚀更为强烈,故在设计这类零件时应特别注意金属材料的化学性能,采用化学稳定性良好的合金。

如化工设备、医疗和食品用具常采用不锈钢制造，而内燃机的排气阀、汽轮机和电站设备的一些零件则常选用耐热钢来制造。

1.3 工艺性能

工艺性能是金属材料物理、化学和力学性能在加工过程中的综合反映，是指是否易于进行冷、热加工的性能。按工艺方法不同，可分为铸造性、可锻性、焊接性和切削加工性等。

在设计零件和选择工艺方法时，都要考虑金属材料的工艺性能。如，灰铸铁的铸造性能优良，这是其广泛用于制造铸件的重要原因，但它的可锻性很差，不能进行锻造，其焊接性能也较差。又如，低碳钢的焊接性优良，而高碳钢很差，因此焊接结构广泛采用的是低碳钢。各种工艺性能将在本书后面有关篇章中分别介绍。

1.4 习　　题

一、填空题

1. 强度是指金属材料在静态载荷作用下，抵抗_____和_____的能力。
2. 衡量金属材料塑性好坏的指标有_____和_____两个。
3. 硬度是衡量材料力学性能的一个指标，常见的试验方法有_____、_____和_____。

二、判断题

1. 一般来说，材料的硬度越高，耐磨性越好，则强度也越高。　　　　（　　）
2. 机器零件或构件工作时，通常不允许发生塑性变形，因此多以屈服强度作为强度设计的依据。　　　　　　　　　　　　　　　　　　　　　　　　　　　（　　）

三、选择题

锉刀的硬度测定，应采用（　　）。
A. HRA 硬度测定法　　　　　　　　B. HBW 硬度测定法
C. HRB 硬度测定法　　　　　　　　D. HRC 硬度测定法

四、简答题

1. 什么是材料的力学性能，力学性能主要包括哪些指标？
2. 什么是强度？什么是塑性？衡量这两种性能的指标有哪些？各用什么符号表示？
3. 什么是硬度？HBW、HRA、HRB、HRC 各代表用什么方法测出的硬度？各种硬度测试方法的特点有何不同？
4. 什么是冲击韧度？
5. 什么是疲劳现象？什么是疲劳强度？
6. 简述各力学性能指标是在什么载荷作用下测试的。
7. 用标准试样测得的材料的力学性能能否直接代表材料制成零件的力学性能，为什么？
8. 根据化学成分、结合键的特点，工程材料是如何分类的？主要差异表现在哪里？
9. 为什么疲劳断裂对机械零件潜藏着很大危险性？交变应力与重复应力区别何在？试举出一些零件在工作中分别存在这两种应力的例子。

五、计算题

1. 拉伸试样的原标距为 50mm，直径为 10mm，拉伸试验后，将已断裂的试样对接起来测量，若断后的标距为 79mm，缩颈区的最小直径为 4.9mm，求该材料的断后伸长率和断面收缩率。

2. 现有原始直径为 10mm 圆形的长、短试样各一根，经拉伸试验测得其伸长率 $A_{11.3}$、$A_{5.65}$ 均为 25%，求两试样拉断后的标距长度。两试样中哪一根塑性好？为什么？

第2章 材料的结构

通常应用的金属不可能是绝对纯的,一般把没有特意加入其他元素的工业纯金属称为纯金属,实际上它往往含有微量的杂质元素。

纯金属的强度较低,很少单独作为工程材料应用,而常用的是它们的合金。纯金属主要作为合金的基础金属及合金元素来使用。常用的纯金属有 Fe、Cu、Al、Mg、Ti、Cr、W、Mo、V、Mn、Zr、Nb、Co、Ni、Zn、Sn、Pb 等。因为它们是合金的基本材料,是进一步研究合金的基础,所以必须首先研究纯金属的结构与结晶。

2.1 材料结构的类型

2.1.1 结构类型

原子(离子或分子)在空间中有着不同的排列,从而形成了晶体、非晶体等不同的结构类型。

1. 晶体

晶体材料的原子(离子或分子)在空间呈有规则的、周期的长程(纳米数量级)有序排列。晶体一般具有以下特点:①有规则的外形;②固定的熔点;③各向异性(指单晶体)。

2. 非晶体

非晶体的原子(离子或分子)在空间呈无规则的短程(纳米数量级)有序排列。它和瞬间的液体结构相同,典型材料有玻璃、松香、金属玻璃等。非晶体材料的共同特点是:①长距离考察为无序结构,但短程有序,物理性质表现为各向同性;②没有固定的熔点;③热导率和热膨胀性均小;④塑性形变大;⑤组成的变化范围大。

从理论上讲,不同条件下的材料都应该能够形成晶体,也能形成非晶体。但在实际上并非如此,如金属材料,熔融态的金属原子扩散和迁移非常容易,液体黏度很小,冷却时结晶能力很强,很难形成非晶体金属。而熔融的二氧化硅(SiO_2)则黏度很高,原子迁移很困难,冷却时就很容易形成非晶体。但在特定条件下也可以转化,如金属液体在高速冷却下可以得到非晶态金属,玻璃适当热处理可形成晶体玻璃。而有些材料可看成是有序和无序的中间状态,如塑料、液晶等。

2.1.2 几何晶体学的基本概念

1. 晶格和晶胞

把组成晶体的原子(离子、分子或原子团)抽象成质点,这些在晶体中几何环境和物质环境相同的等同点,在三维空间排列的阵式就形成了空间点阵。用一些假想的空间直线把这些点连接起来,就构成了三维的几何格架,称为晶格。从晶格中取出一个反映点阵几何特征的最基本单元,称为晶胞,如图 2.1 所示。

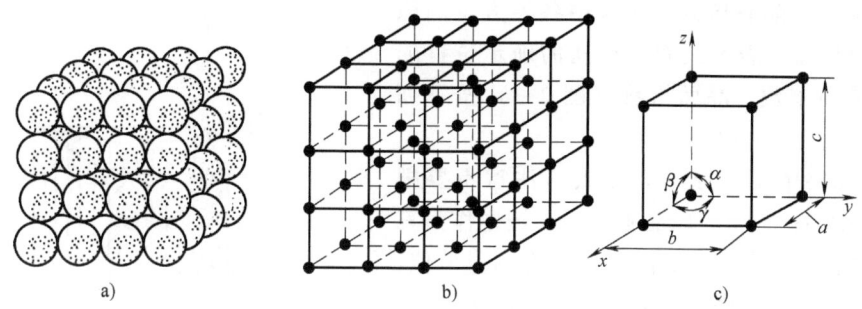

图 2.1 晶体、晶格和晶胞示意图(简单立方晶体)
a) 晶体中简单原子排列 b) 晶格 c) 晶胞

表征晶胞特征的参数有六个:棱边 a、b、c,棱边夹角 α(c、b 间)、β(a、c 间)、γ(a、b 间)。这六个参数称为晶胞常数,通常又把 a、b、c 称为晶格常数。

2. 晶系

按照六个晶胞参数组合的可能方式或晶胞自身的对称性,可将晶体结构分为七个晶系。布拉维证明,七个晶系中存在七种简单晶胞(晶胞原子数为 1)和七种复合晶胞(晶胞原子数为 2 以上),共 14 种晶胞,如图 2.2 所示。

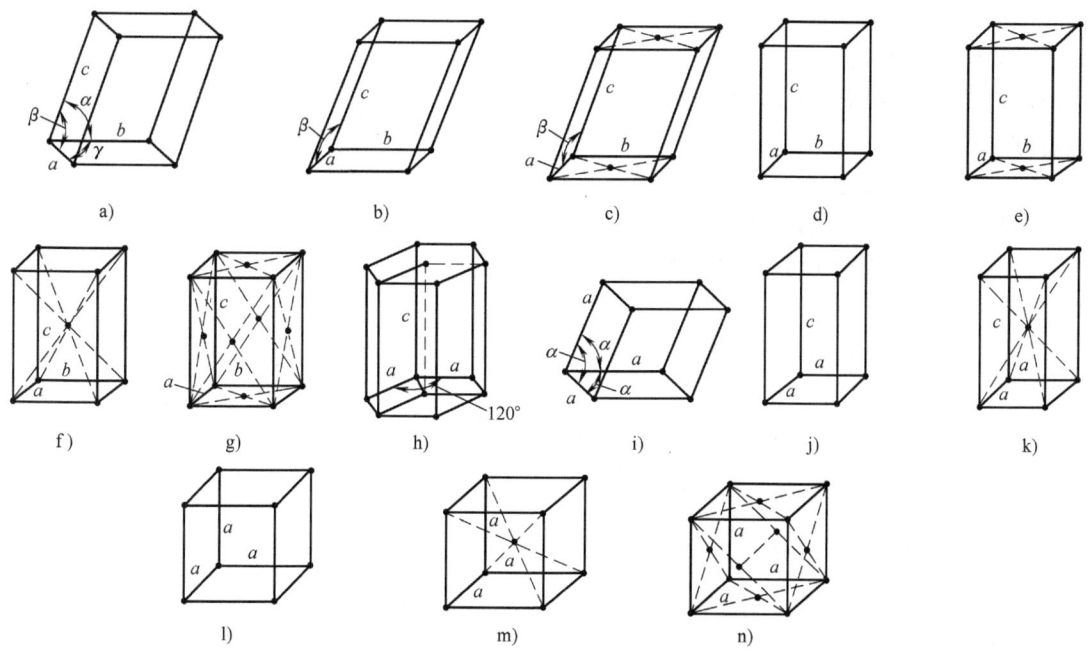

图 2.2 14 种空间点阵的晶胞
a) 三斜简单晶胞 b) 单斜简单晶胞 c) 单斜底心晶格 d) 正交简单晶胞 e) 正交底心晶胞
f) 正交体心晶胞 g) 正交面心晶格 h) 六方晶胞 i) 菱形晶胞 j) 四方简单晶胞
k) 四方体心晶胞 l) 立方简单晶胞 m) 立方体心晶胞 n) 立方面心晶胞

3. 晶面与晶向

不同晶体结构类型的材料，其性能有明显的差异，而且在同一种类型晶格的不同方向上性能也不同，为了描叙这种差异，提出了晶向与晶面的概念。

（1）晶面与晶面指数　晶体中各种方位的原子平面称为晶面，表示晶面在空间的确定位置的参数称为晶面指数。晶面指数（图 2.3）按下列步骤确定：

1）以晶格中某一原子为原点（注意不要把原点放在所求晶面上），以晶胞的三个棱边作为三维坐标的坐标轴，以相应的晶格常数为测量单位，求出所求晶面在三个坐标上的截距 A、B、C。

2）将所得的三个截距值变为倒数。

3）将所得数值化为最简整数 h、k、l，用圆括号括起，就表示该晶面及与之平行的一组晶面的晶面指数。

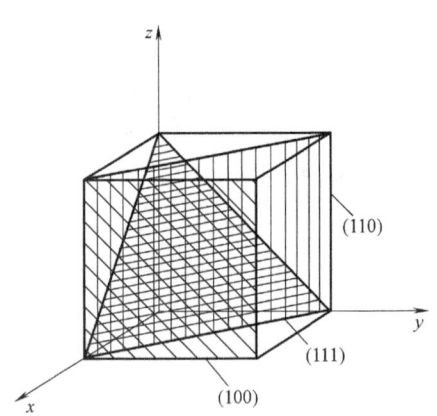

图 2.3　一些晶面的晶面指数

应该注意：①晶面与某坐标轴平行时，其在此轴上截距为 ∞；②坐标原点及坐标轴可在点阵中平移，平移后的原点必须还是点阵上的节点；③晶面指数都是整数，这是由点阵的周期性所决定的；④当截距为负值时，相应指数上冠以负号，如 ($1\bar{1}1$)。互相对称的一族原子或分子排列完全相同的所有晶面称为一个晶面族，其通常表示为 $\{h\,k\,l\}$。

（2）晶向与晶向指数　晶体中连接原子、离子或分子点阵的直线所代表的方向称为晶向。表示晶向在空间确定位置的参数称为晶向指数，如图 2.4 所示。确定方法如下：

1）以晶格中某原子为原点确定三维坐标，通过原点引平行于所求晶向的直线。

2）以相应的晶格常数为测量单位，求直线上任意一节点的三个坐标值。

3）将所求数值化为最简整数，以 u、v、w 表示，加一方括号即为所求的晶向指数。

如果坐标值为负值，则在指数上方冠以负号，如 $[u\bar{v}w]$。用 $<uvw>$ 表示原子、离子或分子排列相同的晶向族。

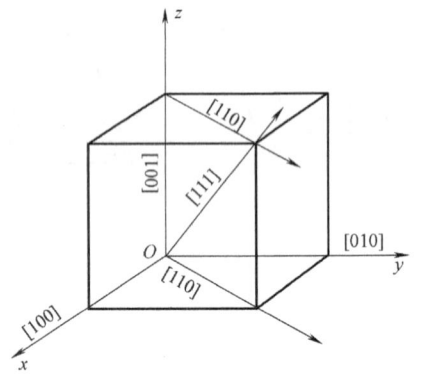

图 2.4　一些晶向的晶向指数

2.1.3　配位数和致密度

通常用配位数和致密度来表征晶体中原子排列的紧密程度，它们的数值越大，表示晶体中原子排列越紧密。

（1）致密度　晶体中原子或离子在空间堆垛的紧密程度可用晶胞中所包含的原子体积与晶胞体积 V 的比值表示。若晶胞中原子数为 n、原子半径为 r，则晶胞中原子所占的体积为：$n \times \dfrac{4}{3}\pi r^3$，则致密度 $K = n \times \dfrac{4}{3}\pi r^3 / V$。$K$ 值越大，晶体中原子排列越紧密。

（2）配位数　配位数是表示晶格中与任一原子处于相等距离并相距最近的原子数目。金属晶体结构中，体心立方结构的配位数为 8，面心立方和密排六方结构的配位数均为 12，离子晶体 NaCl 结构中，Na^+ 和 Cl^- 离子的配位数各为 6。配位数越大，表示晶体中原子排列越紧密。

2.1.4　晶体的各向异性

由于晶体中不同晶面和晶向上的原子密度不同，因而会造成其在不同方向上的性能差异，晶体的这种"各向异性"的特点是其区别于非晶体的重要标志之一。如，体心立方的 Fe 晶体，由于它在不同晶向上的原子密度不同，原子结合力不同，因而其弹性模量 E 便不同，在 <111> 方向上 $E = 290000$ MPa，在 <100> 方向上 $E = 135000$ MPa。许多晶体物质，如石膏、云母、方解石等，常沿一定的晶面易于破裂，具有一定的解理面，也都是这个道理。

晶体的各向异性，无论在物理、化学或力学性能方面，即无论在弹性模量、屈服强度，或电阻、磁导率、线胀系数，以及在酸中的溶解速度等许多方面都会表现出来，并在工业上得到应用，指导生产，获得优异性能的产品。如制作变压器用的硅钢片，因它在不同晶向的磁化能力不同，我们可通过特殊的轧制工艺，使其易磁化的 <100> 晶向平行于轧制方向，从而得到优异的磁导率等。

但必须指出，在工业金属材料中，通常见不到它们具有这种各向异性的特征。如铁的弹性模量，在日常材料试验时，无论从何种方位取样，所得数据均在 $E \approx 210000$ MPa，从未发现过它在不同方向上的性能不同。这是因为以上所述只是一些单晶体结构的理想情况，而与实际金属晶体结构有很大不同，因此必须再进一步讨论实际的金属结构。

2.2　金属键与金属的特性

组成材料的原子、分子或离子互相作用而联系在一起。由于电子运动使原子产生集合的结合力称为化学键，可分为离子键、共价键、金属键三种，它们是固体材料主要的结合键力。另一类属于物理键，包括分子键和氢键，在高分子材料中起重大作用。

工程材料中有的是一种键结合，有的是两种或几种键结合。纯金属及合金，其结合键主要是金属键，有时也含有共价键和离子键。纯金属分两种，一种是内电子壳层完全填满或完全空着的那些元素，属于简单金属，其结合键完全为金属键；另一种是内电子壳层未完全填满的那些元素，属于过渡金属，其结合键为金属键和共价键的混合，但以金属键为主。所以工程用金属材料的结合键基本上为金属键。一般原子作周期规则排列的为金属晶体，但在特定条件下制造的金属材料也可以是非晶体。

2.2.1　金属键

金属元素的特点是价电子数目较少，原子核对外层轨道上的价电子吸引力不大，所以原子很容易丢失其价电子而成为正离子。当大量这样的原子相互接近并聚集为固体时，大部分或全部原子都会丢失其价电子，使价电子为全部原子所公有而成为自由电子，它们在正离子之间自由运动，形成所谓电子气。正离子则沉浸在电子气中。在理想情况下，价电子从原子上脱落而形成对称的正离子，其核外电子云呈球状且高度对称的规则分布。正离子与电子气之间产生强烈的静电吸引力，使正离子按一定的几何形式在空间规则地结合起来，并各自在其所占的位置上作微小的热振动。这种使金属正离子按一定方式牢固地结合成一个整体的结合力称为金属键，由金属键结合起来的晶体称为金属晶体，如图2.5所示。

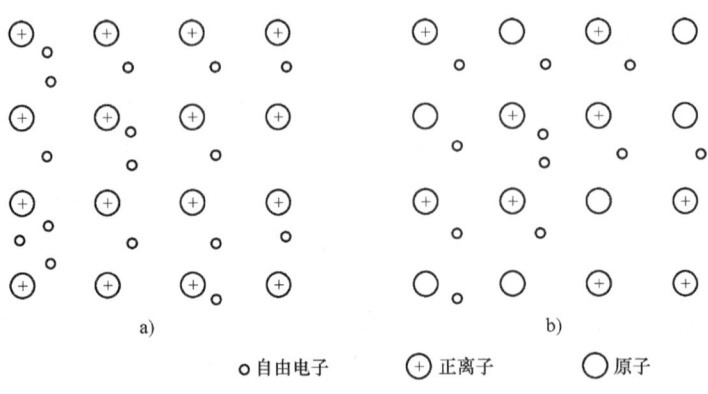

○ 自由电子　⊕ 正离子　○ 原子

图2.5　金属键模型示意图

2.2.2　金属的特性

材料的性能决定于材料的结构。金属具有不同于非金属的特性也是由金属本身的结构，尤其是金属键所决定的。金属在固态下和部分金属在液态下具有下列特性：

（1）良好的导电性和导热性　金属键中有大量自由电子存在，当金属两端存在电势差或外加电场时，电子可定向、加速地通过金属，使金属表现出优良的导电性。金属的导热性好是离子的热振动和自由电子热运动两者的联合贡献所致，比单纯的离子热振动所产生的导热效果好。

（2）不透明、良好的反射能力、形成金属光泽　金属中存在的自由电子能够吸收可见光波段的光量子的能量，使金属变得不透明。同时自由电子吸收了光量子的能量后，被激发到较高的能量状态，当它返回原来的低能量状态时，就会产生一定波长的辐射，使金属呈现不同颜色的光泽。

（3）具有较高的强度、良好的塑性　金属键使金属正离子之间产生紧密堆排的结构，从而使金属具有较高的强度。金属键没有方向性，对原子也没有选择性，所以在受外力作用而发生原子相对移动时，金属键不会破坏，表现出良好的塑性。

（4）除汞外，常温下均为固体，能相互溶合　在常温下，金属键使大多数金属都采取最紧密堆积的原子排列，一般呈长程有序的固态晶体状态存在。液态时结合力减弱呈短程有序排列，不同金属原子（离子）能相互滑动、混合，由于金属键的无方向性和结合的随意性，冷却时相互溶合的金属又能重新规则排列。

（5）有正的电阻温度系数，很多金属具有超导性　金属加热时，正离子的振动增强，金属中的空位增多，原子排列的规则性受到干扰，电子运动受阻，因而电阻增大，所以有正的电阻温度系数。

对于许多金属，在极低（<20K）的温度下，由于自由电子之间结合成两个电子相反自旋的电子对，不易遭受散射，所以电阻率趋向于零，产生超导现象。

2.3 纯金属常见的晶体结构

工业常用的金属中，除少数具有复杂晶体结构外，绝大多数金属都具有比较简单的晶体结构。其中最常见的金属晶体结构有三种类型：体心立方结构、面心立方结构和密排六方结构。室温下有 85%~90% 的金属元素具有这三种晶格类型。

不同的金属晶体结构类型，其性能不同。而具有相同晶格类型的不同金属，其性能也不相同，这是由于它们具有不同的晶胞特征。可用以下的主要几何参数来表征晶胞的特征：晶胞的形状及大小、原子半径、晶胞中实际所含的原子数、晶胞中原子排列的紧密程度（可用致密度和配位数表示）。

2.3.1 体心立方晶格

体心立方晶格的晶胞是一个立方体，如图 2.6 所示。在立方体的八个角上各有一个与相邻晶胞共有的原子，并在立方体中心有一个原子。因为晶格常数 $a=b=c$，故只用 a 即可表示，$\alpha=\beta=\gamma=90°$。立方体的形状大小可用晶格常数 a 及夹角 α 表示。可求出原子的半径为 $r=\frac{\sqrt{3}}{4}a$。由于每个顶点的原子为八个晶胞共有，所以晶胞原子数为 $\frac{1}{8}\times 8+1=2$。每个原子的最邻近原子数为 8，所以配位数（指晶体结构中与任一个原子最近邻、等距离的原子数目）等于 8。致密度可计算为 $K=\dfrac{2\times\frac{4}{3}\pi r^3}{a^3}\times 100\%=68\%$。属于这类晶格的金属有 Cr、V、W、Mo 和 α-Fe 等。

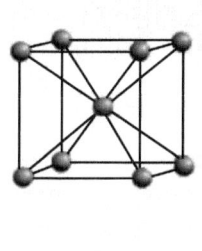  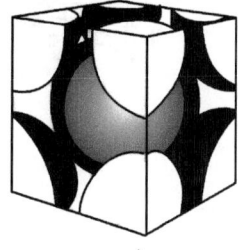

a)　　　　　　　　b)　　　　　　　　c)

图 2.6　体心立方晶格
a）晶胞　b）模型　c）晶胞原子数

2.3.2 面心立方晶格

面心立方晶格的晶胞如图 2.7 所示，也是立方体，在立方体的八个角的顶点和六个面的中心上各有一个与相邻晶胞共有的原子。晶格常数可用 a 表示，夹角 $\alpha=\beta=\gamma=90°$。其原子半径为 $r=\frac{\sqrt{2}}{4}a$。每个晶胞所包含的原子数为 $\frac{1}{8}\times 8+\frac{1}{2}\times 6=4$。配位数为 12，致密度为 0.74 或 74%。属于这类晶格的金属有 Al、Cu、Ni、Pb 和 γ-Fe 等。

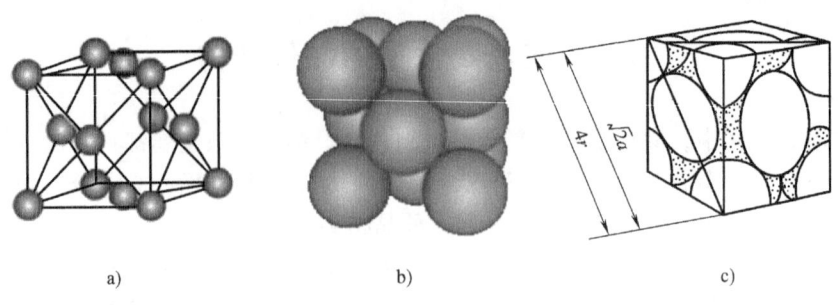

图 2.7 面心立方晶格
a）晶胞 b）模型 c）晶胞原子数

2.3.3 密排六方晶格

密排六方晶格是一个正六面柱体，如图 2.8 所示。在上下两个面的角点和中心上，各有一个与相邻晶胞共有的原子，并在上下两个面的中间有三个原子。

晶格常数用正六边形底面的边长 a 和晶胞高度 c 表示，两者比值 $c/a \approx 1.633$，称为轴比。只有轴比为以上数值时，上下两底面的原子才与中心三个原子紧密接触，才是真正的密排六方结构。其原子半径 $r = \frac{1}{2}a$，晶胞原子数为 $\frac{1}{6} \times 12 + \frac{1}{2} \times 2 + 3 = 6$，配位数为 12，致密度为 0.74 或 74%。属于这类晶格的金属有 Be、Zn、α-Ti 和 β-Cr 等。

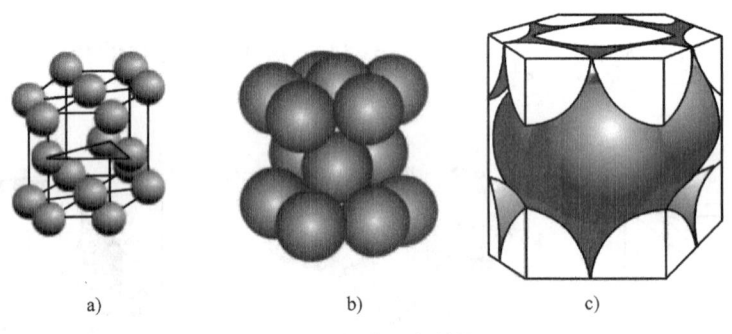

图 2.8 密排六方晶格
a）晶胞 b）模型 c）晶胞原子数

2.4 金属的实际晶体结构

如果晶体的内部晶格位向完全一致，我们称这块晶体为"单晶体"或"理想单晶体"，以上的讨论指的都是这种单晶体的情况。在工业生产中，只有经过特殊制作才能获得内部结构相对完整的单晶体。

2.4.1 多晶体结构和亚结构

一般所用的工业金属材料，即使体积很小，其内部仍包含许许多多的小晶体，每个小晶体内部的晶格位向是一致的，而各个小晶体彼此间位向都不同，如图 2.9a 所示。这种外形不规则的小晶体称为"晶粒"。晶粒与晶粒间的界面称为"晶界"。这种实际上由多个晶粒组成的晶体称为"多晶体"结构。由于实际的金属材料都是多晶体结构，一般测不出其像在单晶体中那样的各向异性，测出的是各位向不同的晶粒的平均性能，结果使实际金属不表现出各向异性，而表现出各向同性。

晶粒尺寸通常很小，如钢铁材料的晶粒一般为 $10^{-3} \sim 10^{-1}$ mm，故只有在金相显微镜下才能观察到。图 2.9b 所示为在金相显微镜下所观察到的工业纯铁的晶粒和晶界。这种在金相显微镜下所观察到的金属组织，称为"显微组织"或"金相组织"。

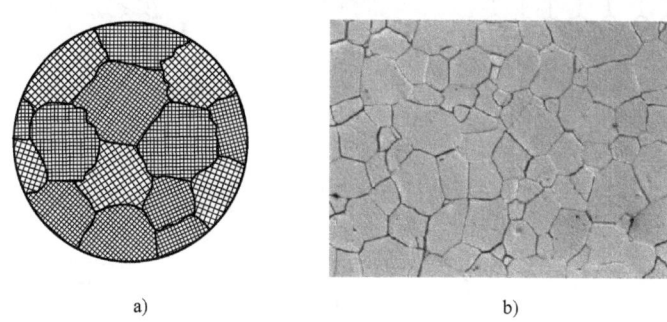

图 2.9 金属的实际晶格结构
a) 金属的多晶体结构示意图　b) 工业纯铁的显微组织

每个晶粒内部，实际上也并不像理想单晶体那样位向完全一致，而是存在着许多尺寸更小，位向差也很小（一般是 10′~20′，最大到 2°）的小晶块。它们相互镶嵌成一颗晶粒，这些在晶格位向上彼此有微小差别的晶内小区域称为亚结构（或称亚晶粒、镶嵌块）。因其组织尺寸较小，需在高倍显微镜或电子显微镜下才能观察到。

2.4.2 晶体中的缺陷

晶体中的原子完全为规则排列时，称为理想晶体，实际金属并非是整个晶体为晶胞重复排列的理想结构。应用电子显微镜等现代的检测仪器发现在金属晶体内部存在多种缺陷。按照几何特征，晶体缺陷主要可分为点缺陷、线缺陷及面缺陷三大类。

（1）点缺陷　最常见的点缺陷是空位和间隙原子，如图 2.10 所示。因为这些点缺陷的存在，使其周围的晶格发生畸变，引起性能的变化。晶体中晶格空位和间隙原子都处在不断的运动和变化之中，晶格空位和间隙原子的运动是金属中原子扩散的主要方式之一，这对热处理过程起着重要的作用。

（2）线缺陷　晶体中的线缺陷通常是各种类型的位错。所谓位错就是在晶体中某处有一列或若干列原子发生了某种有规律的错排现象。这种错排有许多形式，其中比较简单的一种形式就是刃型位错，如图 2.11 所示。

位错密度越大，塑性变形抗力越大。因此，目前通过塑性变形，提高位错密度，是强化金属的有效途径之一。

（3）面缺陷　面缺陷即晶界和亚晶界。晶界实际上是不同位向晶粒之间原子无规则排列的过渡层，如图 2.12 所示。试验证明，晶粒内部的晶格位向也不是完全一致的，每个晶粒都是有许多位向差很小的小晶块互相镶嵌而成，这些小晶块称为亚晶粒。亚晶粒之间的边界称为亚晶界。亚晶界实际上是由一系列刃型位错所形成的小角度晶界，如图 2.13 所示。

晶界和亚晶界处表现出较高的强度和硬度。晶粒越细小，晶界和亚晶界越多，它对塑性变形的阻碍作用就越大，金属的强度、硬度越高。晶界还有耐蚀性差、熔点低、原子扩散速度较快的特点。

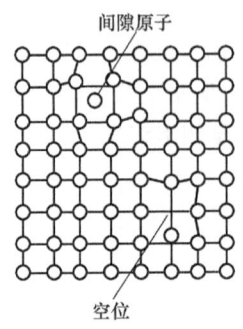

图 2.10 空位的间隙原子示意图

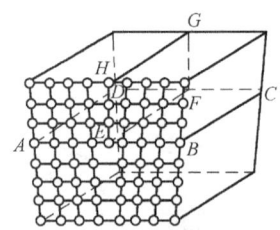

图 2.11 刃型位错立体模型

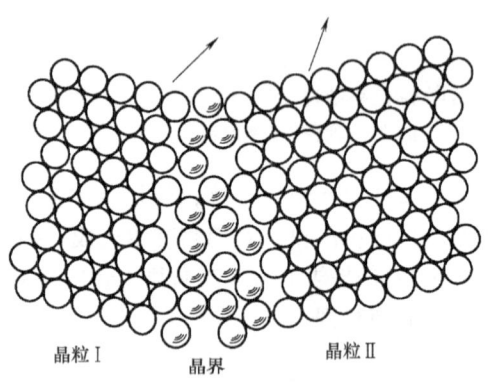

图 2.12 晶界的过渡结构示意图

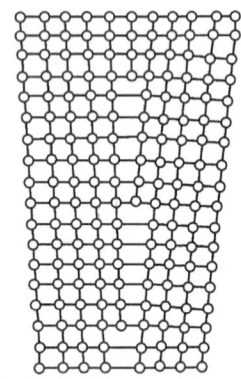

图 2.13 亚晶界结构示意图

2.5 合金的结构

合金生产中应用最多的是熔炼法。在应用该方法制取合金时，首先需要得到具有某种化学成分的均匀一致的合金溶液。当把这种合金溶液的温度降至稍低于其熔点温度时便开始结晶。合金的结晶过程同纯金属一样，也是通过形核和长大来完成的。不同的是：由于在合金中含有两种或两种以上元素的原子，它们之间必然相互发生作用，因而生成的结晶产物往往不是只含有一种元素的小晶体（晶粒），而是含有两种或多种元素的小晶体。在固态合金中，这些由多种元素构成的小晶体的化学成分和晶格结构可以是完全均匀一致的（图2.14），也可以是不一致的（图2.15）。在金属或合金中，凡成分相同、结构相同并与其他部分有界面分开的均匀组成部分，均称为相。若合金是由成分、结构都相同的同一种晶粒构成的，则各晶粒虽有界面分开，却属于同一种相；若合金是由成分、结构互不相同的几种晶粒所构成，它们将属于不同的几种相。

固态合金中的相，按其晶格结构的基本属性来分，有两类：第一类，在合金结晶时所形成固相的晶格结构与合金的某一组成元素的晶格结构相同，这种固相称为固溶体；第二类，所形成的固相的晶格结构与合金的各组成元素的晶格结构均不相同,这种固相称为化合物。

以下按固溶体及化合物这两大类来介绍在固态合金中可能出现的各种相的内部结构情况。

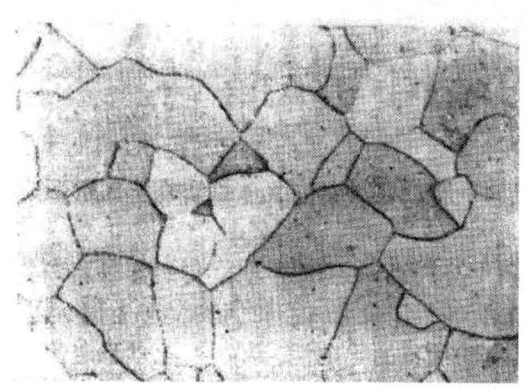

图 2.14　单相固态合金显微组织（硅钢）

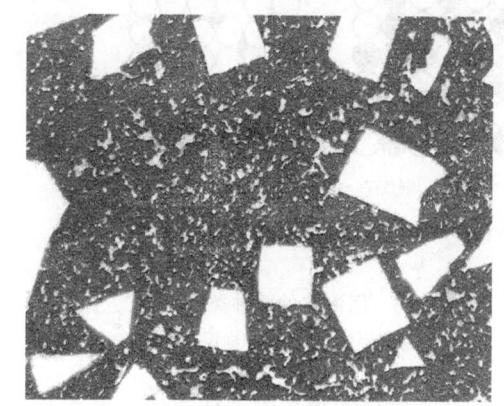

图 2.15　多相固态合金显微组织
（25%Pb+15%Sn+60%Bi）

2.5.1　固溶体

当合金由液态结晶为固态时,组成元素间会像合金溶液那样互相溶解,形成一种在某种元素的晶格结构中包含有其他元素原子的新相,称为固溶体。其中前一种元素含量较多,称为溶剂,后一种元素含量较少,称为溶质。固溶体的晶格与溶剂元素晶格相同。

1. 固溶体的结构与分类

按溶质原子在溶剂晶格中配置情况的不同,可将固溶体分为置换固溶体和间隙固溶体两类:

（1）置换固溶体　当溶质原子代替了一部分溶剂原子而占据着溶剂晶格中的某些结点位置时,所形成的固溶体称为置换固溶体（图 2.16a）。如在单相奥氏体不锈钢（12Cr18Ni9）中,Cr 和 Ni 溶于具有面心立方晶格的 γ-Fe 中,代替 Fe 原子占据某些晶格结点位置,就形成了置换固溶体。

在置换固溶体中,溶质原子的分布通常是无序的（任意的）,这种固溶体称为无序固溶体。但是,在一定的条件下,如在 Cu-Au 合金中,当 Cu 原子数和 Au 原子数之比为 1∶1 或 3∶1 时,缓慢冷却时,两种元素的原子在固溶体中将按图 2.17 所示的方式作有规则的排列,这种固溶体称为有序固溶体（或称超结构）。

有序固溶体在加热至某一临界温度时将转变为无序固溶体,而在缓慢冷却至这一温度时又变为有序固溶体,这一转变过程称为固溶体的有序化。发生有序化变化的临界温度称为固溶体的有序化温度。

当固溶体从无序排列转变为有序排列时,合金的某些物理性能（如比热、电阻等）和力学性能将发生显著的改变,主要表现为硬度、脆性增加,而塑性、电阻下降。

（2）间隙固溶体　当溶质原子在溶剂晶格中并不占据晶格结点的位置,而是嵌入各结点之间的空隙中（图 2.16b）,所形成的固溶体称为间隙固溶体。一般规律是当溶质元素的原子直径与溶剂元素的原子直径之比小于 0.59 时,易于形成间隙固溶体;而在直径大小差不多的元素之间易于形成置换固溶体。

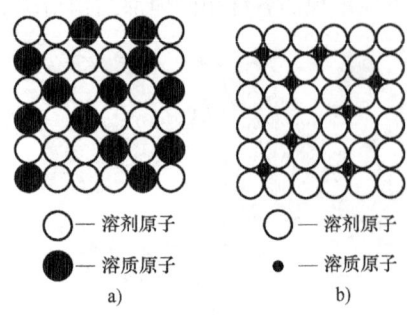

图 2.16 固溶体的两种类型
a) 置换固溶体 b) 间隙固溶体

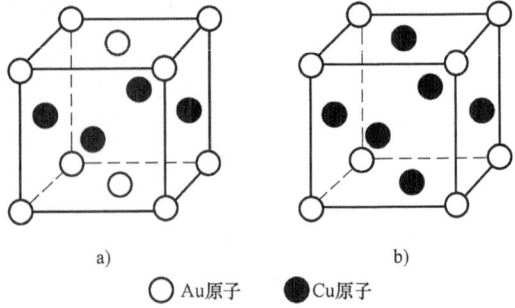

图 2.17 Cu-Au 和 Cu_3-Au 固溶体的晶格结构示意图
a) Cu-Au b) Cu_3-Au

图 4.1 所示硅钢片中的铁素体，既是置换固溶体（Si 原子在 α-Fe 中替代部分 Fe 原子占据晶格结点位置），也是间隙固溶体（C 原子在 α-Fe 的晶格中嵌入晶格间隙）。

溶质原子在间隙固溶体中只能呈统计分布，形成无序固溶体。

2. 溶质元素在固溶体中的溶解度

溶质原子溶于固溶体中的量，称为固溶体的浓度。固溶体的浓度一般用重量分数表示，也可以用原子分数表示，其具体数值（以 C 表示）为

$$C = \frac{溶质元素的重量}{固溶体的总重量} \times 100\% \quad （重量分数）$$

或

$$C = \frac{溶质元素的原子数}{固溶体的总原子数} \times 100\% \quad （原子分数）$$

在一定条件下，溶质元素在固溶体中的极限浓度称为溶质元素在固溶体中的溶解度。通常溶质元素在固溶体中所能达到的极限浓度不可能是 100%，即其溶解度是有一定限制的，这种固溶体称为有限固溶体。但是，在某些元素之间可以形成任何成分比例的固溶体，即无论这些元素怎样配比都能形成均匀一致的单相固溶体，不存在极限浓度的限制，这种固溶体称为无限固溶体。

显然，只有在溶剂与溶质元素之间形成置换固溶体时，才有可能形成无限固溶体；而对于间隙固溶体，只能形成有限固溶体。

习惯上，在合金系统中，常按照某种顺序（如按固溶体的浓度，或按固溶体稳定存在的温度范围等）由低到高，用希腊字母 α、β、γ、δ、ε 等来表示不同类型的固溶体，并称为 α 固溶体、β 固溶体等。

3. 影响固溶体结构形式和溶解度的因素

固溶体的结构形式和溶解度的大小取决于多种因素，目前还在研究之中，并不十分清楚。现将几个公认的主要原因介绍如下：

（1）尺寸（原子大小）因素 大量统计结果表明，当溶剂与溶质的原子直径差别（用 $\frac{d_{溶剂} - d_{溶质}}{d_{溶剂}} \times 100\%$ 表示）较小时，易于形成置换固溶体，而且两者的尺寸差别越小所形成的固溶体的溶解度越大。当原子尺寸差别小于某一数值时将形成无限固溶体。这个数值对以铁

为基的固溶体为8%，对以铜为基的固溶体为10%~11%，通常为10%~15%。当原子尺寸差别大于15%时，即不大可能形成置换固溶体。

尺寸因素的物理实质是显而易见的。如形成置换固溶体时，若溶质原子的尺寸比溶剂原子大，随着溶质原子的溶入，将在固溶体的晶格结构中引起正畸变（图2.18a）；反之若溶质原子尺寸比溶剂小，则其周围的溶剂原子将向溶质原子靠拢，引起负畸变（图2.18b）。十分明显，溶质与溶剂原子的尺寸差别越大，形成固溶体时所造成的晶格畸变便越大，由此所导致的点阵畸变能也越大，固溶体晶格结构的稳定性就越小。因此，只有原子尺寸差别较小，形成固溶体时所引起的晶格畸变发生较小的元素之间，才倾向于形成置换固溶体，并具有较高的溶解度。

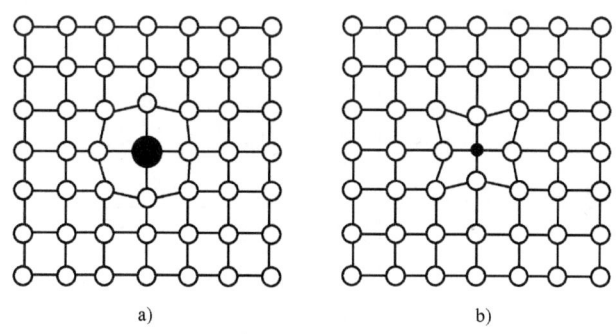

图2.18 形成置换固溶体的晶格畸变
a）正畸变　b）负畸变

同理可知，在形成间隙固溶体时将只能引起固溶体晶格产生正畸变。显然，溶质原子的尺寸越小，形成间隙固溶体时所造成的晶格畸变和畸变能便越小，间隙固溶体就越容易形成，其溶解度也就越大。反之，溶质原子的相对尺寸差越大，越不易形成间隙固溶体，最终会在溶质原子的相对尺寸大于某一临界数值时，使间隙固溶体的溶解度下降至零，即完全不能形成间隙固溶体。

（2）负电性因素　两种元素在周期表中的位置相距越远，其负电性（即这些元素的原子自其他原子夺取电子而变为负离子的能力）相差越大，它们之间的化学亲合力越强，它们就越倾向于形成化合物，而不利于形成固溶体，所形成的固溶体的溶解度也就越小。

负电性的作用也是极为重要和普遍存在的，如S和Al与Fe原子尺寸差别很相近（表2.1），但Al在Fe中的溶解度却比S大得多，其主要原因就是它们之间的负电性较接近。

（3）电子浓度因素　在合金中，价电子数目 e 与原子数目 a 之比称为电子浓度。以二元合金为例，在固溶体中溶质的原子分数为 x，每个溶质原子在形成固溶体时所贡献的价电子数为 V；固溶体中溶剂的原子百分比为 $100-x$，每个溶剂原子贡献的价电子数为 U，则固溶体的电子浓度为

$$C = \frac{e}{a} = \frac{xV + U(100-x)}{100}$$

式中，U 和 V 的数值可由表2.2查出。

当溶质原子对固溶体贡献的价电子数与溶剂不同时，随着溶质原子的进入，固溶体晶格中的电子浓度及电子云的结构将有所改变。显然，在这种情况下溶质原子所占比率越高，固

表 2.1 元素周期表中部分元素的晶体结构、原子直径及核外电子分布总表

族 周期	IA	IIA	IIIB	IVB	VB	VIB	VIIB	VIII			IB	IIB	IIIA	IVA	VA	VIA
1	1 氢 H 0.92 $1s^1$															
2	3 锂 Li 3.13 $2s^1$	4 铍 Be 2.25 $2s^2$											5 硼 B 1.94 $2s^22p^1$	6 碳 C 1.54 $2s^22p^2$	7 氮 N 1.42 $2s^22p^3$	8 氧 O 1.20 $2s^22p^4$
3	11 钠 Na 3.83 $3s^1$	12 镁 Mg 3.20 $3s^2$											13 铝 Al 2.85 $3s^23p^1$	14 硅 Si 2.67 $3s^23p^2$	15 磷 P 2.2 $3s^23p^3$	16 硫 S 2.08 $3s^23p^4$
4	19 钾 K 4.76 $4s^1$	20 钙 Ca 3.93 $4s^2$	21 钪 Sc 3.27 $3d^14s^2$	22 钛 Ti 2.93 $3d^24s^2$	23 钒 V 2.71 $3d^34s^2$	24 铬 Cr 2.57 $3d^54s^1$	25 锰 Mn 3.86 $3d^54s^2$	26 铁 Fe 2.54 $3d^64s^2$	27 钴 Co 2.5 $3d^74s^2$	28 镍 Ni 2.49 $3d^84s^2$	29 铜 Cu 2.55 $3d^{10}4s^1$	30 锌 Zn 2.75 $3d^{10}4s^2$	31 镓 Ga 2.7 $3s^24p^1$	32 锗 Ge 2.79 $4s^24p^2$	33 砷 As $4s^24p^3$	34 硒 Se $4s^24p^4$
5	37 铷 Rb $5s^1$	38 锶 Sr 4.26 $5s^2$	39 钇 Y 3.69 $4d^15s^2$	40 锆 Zr 3.19 $4d^25s^2$	41 铌 Nb 2.94 $4d^45s^1$	42 钼 Mo 2.80 $4d^55s^1$	43 锝 Tc 2.71 $4d^65s^2$	44 钌 Ru 2.67 $4d^75s^1$	45 铑 Rh 2.68 $4d^85s^1$	46 钯 Pd 2.77 $4d^{10}$	47 银 Ag 2.88 $4d^{10}5s^1$	48 镉 Cd 3.04 $4d^{10}5s^2$	49 铟 In 3.14 $5s^25p^1$	50 锡 Sn 3.16 $5s^25p^2$	51 锑 Sb 3.23 $5s^25p^3$	52 碲 Te $5s^25p^4$
6	55 铯 Cs $6s^1$	56 钡 Ba $6s^2$	57~71 La~Lu 镧系	72 铪 Hf $5d^26s^2$	73 钽 Ta 2.94 $5d^36s^2$	74 钨 W 2.82 $5d^46s^2$	75 铼 Re 2.75 $5d^56s^2$	76 锇 Os 2.7 $5d^66s^2$	77 铱 Ir 2.7 $5d^76s^2$	78 铂 Pt 2.77 $5d^86s^2$	79 金 Au 2.88 $5d^{10}6s^1$	80 汞 Hg 3.10 $5d^{10}6s^1$	81 铊 Tl 3.42 $6s^26p^1$	82 铅 Pb 3.49 $6s^26p^2$	83 铋 Bi 3.64 $6s^26p^3$	84 钋 Po $6s^26p^4$
7	87 钫 Fr $7s^1$	88 镭 Ra $7s^2$	89~103 Ac~Lr 锕系	104 * $(6d^27s^2)$	105 * $(6d^37s^2)$											

原子序数 —— 26 —— 元素符号 Fe
                          2.54 —— 原子直径
晶体结构 —— · —— □
铁 $3d^64s^2$ —— 核外电子的分布

元素晶格代表符号
□ 面心立方　◯ 密排六方
· 体心立方　□ 正方
⊠ 金刚石型立方　◇ 菱形
田 复杂立方　□ 单斜
□ 正交
⬡ 六方

表 2.2 形成合金相时各种元素的每个原子所贡献的价电子数

元素名称	每个原子贡献的价电子数
Cu、Ag、Au	1
Be、Mg、Zn、Cd、Hg	2
Al、In、Ga	3
Sn、Si、Ge、Pb	4
As、Sb、Bi、P	5
Fe、Co、Ni、Ru、Rh、Pd、Os、Ir、Pt、Ce、La、Pr、Nd[①]	0

① 由于在过渡族元素中，nd 层的电子数未被填满，在形成合金相时它们既可贡献电子，也可吸收电子，因而近似地认为它们的原子价数为零。

溶体晶格的电子浓度的改变便越大，最后达到某一极限电子浓度值。当超过此值时，这种固溶体晶格就不稳定，它将按另一种结构形式，形成一种新的合金相。

所以说一定形式的固溶体只能稳定存在于一定的电子浓度范围。如，对于溶剂为一价金属的固溶体，若固溶体具有面心立方晶格，则极限电子浓度值为 1.36；若固溶体具有体心立方晶格，则极限电子浓度值为 1.48；当溶剂为其他元素时，极限电子浓度值还不清楚。

(4) 晶体结构因素　绝大多数情况下，若其他条件相差不大，则在晶格结构相同的元素之间具有较大的溶解度，而在晶格结构不同的元素之间的溶解度较小。如，具有面心立方晶格的 Mn、Co、Ni、Cu、Rh、Pd、Ag、Ir、Pt、Au 等元素在面心立方晶格的 γ-Fe 中溶解度较大，而在体心立方晶格的 α-Fe 中的溶解度较小；具有体心立方晶格的 Cr、V、Ti、Zr、Nb、Ta、Mo、W 等元素在体心立方晶格的 α-Fe 中的溶解度较大，而在面心立方晶格的 γ-Fe 中的溶解度较小。显然只有在晶格结构相同的元素之间才有可能形成无限固溶体。

十分明显，各元素相遇时究竟形成何种固溶体，其溶解度是大还是小，应取决于上述诸因素的综合作用。下面以合金钢中常见元素与铁之间所形成的固溶体为例，分析这些因素的作用。

由化学元素周期表（表 2.1）可以看出：合金钢中常见的合金元素 Ni、Co、Mn、Cr、V、Ti、Zr、Nb、Mo、W、Cu 等元素都在铁的周围，它们与 Fe 原子尺寸差别都在 15% 以内，电化学因素也差不多，因而都能与 Fe 形成置换固溶体。其中 Ni、Co、Cr、V 等元素离 Fe 最近，原子尺寸差异最小（都在 8% 以内），晶格结构又相同，因而它们都能与 Fe 形成无限固溶体。但是，Fe-V 系与 Fe-Cr 系形成的是具有体心立方晶格的无限固溶体；Fe-Ni 系与 Fe-Co 系形成的是具有面心立方晶格的无限固溶体，这显然是结构因素在起作用的缘故。Ti、Zr、Nb 等元素与 Fe 在元素周期表中相距稍远，尺寸差别较大，虽然与 α-Fe 的晶格结构相同，但也只能形成溶解度不高的有限固溶体。Mo 和 W 与 Fe 的距离比 Ti、Zr、Nb 等稍近，原子尺寸差别较小，负电性也比较接近，而且具有体心立方晶格，因而在 α-Fe 中具有稍大些的溶解度。Cu 虽然离 Fe 较近，原子尺寸也差不多，但是由于它不是过渡族元素，其电子结构与 Fe 具有重大差别，因而在铁中的溶解度很小。

钢中总是存在的 Si、P、S 等元素，这些元素与 Fe 的关系各不相同。C 原子较小，与 Fe 原子尺寸比为 0.6，能与 Fe 形成间隙固溶体，但溶解度较小。Si、P、S 三元素都能与 Fe 形成置换固溶体，其中 Si 与 Fe 在这些元素周期表中距离最近，原子尺寸最相近，负电性也最相近，因而 Si 在 Fe 中的溶解度最大；P 距 Fe 较远，原子尺寸和负电性也都与 Fe 相差较大，因而 P 在 Fe 中的溶解度较小；S 距 Fe 最远，与 Fe 的原子差别大于 18%，负电性也相差很大，因而 S 几乎不溶于 Fe，但能与 Fe 形成化合物——FeS。

最后还应指出：固溶体的溶解度还和合金相所处的环境，如温度和压力有关，温度的影响尤为明显。在其他条件相同时，对于大多数固溶体，固溶体的溶解度总是随着温度的升高而逐渐上升，而且温度越高，溶解度增加的速率越大。只有少数例外。

4. 固溶体的性能

当溶质元素的含量极少时，固溶体的性能与溶剂金属基本相同。随着溶质含量的升高，固溶体的性能将发生明显改变，其一般情况是：强度、硬度逐渐升高，而塑性、韧性有所下降，电阻率逐渐升高，导电性逐渐下降，磁矫顽力升高等。

通过溶入某种溶质元素形成固溶体而使金属的强度、硬度升高的现象称为固溶强化。固溶强化的产生是由于溶质原子溶入后，要引起溶剂金属的晶格产生畸变，进而使位错移动时所受的阻力增大的缘故。固溶强化是材料的一种主要的强化途径。

实践证明，适当掌握固溶体中的溶质含量，可以在显著提高金属材料强度、硬度的同时，使其仍然保持相当好的塑性和韧性。如，向 Cu 中加入 19%Ni，可使合金的 R_m 由 220MPa 升高至 380~400MPa，硬度由 44HBW 升高至 70HBW，而塑性仍然保持 $Z=50\%$。若将铜通过其他途径（如冷变形时的加工硬化）获得同样的强化效果，其塑性将接近完全丧失。

十分明显，固溶强化是一种极为优异的强化方式，因而在金属材料的生产和研究中得到了极为广泛的应用，几乎所有对综合力学性能要求较高（强度、韧性和塑性之间有较好的配合）的结构材料都是以固溶体作为最主要、最基本的相组成物。可是通过单纯的固溶强化所达到的最高强度指标仍然有限，常不能满足人们对于结构材料的要求，因而不得不在固溶强化的基础上再补充进行其他强化处理。

2.5.2 金属间化合物

在合金中，当溶质含量超过固溶体的溶解度时，将出现新相。若新相的晶格结构与合金中另一组成元素相同，则新相是以另一组成元素为溶剂的固溶体。若新相的晶格结构不同于任一组成元素，则新相将是组成元素间相互作用而生成的一种新的物质，属于化合物，或中间相。如碳钢中的 Fe_3C，黄铜中的 β 相（CuZn），以及各种钢中都有的 FeS、MnS 等。在这些化合物中，Fe_3C 与 β 相黄铜均具有相当程度的金属键及明显的金属性质，是一种金属物质，因而称为金属间化合物；FeS 及 MnS 具有离子键，没有金属性质，属于一般化合物，因而称为非金属化合物。在合金中，金属间化合物可以成为合金材料的基本组成相，而非金属化合物是合金原料或熔炼过程带来的杂质，它们数量虽少，对合金性能的影响却很坏，因而是不希望有的，一般称为非金属夹杂。此处只介绍金属间化合物。

金属间化合物一般具有复杂的晶格结构，熔点高，硬而脆。当合金中出现金属间化合物时，通常能提高合金的强度、硬度和耐磨性，但会降低塑性和韧性。金属间化合物是各类合金钢、硬质合金和许多有色金属的重要组成相。

金属间化合物的种类很多，根据其形成条件，可划分为下列三种类型：①服从原子价规律的正常价化合物（负电性因素起主要作用）；②由于电子浓度因素发挥了主要作用而形成的电子化合物；③由于组成元素原子大小的相对差别超过了一定数值而形成的间隙化合物（尺寸因素起主要作用）。

1. 正常价化合物

正常价化合物的特点是：符合一般化合物的原子价规律，成分固定并可用化学式表示。

它通常是由在元素周期表上相距较远、电化学性质相差很大的两种元素形成的。如化学性能上表现出强金属性的元素（如 Mg 等）与非金属或类金属元素（如Ⅳ、Ⅴ、Ⅵ族的 Sb、Bi、Sn、Pb 等）就能形成这类化合物，如 Mg_2Si、Mg_2Sn、Mg_2Pb 等。这类化合物的成分固定，不能形成固溶体。

正常价化合物具有很高的硬度和脆性。在合金中，当它在固溶体基体上合理分布时，将使合金得到强化，因而起强化相的作用。如 Al-Mg-Si 合金中的 Mg_2Si 就是一例。

2. 电子化合物

这类化合物由第一族元素、过渡族元素与第二至第五族元素结合而成。它们与正常价化合物不同，不遵守原子价规律，而是服从电子浓度（其计算方法与固溶体电子浓度的计算方法相同）的规律，即当合金的电子浓度达到某一数值，便形成具有某种晶格结构的化合物相。如，在 Cu-Al 合金系中，当 Cu 与 Al 的原子比为 3：1，电子浓度为 $C = \frac{3 \times 1 + 1 \times 3}{4} = \frac{6}{4} = \frac{3}{2}$ 时，将形成具有体心立方晶格的 β 相，其分子式可写为 Cu_3Al。统计结果表明：许多合金的电子浓度为 $\frac{3}{2}$（或 $\frac{21}{14}$）时都能形成具有体心立方晶格的电子化合物——β 相；而在电子浓度达到 $\frac{21}{13}$ 时，形成具有复杂立方晶格的第二种电子化合物——γ 相；第三种电子化合物是在电子浓度达到 $\frac{7}{4}$（或 $\frac{21}{12}$）时形成的，具有密排六方晶格，称为 ε 相。

由上可见，形成这类化合物的主导因素是合金的电子浓度，故称为"电子化合物"。但是，应当指出，电子浓度并不是决定电子化合物结构的唯一因素，组成元素的原子大小及电化学性质等对其结构也有影响。如，电子浓度为 $\frac{3}{2}$ 的电子化合物除可具有体心立方结构外，当形成元素的原子尺寸差别很小时，还可呈密排六方结构等。常见的电子化合物及其结构类型见表 2.3。

表 2.3 合金中常见的电子化合物及其结构类型

合金系	电子浓度		
	$\frac{3}{2}$（或 $\frac{21}{14}$）β 相	$\frac{21}{13}$ γ 相	$\frac{7}{4}$（或 $\frac{21}{12}$）ε 相
	晶体结构		
	体心立方晶格	复杂立方晶格	密排六方晶格
Cu-Zn	CuZn	Cu_5Zn_8	$CuZn_3$
Cu-Sn	Cu_5Sn	$Cu_{31}Sn_8$	Cu_3Sn
Cu-Al	Cu_3Al	Cu_9Al_4	Cu_5Al_3
Cu-Si	Cu_5Si	$Cu_{31}Si_8$	Cu_3Si
Fe-Al	FeAl		
Ni-Al	NiAl		

电子化合物虽然可用化学式表示，但实际上它是一个成分可变的相，可在电子化合物的基础上再溶解一定量的组元，形成以化合物为基的固溶体。因此，电子化合物的成分通常不是一个固定的数值（像普通化合物那样），而是一个或宽或窄的成分范围。如在 Cu-Zn 合金

中，β 相的化学成分中锌的质量分数为 36.8%~56.5%。

电子化合物晶格中各组成元素的原子间多呈无序分布。但是，也有些合金的电子化合物自高温冷却到某一温度以下时，将转变为有序分布。如前面谈到的 Cu-Zn 合金中的 β 相，缓冷到 468℃ 以下时，Cu 和 Zn 原子将转变为有序分布，称为 β' 相。

电子化合物的原子之间为金属结合，因而具有明显的金属特性（如导电性）。它的熔点和硬度都很高，但塑性较低。与其他金属化合物一样，电子化合物不适于作为合金的基体，但却是合金（特别是有色金属）中的重要组成相，与固溶体适当配合，可以使合金获得良好的力学性能。

3. 间隙化合物

在各种工业用钢的组织中，常含有不同类型的碳化物，如 VC、Cr_7C_3、$Cr_{23}C_6$ 等；经氮化、渗硼处理后，钢的表面会形成 Fe_4N、Fe_2N、FeB 等。这些化合物是由原子直径较大的过渡族金属元素与原子直径很小的 C、N、B 等非金属元素组成。在这类化合物的不同于组成元素的新晶格中，尺寸较大的过渡族元素占据晶格的正常位置，尺寸较小的非金属原子则有规则地嵌入晶格的空隙之中，因而称为间隙化合物。

根据组成元素原子半径的比值和间隙化合物结构特征的不同，可将这类化合物分为晶格结构比较简单的间隙相和具有复杂晶格结构的间隙化合物两大类。

（1）间隙相 当非金属元素原子与过渡金属元素原子直径的比值 $\dfrac{d_{非}}{d_{金}} < 0.59$ 时，形成的间隙化合物具有比较简单的晶格结构，称为间隙相。如 W、Mo、V、Ti、Ta、Nb 等的碳化物及过渡金属的氮化物，都是间隙相。

对于碳化钒（VC），V 的原子直径为 2.71nm，C 的原子直径为 1.54nm，$\dfrac{d_C}{d_V} \approx 0.57 < 0.59$，因而 VC 具有比较简单的面心立方晶格，其中 V 原子占据晶格的正常位置，而 C 原子则规则地分布在晶格的空隙之中（图 2.19）。

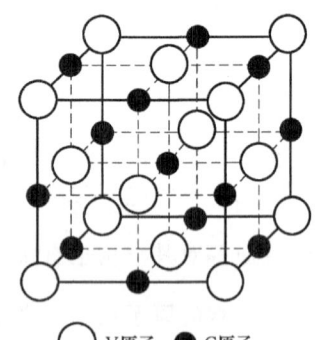

图 2.19 间隙相碳化钒的结构

间隙相中组成元素间的比例一般能够满足简单的化学式：M_4X、M_2X、MX 和 MX_2 等（其中 M 代表金属元素，X 代表非金属元素）。通常间隙相的化学式与其所具有的晶格类型之间有一定的对应关系，见表 2.4。

表 2.4 间隙相化学式与晶格类型的关系

化合物的一般化学式	钢中可能遇到的化合物	结构类型
M_4X	Fe_4N、Nb_4C	面心立方
M_2X	Fe_2N、Cr_2N、W_2C、Nb_2C	密排六方
MX	TaC、TiC、ZrC、VC、VN、TiN TaH、TiH MoN、WC	面心立方 体心立方 简单六方
MX_2	ZrH_2、TiH_2	面心立方

间隙相本身能够溶解其组成元素而形成以其为基的固溶体,因而间隙相的化学成分可在一定范围内变动。如,TiC 的成分便可以在 Ti_2C 与 TiC 之间变动。这种成分的变化是通过某些本应为碳原子所占据的位置出现空位(在某些间隙相中也可以是在应为金属原子所占据的位置上出现空位)的方式来实现的。以间隙相为基,在晶格中出现缺位的方式来溶解某些元素而形成的固溶体称为缺位固溶体。缺位固溶体也可在其他化合物中出现。

(2) 具有复杂结构的间隙化合物　当非金属元素原子与过渡金属元素原子直径的比值 $\dfrac{d_{\text{非}}}{d_{\text{金}}} > 0.59$ 时,所形成的化合物一般具有复杂的晶格结构。如碳素钢中的 Fe_3C,以及合金钢中的 $Cr_{23}C_6$、Cr_7C_3、Fe_4W_2C、FeB、Fe_2B 等均属于这一类。现以钢铁材料中最常见的 Fe_3C(渗碳体)为例,介绍具有复杂结构的间隙化合物的结构特点。

Fe_3C 是钢中一种最重要的具有复杂结构的间隙化合物,其 C 原子直径与 Fe 原子直径之比为 0.61。Fe_3C 的晶格结构如图 2.20 所示。可以看出 C 原子构成一个正交晶格(即三个轴间夹角 $\alpha = \beta = \gamma = 90°$,三个晶格常数 $a \neq b \neq c$),每个碳原子周围都有 6 个铁原子构成八面体,各个八面体的轴彼此倾斜某一角度,每个八面体内都有一个碳原子,每个铁原子为 2 个八面体所共有。所以在渗碳体中 Fe 与 C 原子的比例为

$$\dfrac{Fe}{C} = \dfrac{\dfrac{1}{2} \times 6}{1} = 3$$

因而这种间隙化合物用 Fe_3C 来表示。

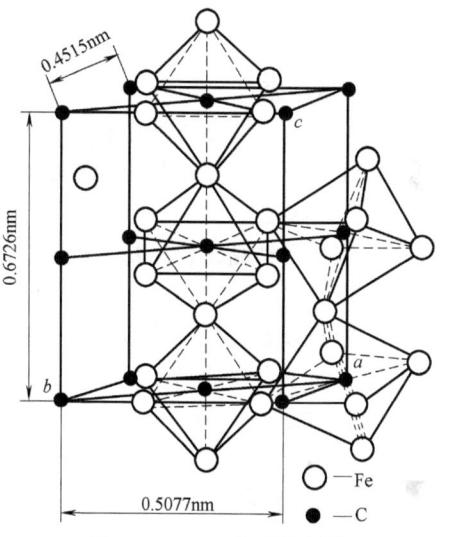

图 2.20　Fe_3C 的晶格结构

在 Fe_3C 中,铁原子可以被其他金属原子(Mn、Cr、Mo、W 等)置换,分别形成 $(Fe, Mn)_3C$ 与 $(Fe, Cr)_3C$ 等以 Fe_3C 为基的置换固溶体,称为合金渗碳体。Fe_3C 中的 C 也可被 N、B 等元素的原子置换而形成 $Fe_3(C, N)$、$Fe_3(C, B)$。

其他复杂结构间隙化合物中的形成元素也可被别的元素所置换,形成更为复杂的化合物,如 $Cr_{23}C_6$ 可溶解 Fe、W、Mo、B 等元素而成为 $(Cr, Fe)_{23}C_6$、$(Cr, Fe, W, Mo)_{23}(C, B)_6$ 等。

形成间隙化合物的过渡族元素的 d 层电子越少,与碳的亲和力就越强,形成的化合物也越稳定(表 2.5)。这些碳化物和氮化物的共同特点是熔点高、硬度高。其中组成元素原子之间结合力特别大的间隙相则具有更高的熔点、更高的硬度(表 2.6),也更加稳定。

表 2.5　过渡族元素 d 电子层的结构

元素	Ti	Zr	V	Nb	W	Mo	Cr	Mn	Fe	Co	Ni
d 层电子数	2	2	3	4	4	5	5	5	6	7	8
碳化物稳定性	很稳定				较 Fe_3C 稳定			比其他碳化物稳定性差		在钢中不会出现碳化物	

表 2.6　一些碳化物的硬度及熔点

碳化物类型	间隙相							复杂结构的间隙化合物	
成分	TiC	ZrC	VC	NbC	TaC	WC	MoC	$Cr_{23}C_6$	Fe_3C
硬度 HV	2850	2840	2010	2050	1550	1730	1480	1650	~860
熔点/℃	3410	3805	3023	3770±125	4150±140	2867	2960±50	1520	~1600

间隙化合物在钢中具有很大的作用，如在工具钢中加入少量 V 形成 VC，可提高钢的耐磨性；在结构钢中加入少量 Ti 可形成少量 TiC，可在加热时阻碍奥氏体晶粒的长大；高速工具钢刀具之所以能在高温下保持高硬度和切削性能，主要是由于坚硬的 W_2C、VC 在高温下比较稳定和呈弥散分布；此外 TiC 和 WC 是硬质合金材料的主要组成物。

2.6　习　　题

一、填空题

1. 常见金属的晶格类型有＿＿＿＿晶格、＿＿＿＿晶格和＿＿＿＿晶格。
2. 在生产中，控制晶粒大小的方法有＿＿＿＿、＿＿＿＿和＿＿＿＿三种。

二、选择题

1. 纯金属结晶时，冷却速度越快，则实际结晶温度将（　　）。
   A. 越高　　　　　　　　　　　B. 越低
   C. 接近于理论结晶温度　　　　D. 没有变化
2. 室温下金属的晶粒越细小，则（　　）。
   A. 强度越高、塑性越差　　　　B. 强度越高、塑性越好
   C. 强度越低、塑性越好　　　　D. 强度越低、塑性越差

三、名词解释

1. 晶格；2. 过冷度；3. 同素异构转变；4. 相；5. 组织；6. 固溶强化。

四、简答题

1. 常见的金属晶格结构有哪几种？简述 Cr、Mg、Zn、W、V、Fe、Al、Cu 等的晶格结构。
2. 实际金属晶体中存在哪些晶体缺陷？它们对金属性能有哪些影响？

五、计算题

1. 在立方晶胞中画出图 2.21 所示晶面指数所代表的晶面。
2. 确定图 2.22 所示立方晶胞中晶向的晶向指数。

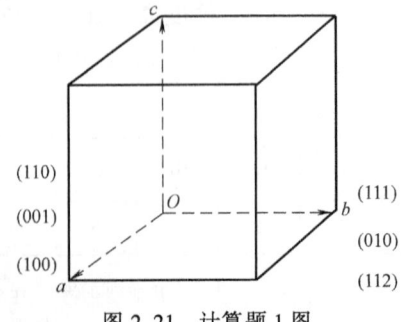

图 2.21　计算题 1 图

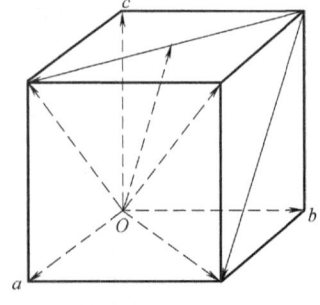

图 2.22　计算题 2 图

第3章

材料的凝固与相图

物质从液态到固态的转变过程称为凝固。除天然材料外，大多数工程材料和构件的生产都要经过熔化、浇注成型及冷却，以及一系列其他工艺过程，如锻造、机械加工、热处理等。在这些工艺过程中，凝固是第一步，也是决定材料最终性能好坏的基础。

材料的凝固分为两种类型：一种是形成晶体，称为结晶，结晶过程的突出特点是材料的性能发生突变；另一种是形成非晶体，非晶体材料在凝固过程中逐渐变硬。

通过熔炼、烧结或其他方法将一种金属元素同一种或几种其他元素结合在一起形成的具有金属特性的新物质称为合金。

众所周知，在人类生活及生产中，纯金属的使用十分广泛。各种导体、传热器及许多装饰品和艺术品、各种器皿、防护层等大多是由纯铜、纯铝及金、银、铂、锡等纯金属制成的。主要是利用这些纯金属所具有的优良的导电性、导热性、化学稳定性及美丽的金属光泽等性能。但是几乎各种纯金属的强度、硬度、耐磨性等力学性能都比较差，因而不适于制作对力学性能要求较高的各种机械零件和工模具等工件。其次，纯金属的种类有限（约为79种），性能水平也有限，而人类对金属材料的要求却是无限的，只靠纯金属根本无法满足人们对于金属材料性能日益提高的需求。因此，从古至今人们都在生产和使用着各种各样的合金材料。

通过配制各种不同成分的合金，可以显著改变金属材料的结构、组织和性能。目前人们所配制的合金已达数万种之多。合金所达到的性能不仅在强度、硬度、耐磨性等力学性能方面比纯金属高许多，而且在电、磁、化学稳定性等物理化学性能方面也可以与纯金属相媲美或者更好。若联系生产成本等经济因素综合考虑，合金的优越性更大。因此，同纯金属相比，合金材料的应用要广泛得多。

本章概述材料的凝固和结晶过程，以及合金的性能与其成分、内部组织结构之间的关系。

3.1 金属的凝固结晶

自然界中的物质通常具有三种状态——固态、液态和气态。金属与其他物质一样也具有三种状态，并且这三种状态在一定条件下可以相互转换，如图3.1所示。固态晶体的原子是有规则的周期排列，长程有序，如图3.1a所示。而液态则是无规则排列，但它不是完全毫无规则的混乱排列，在液态金属内部的短距离小范围内，原子为近似于固态结构的规则排列，即存在近程有序的原子集团，如图3.1b所示。它们只是在若干个原子间距范围内呈规则排列，且可瞬时出现又瞬时消失，所以液态是近程有序无规则排列，并由相界面与外界分开。气态则是完全无规则的混乱排列，无相界面，如图3.1c所示。

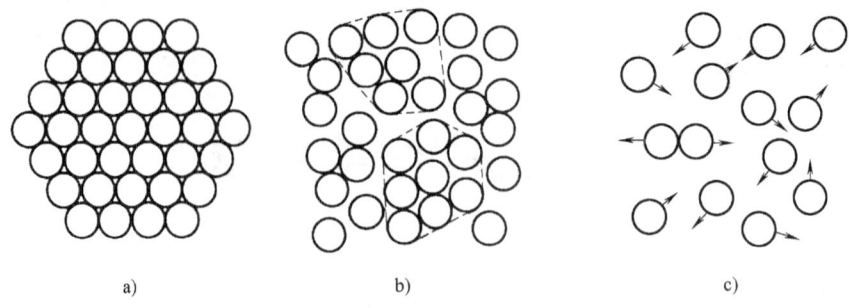

图 3.1 金属三态结构示意图
a）固态晶体 b）液态 c）气态

3.1.1 结晶概述

金属液态凝固成固态的过程，随条件不同可凝固成固态的晶体，也可凝固成固态的非晶体（称为金属玻璃）。一般情况下，金属凝固成固态晶体，只有在特定条件下，如极快的冷却速度下，可能保留了液态短程有序的无规则排列，形成非晶态金属。它具有高强度、好的微观塑性、优良的耐蚀性、磁性等特性。

通常把液态金属凝固成固态晶体的过程称为结晶。但从广义上说，金属的结晶过程应理解为金属从一种原子排列状态（晶态或非晶态）过渡到另一种原子规则排列状态（晶态）的转变。它包括两种结晶：金属从液态过渡为固体晶态的转变称为一次结晶；而金属从一种固态晶体过渡为另一种固态晶体的转变称为二次结晶。本节阐述的是一次结晶。

3.1.2 纯金属的冷却曲线和冷却现象

凡纯元素（金属或非金属）的结晶都具有一个严格的"平衡结晶温度"，高于此温度便发生熔化，低于此温度才能进行结晶；处于平衡结晶温度时，液体与晶体同时共存，达到可逆平衡。而一切非晶体物质则无此明显的平衡结晶温度，凝固总是在某一温度范围逐渐完成。

为什么纯元素的结晶都具有一个严格不变的平衡结晶温度呢？这是因为在该温度下它们的液体与晶体两者之间的能量能够达到平衡的缘故。物质中能够自动向外界释放出其多余的或能够对外做功的这一部分能量称为"自由能 F"。同一物质的液体与晶体，由于其结构不同，它们在不同温度下的自由能变化是不同的，如图3.2所示。因此便会在一定的温度下出现一个平衡点，即理论结晶温度 T_0，低于理论结晶温度时，由于液相的自由能 $F_液$ 高于固相晶体的自由能 $F_晶$，因此，液体向晶体的转变伴随着能量降低，因而有可能发生结晶。换句话说，要使液体进行结晶，就必须使温度低于理论结晶温度，造成液体与晶体间的自由能差：$\Delta F = F_液 - F_晶$，即具有一定的结晶驱动力才行。实际结晶温度 T_1 与理论结晶温度 T_0 之间的温度差称为"过冷度"：$\Delta T = T_0 - T_1$。金属液体的冷却速度越大，过冷度便越大；而过冷度越大，自由能差 ΔF 便越大，即所具有的结晶驱动力越大，结晶倾向越大。由于结晶时总伴有一定的能量释放，即所谓"结晶潜热"，因而利用这一热效应，便可以进行实际结晶温度的测定，这种测定结晶温度的方法称为"热分析法"。此法是将欲测定的金属首先加热熔化，而后以缓慢的速度进行冷却。冷速越慢，测得的实际结晶温度便越接近理论结晶温度。冷却时，将温度随时间变化的曲线记录下来，便可得到如图 3.3 所示的"冷却曲线"。冷却曲线出现水平台阶的温度即为实际的结晶温度。水平台阶的出现是因为结晶时放出的结晶潜热补偿了金属向环境散热所引起的温度下降。必须指出，在水平台阶出现之前，常会出现一个较大的过冷现象，为结晶的发生提供足够的驱动力；而一旦结晶开始，放出潜热，便会使温度回升到水平台阶的温度。

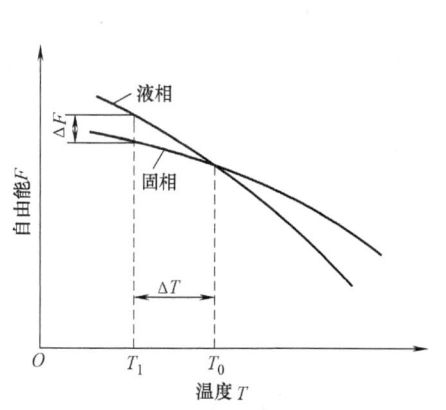

图 3.2 液体与晶体在不同温度下的自由能变化　图 3.3 纯金属结晶时的冷却曲线示意图

实际上金属总是在过冷的情况下结晶的，但同一金属结晶时的"过冷度"不是一个恒定值，它与冷却速度有关。结晶时冷却速度越大，过冷度就越大，即金属的实际结晶温度就越低。

3.1.3 纯金属的结晶过程

纯金属的结晶过程是在冷却曲线上平台所经历的这段时间内发生的，是不断形成晶核和晶核不断成长的过程，如图 3.4 所示。

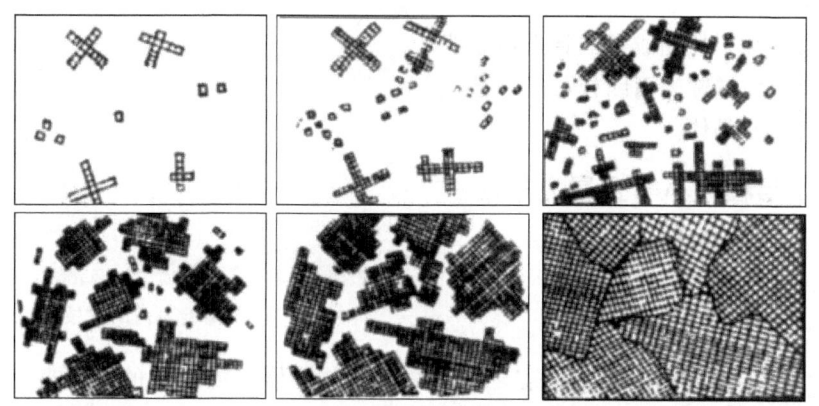

图 3.4 金属结晶过程示意图

实验证明，液态金属中总是存在许多类似于晶体中原子有规则排列的小集团。在理论结晶温度以上，这些小集团是不稳定的，时聚时散，此起彼伏。当低于理论结晶温度时，这些小集团中的一部分就成为稳定的结晶核心，称为晶核。随着时间的推移，已形成的晶核不断成长，同时液态金属中又会不断地产生新的晶核并不断成长，直至液态金属全部消失，晶体彼此相互接触，所以一般纯金属是由许多晶核长成的外形不规则的晶粒和晶界所组成的多晶体。

在晶核开始成长的初期，因其内部原子规则排列，外形是比较规则的，但随着晶核的成长，形成了晶体的棱边和顶角，由于棱边和顶角处的散热条件优于其他部位，晶粒在棱边和顶角处就能优先成长，如图 3.5 所示。由此可见，其生长方式像树枝一样，先长出枝干（称为一次晶轴），然后再长出分枝（称为二次晶轴）。依此类推，这些晶轴彼此交错，宛如枝条茂密的树枝，这种成长方式称为"枝晶成长"。因此而得到的晶体称为树枝状晶体，简称"枝晶"。

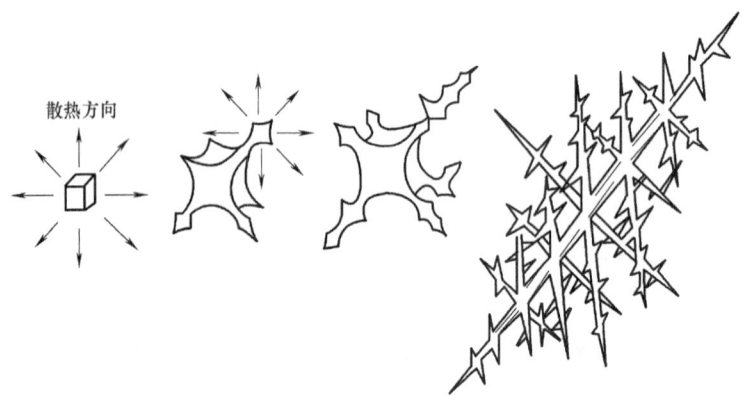

图 3.5　晶体成长过程示意图

在枝晶成长过程中，由于液体的流动，枝干本身的重力作用和彼此间的碰撞，以及杂质元素的影响等原因，会使某些枝干发生偏斜或折断，以致造成晶粒中的镶嵌块、亚晶界及位错等各种缺陷。

冷却速度越大，枝晶成长的特点便越明显。图 3.6 所示为锑锭表面因枝晶间未被填满而呈现的树枝状晶体。

3.1.4　晶粒大小与金属力学性能的关系

1. 晶粒大小与性能的关系

金属结晶后，由许多晶粒组成多晶体，

图 3.6　锑锭表面的树枝状晶体

而晶粒的大小是金属组织的重要标志之一，它可用单位体积内晶粒的数目来表示，数目越多，晶粒越小。试验证明，晶粒大小对金属的力学性能、物理性能及化学性能均有很大影响。一般情况下，晶粒越细小，金属强度就越高，塑性和韧性也越好。表 3.1 说明了晶粒大小对纯铁力学性能的影响。

为了提高金属的力学性能，必须了解影响晶粒大小的因素及控制方法。

表 3.1　晶粒大小对纯铁力学性能的影响

晶粒平均直径/μm	R_m/MPa	R_e/MPa	$A(\%)$
70	184	34	30.6
25	216	45	39.5
2.0	268	56	48.8
1.6	270	66	50.7

2. 晶粒大小的控制

金属结晶后单位体积中晶粒数目 Z，取决于结晶时的形核率 N 与晶核生长速率 G。形核率是指单位时间（s）内、单位体积（mm³）中所产生的晶核数目；晶核生长速率是指单位时间（s）内晶核向周围长大的平均线速度（mm/s）。它们之间存在着关系

$$Z \propto \sqrt{\frac{Z}{G}} \tag{3-1}$$

由上可知，当晶核生长速率 G 一定时，晶核形核率 N 越大，晶粒数目就越多，即晶粒越细；反之，则越粗。当形核率一定时，生长速率越大，晶粒数目就越少，即晶粒越粗；反之，则越细。

因此，要控制金属结晶后晶粒的大小，必须控制晶核形核率 N 与生长速率 G 这两个因素。主要途径有：

（1）增加过冷度　金属结晶时的冷却速度越大，其过冷度便越大，不同过冷度 ΔT 对晶核形核率 N 和生长速率 G 的影响，如图 3.7 所示。由图可见，在一般过冷度下，形核率 N 的增长率大于生长速率 G 的增加率，因此增加过冷度会使 N 与 G 的比值增大，使单位体积中晶粒数目 Z 增多，晶粒变细。图中虚线部分说明当过冷度很大时，N 和 G 随过冷度 ΔT 的增加而减小。原因是在过冷度很大的情况下，实际结晶温度已很低，液体中原子扩散速度很小，因而使结晶困难，形核率 N 和生长速率 G 降低。实际生产中，液态金属在达到这种过冷度之前早已结晶完毕。

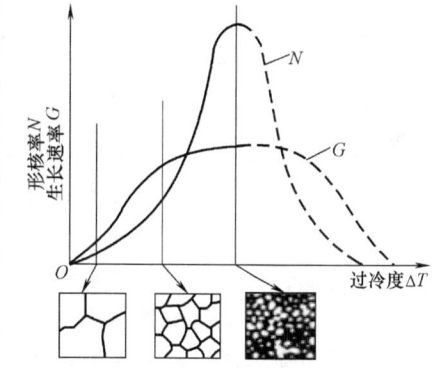

图 3.7　晶核的形核率 N 和生长速率 G 与过冷度 ΔT 的关系

（2）孕育、变质处理　在液态金属结晶前，加入一些细小的孕育剂，使金属结晶时的晶核形核率 N 增加，从而细化晶粒的方法称为孕育处理，如向钢中加入 Ti、Zr、B、Al，向铸铁中加入 Si、Ca 等；通过加入变质剂作为晶粒长大的阻碍物，从而降低生长速率 G 来细化晶粒的方法称为变质处理，如在 Al-Si 合金中加入一些 Na 盐的变质处理就是通过加入 Na 以降低 Si 的长大速度而细化 Si 的晶粒。

（3）附加振动的影响　金属结晶时，如对液态金属附加机械振动、超声波振动、电磁振动等措施，由于振动能使液态金属在铸模中运动加速，造成枝晶破碎，这就不仅可以使已成长的晶粒因破碎而细化，而且破碎的枝晶可以起到晶核的作用，增加形核率 N，所以，附加振动也能使晶粒细化。

3.1.5 金属的铸锭组织

铸锭的结晶是大体积液态金属的结晶,虽然其结晶还是遵循了上述的基本规律,但其结晶过程还将受到其他各种因素(如金属纯度、熔化温度、浇注温度、冷却条件等)的影响。图3.8所示为金属铸锭的组织示意图,其组织是由表面细晶粒层、柱状晶粒层和中心等轴晶粒组成的。

1. 表面细晶粒层

表面细晶粒的形成主要是因为钢液刚浇入铸模后,由于模壁温度较低,表层金属受到剧烈的冷却,造成了较大的过冷所致。此外,模壁的人工晶核作用也是这层晶粒细化的原因之一。

2. 柱状晶粒层

柱状晶粒的形成主要是因为铸锭模壁散热的影响。表面细晶粒形成后,随着模壁温度的升高,剩余液态金属的冷却逐渐减慢,并且由于结晶潜热的释放,使细晶区前沿液体的过冷度减小,晶核的形核率不如生长速率大,各晶粒便可得到较快的成长,而此时凡枝干垂直于模壁的晶粒,不仅因其沿着枝干向模壁传热比较有利,而且它们的成长也不会因相互抵触而受限制,所以只有这些晶粒才能优先成长,从而形成柱状晶粒。

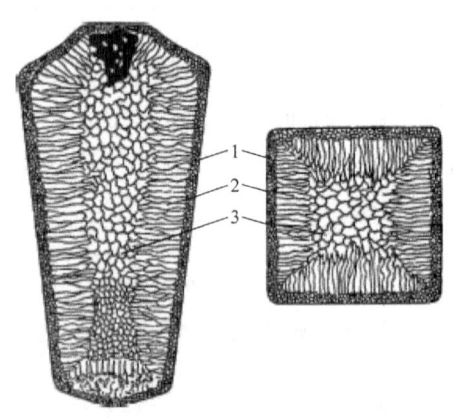

图3.8 金属铸锭的组织示意图
1—结晶区 2—柱状晶区 3—中心等轴晶区

3. 中心等轴晶粒

随着柱状晶粒成长到一定程度,通过已结晶的柱状晶层和模壁向外散热的速度越来越慢,在铸锭中心部的剩余液体温差也越来越小,散热方向性已不明显,而趋于均匀冷却的状态;同时由于种种原因,如液体金属的流动,可能将一些未熔杂质推至铸锭中心,或将柱状晶的枝晶分枝冲断,飘移到铸锭中心,它们都可以成为剩余液体的晶核,这些晶核由于在不同方向上的成长速度相同,因而便形成较粗大的等轴晶粒区。

由上可知,钢锭组织是不均匀的。从表层到心部依次由细小的等轴晶粒、柱状晶粒和粗大的等轴晶粒所组成。改变凝固条件可以改变这三层晶区的相对大小和晶粒的粗细,甚至获得只有两层或单独一个晶区所组成的铸锭。

钢锭一般不希望得到柱状晶组织,因为其塑性较差,而且柱状晶平行排列呈各向异性,在锻造或轧制时容易发生开裂。尤其在柱状晶层的前沿及柱状晶彼此相遇处,当存在低熔点杂质而形成一个明显的脆弱界面时,更容易开裂,所以生产上经常采用振动浇注或变质处理等方法来抑制结晶时柱状晶粒层的扩展。但对于某些铸件(如涡轮叶片),则常采用定向凝固法,使整个叶片由同一方向、平行排列的柱状晶所构成。对于塑性极好的有色金属则希望得到柱状晶组织,因为这种组织较致密,对力学性能有利,而在压力加工时,由于这些金属本身具有良好的塑性,并不会发生开裂。

在金属铸锭中,除组织不均匀外,还经常存在各种铸造缺陷,如缩孔、疏松、气孔及偏析等。

钢件中缩孔的形成是因为钢液凝固时要发生体积收缩。当钢液在钢模中由外向内、自下而上凝固时，最后凝固的部位得不到钢液的补充，便会在钢锭的上部形成缩孔。缩孔周围的微小分散孔隙称为疏松，它主要是由于枝晶在成长过程中，因枝干间得不到钢液的补充而形成的。在缩孔和疏松的周围，还常会积聚各种低熔点的杂质而形成区域偏析。

此外，钢锭中还可能存在气孔、裂纹、非金属夹杂及晶粒内化学成分不均匀（或称晶内偏析）等缺陷。

纯金属一般具有极好的导电性、导热性和美丽的金属光泽，在人类生活及生产中获得了极广泛应用。但由于纯金属的种类有限，提炼困难，力学性能又较差，无法满足人们对金属材料提出的多品种和高性能的要求。工业生产中通过配制各种不同成分的合金，可以显著改变材料结构、组织和性能，因而满足了人们对材料多品种的要求。而且，合金具有比纯金属更好的力学性能和某些特殊的物理、化学性能（如耐腐蚀、强磁性、高电阻等）。因此，和纯金属相比，合金材料的应用要广泛得多。碳钢、合金钢、铸铁、黄铜和硬铝等常用材料都是合金。

3.2　二元合金相图的建立

工业生产中广泛应用合金材料。合金优异的性能与合金的成分、晶体结构、组织形态密切相关。我们需要了解合金性能与这些因素之间的变化规律，相图是研究这些规律的重要工具。工业生产中研究元素对某种金属材料的影响，确定熔炼、铸造、锻造、热处理工艺参数，往往都是以相应的合金相图为依据。相图中，有二元合金相图、三元合金相图和多元合金相图，作为相图基础和应用最广的是二元合金相图。

二元合金相图是表示两种组元构成的具有不同比例的合金，在平衡状态（即极其缓慢加热或冷却的条件）下，随温度、成分发生变化的相图。由该图可了解合金的结晶过程及各种组织的形成和变化规律。

3.2.1　基本概念

在结晶之后合金既可获得单相的固溶体组织，也可得到单相的化合物组织（这种情况少见），但更为常见的是得到由固溶体和化合物或几种固溶体组成的多相组织。那么，一定成分的合金在一定温度下将形成什么组织呢？利用合金相图可以回答这一问题。

在深入叙述相图之前，先介绍下面几个名词的含义：

（1）组元　通常把组成合金的最简单、最基本、能够独立存在的物质称为组元。组元大多数情况下是元素，如图3.9所示的Pb和Sn；但既不分解也不发生任何化学反应的稳定化合物也可称为组元，如Fe_3C可视为一组元。

（2）合金系　由两个或两个以上组元按不同比例配制成的一系列不同成分的合金，称为合金系（或简称系），如Pb-Sn系、$Fe-Fe_3C$系等。

（3）相　合金中结构相同、成分和性能均一的组成部分。合金中的相按结构可分固溶体和金属化合物。

（4）相图　用来表示合金系中各个合金的结晶过程的简明图解称为相图，又称状态图或平衡图。相图上表示的组织都是在十分缓慢冷却的条件下获得的，都是接近平衡状态的组织。所谓"相平衡"是指在合金系中，参与结晶或相变过程的各相之间的相对重量和相的浓度不再改变时所达到的一种平衡状态。

合金相图不仅可以看到不同成分的合金在室温下的平衡组织，而且还可以了解它从高温液态以极缓慢冷却速度冷却到室温所经历的各种相变过程，同时相图还能预测其性能的变化规律。所以相图已成为研究合金中各种组织形成和变化规律的重要工具。由图 4.8 可以看出：Pb-Sn 二元合金相图中，含 40%Sn、60%Pb（质量分数）的合金，室温下的平衡组织为 α 固溶体和 β 固溶体。此合金系所有成分的合金在各种温度下的存在状态，以及在加热和冷却过程中的组织变化，都可通过此相图表示出来。

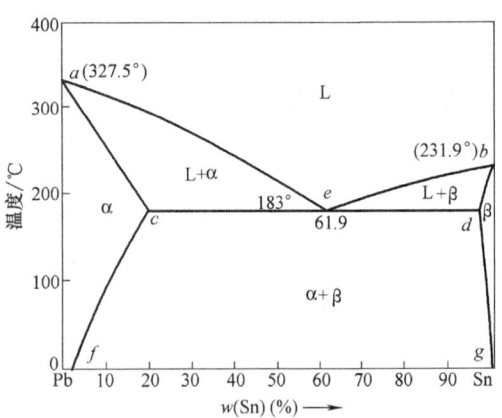

图 3.9　Pb-Sn 相图

3.2.2　二元合金相图的建立

目前，合金相图主要还是应用试验方法测定出来的，如热分析法、膨胀法、磁性法等。这里仅采用热分析实验法建立相图：首先将各种成分的熔融态合金，以极缓慢的冷却速度冷却，测定它们的冷却曲线（温度-时间曲线）；然后找出各冷却曲线上临界点（即转折点和平台）的温度值。在温度-成分坐标系中，标注各临界点，连接各个相同意义的临界点，即得出该合金的相图。下面就以 Pb-Sn 二元合金相图为例进行介绍。

1) 配制不同成分的 Pb-Sn 合金，见表 3.2。

表 3.2　Pb-Sn 合金配比表

组元	质量分数(%)						
Pb	100	95	87	60	38.1	20	0
Sn	0	5	13	40	61.9	80	100

配制的合金数目越多，试验数据之间间隔越小，测绘出来的合金相图就越精确。

2) 如图 3.10 所示，作出每个合金的冷却曲线，并找出各冷却曲线上的临界点（即停歇点和转折点）。

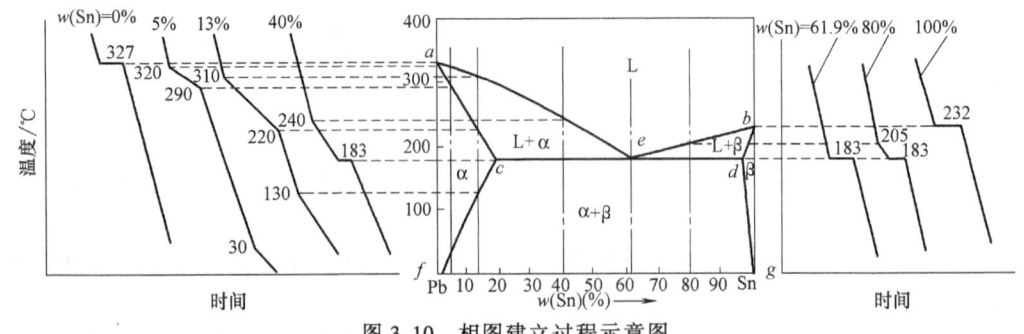

图 3.10　相图建立过程示意图

3) 作一个以温度为纵坐标（单位为℃），以合金成分（重量分数或原子分数）为横坐标的直角坐标系，并自横坐标上各成分点作垂直线——成分垂线，然后把每个合金冷却曲线上的临界点分别标在各合金的成分垂线上。

4)将各成分线上具有相同意义的点连接成线，并根据已知条件和实际分析结果写上数字、字母和各区所存在的相或组织的名称，就得到一个完整的二元合金相图。

冷却曲线上的转折点及停歇点，表示金属及合金在冷却到该温度时发生了冷却速度的突然改变，这是由于金属及合金在结晶（即相变、包括固态相变）时有结晶潜热放出，抵消了部分或全部热量散失。

对纯 Pb、纯 Sn 及 Pb-Sn 合金的冷却曲线进行分析可知：纯 Pb 和纯 Sn 的冷却曲线上出现水平台阶，说明其结晶是在恒温下进行的。同理，$w(Sn) = 61.9\%$ 合金的结晶过程是在 183℃恒温下进行的，因此标在成分垂线上的临界点既是它们开始结晶的温度，也是它们结晶终了的温度；而含 Sn 质量分数为 5%、13%、40% 及 80% 的合金的结晶过程则分别在 320~290℃、310~220℃、240~183℃ 及 205~183℃ 下进行的，所以在它们的成分垂线上的上、下两个点就分别表示它们的开始结晶温度和结晶终了温度。把所有代表合金结晶开始温度的临界点都连在一起，便构成了 aeb 线。显然，在此线以上所有合金都处于液相状态，因而把此线称为 Pb-Sn 相图的液相线。与此相似，把代表合金结晶终了的临界点都连在一起，便构成了 $acedb$ 线，在此线以下的合金全都处于固相状态，因而把此线称为 Pb-Sn 相图的固相线。在液相线与固相线之间是液、固两相共存（更准确地说，应当是两相平衡共存）状态。

关于含 Sn 质量分数为 5% 和 13% 合金的冷却曲线以及 cf 线和 dg 线的意义，将在二元共晶相图中叙述。

合金结晶的临界点（即合金的实际结晶温度）与冷却速度有关。合金的冷却速度越大，临界点就越低；合金的冷却速度越小，则临界点越高。由于相图中的数据是在无限缓慢冷却条件下测得的，应该属于平衡结晶的情况，因而相图又称为平衡图。

3.2.3 二元匀晶相图

两组元在液态和固态均无限互溶时所构成的相图，称为二元匀晶相图。具有这类相图的合金系主要有：Cu-Ni、Cu-Au、Au-Ag、Fe-Ni、W-Mo 等。

1. 相图分析

图 3.11a 所示为 Cu-Ni 合金相图。下面就以此合金相图为例进行分析。

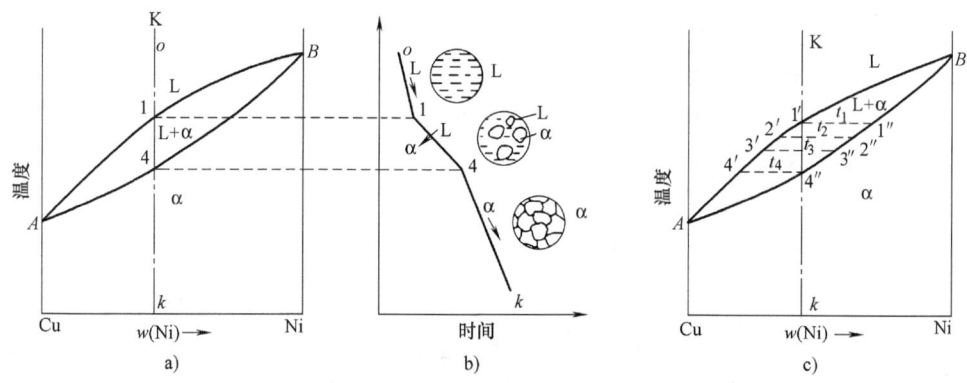

图 3.11 Cu-Ni 合金相图、冷却曲线及结晶过程分析

这类相图很简单，只有两条线，其中 $A1B$ 为液相线，代表各种成分的 Cu-Ni 合金在冷却过程中开始结晶或在加热过程中熔化终了的温度；$A4B$ 为固相线，代表各种成分的 Cu-Ni 合金在冷却过程中结晶终了或在加热过程中开始熔化的温度。随着固相线及液相线的出现，相图被分成了不同的区域，在液相线以上合金处于液体状态（L），称为液相区；在固相线以下合金处于固体状态（α），称为固相区；在液相线与固相线之间合金处于液、固两相（L+α）并存的状态，称为液、固两相并存区。固相线的两个端点 A 和 B 是合金系统两个组元 Cu 和 Ni 的熔点。

2. 合金的结晶过程

如图 3.11a 所示，设有合金 K，其成分垂线 ok 与相图上的相区分界线交于 1、4 两点。分析合金在冷却曲线上的各段所发生的结晶或相变过程，如图 3.11b 所示。

当合金以非常缓慢的冷却速度冷却时，$o1$ 段的液态合金只是进行简单冷却，冷至 t_1（即成分垂线上 1 点温度）时，开始从液态合金中结晶出 α 相，即（L→α）。随着温度继续下降，固相量不断增多，剩余液相量不断减少；同时液相和固相的成分也将通过原子扩散不断改变。如图 3.11c 所示，t_1 温度时，液、固两相的成分分别为 1′和 1″点在横坐标上的投影；温度缓降至 t_2 时，液、固两相成分分别演变为 2′和 2″点在横坐标上的投影；温度继续缓冷至 t_3 时，液、固两相成分又分别演变为 3′和 3″点在横坐标上的投影；如此到 t_4 温度（即成分垂线上 4 点温度）时，液、固两相的成分将演变为 4′和 4″点在横坐标上的投影。总结起来可以说：在整个冷却过程中 K 合金随着温度的降低，液相成分将沿着液相线由 1′变至 4′。而 α 相成分将沿着固相线由 1″变至 4″。结晶终了时，获得与原合金成分相同的 α 固溶体。当然，上述变化只限于冷速无限缓慢，原子扩散得以充分进行的平衡条件。

由上述情况很容易领悟到液、固相线具有的另一个重要意义：液（固）相线表示在无限缓慢的冷却条件下，液、固两相平衡共存时，液（固）相化学成分随温度的变化情况。理论和实践都已证明了这一结论的正确性。必须着重指出：除了液、固两相并存时的情况外，在其他性质相同的两相区中也是这样，即相互处于平衡状态的两个相的成分分别沿两相区的两个边界线改变，这将在以后详述。

3. 杠杆定律

如上所述，液、固两相并存时，固相的成分沿着固相线变化，液相的成分沿着液相线变化。故对图 3.12a 所示的合金，若想知道它在 t 温度时固、液两相的化学成分，可通过 K 合金的成分垂线作一条代表 t 温度的水平线，令其与液、固相线相交，两个交点 a、b 的横坐标就分别代表 t 温度时液、固两平衡相的成分点。那么，在 t 温度下，液、固两相的相对量又是多少呢？这个问题可以通过如下的简单运算得到答案。

假设：合金的总重量为 W_0，液相的重量为 W_L，固相的重量为 W_S。若已知液相中镍含量为 X_1，固相中镍含量为 X_2，合金的镍含量为 X，则可写出

$$\begin{cases} W_L + W_S = W_0 \\ W_L \cdot X_1 + W_S \cdot X_2 = W \cdot X \end{cases} \tag{3-2}$$

解式（3-2）得

$$\frac{W_L}{W_S} = \frac{X_2 - X}{X - X_1} = \frac{ob}{oa} \tag{3-3}$$

式（3-3）好像力学中的杠杆定律，故称为杠杆定律。式（3-3）可写成

$$\frac{W_L}{W_0} = \frac{ob}{ab} \times 100\% \tag{3-4}$$

$$\frac{W_S}{W_0} = \frac{oa}{ab} \times 100\% \tag{3-5}$$

必须指出，杠杆定律只适用于二元系合金相图中两相区，而对其他区域就不适应，自然也就不能用杠杆定律了。

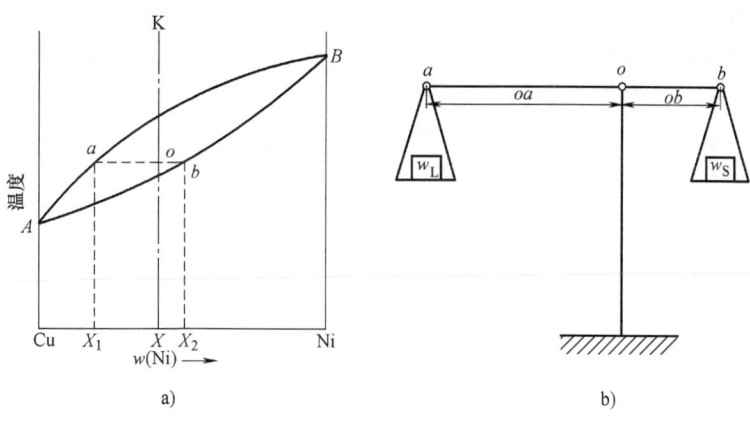

图 3.12　杠杆定律的力学比喻

4. 固溶体合金中的偏析

如前所述，K 合金在结晶过程中，随着温度的降低，液相成分将沿液相线由 1 点向 4 点变化，固相成分沿着固相线由 1″点变至 4″点，结晶终了时，α 相（无论先生成的或后生成的）都将具有原合金的成分。这种变化只有在无限缓慢的冷却条件下，在固、液两相的内部及固、液两相之间的原子扩散都得以充分进行的条件下，才能实现。但在实际铸造条件下，合金不可能无限缓慢冷却，一般都冷却较快，此时由于合金内部尤其固相内部的原子扩散来不及充分进行，会使先结晶出来的固相镍含量较高，后结晶出来的固相镍含量较低，对于某一个晶粒，则表现为先形成的心部镍含量较高，后形成的外层镍含量较低。这种在一个晶粒内部化学成分不均匀的现象称为晶内偏析。因为固溶体的结晶一般是按树枝状方式成长的，这就使先结晶的枝干成分与后结晶的枝间成分不同，由于这种偏析呈树枝状分布，故又称为枝晶偏析。图 3.13 所示为 Cu-Ni 合金的枝晶偏析显微组织，可以看出 α 固溶体是呈树枝状的，先结晶的枝干富镍，不易腐蚀，故呈白色，而后结晶的枝间富铜，易浸蚀，因而呈暗黑色。

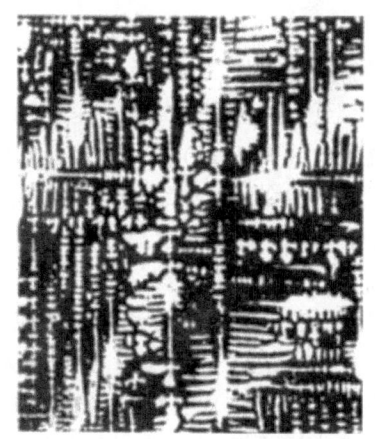

图 3.13　Cu-Ni 合金的枝晶偏析显微组织

枝晶偏析会严重降低合金的力学性能和加工工艺性能。因此在生产上常把有枝晶偏析的合金加热到高温，并长时间保温，使原子进行充分扩散，以达到成分均匀化的目的，这种热处理方法称为扩散退火或均匀化退火，用以消除枝晶偏析。

3.2.4 二元共晶相图

当两组元在液态时无限互溶,在固态时有限互溶,而且发生共晶反应时,所构成的相图称为二元共晶相图。具有这类相图的合金系主要有:Pb-Sn、Pb-Sb、Cu-Ag、Pb-Bi、Cd-Zn、Sn-Cd、Zn-Sn 等。某些金属元素与金属化合物之间,如 Cu-Cu$_2$Mg、Al-CuAl$_2$ 等,也构成这类相图。

1. 相图分析

图 3.14 表示 Pb-Sn 合金相图及成分线。下面就以此合金相图为例进行分析。

在这类相图中,按照液相和固相的存在区域很易识别出 AEB 为液相线,ACEDB 为固相线,A 点为 Pb 的熔点,B 点为 Sn 的熔点。在此相图中,有两种溶解度有限的固溶体:一个是以 Pb 为溶剂,以 Sn 为溶质的 α 固溶体,其溶解度曲线为 CF;另一个是以 Sn 为溶剂,以 Pb 为溶质的 β 固溶体,其溶解度曲线为 DG。当合金成分 $w ≤ 19.2\%$ 时,液相在固相线 AC 以下结晶为 α 固溶体;当合金成分 $w ≥ 97.5\%$ 时,液相在固相线 BD 以下结晶为单相 β 固溶体。对于成分在 C 点至 D 点之间的合金,在结晶温度达到固相线的水平部分 CED 时,都将发生恒温反应

$$L_E \xrightleftharpoons{\text{恒温}} \alpha_C + \beta_D$$

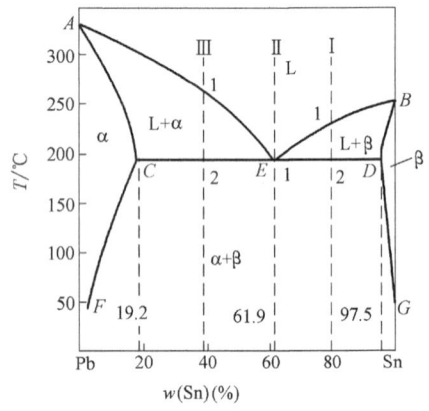

图 3.14 Pb-Sn 合金相图及成分线

这种相变过程是从某种成分固定的合金溶液中同时结晶出两种成分和结构皆不相同的固相,因而称为共晶反应。

2. 合金的结晶过程

(1) 共晶合金的结晶过程 合金Ⅱ的冷却曲线及结晶过程如图 3.15 所示。在 1 点温度以上为液态,冷至 1 点时合金的成分垂线同时与液相线与固相线相交(图 3.14),表明合金的结晶过程应在此温度开始和在此温度结束,即合金的结晶过程应在 1 点所代表的温度下恒温进行,因而在冷却曲线上出现了一个代表在恒温结晶的水平台阶。由图 3.14 可以看出,合金成分垂线上的 1 点恰是相图的两段液相线 AE 和 BE 的交点,从相图左侧 ACEA 区看,应该从 E 点对应成分的合金溶液 L_E 中结晶出 C 点对应成分的固相 α_C;从相图右侧 BEDB 区看,应当从合金溶液 L_E 中结晶出 D 点对应成分的固相 β_D。把两种情况加在一起就应自合金溶液 L_E 中同时结晶出 α_C 和 β_D 两种晶体。用反应式表达就是

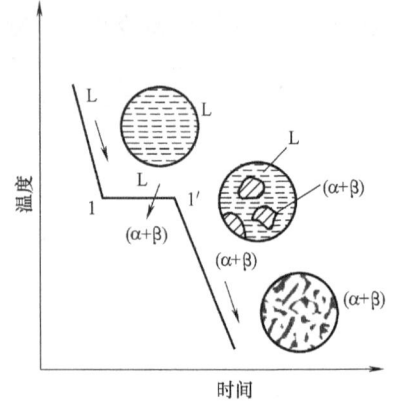

图 3.15 合金Ⅱ的冷却曲线及结晶过程

$$L_E \xrightleftharpoons{\text{恒温}} \alpha_C + \beta_D$$

这就是前述的共晶反应。

实际情况正是如此，合金Ⅱ冷到1点的温度时，将在合金溶液中含Pb比较多的地方生成α相的小晶体，而在含Sn比较多的地方生成β相的小晶体，同时，随着α相小晶体的形成，其周围合金溶液中的铅含量必然大为减少（因为α相小晶体的形成需要吸收较多的Pb原子），这样就为β相小晶体的形成创造了极为有利的条件，立即会在它的两侧生成β相的小晶体。同样道理，β相小晶体的生成又会促使α相小晶体在其一侧生成。如此发展，迅速形成一个α相和β相彼此相间排列的组织区域。当然，首先形成β相的小晶体也能导致同样的结果，这样，在结晶过程全部结束时就使合金获得非常细密的两相机械混合物。由于它是共晶反应的产物，所以这种机械混合物称为共晶体，或共晶混合物。Pb-Sn共晶体显微组织如图3.16所示。代表共晶反应时的温度及共晶成分的 E 点称为共晶点。以共晶合金点为中心，以共晶反应的两个生成相的成分点 C 和 D 为两个端点的横线——CED 称为共晶线。具有共晶点成分的合金称为共晶合金。如上面研究的合金Ⅲ就是共晶合金。

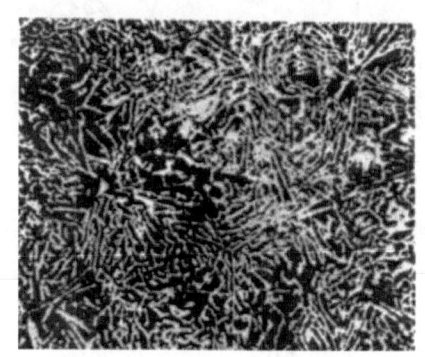

图3.16　Pb-Sn共晶体显微组织

共晶反应完成后，液相消失，合金进入共晶线以下（α+β）两相区。这时，随着温度的缓慢下降，α和β的浓度都要沿着它们各自的溶解度曲线逐渐变化，并自α相中析出一些β相的小晶体和自β相析出一些α相的小晶体。这种由已有的固相中析出的小晶体称为次生相或二次相（直接从液相中生成的固相晶体称为初生相或一次相），以 $α_Ⅱ$ 和 $β_Ⅱ$ 表示。由于共晶体是非常细密的混合物，次生相的析出难以看到，而共晶体中次生相的析出量较少，故一般不予考虑。因此，合金Ⅱ的室温组织可以认为是 $(α+β)_E$ 共晶体。

（2）亚共晶和过共晶合金的结晶过程　成分在共晶线上的 C 点和 E 点之间的合金称为亚共晶合金；在 E 点和 D 点之间的合金称为过共晶合金。

现以合金Ⅲ为例，介绍亚共晶合金的结晶过程。图3.17所示为合金Ⅲ的冷却曲线及结晶过程。由图3.14、图3.17可知，当液相温度降低至1点时开始结晶，首先析出α固溶体。随着温度缓慢下降，α相的数量不断增多，剩余液相的数量不断减少；与此同时，固相和液相成分分别沿固相线和液相线变化。当温度降低至2点时，剩余液相恰好具有 E 点的成分——共晶成分，这时剩余的液相就具备了进行共晶反应的温度和浓度条件，因而应在此温度下进行共晶反应。显然，冷却曲线上也必定出现一个代表共晶反应的水平台阶，直到剩余的合金溶液完全变成共晶体时。这时合金的固态组织应当是α固溶体和 $(α+β)_E$ 共晶体。液相消失之后合金继续冷却。很明显，在2点温度以下，由于α和β溶解度分别沿着 CF 线和 DG 线变化，必然要分别从α和β中析出 $β_Ⅱ$ 和 $α_Ⅱ$ 两种次生相。根据杠杆定律可计算出其相对量。合金Ⅲ的最终组织应为 $α+(α+β)_E+β_Ⅱ$，如图3.18所示。

过共晶合金的冷却曲线及结晶过程，其分析方法和步骤与上述亚共晶合金基本相同，只是先共晶为β固溶体，所以合金Ⅰ的最终组织应为 $β+(α+β)_E+α_Ⅱ$。

（3）锡含量小于 C 点的合金晶过程　以合金Ⅳ为例，其冷却曲线及结晶过程如图3.19所示。合金Ⅳ在3点以上的结晶过程与匀晶相图中的合金结晶过程一样，在缓冷条件下结晶终了时获得均匀的α固溶体。继续缓冷至3点以下时，由于α固溶体中锡含量的减少而伴随着次生

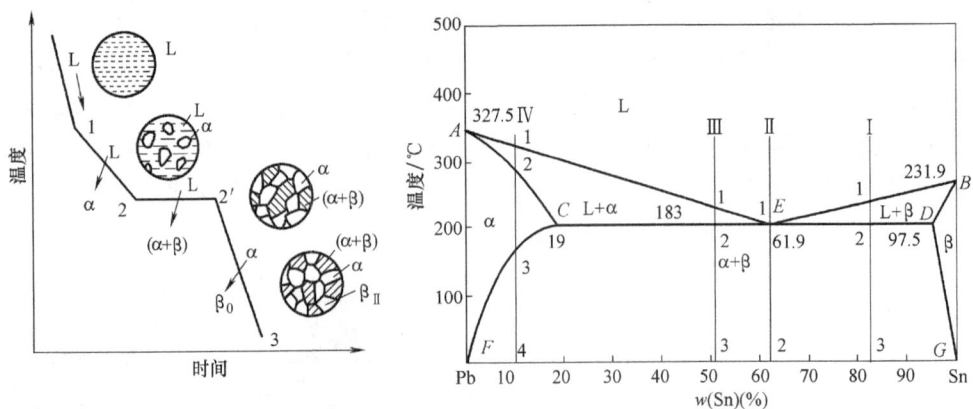

图 3.17 合金Ⅲ的冷却曲线及结晶过程

相 $\beta_Ⅱ$ 的沉淀析出,最终组织应为 $\alpha+\beta_Ⅱ$。在室温时,图 3.17 中合金Ⅳ的相对重量为

$$\beta_Ⅱ=\frac{F4}{FG}\times100\% ; \quad \alpha=\frac{4G}{FG}\times100\%$$

通常把在金相显微镜下观察到的具有某种形貌或形态特征的部分,称为组织。组织组成物可以由一个相组成,也可以由几个相复合组成;同一个相,也可分布于几种组织中。

图 3.18 所示为 Pb-Sn 亚共晶合金显微组织,含有 3 种组成物:图中暗黑色树枝状为初晶 α 固溶体,黑白相间分布的为 (α+β) 共晶体,α 枝晶内的白色小颗粒为 $\beta_Ⅱ$。

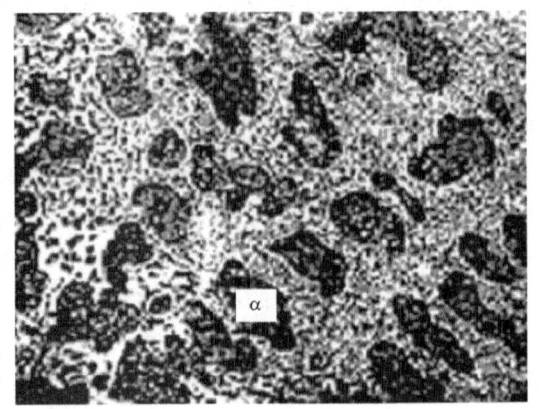

图 3.18 Pb-Sn 亚共晶合金显微组织

上述组织中的 α、$\beta_Ⅱ$ 及 (α+β) 通常称为合金的"组织组成物"。

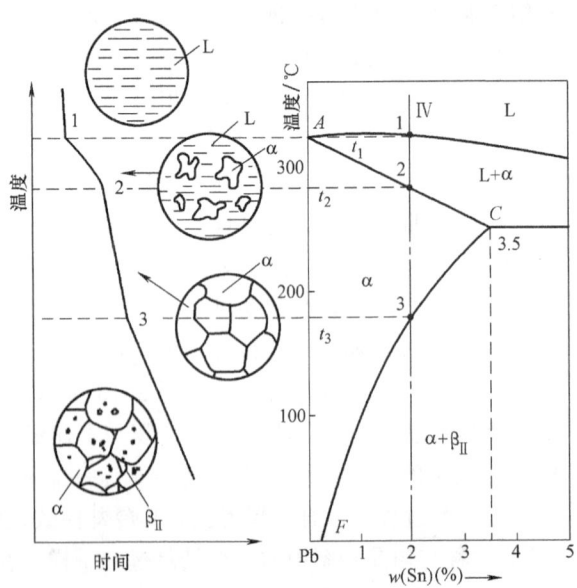

图 3.19 合金Ⅳ的冷却曲线及结晶过程

3. 比重偏析

亚共晶或过共晶合金结晶时，若初晶的比重与剩余液相的比重相差很大时，则比重小的初晶将上浮，比重大的初晶将下沉。这种由于比重不同而引起的偏析，称为比重偏析或区域偏析。

比重偏析也会降低合金的力学性能和加工工艺性能。为了减少或避免比重偏析的出现，在生产上常用的方法有：①加快铸件的冷却速度，使偏析相来不及上浮或下沉；②对于初晶与液相比重差不太严重的合金，可在浇注时加以搅拌；③在合金中加入某些元素，使其形成与液相比重相近的化合物，并首先结晶成树枝状的骨架悬浮于液相中，从而阻止于随后结晶的偏析相的上浮或下沉。如在锡基滑动轴承合金中加入铜，使其形成 Cu_6Sn_5 的骨架，就可以消除该合金的比重偏析。

3.2.5 二元包晶相图

当两组元在液态时无限互溶，在固态时形成有限固溶体，而且发生包晶反应时，构成的相图称为二元包晶相图。

具有这种相图的合金主要有：Pt-Ag、Ag-Sn、Al-Pt、Cd-Hg、Sn-Sb 等，应用最多的 Cu-Zn、Cu-Sn、Fe-C、Fe-Mn 等合金系中也包含该类型的相图。因此，二元包晶相图也是二元合金相图的一种基本形式。

Pt-Ag 相图如图 3.20 所示，图中 aeb 为液相线，acdb 为固相线，cf 为 Ag 组元在 α 固溶体中的溶解度曲线，dg 是 Pt 组元在 β 固溶体中的溶解度曲线，cde 是包晶线，d 是包晶点。包晶线 cde 代表在这个合金系中发生包晶反应的温度和成分范围。成分在 c 点与 e 点间的合金，在包晶温度下，均发生包晶反应。所谓包晶反应是指一种液相与一种固相在恒温下相互作用而转变为另一种固相的反应。现以合金Ⅰ为例，分析其结晶过程。

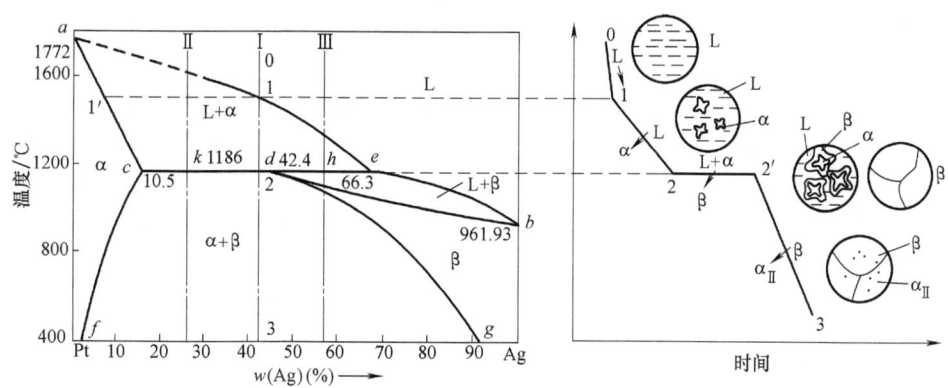

图 3.20　Pt-Ag 合金相图及结晶过程分析

01 段为液相，此时结晶尚未开始。12 段自液相中不断析出 α 固溶体，固、液两相分别沿着 ac 线和 ae 线由 1′至 c 和 1 至 e 不断改变化学成分。至 2 点时液相成分为 e 点对应成分，α 相成分为 c 点对应成分。

此时合金在恒温条件下发生包晶反应，即由已结晶出来的 c 点对应成分的 α 固溶体和包

围它的尚未结晶的 e 点对应成分的合金溶液相互作用而变成 d 点对应成分的 β 固溶体的反应过程。其反应式为

$$\alpha_c + L_e \xrightleftharpoons{\text{恒温}} \beta_d$$

包晶反应也是一个恒温反应,因此在合金的冷却曲线上出现代表包晶反应的水平台阶。d 点成分的合金,其 α_c 和 L_e 两相相对重量之比 $\left(\dfrac{\alpha_c}{L_e}=\dfrac{de}{cd}\right)$ 正好能在包晶反应后两相全都消耗完,而 cde 线上的其他合金在包晶反应完成后,或者 α 相有剩余(成分在 d 点左边的合金,如合金Ⅱ),或者 L 相有剩余(成分在 d 点右边的合金,如合金Ⅲ)。多余液相将在随后的冷却过程中,继续结晶为 β 固溶体。

当合金在结晶过程中发生包晶反应时最易生成晶内偏析。因为在包晶反应时(图 3.21),新固相 β_d 依附在旧固相 α_c 上形核并逐渐长大,随着 β_d 的形成并逐渐长大,两个作用相 α_c 和 L_e 的接触即被隔离,在这种情况下为了使包晶反应得以继续进行,必须有大量的 Pt 原子离开旧固相 α_c,向液相 L_e 作长距离扩散,同时有大量的 Ag 原子离开液相 L_e,穿过新固相 β_d 向旧固相 α_c 作长距离扩散,然后才能使得新固相 β_d 向两旁(旧固相 α_c 和液相 L_e)逐渐成长。由于在固态物质中的扩散过程比较困难,导致包晶转变的进行速度极为缓慢,因而在实际的合金结晶过程中,包晶反应经常不能进行到底,在结晶终了时将获得成分不均匀的不平衡组织。图 3.22 所示为含 65%Sn 的 Cu-Sn 合金由于包晶反应不能充分进行而得到的不平衡组织。图中灰色的是原始 ε 相,包围它的白色相是包晶反应生成相 η,黑色基体是剩余液相在 227℃ 时形成的共晶体。

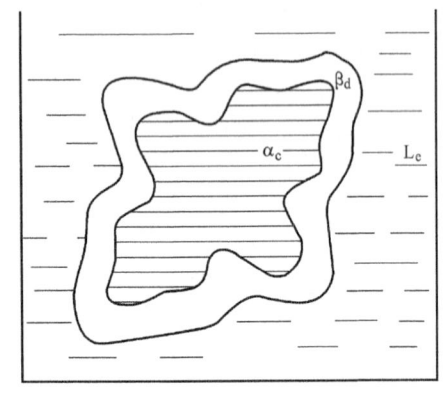

图 3.21 包晶反应示意图

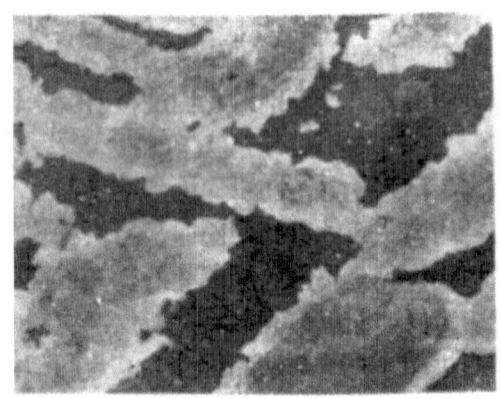

图 3.22 $w(\text{Sn})=65\%$ 的 Cu-Sn 合金的不平衡组织

3.2.6 形成稳定化合物的二元合金相图

化合物有稳定化合物和不稳定化合物两大类。稳定化合物是指在熔化前既不分解也不产生任何化学反应的化合物。如 Mg 和 Si 即可形成分子式为 Mg_2Si 的稳定化合物,Mg-Si 相图就是形成稳定化合物的二元合金相图(图 3.23)。

这类相图的主要特点是在相图中有一个代表稳定化合物的垂直线,以垂直线的垂足代表稳定化合物的成分,垂直线的顶点代表熔点。十分明显,若把稳定化合物 Mg_2Si 视为一个组

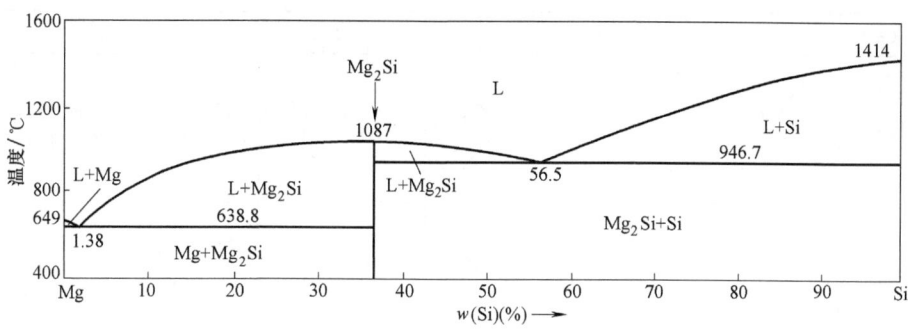

图 3.23 Mg-Si 合金相图

元,即可认为这个相图是由左、右两个简单共晶相图所组成（Mg-Mg$_2$Si 和 Mg$_2$Si-Si），因此可以分别对它们进行研究,使问题大大简化。

3.2.7 具有共析反应的二元合金相图

自某种均匀一致的固相中同时析出两种化学成分和晶格结构完全不同的新固相的转变过程称为共析反应。同共晶反应相似,共析反应也是一个恒温转变过程,也有与共晶线及共晶点相似的共析线和共析点。共析反应产物称为共析体。由于共析反应是在固态合金中进行的,转变温度较低,原子扩散困难,因而易于达到较大的过冷度。所以与共晶体相比,共析体的组织要细致均匀得多。最常见的共析反应是铁碳合金中的珠光体转变。最简单的具有共析反应的二元合金相图如图 3.24 所示。

图中,A 和 B 代表两组元,c 点为共析点,dce 为共析线,$(\beta_I+\beta_{II})$ 是共析体。共析体反应为

$$\alpha_c \xrightleftharpoons{\text{恒温}} (\beta_{Id}+\beta_{IIe})$$

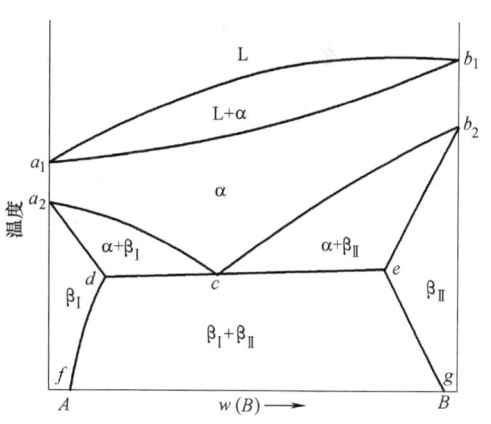

图 3.24 具有共析反应的二元合金相图

由上述可知,二元合金相图的类型很多,但基本类型还是匀晶、共晶和包晶三大类。分析二元合金相图时,应掌握以下要点:

1) 相图中的每一点都代表某一成分的合金在某一温度下所处的状态,此点称为合金的表象点。

2) 在单相区中,合金由单相组成,相的成分即为合金的成分,它由合金的表象点来决定。

3) 在两个单相区之间必定存在着一个两相区。在此两相区,合金处于两相平衡状态,两个平衡相的成分可由通过合金表象点的水平线与两相区边界线（即两相区与单相区的分界线）的交点来决定,两相的相对量运用杠杆定律计算。

4) 在二元合金相图中,三相平衡共存表现为一条水平线——三相平衡线。三相平衡线的图形特征及性质见表 3.3。

表 3.3 三相平衡线的图形特征及性质

序号	反应名称	图形特征	反应式	说明
1	共晶反应	α—a—e(L)—b—β	$L \xrightleftharpoons{\text{恒温}} \alpha + \beta$	恒温下由一个液相 L 同时结晶出两个成分不同的固相 α 和 β 的一种反应
2	共析反应	α—c—e(γ)—d—β	$\gamma \xrightleftharpoons{\text{恒温}} \alpha + \beta$	恒温下由一个固相 γ 同时析出两个成分不同的固相 α 和 β 的一种反应
3	包晶反应	L—m—p—n—β，下方 α	$L + \beta \xrightleftharpoons{\text{恒温}} \alpha$	恒温下由液相 L 和一个固相 β 相作用生成一种新的固相 α 的一种反应

3.2.8 合金的性能与相图间的关系

合金的性能取决于合金的化学成分和内部组织，而合金的成分与组织的关系又恰恰被记录在合金相图之中，因此，在获得了某种合金系的相图之后，我们应当能对合金的性能特征及变化规律做出合理的推断。

1. 合金形成单相固溶体时的情况

当合金形成单相固溶体时，合金的性能显然与组成元素的性质及溶质元素的溶入量多少有关。对于一定的溶剂和溶质，溶质的溶入量越多，则合金的强度、硬度越高，电阻率越大，电阻温度系数越小，如图 3.25 所示。很显然，通过选择适当的组成元素和适量的组成关系，可以使合金获得较纯金属高得多的强度和硬度，并保持较高的塑性和韧性。总之，就是形成单相固溶体的合金具有较好的综合力学性能。但是，在一般情况下合金所达到的强度、硬度有限，往往不能满足工程结构对材料性能的要求。单相固溶体的电阻率 ρ 较高，电阻温度系数 α 较小，因而它很适于用作电阻合金材料，如 Cr20Ni80 等。

由于这种合金塑性较好，所以它具有良好的压力加工性能，但切削加工性能不好（如切屑不易剥落，不易断屑，加工表面质量较差等），铸造性能也不好。

固溶体合金的铸造性能（图 3.26）与其在结晶过程的温度变化范围及成分变化范围（即相图中的液相线与固相线之间的垂直距离与水平距离）的大小有关，随着温度变化范围增大，铸造性能变差，如流动性降低、分散缩孔增大、偏析倾向增大等。这主要是由于合金在结晶时的温度变化范围与成分变化范围越大，生成树枝状晶体的倾向也越大。

自模壁生长的大量细长易断的树枝状晶体，不但阻碍液体在型腔内流动，而且会使合金溶液变稠，使流动性和补缩能力下降，造成严重的浇不足和分散缩孔增加，以及易于生成铸造裂纹等缺陷。

由以上分析可知：单相固溶体合金不宜制作铸件而适于承受压力加工。在材料选用中应当注意固溶体合金的这一特点。

固溶体合金的性能可以由于次生相产生而发生显著的改变。如当固溶体的浓度较高时，随着合金温度的下降,会从固溶体中析出次生相。此时,若次生相沿晶界以连续或断续的网状析出,或次生相呈现为针状物或带尖角的块状物时,合金的塑性、韧性及综合力学性能将受到巨大损伤,并使合金的压力加工性能及使用性能显著变坏,但切削性能却可有所提高。当次生相以细小粒子均匀分布在固溶体的晶粒之中时,会使合金的塑性、韧性稍有下降,而强度、硬度有所增加,这一现象称为合金的弥散硬化。显然,弥散硬化的效果与次生相的弥散度(次生相粒子的细密程度)有关,弥散度越高,硬化效果越强,在某些情况下甚至可使合金的硬度、强度提高一倍以上。

弥散硬化是合金的基本强化方式之一,在实际生产及合金研究工作中已获得大量应用。

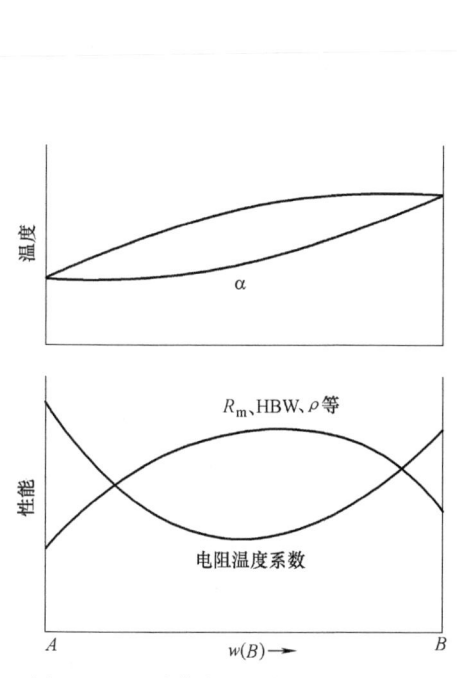

图 3.25　固溶体合金的物理及力学性能与合金成分间的关系

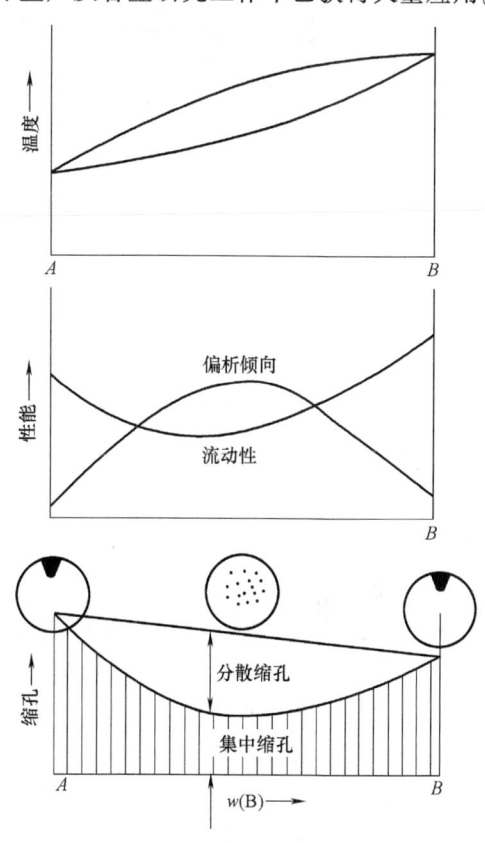

图 3.26　合金形成单相固溶体时铸造性能与化学成分的关系

2. 合金形成两相混合物时的情况

合金形成两相混合物时,分成两种情况:①通过包晶反应形成的普通混合物;②通过共晶或共析反应形成的机械混合物。当合金形成普通混合物时,合金性能将随合金化学成分的改变在两相性能之间按直线变化(图3.27a)。当合金形成机械混合物时,合金性能主要取决于组织的细密程度,组织越细密,对组织敏感的合金性能(如强度、硬度、电阻率等)提高越多(图3.27b);而那些对组织不敏感的性能(如比重、比容等)则无甚变化。

当合金形成机械混合物时,组成相的形状对合金性能也有很大影响。如在铁碳合金中的共析体——珠光体,它是固溶体和具有复杂晶格结构的间隙化合物的机械混合物。当硬而脆的化合物相——Fe_3C,呈粒状存在时比呈片状存在时的合金具有较好的韧性与综合力学性能。

当合金形成两相混合物时，通常合金的压力加工性能较差，但切削加工性能较好。合金的铸造性能与合金中的共晶体的数量有关，共晶体数量较多时，合金的铸造性能较好，完全由共晶体组成的合金铸造性能最好，如图 3.28 所示。因为它在恒温下进行结晶，同时熔点又最低，具有较好的流动性，在结晶时易形成集中缩孔，铸件的致密度好。故在其他条件许可的情况下，铸造用材料应尽可能选用共晶合金。

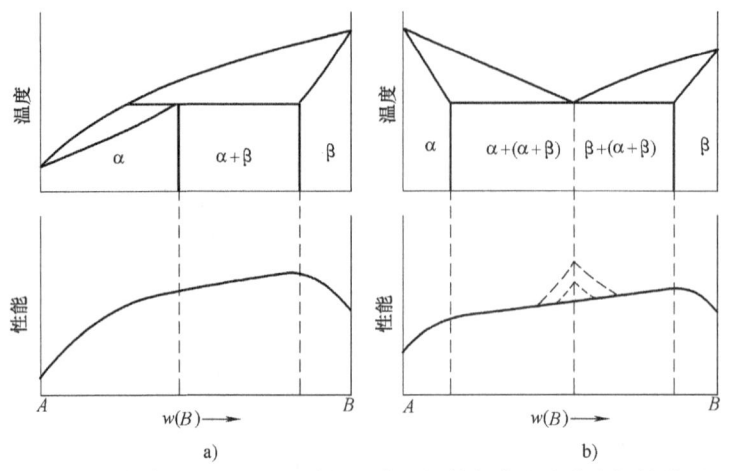

图 3.27 当合金形成两相混合物时合金性能与合金成分之间的关系

形成两相混合物的合金中，若两相的性能相差很大，当其中主要相为塑性的固溶体，第二相为硬而脆的化合物时，则第二相的形状、大小及分布对合金的性能有很大影响。若第二相呈连续或断续网状分布在塑性相的晶界上时，合金的塑性、韧性及综合力学性能明显下降，合金的压力加工性能变差；若第二相呈颗粒状均匀分布时，其危害性就减小；若第二相以极细小粒子均匀分布在塑性的固溶体相中，则合金的强度、硬度明显提高，这一现象称为合金的弥散强化。弥散强化的效果与第二相的弥散度（粒子细密程度）有关，一般说来，弥散度越高，强化效果越好。弥散强化是合金的基本强化方式之一，在实践中已大量应用。

近年来，采用定向凝固技术控制 Al-Ni 合金中的 Al-Al_3Ni 共晶体的生长，可以使 Al-Al_3Ni 共晶体中的 Al_3Ni 相沿凝固方向规则排列，从而大大提高 Al-Al_3Ni 共晶体的力学性能。图 3.29 所示为定向凝固的 Al-Al_3Ni 共晶体的显微组织。具有这种金相组织的 Al-Al_3Ni 共晶合金沿共晶体生长方向的强度比普通凝固的 Al-Al_3Ni 共晶合金高得多，冲击韧性也较高，而且具有更好的高温性能，因而已经用于生

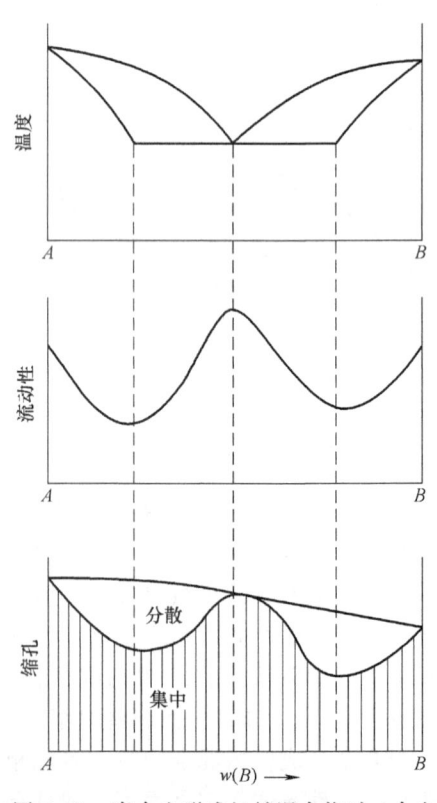

图 3.28 当合金形成机械混合物时，合金的铸造性能与其化学成分的关系

产涡轮机叶片。

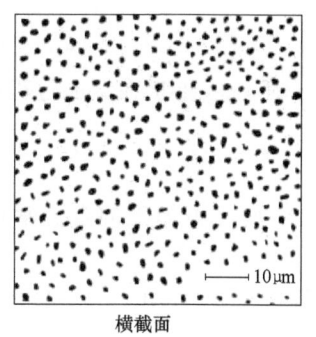 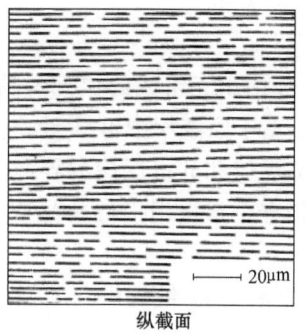

横截面　　　　　　　　　　纵截面

图 3.29　定向凝固 Al-Al$_3$Ni 共晶体的显微组织示意图

3. 合金形成化合物时的情况

当合金形成化合物时，合金具有较高的强度、硬度和某些特殊的物理、化学性能，但塑性、韧性及各种加工性能极差，因而不宜用作结构材料。但它们可以作为烧结合金的原料用于生产硬质合金，或用于制造其他要求某种特殊物理、化学性能的制品或零件。

当组元间形成某种化合物时，在合金系统的性能-成分曲线上会出现极大点或极小点（或称奇异点），如图 3.30 所示。

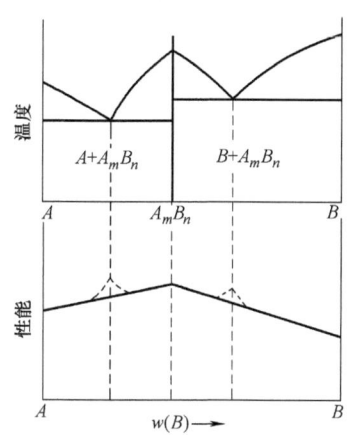 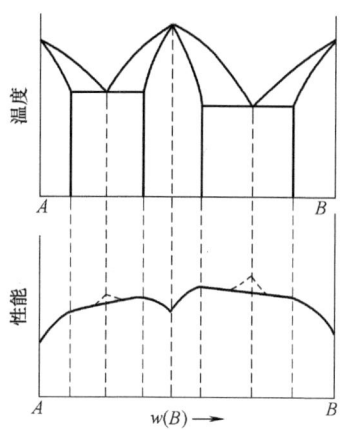

图 3.30　当相图中有化合物存在时合金系统的性能-成分关系曲线

3.3　习　题

一、填空题

1. 合金中的组元是_____，它可以是_____，也可以是_____。
2. 相图是表达_____和_____之间关系的图形。
3. 合金的相结构分为_____和_____两大类。
4. 溶质元素溶入固溶体后，会使溶剂晶格产生_____，使金属强度、硬度升高，称为_____。

5. 在合金结构中，凡是_____相同，_____相同，并与其他部分以_____分开的均匀组成部分，称为相。

二、简答题

1. 辨析：A、B 两组元组成的二元匀晶相图中，任一合金 K 在结晶过程中，已结晶出的固溶体 B 含量总是高于原液相中 B 含量。

2. 试比较共晶反应和共析反应的异同点。

3. 为什么铸造合金常选用接近共晶成分的合金，而压力加工的合金常选用单相固溶体成分的合金？

4. 将 20kg 纯铜和 30kg 纯镍熔化后慢冷至 T_1 温度（图 3.31），求各相的质量及各相中 Ni 的质量？

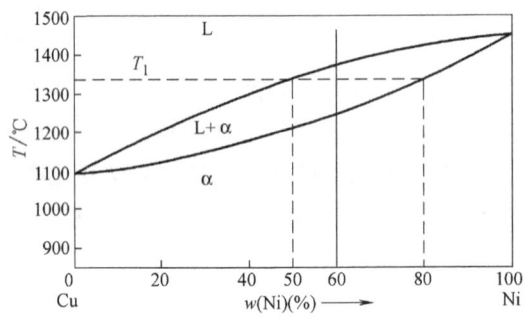

图 3.31 Cu-Ni 合金相图

第4章 铁碳合金

碳钢和铸铁是现代机械制造工业中应用最广泛的金属材料,是以铁和碳为主构成的铁碳合金。合金钢和合金铸铁实际上是有目的地加入一些合金元素的铁碳合金。因此,铁和碳是钢铁材料两个最基本的组元。为了合理选用钢铁材料,必须掌握铁碳合金的成分、组织结构与性能之间的关系。

4.1 铁碳合金中的相及组织

钢和铸铁是制造机械设备的主要金属材料,它们都是以铁、碳为主构成的合金,即铁碳合金。其中铁质量分数大于95%,是最基本的组元。因此欲了解钢和铸铁的本质,首先要了解铁碳合金基本相及组织。

4.1.1 工业纯铁

一般来说,铁从来不会是纯的,其中总含有杂质。工业纯铁中常含有质量分数为0.10%~0.20%的杂质。纯铁的熔点或凝固点为1538℃,其冷却曲线如图4.9所示。可以看到在1394℃及912℃出现水平台阶。配合X射线结构分析,证明这两个水平台发生两次不同的同素异构转变。

工业纯铁的显微组织如图4.1所示。工业纯铁的力学性能与组织中晶粒大小有密切关系,在其他条件不变时,晶粒越细,强度越高。工业纯铁的力学性能大致为 $R_m = 180 \sim 230\text{MPa}$, $R_{p0.2} = 100 \sim 170\text{MPa}$, $A = 30\% \sim 50\%$, $Z = 70\% \sim 80\%$, $K = 128 \sim 160\text{J}$,硬度为50~80HBW。

图4.1 工业纯铁的显微组织

虽然工业纯铁塑性较好,但强度较低,所以很少用它制造机械零件,常用的是它的合金。工业上得到最广泛应用的是铁碳合金。

表4.1列出了工业纯铁和碳质量分数分别为0.45%、0.8%、1.2%的铁碳合金的硬度值及金相组织(室温平衡状态)。

表4.1 工业纯铁和几种铁碳合金成分、组织及硬度

材料名称	工业纯铁	$w(C)=0.45\%$ 铁碳合金	$w(C)=0.77\%$ 铁碳合金	$w(C)=1.2\%$ 铁碳合金
组织及相对量	≈100%铁素体	44%铁素体+56%珠光体	≈100%珠光体	93%珠光体+7%渗碳体
硬度 HBW	80	140	180	260

由表可见，约含100%铁素体的工业纯铁最软；含$w(C)=0.77\%$的铁碳合金的硬度比含$w(C)=0.45\%$的铁碳合金高，显然与铁素体相对量减少有关；含$w(C)=1.20\%$的铁碳合金的硬度比含$w(C)=0.77\%$的铁碳合金要高，这是由于渗碳体相对量增多所致。

图4.2、图4.3、图4.4分别为含$w(C)=0.45\%$、$w(C)=0.77\%$、$w(C)=1.20\%$的铁碳合金（钢）的显微组织。从这些图中可以看出，铁碳合金的显微组织远比纯铁复杂，它们是由"铁素体""渗碳体"及"珠光体"几种基本的组织组成物构成。

图4.2 $w(C)=0.45\%$的铁碳合金（钢）的显微组织

图4.3 $w(C)=0.77\%$的铁碳合金（钢）的显微组织　　图4.4 $w(C)=1.20\%$的铁碳合金（钢）的显微组织

4.1.2 铁碳合金的组织结构及其性能

在液态时铁碳合金中的铁和碳可以无限互溶；在固态时根据碳的质量分数不同，碳可以溶解在铁中形成固溶体，也可以与铁形成化合物，或者形成固溶体与化合物组成的机械混合物。因此，铁碳合金在固态下有以下几种基本相。

1. 铁素体

碳溶于α-Fe中形成的间隙固溶体称为铁素体，常用符号F表示。铁素体仍保持α-Fe的体心立方晶格，碳溶于α-Fe的晶格间隙中。由于体心立方晶格原子间的空隙较小，碳在α-Fe中的溶解度也较小，727℃时，溶碳能力最大，$w(C)=0.0218\%$。随着温度降低，α-Fe中碳的质量分数逐渐减少，在室温时降到0.0008%。

铁素体的力学性能与工业纯铁相似，即塑性、韧性较好，强度、硬度较低。图4.5所示为铁素体的显微组织。

2. 奥氏体

碳溶于γ-Fe中形成的间隙固溶体称为奥氏体，用符号A表示。

奥氏体仍保持γ-Fe的面心立方晶格。由于面心立方晶格间隙较大（图4.6），故奥氏体的溶碳能力较强。1148℃时，溶碳能力最大，$w(C)=2.11\%$。随着温度下降，γ-Fe中碳的质量分数逐渐减少，在727℃时碳的质量分数为0.77%。奥氏体是一个硬度较低、塑性较高的相，适用于锻造。绝大多数钢热成形都要求加热到奥氏体状态，如图4.7所示。

图4.5 铁素体的显微组织

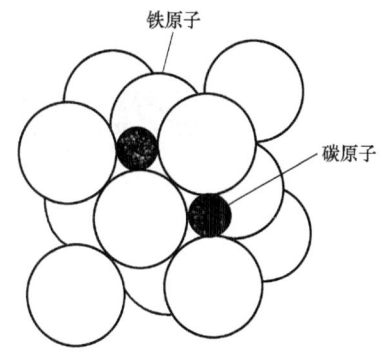

图4.6 奥氏体晶格间隙溶碳示意图

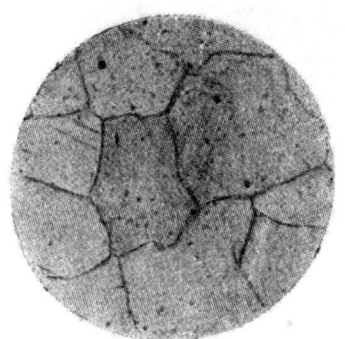

图4.7 高温奥氏体（500×）

3. 渗碳体

铁与碳形成的金属化合物Fe_3C称为渗碳体，用Fe_3C表示。渗碳体中$w(C)=6.69\%$，熔点为1227℃，是一种具有复杂晶体结构的间隙化合物。渗碳体的硬度很高，但塑性和韧性几乎等于零。渗碳体是钢中的主要强化相，铁碳合金中的存在形式有：粒状、球状、网状和细片状。其形状、数量、大小及分布对钢的性能有很大的影响。

渗碳体是一种亚稳定相，在一定的条件下会分解，形成石墨状的自由碳和铁：$Fe_3C \rightarrow 3Fe+C$（石墨）。这一过程对铸铁具有重要的意义。

4. 珠光体

珠光体是铁素体和渗碳体两相组织的机械混合物，常用符号P表示。碳的质量分数为0.77%。常见的珠光体形态是铁素体与渗碳体片层相间分布的，如图4.8所示。片层越细密，强度越高。

5. 莱氏体

莱氏体是由奥氏体（或珠光体）和渗碳体组成的机械混合物，常用符号Ld表示。碳的质量分数为4.3%。莱氏体中的渗碳体较多，脆性大、硬度高、塑性很差。

表4.2所示为铁碳合金在室温平衡状态下基本组织结构的力学性能，由此可见铁素体的塑

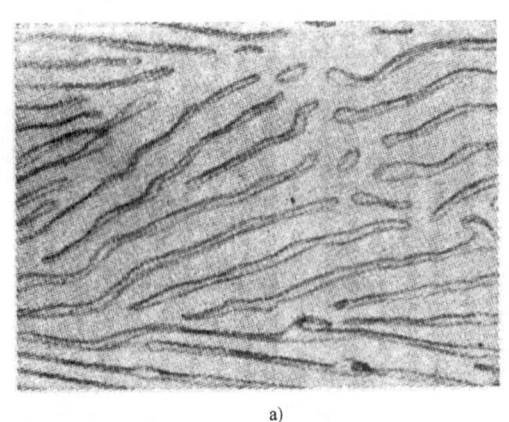

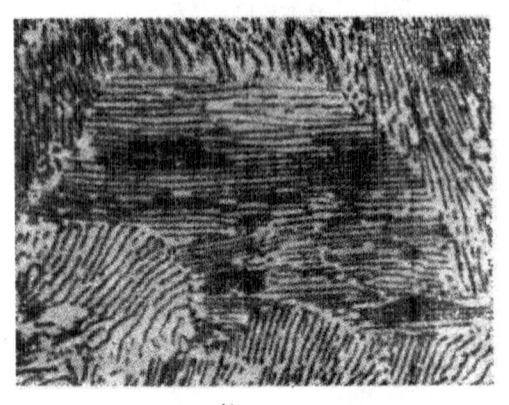

图 4.8 不同放大倍数下的珠光体组织特征

a)（2500×） b)（1500×） c)（400×）

性和韧性最好，硬度最低；珠光体的强度最高，塑性、韧性和硬度介于渗碳体和铁素体之间。

表 4.2 铁碳合金室温平衡组织结构的力学性能

名称	符号	结合类型	R_m/MPa	硬度 HBW	A(%)	K/J
铁素体	F 或 α	碳在 α-Fe 中的固溶体（体心立方晶格）	230	80	50	160
渗碳体	Fe_3C	铁和碳的化合物（复杂晶格）	30	800	≈0	≈0
珠光体	P	铁素体和渗碳体的层片状机械混合物	750	180	20~25	24~32

4.2 金属的同素异构转变

多数固态纯金属的晶格类型不会改变，但有些金属（如 Fe、Mn、Sn、Ti、Co 等）的晶格会因温度的改变而发生变化，固态金属在不同温度区间具有不同晶格类型的性质，称为同素异构性。

纯铁的熔点为 1538℃，纯铁的冷却转变曲线如图 4.9 所示。液态纯铁在 1538℃ 时结晶为具有体心立方晶格的 δ-Fe；继续冷却到 1394℃，由体心立方晶格的 δ-Fe 转变为面心立方

晶格的 γ-Fe；再冷却到 912℃，又由面心立方晶格的 γ-Fe 转变为体心立方晶格的 α-Fe，先后发生两次晶格类型的转变即

$$\delta\text{-Fe} \underset{}{\overset{1394℃}{\rightleftharpoons}} \gamma\text{-Fe} \underset{}{\overset{912℃}{\rightleftharpoons}} \alpha\text{-Fe}$$

体心立方晶格　　面心立方晶格　　体心立方晶格

金属在固态下由于温度的改变而发生晶格类型转变的现象，称为同素异构转变。同素异构转变有热效应产生，故在冷却曲线上，可看到在 1394℃ 和 912℃ 处出现平台。

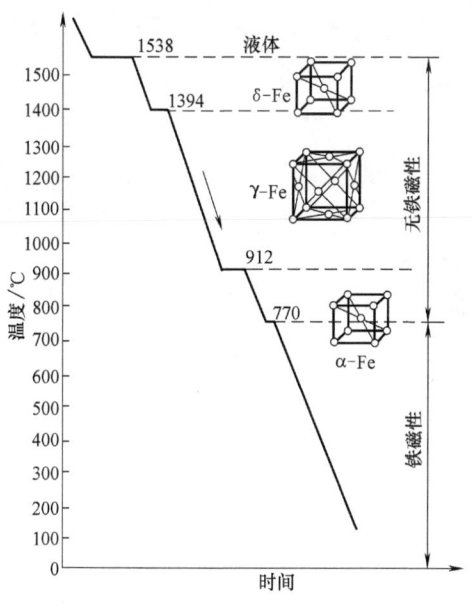

图 4.9　纯铁的冷却转变曲线

纯铁在 770℃ 时发生磁性转变。在 770℃ 以下的 α-Fe 呈铁磁性，在 770℃ 以上的 α-Fe 磁性消失。770℃ 称为居里点，用 A_2 表示。

工业纯铁虽然塑性好，但强度低，所以很少用于制造机械零件。在工业上应用最广的是铁碳合金。

同素异构转变具有十分重要的实际意义，钢的性能之所以是多种多样的，正是由于对其施加合适的热处理，从而利用同素异构转变来改变钢的性能。此外，由于同素异构转变过程中有体积的变化而形成较大的内应力。如 γ-Fe→α-Fe 时，体积膨胀约为 1%。这样导致变形和裂纹产生，须采取适当的工艺措施予以防止。

4.3　铁碳合金相图分析

4.3.1　铁碳合金相图基础知识

铁碳合金相图是研究铁碳合金的基础。碳的质量分数大于 6.69% 的铁碳合金脆性极大，没有使用价值；另外，Fe_3C 中碳的质量分数为 6.69%，为稳定的金属化合物，可以作为一

个组元,因此,研究的铁碳合金相图实际上是 Fe-Fe₃C 相图,如图 4.10 所示。

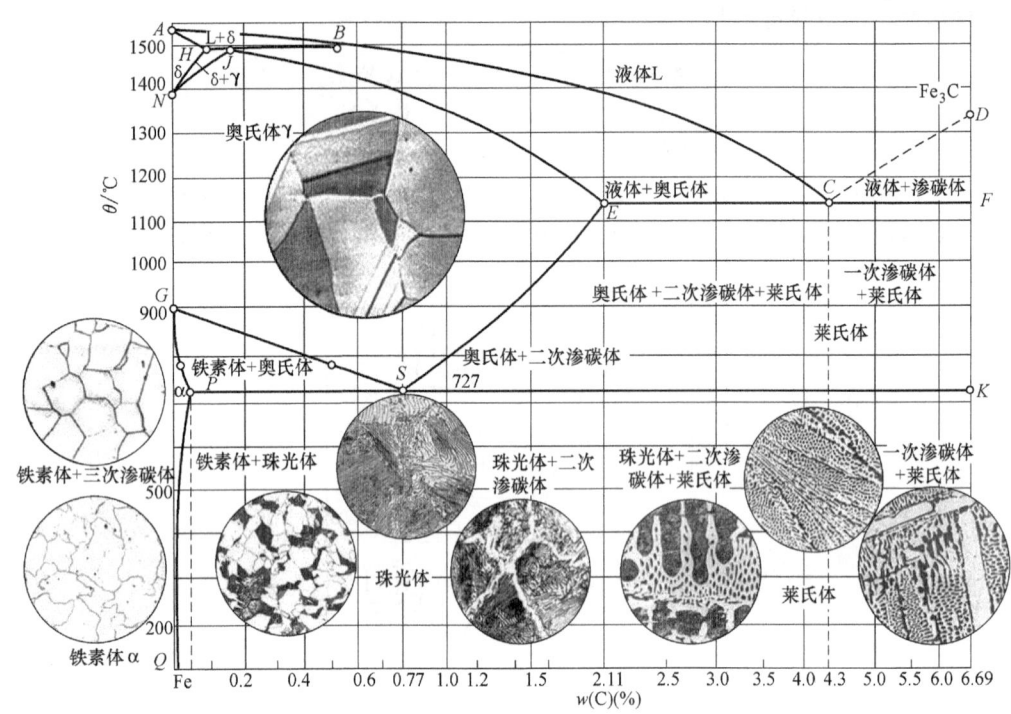

图 4.10 Fe-Fe₃C 相图

1. 铁碳合金相图中的点、线和区域

相图中的 *ABCD* 线为液相线,*AHJECF* 线为固相线。相图中有五个单相区:液相区(L)、δ 固相区、奥氏体区(A)、铁素体区(F)和渗碳体区(Fe_3C)。

Fe-Fe₃C 相图主要特征点及含义见表 4.3。

表 4.3 Fe-Fe₃C 相图主要特征点及含义

点的符号	温度/℃	w(C)(%)	说明
A	1538	0	纯铁的熔点
B	1495	0.53	包晶转变时液态合金成分
C	1148	4.3	共晶点
D	1227	6.69	渗碳体的熔点
E	1148	2.11	碳在 γ-Fe 中的最大溶解度
F	1148	6.69	渗碳体的成分
G	912	0	α-Fe ⇌ γ-Fe 转变温度
H	1495	0.09	碳在 δ-Fe 中的最大溶解度
J	1495	0.17	包晶点
K	727	6.69	渗碳体的成分
N	1394	0	γ-Fe ⇌ δ-Fe 转变温度
P	727	0.0218	碳在 α-Fe 中的最大溶解度
S	727	0.77	共析点
Q	室温	0.0008	室温时碳在 α-Fe 中的溶解度

Fe-Fe$_3$C 相图中各主要线的意义如下：

1) *ABCD* 线——液相线。该线以上的合金为液态，合金冷却至该线以下便开始结晶。
2) *AHJECF* 线——固相线。该线以下合金为固态。加热时温度达到该线后合金开始融化。
3) *HJB* 线——包晶线。碳的质量分数为 0.09%~0.53% 的铁碳合金，在 1495℃ 的恒温下均发生包晶反应，即

$$L_B + \delta_H \xrightleftharpoons[\text{恒温}]{1495℃} A_J$$

4) *ECF* 线——共晶线。当冷却到该线时，碳的质量分数大于 2.11% 的铁碳合金均会发生共晶反应，即

$$L_C \xrightleftharpoons[\text{恒温}]{1148℃} Ld(A_E + Fe_3C)$$

共晶反应产物是奥氏体与渗碳体（或共晶渗碳体）的机械混合物，即莱氏体（Ld）。

5) *PSK*——共析线。当奥氏体冷却到该线时发生共析反应，即

$$A_S \xrightleftharpoons[\text{恒温}]{727℃} P(F_P + Fe_3C)$$

共析反应的产物是铁素体与渗碳体（或共析渗碳体）的机械混合物，即珠光体（P）。共晶反应所产生的莱氏体冷却至 *PSK* 线时，内部的奥氏体也要发生共析反应转变成为珠光体，这时的莱氏体称为低温莱氏体（或变态莱氏体），用 L'd 表示。*PSK* 线又称 A_1 线。

6) *NH*、*NJ* 和 *GS*、*GP* 线——固溶体的同素异构转变线。在 *NH* 线与 *NJ* 线之间发生 δ-Fe $\rightleftharpoons$ γ-Fe 转变，*NJ* 线又称 A_4 线；在 *GS* 与 *GP* 之间发生 γ-Fe $\rightleftharpoons$ α-Fe 转变，*GS* 线又称 A_3 线。

7) *ES* 和 *PQ* 线——溶解度曲线。分别表示碳在奥氏体和铁素体中的极限溶解度随温度的变化线，*ES* 线又称 A_{cm} 线。当奥氏体中碳的质量分数超过 *ES* 线时，就会从奥氏体中析出渗碳体，称为二次渗碳体，用 Fe$_3$C$_{II}$ 表示。同样，当铁素体中碳的质量分数超过 *PQ* 线时，就会从铁素体中析出渗碳体，称为三次渗碳体，用 Fe$_3$C$_{III}$ 表示。

此外，*CD* 线是从液体中结晶出渗碳体的起始线，从液体中结晶出的渗碳体称为一次渗碳体（Fe$_3$C$_I$）。

Fe-Fe$_3$C 相图中有五个基本相，相应的有五个单相区：液相区 L，δ 固相区，奥氏体（A）相区，铁素体（F）相区，渗碳体（Fe$_3$C）相区。

Fe-Fe$_3$C 相图中有 7 个两相区：L+δ，L+A，L+Fe$_3$C$_I$，δ+A，A+F，A+Fe$_3$C$_{II}$，F+Fe$_3$C$_{III}$。

Fe-Fe$_3$C 相图中的三相共存区：*HJB* 线（L+δ+A）、*ECF* 线（L+A+Fe$_3$C）和 *PSK* 线（A+F+Fe$_3$C）。

实际应用中常简化包晶区域而获得更为简洁的铁碳合金相图，如图 4.11 所示。

2. 铁碳合金的分类

按碳的质量分数和显微组织的不同，铁碳合金相图中的合金可分成工业纯铁、钢和白口铸铁三大类。

(1) 工业纯铁　$w(C) < 0.0218\%$。

(2) 钢　$0.0218\% < w(C) < 2.11\%$。钢又分为：

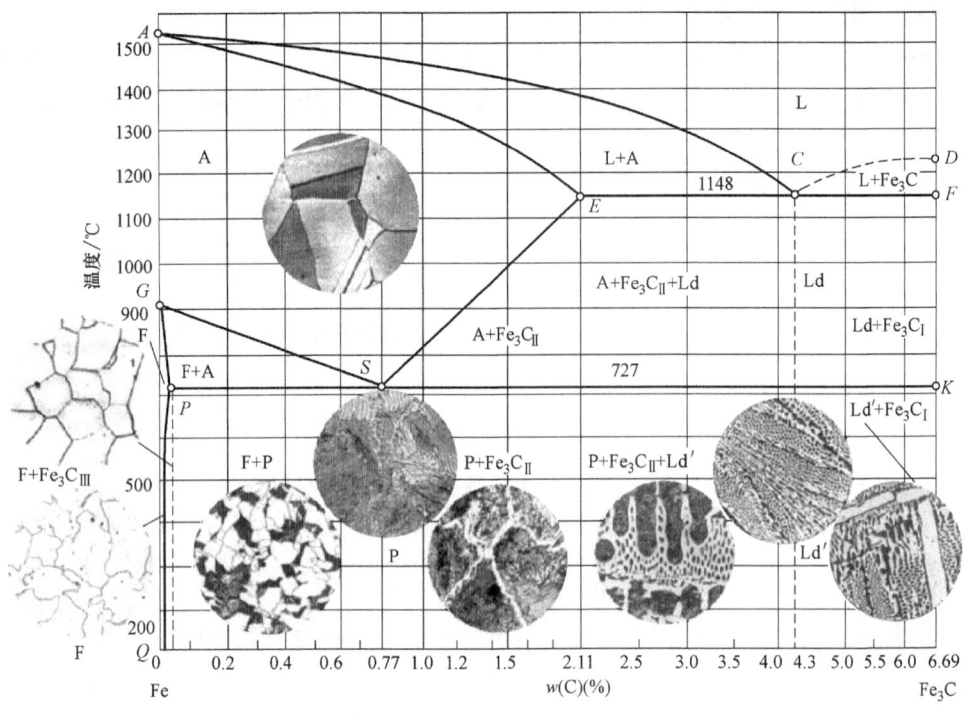

图 4.11 简化版 Fe-Fe₃C 相图

1) 亚共析钢。$0.0218\% < w(C) < 0.77\%$。
2) 共析钢。$w(C) = 0.77\%$。
3) 过共析钢。$0.77\% < w(C) < 2.11\%$。

(3) 白口铸铁 $2.11\% < w(C) < 6.69\%$。白口铸铁又分为：

1) 亚共晶白口铸铁。$2.11\% < w(C) < 4.3\%$。
2) 共晶白口铸铁。$w(C) = 4.3\%$。
3) 过共晶白口铸铁。$4.3\% < w(C) < 6.69\%$。

4.3.2 典型铁碳合金的结晶过程分析

下面以图 4.12、图 4.13 所示的几种典型的铁碳合金为例，分析其平衡结晶过程。

1. 共析钢 [$w(C) = 0.77\%$]

图 4.12 所示合金①，1 点温度以上为 L，在 1~2 点温度之间从 L 中不断结晶出 A，缓冷至 2 点以下全部为 A，2~3 点之间为 A 冷却，缓冷至 3 点时 A 发生共析转变（$A_S \rightarrow P$）生成 P。该合金的室温组织为 P，其冷却曲线和平衡结晶过程如图 4.13 所示，显微组织如图 4.14 所示。

2. 亚共析钢 [$0.0218\% < w(C) < 0.77\%$]

$w(C) = 0.09\% \sim 0.53\%$ 的亚共析钢，冷凝至 1495℃ 时均发生包晶反应，反应结果形成奥氏体（A）；而 $w(C) > 0.53\%$ 的亚共析钢，冷凝时则不发生包晶反应，而是直接从 L 中结晶出 A，图 4.12 所示合金②属于此例。

图 4.12 所示合金②，1 点温度以上为 L，在 1~2 点温度之间从 L 中不断结晶出 A，冷

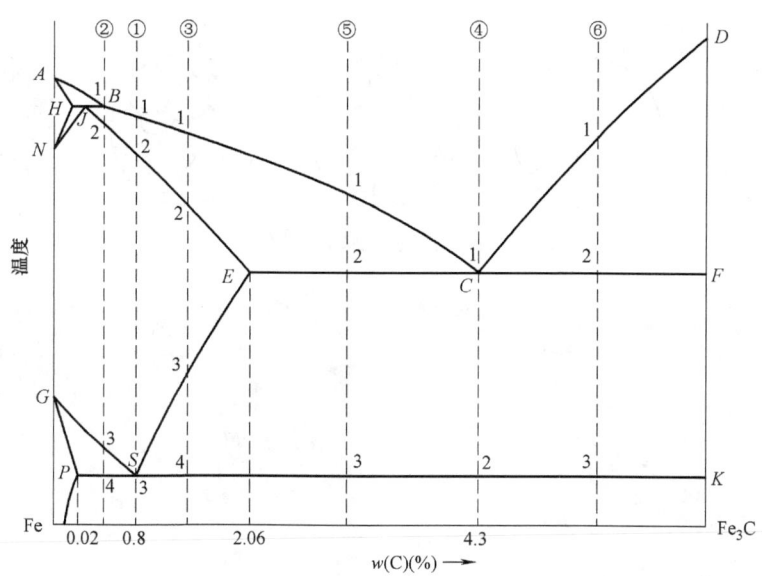

图 4.12 典型铁碳合金的结晶过程分析

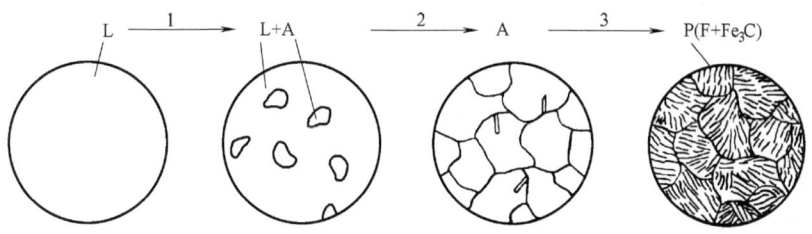

图 4.13 共析钢结晶过程示意图

至 2 点以下全部为 A，2~3 点之间为 A 冷却，3~4 点之间 A 不断转变成 F，缓冷至 4 点时，剩余的 A 成分为 $w(C)=0.77\%$，发生共析反应（$A_S \rightarrow P$）生成 P。该合金的室温平衡组织为 F+P，其平衡结晶过程如图 4.15 所示。

必须指出，所有亚共析钢在缓冷后，最终的显微组织都是 F+P。各种亚共析钢组织的主要差别，在于其中的 F 与 P 的相对量和 F 的分布情况不同。凡碳含量距 S 点越近的亚共析钢，其组织中 P 含量越多而 F 量则越少。$w(C)>0.53\%$ 的亚共析钢组织，其中 F 趋向于沿 P 边界呈网状分布。

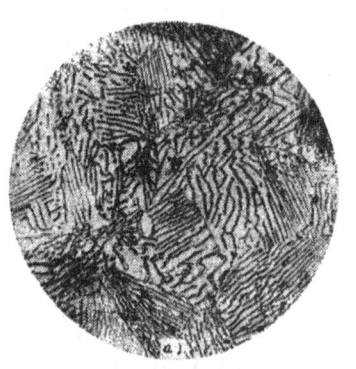

图 4.14 共析钢的显微组织

图 4.16 所示为 $w(C)=0.1\%$、$w(C)=0.3\%$ 的亚共析钢的显微组织。图中白色颗粒为 F 晶粒；黑色颗粒为珠光体，因放大倍数过低而使珠光体中层片无法分辨。可以看出，碳含量较高的 $w(C)=0.3\%$ 的亚共析钢显微组织中，P 所占面积较大。前述图 5.2 所示为含 $w(C)=0.45\%$ 的亚共析钢显微组织，其中 P 所占面积更大。

3. 过共析钢［$0.77\%<w(C)<2.11\%$］

图 4.12 所示合金③，1 点温度以上为 L，在 1~2 点温度间从 L 中不断结晶出 A，2~3

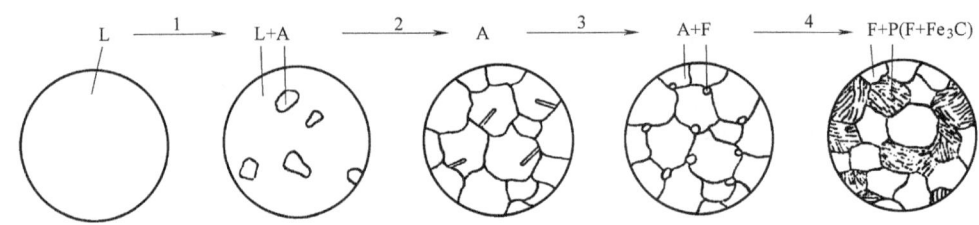

图 4.15 亚共析钢平衡结晶过程示意图

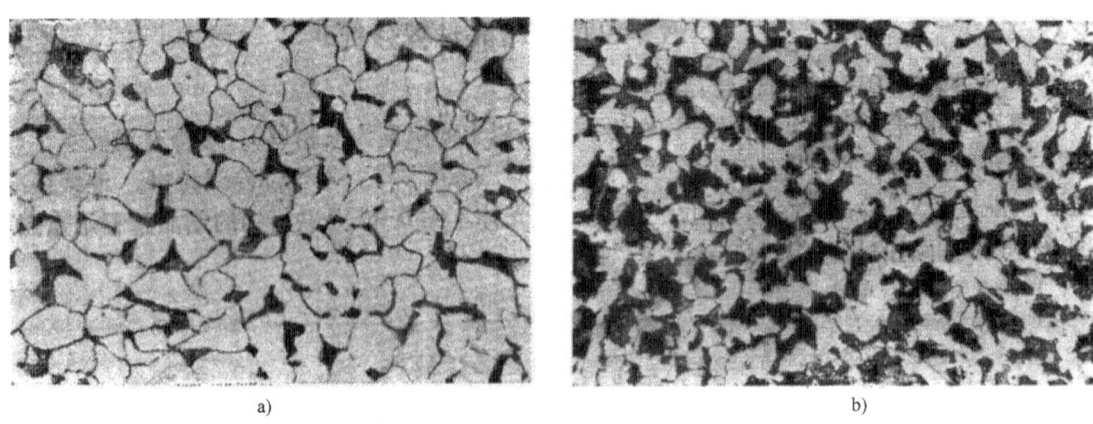

图 4.16 亚共析钢的室温显微组织（200×）
a）0.1%C b）0.3%C

点为 A 冷却，3~4 点间从 A 中不断析出沿 A 晶界分布，呈网状的 Fe_3C_{II}，缓冷至 4 时，剩余的 A 成分为 $w(C)=0.77\%$，发生共析转变（$A_S \to P$）生成 P。该合金室温平衡组织为 P+Fe_3C_{II}，其平衡结晶过程如图 4.17 所示，显微组织如图 4.18 所示。

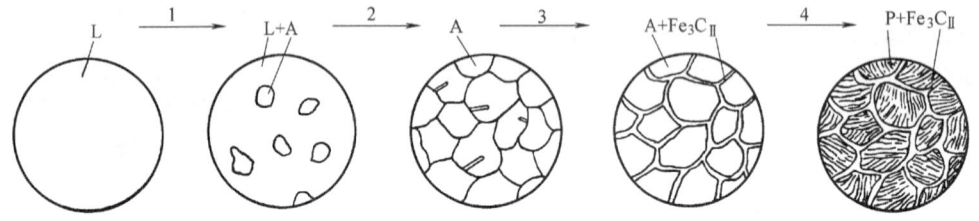

图 4.17 过共析钢结晶过程示意图

4. 共晶白口铸铁 [$w(C)=4.3\%$]

图 4.12 所示合金④，1 点温度以上为 L，缓冷至 1 点温度（1148℃）时，L 发生共晶转变（$L_C \to A_E + Fe_3C$）生成莱氏体（Ld），在 1~2 点之间时，Ld 中 A 的碳的质量分数沿 ES 线逐渐减少而不断析出 Fe_3C_{II}。当缓冷至 2 点时，共晶 A 成分降为 $w(C)=0.77\%$，发生共析转变（$A_S \to P$）生成 P。该合金的室温平衡组织是由 P 和 Fe_3C 组成的共晶体，加少量 Fe_3C_{II} 称为低温莱氏体或变态莱氏体（L'd），平衡结晶过程如图 4.19 所示，显微组织如图 4.20 所示。

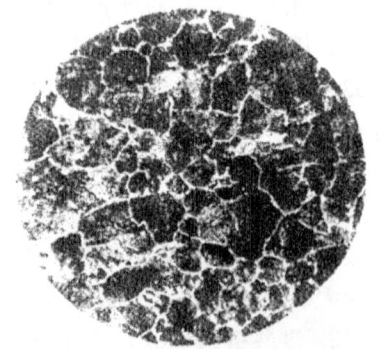

图 4.18 过共析钢的显微组织

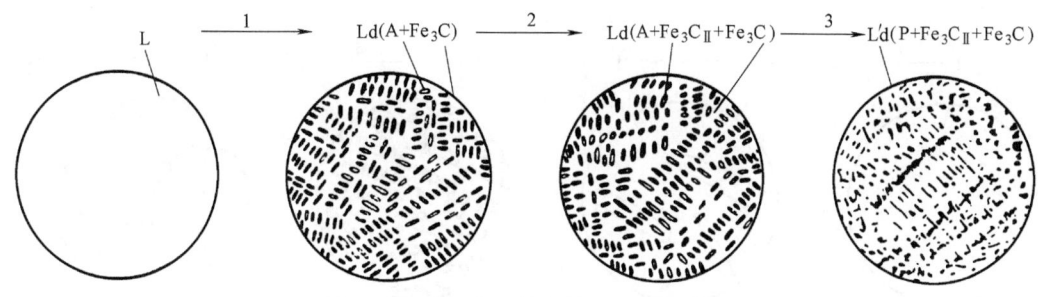

图 4.19 共晶白口铸铁结晶过程示意图

5. 亚共晶白口铸铁 $[2.11\% < w(C) < 4.3\%]$

图 4.12 所示合金⑤，1 点温度以上为 L，在 1~2 点间不断自 L 中结晶出 A，温度降至 2 点时，剩余 L 相的成分达到共晶成分，发生共晶转变（$L_C \rightarrow A_E + Fe_3C$）形成莱氏体，冷却至 2 点以下，自初晶 A 和共晶 A 中析出 Fe_3C_{II}，所以 A 中碳的质量分数沿 ES 线降低。当温度达到 3 点时，A 成分为 $w(C) = 0.77\%$，发生共析转变（$A_S \rightarrow P$）生成 P。该合金的室温平衡组织为 $P + Fe_3C_{II} + L'd$，其平衡结晶过程如图 4.21 所示，显微组织如图 4.22 所示。

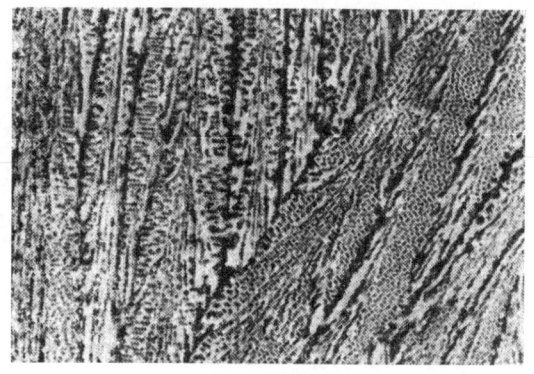

图 4.20 共晶白口铸铁室温显微组织（200×）

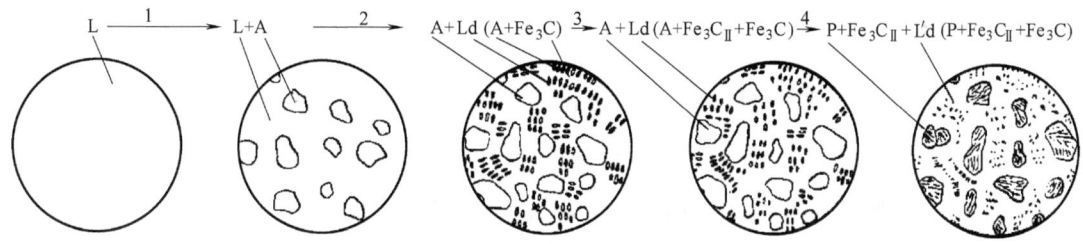

图 4.21 亚共晶白口铸铁的平衡结晶过程示意图

6. 过共晶白口铸铁 $[4.3\% < w(C) < 6.69\%]$

图 4.12 所示合金⑥，1 点温度以上为 L，在 1~2 点间不断自 L 中结晶出 Fe_3C，温度降至 2 点时，剩余 L 相的成分达到共晶成分，发生共晶转变（$L_C \rightarrow A_E + Fe_3C$）生成 Ld，在 2~3 点中，共晶 A 中析出 Fe_3C_{II}，到 3 点时 A 成分为 $w(C) = 77\%$ 发生共析转变（$A_S \rightarrow P$）生成 P，此合金的室温平衡组织为 $Fe_3C + L'd$，其平衡结晶过程如图 4.23 所示，其显微组织如图 4.24 所示。

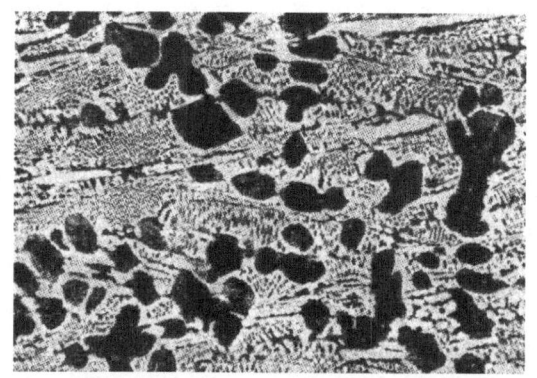

图 4.22 含 3.0%C 的亚共晶白口铸铁（室温平衡状态）的显微组织（200×）

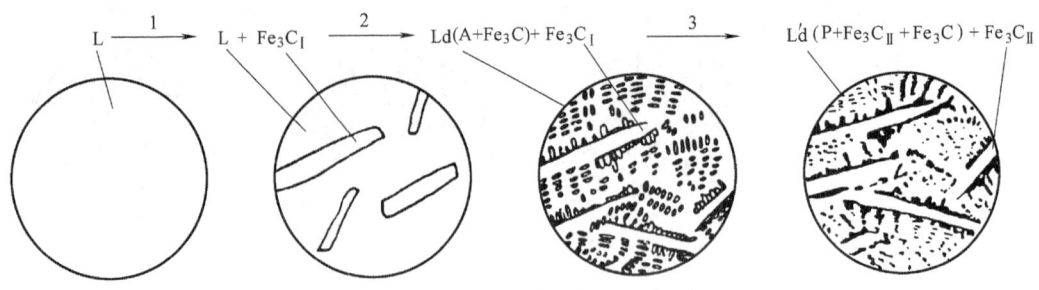

图 4.23 过共晶白口铸铁的结晶过程示意图

4.3.3 组织组成物计算

钢和白口铸铁的组织组成物都可运用杠杆定律加以计算。现以共析钢和过共析钢为例。

1) 共析钢珠光体组织中铁素体和渗碳体的相对重量（近似计算）为

$$F = \frac{6.69 - 0.77}{6.69} \times 100\% \approx 88\%$$

$$Fe_3C \approx 1 - 88\% = 12\%$$

2) $w(C) = 1.0\%$ 的过共析钢组织中二次渗碳体（Fe_3C_{II}）和珠光体（P）的相对重量为

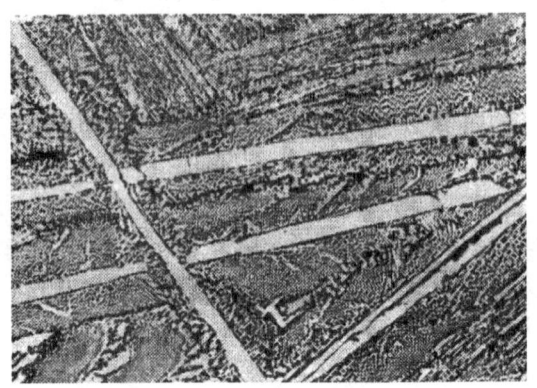

图 4.24 $w(C) = 5\%$ 的过共晶白口铸铁（室温平衡状态）的显微组织（200×）

$$Fe_3C_{II} = \frac{1.0 - 0.77}{6.69 - 0.77} \times 100\% \approx 3.9\%$$

$$P \approx 1 - 3.9\% = 96.1\%$$

4.3.4 碳的质量分数对铁碳合金组织、性能的影响

1. 碳的质量分数对平衡组织的影响

由 $Fe-Fe_3C$ 相图可知，随着碳质量分数的增加，铁碳合金显微组织发生变化

$$F \to F + Fe_3C_{III} \to F + P \to P \to P + Fe_3C_{II} \to P + Fe_3C_{II} + L'd \to L'd \to L'd + Fe_3C$$

从 $Fe-Fe_3C$ 相图中看出，当碳的质量分数增加时，不仅组织中 Fe_3C 相对量增加，而且 Fe_3C 大小、形态和分布也随之发生变化，即由分布在 F 晶界上（如 Fe_3C_{III}），变为分布在 F 的基体内（如 P），进而分布在原 A 的晶界上（如 Fe_3C_{II}），最后形成 $L'd$ 时，Fe_3C 已作为基体出现，即碳的质量分数不同的铁碳合金具有不同的组织，因此它们具有不同的性能。

2. 碳的质量分数对力学性能的影响

碳的质量分数对钢的力学性能影响如图 4.25 所示。由于硬度对组织形态不敏感，所以钢中碳的质量分数增加，高硬度的 Fe_3C 增加，低硬度的 F 减少，故钢的硬度呈直线增加，而塑性、韧性不断下降。又由于强度对组织形态很敏感。在亚共析钢中，随着碳的质量分数增加，强度高的 P 增加，强度低的 F 减少，因此强度随碳的质量分数的增加而升高。当

$w(C)=0.77\%$ 时，钢的组织全部为 P，P 的组织越细密，则强度越高；但 $0.77\%<w(C)<0.9\%$ 时，由于强度很低的、少量的、一般未连成网状的 Fe_3C_{II} 沿晶界出现，所以合金的强度增加变慢；当 $w(C)>0.9\%$ 时，Fe_3C_{II} 数量增加且呈网状分布在晶界处，导致钢的强度明显下降。

3. 碳的质量分数对工艺性能的影响

（1）切削加工性　金属的切削加工性是指切削加工成工件的难易程度。低碳钢中 F 较多，塑性好，切削加工时产生切削热大，易粘刀，不易断屑，表面质量差，故切削加工性差。高碳钢中 Fe_3C 多，刀具磨损严重，故切削加工性也差。中碳钢中 F 和 Fe_3C 的比例适当，切削加工性较好。在高碳钢 Fe_3C 呈球状时，可改善切削加工性。

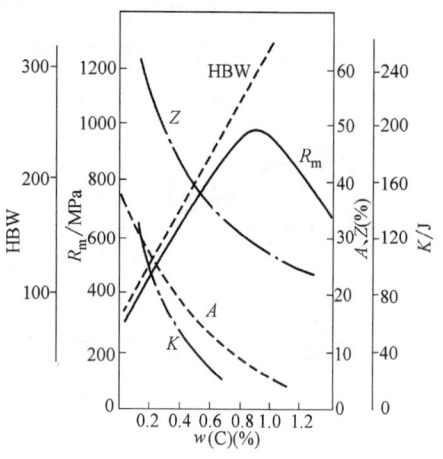

图 4.25　碳的质量分数对钢的力学性能影响

（2）可锻性　金属可锻性是指金属压力加工时，能改变形状而不产生裂纹的性能。当钢加热到高温得到单相 A 组织时，可锻性好。低碳钢中铁素体多，可锻性好，随着碳的质量分数增加，金属可锻性下降。白口铸铁无论在高温或低温，因组织是以硬而脆的 Fe_3C 为基体，所以不能锻造。

（3）铸造性能　合金的铸造性能取决于相图中液相线与固相线的水平距离和垂直距离。距离越大，合金的铸造性能越差。低碳钢的液相线与固相线距离很小，则有较好的铸造性能，但其液相线温度较高，使钢液过热度较小，流动性较差。随着碳的质量分数增加，钢的结晶温度间隔增大，铸造性能变差。共晶成分附近的铸铁，不仅液相线与固相线的距离最小，而且液相线温度也最低，其流动性好，铸造性能好。

（4）焊接性　随着钢中碳的质量分数增加，钢的塑性下降，焊接性下降。所以，为了保证获得优质焊接接头，应优先选用低碳钢 [$w(C)<0.25\%$ 的钢]。

4.3.5　铁碳合金相图的应用

（1）选材料方面的应用　根据铁碳合金成分、组织、性能之间的变化规律，可以根据零件的服役条件来选择材料。如要求有良好的焊接性能和冲压性能的机件，应选用组织中铁素体较多、塑性好的低碳钢 [$w(C)<0.25\%$] 制造，如冲压件、桥梁、船舶和各种建筑结构；对于一些要求具有综合力学性能（强度、硬度和塑性、韧性都较高）的机器构件（如齿轮、传动轴等），应选用中碳钢 [$w(C)=0.25\%\sim0.6\%$] 制造；高碳钢 [$w(C)>0.6\%$] 主要用于制造弹性零件及要求高硬度、高耐磨性的工具、磨具、量具等；对于形状复杂的箱体、机座等可选用铸造性能好的铸铁来制造。

（2）制定热加工工艺方面的应用　在铸造生产方面，根据 $Fe-Fe_3C$ 相图可以确定铸钢和铸铁的浇注温度。浇注温度一般在液相以上 150℃ 左右，如图 4.26 所示。另外，从相图中还可看出接近共晶成分的铁碳合金，熔点低、结晶温度间隔小，因此它们的流动性好，分散缩孔少，可得到组织致密的铸件。所以，铸造生产中，接近共晶成分的铸铁得到了较广泛的应用。

铸钢也是常用的铸造合金，$w(C)=0.15\%\sim0.60\%$。从 $Fe-Fe_3C$ 相图的分析中可看出，铸钢的铸造性能并不很理想。首先，铸钢的凝固温度区间较大，因此缩孔就较大，且容易形成分散的缩孔，流动性也差，化学成分不均匀性（又称偏析）严重。其次，铸钢的熔化温度比铸铁高得多；铸钢在铸态时晶粒粗大，常出现特有的魏氏组织（图 4.27）。

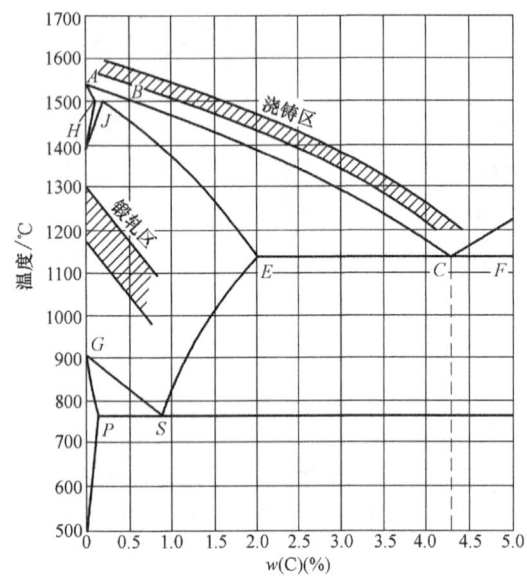

图 4.26　Fe-Fe$_3$C 相图与铸锻工艺的关系

图 4.27　铸钢的魏氏组织（100×）

该组织的特点是铁素体沿晶界分布并呈针状插入珠光体内，使钢材的塑性和韧性大大下降。另外，由于铸钢件冷却迅速，故内应力较大。铸钢的这些组织缺陷可以通过热处理（退火或正火）方法消除，因此，铸钢在铸造后必须进行热处理。铸钢在机器制造业中，用于制造一些形状复杂，难以锻造或切削加工，而又要求较高的强度和塑性的零件。由于铸钢的铸造性能较差，又需价格昂贵的炼钢设备，故近年来在铸造生产中，有以球墨铸铁部分代替铸钢的趋势。

在锻造生产方面，钢处于单相奥氏体时，塑性好，变形抗力小，便于锻造成形。因此，钢材的热轧、锻造时要将钢加热到单相奥氏体区，如图 4.26 所示。其选择原则是开始轧制或锻造温度不得过高，以免钢材氧化严重；而终止轧制或锻造温度也不能过低，以免钢材塑性差，导致裂纹产生。一般碳钢的始锻温度为 1150℃～1250℃，而终锻温度在 800℃ 左右。

在焊接方面，可根据 Fe-Fe$_3$C 相图分析低碳钢焊接接头的组织变化情况。各种热处理方法的加热温度的选择也需参考 Fe-Fe$_3$C 相图，这将在后续章节详细讨论。

必须指出，铁碳合金相图不能说明快速加热和冷却时铁碳合金组织的变化规律。相图中各相的相变温度都是在所谓的平衡（即非常缓慢地加热和冷却）条件下得到的。另外，通常使用的铁碳合金中，除含铁、碳两元素外，尚有其他多种杂质或合金元素，这些元素对相图将有影响，应予以考虑。

4.4　碳　素　钢

目前，工业上使用的钢铁材料中，碳素钢（简称碳钢）占有很重要的地位。由于碳钢容易冶炼和加工,并具有一定的力学性能,在一般情况下,它能够满足工农业生产的需要,加之价格低廉,所以应用非常广泛。为了合理选择和正确使用各种碳钢,需要对碳钢进行深入分析和了解。

4.4.1 碳钢中常存杂质及对性能的影响

碳钢是指 $w(C)<2.11\%$ 的铁碳合金,但实际使用的碳钢并不是单纯的铁碳合金。在碳钢的生产冶炼过程中,由于炼钢原材料的带入和工艺的需要,而有意加入一些物质,使钢中有些常存杂质,主要有硅、锰、硫、磷这四种,它们的存在对钢铁的性能有较大影响。

(1) 硅 硅在钢中是有益元素。在炼铁、炼钢的生产过程中,由于原料中含有硅及使用硅铁作脱氧剂,使得钢中常含有少量硅元素。在碳钢中通常 $w(Si)<0.4\%$,硅能溶入铁素体使之强化,提高钢的强度、硬度,而塑性和韧性降低。

(2) 锰 锰在钢中也是有益元素。锰也是由于原材料中含有锰及使用锰铁脱氧而带入钢中。锰在钢中的质量分数一般为 $w(Mn)=0.25\%\sim0.8\%$。锰能溶入铁素体使之强化,以提高钢的强度、硬度。锰还可与硫形成 MnS,消除硫的有害作用,并起断屑作用,可改善钢的切削加工性。

(3) 硫 硫在钢中是有害元素。硫和磷也是从原料及燃料中带入钢中的。硫在固态下不溶于铁,以 FeS(熔点 1190℃)的形式存在。FeS 常与 Fe 形成低熔点(985℃)共晶体(图 4.28)分布在晶界上,当钢加热到 1000~1200℃ 进行压力加工时,由于分布在晶界上的低熔点共晶体熔化,钢沿晶界处开裂,这种现象称为热脆。为了避免热脆,在钢中必须严格控制硫含量。

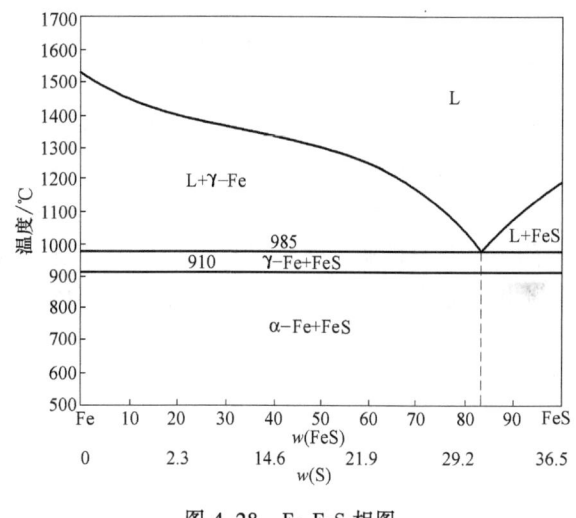

图 4.28 Fe-FeS 相图

(4) 磷 磷在钢中也是有害元素。磷在常温固态下能全部溶入铁素体中,使钢的强度、硬度提高,但使塑性、韧性显著降低,低温时表现尤为突出。这种在低温时由磷导致钢严重脆化的现象称为冷脆。磷的存在还使钢的焊接性能变坏,因此钢中磷含量要严格控制。

4.4.2 碳素钢的分类、牌号及用途

1. 碳素钢的分类

按碳的质量分数可分为低碳钢 $[w(C)<0.25\%]$、中碳钢 $[w(C)=0.25\%\sim0.60\%]$、高碳钢 $[w(C)>0.60\%]$。按钢的冶金质量和钢中有害杂质元素硫、磷的质量分数分普通质量钢 $[w(S)=0.035\%\sim0.050\%,w(P)=0.035\%\sim0.045\%]$、优质钢 $[w(S)、w(P)$ 均 $\leqslant 0.035\%]$、高级优质钢 $[w(S)=0.020\%\sim0.030\%,w(P)=0.025\%\sim0.030\%]$。按用途可分为结构钢、工具钢。

2. 碳钢的牌号

(1) **碳素结构钢**　碳素结构钢牌号的表示方法由代表屈服强度屈字的汉语拼音字母、屈服极限数值、质量等级符号及脱氧方法符号四个部分按顺序组成。牌号中 Q 表示"屈"。A、B、C、D 表示质量等级，它反映了碳素钢结构中有害杂质（S、P）质量分数的多少，C、D 级硫、磷质量分数最低、质量好，可作重要焊接结构件。如 Q235AF，即表示屈服强度为 235MPa，A 等级质量的沸腾钢。F、Z、TZ 依次表示沸腾钢、镇静钢、特殊镇静钢，一般情况下符号 Z 与 TZ 在牌号表示中可省略。

(2) **优质碳素结构钢**　其牌号用两位数字表示，两位数字表示钢中平均碳的质量分数的万倍。如 45 钢，表示平均 $w(C)= 0.45\%$；08 钢表示平均 $w(C)= 0.08\%$。优质碳素结构钢按锰的质量分数不同，分为普通锰钢 $[w(Mn)= 0.25\% \sim 0.80\%]$ 和较高锰的钢 $[w(Mn)= 0.70\% \sim 1.20\%]$ 两组。较高锰的优质碳素结构钢牌号数字后加"Mn"，如 45Mn。

(3) **碳素工具钢**　其牌号冠以"T"（"T"为"碳"字的汉语拼音首位字母），后面数字表示平均碳的质量分数的千倍。碳素工具钢分优质和高级优质两类。若为高级优质钢，则在数字后面加"A"。如 T8A 钢，表示平均 $w(C)= 0.8\%$ 的高级优质碳素工具钢。对含较高锰的 $[w(Mn)= 0.40\% \sim 0.60\%]$ 的碳素工具钢，则在数字后加"Mn"，如 T8Mn、T8MnA 等。

(4) **铸造碳钢**　其牌号用"ZG"代表铸钢二字汉语拼音首字母，后面第一组数字为屈服强度（单位 Pa），第二组数字为抗拉强度（单位 Pa）。如 ZG200-400，表示屈服强度 ≥200Pa，抗拉强度 ≥400Pa 的铸造碳钢件。

3. 碳素结构钢

碳素结构钢的硫、磷含量较多，但由于冶炼容易、工艺性好、价格便宜，在力学性能上一般能满足普通机械零件及工程结构件的要求，因此用量很大，约占钢材总量的 70%。表 4.4 列出了碳素结构钢的牌号、化学成分、力学性能和用途。

表 4.4　碳素结构钢的牌号、化学成分、力学性能和用途

牌号	等级	化学成分(质量分数,%)					脱氧方法	拉伸试验			应用举例
		C	Mn	Si	S	P		R_{eL} /MPa	R_m /MPa	A (%)	
					不大于						
Q195	—	0.06~0.12	0.25~0.50	0.30	0.050	0.045	F、Z	(195)	315~390	33	用于制造钉子、铆钉、垫块及轻负荷的冲压件
Q215	A	0.09~0.15	0.25~0.55	0.30	0.050	0.045	F、Z	215	335~410	31	
	B				0.045						
Q235	A	0.14~0.22	0.30~0.65	0.30	0.050	0.045	F、Z	235	375~460	26	用于制造小轴、拉杆、连杆、螺栓、螺母、法兰等不太重要的零件
	B	0.12~0.20	0.30~0.70		0.045						
	C	≤0.18	0.35~0.80	0.30	0.040	0.040	Z、TZ				
	D	≤0.17			0.035	0.035					
Q255	A	0.18~0.28	0.40~0.70	0.30	0.050	0.045	Z	255	410~510	24	用于制造拉杆、连杆、转轴、心轴、齿轮和键等
	B				0.045						
Q275	—	0.28~0.38	0.50~0.80	0.35	0.050	0.045	Z	275	490~610	20	

碳素结构钢一般以热轧空冷状态供应。其中牌号 Q195 与 Q275 碳素结构钢是不分质量

等级的，出厂时既保证力学性能，又保证化学成分。而 Q215、Q235、Q255 牌号的碳素结构钢，当质量等级为"A""B"级时，只保证力学性能，化学成分可根据需求方要求作适当调整；而 Q235 的"C""D"级，则力学性能和化学成分都应保证。D 级（$w(S) \leqslant 0.035\%$，$w(P) \leqslant 0.035\%$）质量等级最高，达到了碳素结构钢的优质级。

Q195 钢的碳的质量分数很低，塑性好。常用作螺钉、螺母及各种薄板，也可用来代替优质碳素结构钢 08 钢或 10 钢，制造冲压件、焊接结构件。

Q275 钢强度较高，可代替 30 钢、40 钢用于制造较重要的某些零件，以降低原材料成本。

4. 优质碳素结构钢

优质碳素结构钢硫、磷含量较低，非金属夹杂物也较少，因此力学性能比碳素结构钢优良，广泛用于制造机械产品中较重要的结构钢零件。为了充分发挥其性能潜力，一般都是在热处理后使用。

优质碳素结构钢的牌号、化学成分和力学性能和用途见表 4.5 和表 4.6。

表 4.5 优质碳素结构钢的牌号、化学成分和力学性能

牌号	化学成分(质量分数,%)			力学性能					硬度 HBS	
	C	Si	Mn	R_{eL}/MPa	R_m/MPa	$A(\%)$	$Z(\%)$	KU_2/J	热轧	退火钢
				不小于					不大于	
08	0.05~0.11	0.17~0.37	0.35~0.65	195	325	33	60	—	131	—
10	0.07~0.13	0.17~0.37	0.35~0.65	205	335	31	55	—	137	—
15	0.12~0.19	0.17~0.37	0.35~0.65	225	375	27	55	—	143	—
20	0.17~0.23	0.17~0.37	0.35~0.65	245	410	25	55	—	156	—
30	0.27~0.34	0.17~0.37	0.50~0.80	295	490	21	50	63	179	—
40	0.37~0.44	0.17~0.37	0.50~0.80	335	570	19	45	47	217	187
45	0.42~0.50	0.17~0.37	0.50~0.80	335	570	19	45	39	229	197
50	0.47~0.55	0.17~0.37	0.50~0.85	375	630	14	40	31	241	207
55	0.52~0.60	0.17~0.37	0.50~0.80	380	645	13	35	—	255	217
60	0.57~0.65	0.17~0.37	0.50~0.80	400	675	12	35	—	255	229
65	0.62~0.70	0.17~0.37	0.50~0.80	410	695	10	30	—	255	229
70	0.67~0.75	0.17~0.37	0.50~0.80	420	715	9	30	—	269	229
85	0.82~0.90	0.17~0.37	0.50~0.80	980	1130	6	30	—	302	255
15Mn	0.12~0.19	0.17~0.37	0.70~1.00	245	410	26	55	—	163	—
20Mn	0.17~0.24	0.17~0.37	0.70~1.00	275	450	24	50	—	197	—
40Mn	0.22~0.30	0.17~0.37	0.70~1.00	355	590	17	45	47	207	207
45Mn	0.42~0.50	0.17~0.37	0.70~1.00	375	620	15	40	39	241	217
50Mn	0.47~0.55	0.17~0.37	0.70~1.00	390	645	13	40	31	255	217
60Mn	0.57~0.65	0.17~0.37	0.70~1.00	410	695	11	35	—	269	229
65Mn	0.62~0.70	0.17~0.37	0.90~1.20	430	735	9	30	—	285	229

表 4.6 优质碳素结构钢的用途

牌号	应用举例
10	用于制造锅炉管、油桶顶盖、钢带、钢丝、钢板和型材,用于制造机械零件
15 20	用于不经受很大应力而要求韧性的各种机械零件,如拉杆、轴套、螺钉、起重钩等;也用于制造在 $6.0×10^6$ Pa(60个大气压)、450℃以下非腐蚀介质下使用的管子等;还可以用于心部强度不大的渗碳与碳氮共渗零件,如轴套、链条的滚子、轴及不重要的齿轮、链轮等
35	用于热锻的机械零件,冷拉和冷顶锻钢材,无缝钢管,机械制造中的零件,如转轴、曲轴、轴销、拉杆、连杆、横梁、星轮、套筒、轮圈、钩环、垫圈、螺钉和螺母等;还可用于铸造汽轮机机身、轧钢机机身、飞轮等
40	用于制造机器的运动零件,如辊子、轴、曲柄销、传动轴、活塞杆、连杆和圆盘等
45	用于制造蒸汽涡轮机、压缩机、泵的运动零件;还可以用于代替渗碳钢制造齿轮、轴、活塞销等零件,但零件需经高频或火焰表面淬火,并可用作铸件
55	用于制造齿轮、连杆、轮圈、轮缘、扁弹簧及轧辊等,也可用作铸件
65	用于制造气门弹簧、弹簧圈、轴、轧辊、各种垫圈、凸轮及钢丝绳等
70	用于制造弹簧

08F、10F 钢中碳的质量分数低,塑性好,焊接性能好,主要用于制造冲压件和焊接件。15、20、25 钢属于渗碳钢,这类钢强度较低,但塑性和韧性较高,焊接性能及冷冲压性能较好。可以制造各种受力不大,但要求高韧性的零件;此外还可用作冷冲压件和焊接件。渗碳钢经渗碳、淬火+低温回火后,表面硬度可达 60HRC 以上,耐磨性好,而心部具有一定的强度和韧性,可用于制作要求表面耐磨并能承受冲击载荷的零件。

30、35、40、45、50、55 钢属于调质钢,经淬火+高温回火后,具有良好的综合力学性能,主要用于要求强度、塑性和韧性都较高的机械零件(如轴类零件),这类钢在机械制造中应用最广泛,以 45 钢更为突出。

60、65、70 钢属于弹簧钢,经淬火+中温回火后可获得高的弹性极限、高的屈强比,主要用于制造弹簧等弹性零件及耐磨零件。

优质碳素结构钢中较高锰的一组牌号(15Mn~70Mn),其性能和用途与普通锰的一组对应牌号相同,但其淬透性略高。

5. 碳素工具钢

这类钢的碳的质量分数为 0.65%~1.35%,分优质碳素工具钢与高级优质碳素工具钢两类。牌号后加"A"的属高级优质($w(S)≤0.020\%$,$w(P)≤0.030\%$;对平炉冶炼的钢,$w(S)≤0.025\%$)。

常用碳素工具钢的牌号、成分、硬度及用途见表 4.7。

此类钢在机械加工前一般进行球化退火,组织为铁素体基体+细小均匀分布的粒状渗碳体,硬度不大于 217HBW。作为刀具,最终热处理为淬火+低温回火,组织为回火马氏体+粒状渗碳体+少量残余奥氏体。其硬度可达 60~65HRC,耐磨性和加工性都较好,价格又便宜,在生产上得到广泛应用。

碳素工具钢的缺点是红硬性差,当刃部温度高于 250℃时,其硬度和耐磨性会显著降低。此外，钢的淬透性也低，并容易产生淬火变形和开裂。因此，碳素工具钢大多用于制造刃部受热程度较低的手用工具和低速、小进给量的机用工具，也可制作尺寸较小的模具和量具。

表4.7 常用碳素工具钢的牌号、成分、硬度及用途

牌号	化学成分(质量分数,%)					退火状态硬度HBW（不大于）	试样淬火		应用举例
	C	Si（不大于）	Mn	S（不大于）	P（不大于）		淬火温度/℃，淬火介质	硬度HRC（不小于）	
T7	0.65~0.74	0.35	≤0.40	0.030	0.035	187	800~820 水	62	用于能承受冲击、硬度适当，并有较好韧性的工具，如扁铲、手钳、大锤及木工工具等
T8	0.75~0.84	0.35	≤0.40	0.030	0.035	187	780~800 水	62	用于能承受冲击、要求较高硬度与耐磨性的工具，如冲头、压缩空气工具及木工工具等
T9	0.85~0.94	0.35	≤0.40	0.030	0.035	192	760~780 水	62	用于硬度高、韧性中等的工具，如冲头
T10	0.95~1.04	0.35	≤0.40	0.030	0.035	197	760~780 水	62	用于不受剧烈冲击，要求硬度高、耐磨的工具
T11	1.05~1.14	0.35	≤0.40	0.030	0.035	207	760~780 水	62	用于不受冲击，要求硬度高、极耐磨的工具，如冲模、钻头、丝锥、车刀等
T12	1.15~1.24	0.35	≤0.40	0.030	0.035	207	760~780 水	62	用于不受冲击，要求硬度高、极耐磨的工具，如锉刀、精车刀、量具、丝锥等
T13	1.25~1.35	0.35	≤0.40	0.030	0.035	217	760~780 水	62	用于刮刀、拉丝模、锉刀、剃刀等

6. 铸造碳钢

铸造碳钢一般用于制造形状复杂、力学性能要求比铸铁高的零件，如水压机横梁、轧钢机机架、重载大齿轮等。这种机件，用锻造方法难以生产，用铸铁又无法满足性能要求，只能用碳钢采用铸造方法生产。

铸造碳钢中碳的质量分数一般为0.15%~0.60%。碳的质量分数过高则塑性差，易产生裂纹，工程用铸造碳钢的牌号、成分、力学性能及用途见表4.8、表4.9。

表 4.8 铸造碳钢的牌号、成分、力学性能

牌号	最高化学成分(质量分数,%)					力学性能(最小值)			根据合同选择		
	C	Si	Mn	S	P	$R_{p0.2}$/MPa	R_m/MPa	$A(\%)$	$Z(\%)$	冲击吸收能量	
										KV_2/J	KU_2/J
ZG200-400	0.20	0.60	0.80	0.035	0.035	200	400	25	40	30	47
ZG230-450	0.30	0.60	0.90			230	450	22	32	25	35
ZG270-500	0.40	0.60	0.90			270	500	18	25	22	27
ZG310-570	0.50	0.60	0.90			310	570	15	21	15	24
ZG340-640	0.60	0.60	0.90			340	640	10	18	10	16

注：1. 摘自 GB/T 11352—2009《一般工程用铸造碳钢件》。
2. 表中所列各牌号性能适应于厚度为 100mm 以下的铸件。

表 4.9 铸造碳素钢的用途

牌号	应用举例
ZG200-400	用于受力不大、要求韧性的各种机械零件，如机座、变速箱壳等
ZG230-450	用于受力不大、要求韧性的各种机械零件，如砧座、外壳、轴承盖、底板、阀体等
ZG270-500	用于轧钢机机架、轴承座、连杆、箱体、曲轴、缸体、飞轮和蒸汽锤等
ZG310-570	用于载荷较高的零件，如大齿轮、缸体、制动轮、辊子等
ZG340-640	用于起重运输机中的齿轮、联轴器及重要的机件

（1）ZG200-400　有良好的塑性、韧性和焊接性能。用于制作承受载荷不大，要求韧性的各种机械零件，如机座、变速箱壳等。

（2）ZG230-450　有一定的强度和较好的塑性、韧性，焊接性能良好，切削加工性尚可。用于制作承受载荷不大，要求韧性的各种机械零件，如砧座、外壳、轴承盖、底板、阀体、犁柱等。

（3）ZG270-500　有较高的强度和较好的塑性，铸造性能良好，焊接性能尚好，切削加工性佳，用途广泛，用于制作轧钢机机架、轴承座、连杆、箱体、缸体等。

（4）ZG310-570　强度和切削加工性良好，塑性和韧性较低，用于制作承受载荷较高的各种机械零件，如大齿轮、缸体、制动轮、辊子等。

（5）ZG340-640　有高的强度、硬度和耐磨性，切削加工性中等，焊接性能较差，流动性好，裂纹敏感性较大，可用于制作齿轮、棘轮等。

4.5 习　　题

一、填空题

1. 碳溶入 α-Fe 中形成的间隙固溶体称为_____。
2. 当钢中碳含量大于_____时，二次渗碳体沿晶界析出严重，使钢的脆性_____。

3. 合金中具有相同_____、相同_____的均匀部分称为相。
4. 根据溶质原子在溶剂晶格中分布情况的不同，可将固溶体分为_____固溶体和_____固溶体。
5. 共析钢在室温下的平衡组织是_____，其组成相是_____和_____。

二、判断题
1. 合金中的固溶体塑性较好，而合金中的化合物硬度较高。　　　　　（　　）
2. 固溶强化是指因形成固溶体而引起合金强度、硬度升高的现象。　　（　　）
3. 碳的质量分数对碳钢力学性能的影响是：随着钢中碳的质量分数的增加，钢的硬度、强度增加，塑性、韧性下降。　　　　　　　　　　　　　　　　　（　　）

三、选择题
1. 铁碳合金中，$w(C)<0.0218\%$ 是（　　），$w(C)=0.77\%$ 是（　　），$w(C)>4.3\%$ 是（　　）
　　A. 工业纯铁　　　　　B. 过共晶白口铁　　　　C. 共析钢
2. 珠光体是一种（　　）。
　　A. 单相固溶体　　　　　　　　　　B. 两相固溶体
　　C. 铁与碳的化合物　　　　　　　　D. 都不对
3. 固溶体的晶体结构特点是（　　）。
　　A. 与溶剂相同　　　　　　　　　　B. 与溶质相同
　　C. 形成新的晶型　　　　　　　　　D. 各自保持各自的晶型
4. 在铁碳合金相图中，碳在奥氏体中的最大溶解度为（　　）。
　　A. A 点　　　　B. C 点　　　　C. E 点　　　　D. S 点

四、简答题
根据部分铁碳合金平衡相图（图4.29）回答问题。
1. 各点（G、S、E、P、Q）、各条线（GS、ES、PQ）的名称。
2. 填写各个区域内的组织。

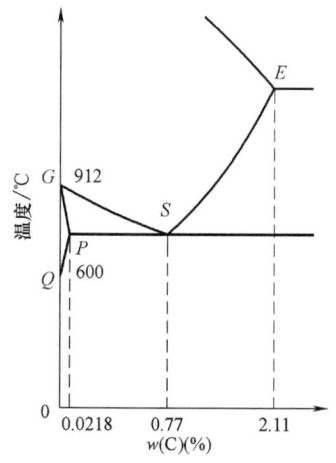

图4.29　部分铁碳合金平衡相图

五、作图题

在图4.30中标出液相线、固相线、共晶线、共析线、固溶体的同素异构转变线和溶解度曲线,并逐个解释其含义。在图4.30中标出纯铁的熔点、共晶点、共析点。

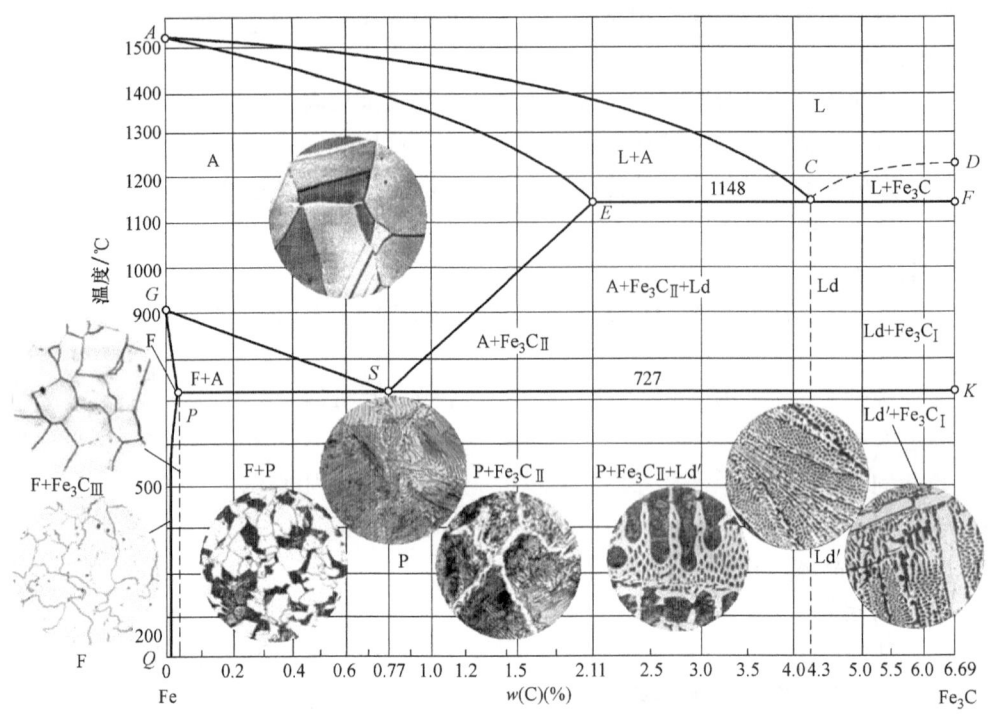

图4.30 铁碳平衡相图

第5章 金属的塑性变形与再结晶

工业生产中,由于铸态金属材料的晶粒粗大、组织不均、成分偏析及组织不致密等缺陷,工业上用的金属材料大多要在浇注成金属铸锭后经过压力加工再使用。因为通过压力加工时的塑性变形,金属材料不仅获得所需要的形状和尺寸,而且金属内部组织会发生很大变化,从而其性能也发生变化。如经冷轧或冷拉等加工后金属的强度显著提高而塑性下降。但塑性变形后的金属材料较之变形前已处于不稳定的高自由能状态,它具有自发地向着自由能降低方向转变的特性,当温度升高时可加速这种转变。这种转变过程称为回复和再结晶。因此,研究金属的塑性变形和回复、再结晶过程的发生、发展规律,对合理地选用金属材料及成形方法、控制和改善变形材料晶粒组织和性能,具有重要的意义。

5.1 金属的塑性变形

金属在外力作用下,随着应力的增加,可先后发生弹性变形、塑性变形,直至断裂。当应力超过弹性极限后,金属将发生塑性变形,即外力去除后,变形不能完全恢复,而存在着永久变形。

5.1.1 金属单晶体的塑性变形

大多数金属材料是多晶体,但单晶体塑性变形是金属塑性变形的基础。单晶体金属塑性变形的基本方式是滑移和孪生,其中滑移是最主要的变形方式。

1. 滑移

试验表明,单晶体的塑性变形主要是通过滑移方式进行的。将金属单晶体试样表面抛光后进行拉伸,如果在金相显微镜下观察,可以看到试样表面有许多和应力轴呈一定角度的平行线条,称为滑移带。用电子显微镜仔细观察发现每条滑移带都是由一组相互平行的小台阶,即滑移线构成的。图5.1所示为滑移带和滑移线的示意图。

由此可知,金属的塑性变形是金属晶体的一部分沿着某些晶面和晶向相对

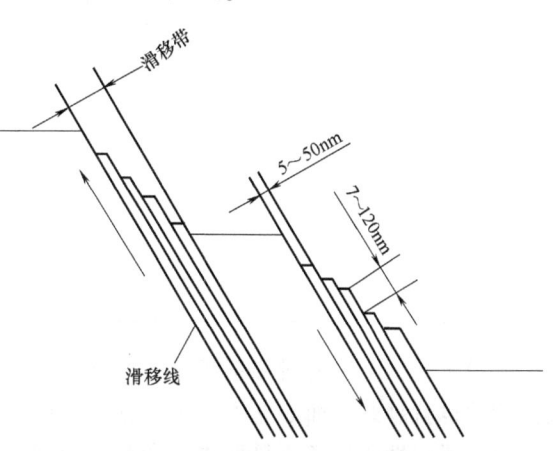

图 5.1 滑移带和滑移线的示意图

另一部分发生相对滑动的结果。这种变形方式称为滑移,它是金属塑性变形的最基本方式。

晶体的滑移具有以下几个特征：

1）滑移是沿着一定的晶面和晶向进行的，滑动的晶面称为滑移面，滑动的方向称为滑移方向。但是，晶体中的滑移面和滑移方向并不是任意的。滑移面一般是原子密排面，因为密排面的面间距比较大，面与面之间的结合力最弱，晶体沿着这些面相对滑动就比较容易。滑移方向则总是原子的密排方向，而且比较稳定，这是因为晶体沿密排方向滑动时阻力最小。

每一个滑移面和该面上的一个滑移方向组合构成了一个滑移系。面心立方及体心立方晶格结构金属的滑移系如图5.2所示。

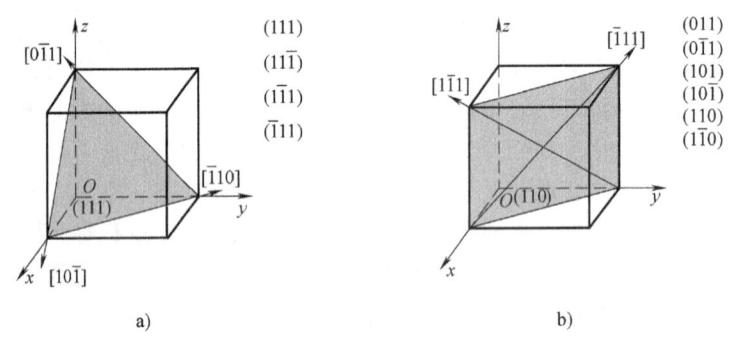

图5.2 面心立方及体心立方晶格结构金属的滑移系
a）面心立方晶格　b）体心立方晶格

面心立方晶体的滑移面为（111），共有4组，滑移方向为[110]，每组滑移面包含3个滑移方向，即面心立方晶体共有12个滑移系；密排六方晶体的滑移面为六方底面，这个晶面上的3条对角线确定3个滑移方向，所以只有3个滑移系；体心立方晶体的滑移面为（110），共有6组，滑移方向为[111]，每组滑移面包含2个滑移方向，即体心立方晶格共有12个滑移系；但体心立方晶体没有最密排面，其滑移可能在几个较密排的低指数晶面进行。三种典型金属晶格的滑移系见表5.1。

表5.1 三种典型金属晶格的滑移系

晶格	体心立方晶格		面心立方晶格		密排六方晶格	
滑移面	（110）×6		（111）×4		六方底面×1	
滑移方向	[111]×2		[110]×3		底面对角线×3	
滑移系	6×2=12		4×3=12		1×3=3	

一般来说，金属的滑移系越多，滑移时可滑动的空间取向便越多，滑移越容易进行，金属的塑性也就越好。面心立方和体心立方金属的滑移系较多，因而它们的塑性比密排六方要好。但金属塑性的好坏不只取决于滑移系的多少，还与滑移面上原子密排程度，特别是滑移方向的数目等因素有关。如，α-Fe的滑移方向没有面心立方晶体多，滑移面上原子密排程度也比面心立方晶体低，所以其塑性比Cu、Al、Ag等具有面心立方晶格的金属要低。

2) 晶体滑移的距离是滑移方向原子间距的整数倍，滑移后并不破坏晶体排列的完整性。

3) 晶体的滑移是在切应力的作用下进行的。拉伸时，外力 F 将在滑移系上分解为两种应力，一种是垂直于滑移面的正应力 σ，另一种是平行于滑移面的切应力 τ。正应力只能引起正断，而切应力则可使晶体发生滑移，引起塑性变形。图 5.3 所示为单晶体拉伸时的应力分析图。F 为沿着拉伸轴线方向上的拉力，A 为单晶体的横截面积，φ 为滑移系与横截面之间的夹角，λ 为滑移方向与拉伸轴的夹角，那么，外力在滑移系上的分切应力为

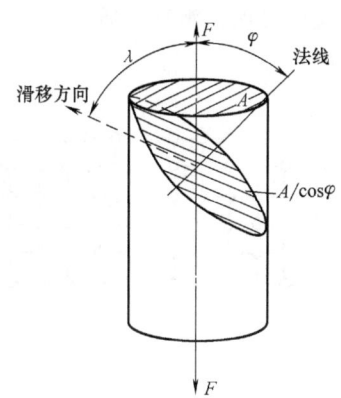

$$\tau = \frac{F}{A}\cos\varphi\cos\lambda = \sigma\cos\varphi\cos\lambda$$

式中，$\cos\varphi\cos\lambda$ 称为取向因子。显然，取向因子越大的滑移系，其上的分切应力就越大。当滑移面的法线、滑移方向及外力轴三者共面时，取向因子可达最大值，此时

图 5.3 单晶体拉伸时的应力分析图

$$\lambda = 90°-\varphi$$

$$\cos\lambda\cos\varphi = \cos(90°-\varphi)\cos\varphi = \frac{1}{2}\sin2\varphi$$

当 $\varphi = 45°$ 时，$\cos\varphi\cos\lambda$ 取得最大值 $\frac{1}{2}$。因此，对于具有多组滑移面的立方结构金属，位向趋于 45°方向的滑移面将首先发生滑移。使滑移系开动的最小分切应力称为临界分切应力，用 τ_c 表示。对于某一种金属，其临界分切应力为常数，与外力取向无关。实际上，滑移系的开动，就是晶体屈服的开始，所以，临界分切应力所对应的外力就是屈服强度 R_e，即

$$\tau_c = R_e\cos\varphi\cos\lambda$$

4) 滑移的同时必然伴随着晶体的转动。这是由于正应力组成一力偶所作用的结果。晶体的转动如图 5.4 所示，拉伸使滑移面和滑移方向逐渐趋于平行拉伸轴线，压缩则使滑移面逐渐转到与应力轴垂直的方向。

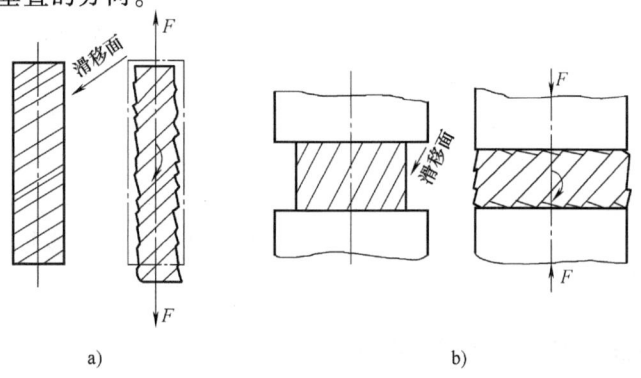

图 5.4 晶体滑移时的转动示意图
a) 拉伸时 b) 压缩时

此外，必须强调一点：滑移并不是晶体的一部分相对另一部分的刚性滑移。如铜，按刚性滑移模型计算的最小切应力为1500MPa，而用试验方法测得的最小切应力仅为1MPa。大量实验证明，滑移实质上是位错在切应力作用下运动的结果，图5.5所示为这一过程的示意图。

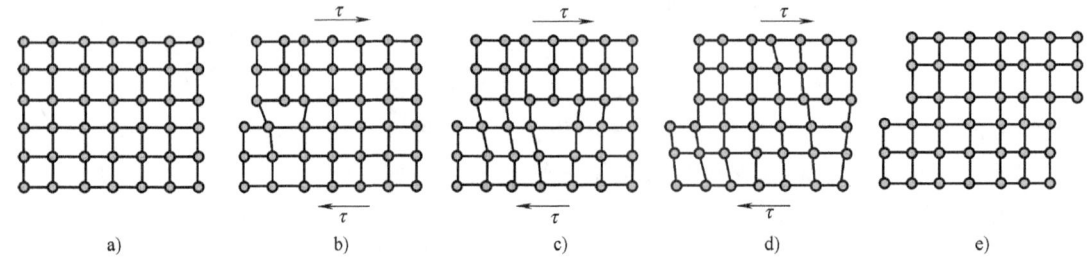

图 5.5　晶体通过位错运动造成滑移示意图

当一个位错移到晶体表面时，便形成了一个间距的滑移量，同一滑移面上大量位错移出的结果是使晶体表面形成一条滑移线。这样，晶体滑移时并不需要整个晶体上半部的原子相对于其下半部一起位移，而只需位错中心附近的极少量的原子作微量位移即可，所以它所需要的临界分切应力远小于刚性滑移。

2. 孪生

孪生变形是单晶体塑性变形的另一种基本形式，它是以晶体中一定的晶面（孪晶面）沿着一定的晶向（孪生方向）移动而发生的，其晶体学特征是晶体相对孪晶面成镜面对称，如图5.6所示。发生孪生变形时，晶体内部产生均匀切变，切变区的宽度较小，各层晶面的位移量与它离开孪晶面的距离成正比，从而使晶体的变形部分与未变形部分以孪晶面为分界面形成了镜面对称的位向关系。

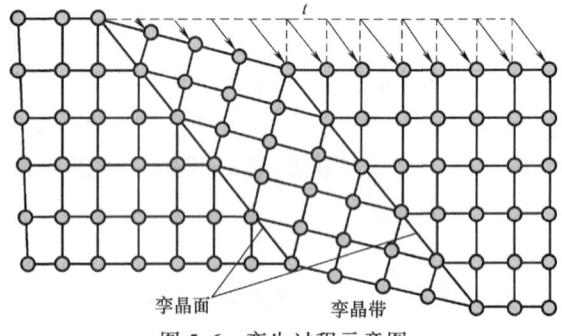

图 5.6　孪生过程示意图

孪生和滑移不同，它只在一个方向上产生切变，是一个突变过程。孪生所产生的形变量很小，且不一定是原子间距的整数倍。孪生萌发于局部应力集中的地方，其临界切应力远高于滑移所需的切应力。一般情况下，滑移比孪生容易，所以形变时首先发生滑移，只有滑移过程极其困难时才会出现孪生。一些具有密排六方结构的金属，由于滑移系少，特别是在不利于滑移的取向时，塑性变形常以孪生的方式进行。体心立方金属在形变温度较低及形变速度比较大时易形成孪生。面心立方金属不易出现孪生，只有在极低温度下才会发生孪生变形，但在退火时易出现孪晶。在滑移困难时，孪生能够起到调整取向的作用，使滑移得以继续进行。

5.1.2　金属多晶体的塑性变形

在多晶体中，由于晶界的存在和每个晶粒间的晶格位向不同，使得它们的塑性变形比单晶体要复杂得多。

1. 晶界和晶粒位向的影响

首先，多晶体发生塑性变形时，必须克服晶界对变形过程的阻碍作用。晶界附近是两晶粒间晶格位向的过渡处，晶格排列紊乱，杂质原子较多，增大了晶格的畸变，从而使得位错在该处的滑移运动受到的阻力较大，难以发生变形，即晶界处具有较高的塑性变形抗力。

其次，多晶体发生塑性变形时，还必须使不同位向的晶粒相互协调。由于多晶体中各晶粒的晶格位向不同，在一定外力作用下的受力情况便各不相同。处于有利取向的晶粒首先开始滑移，而处于不利取向的晶粒滑移开始得较晚，其中任意晶粒的滑移都必然会受到它周围不同位向晶粒的约束和障碍，这就要求各晶粒间必须相互协调、相互适应，才能发生塑性变形。

另外，多晶体发生塑性变形时，各个晶粒内的变形是不均匀的，由于多晶体中每一个晶粒相对于轴的取向不同，从而各个晶粒不能均匀地和整个试样一样地发生变形，各晶粒的形变量和发展方向都有很大的差别。从图5.7可以看出，多晶体滑移时不仅各晶粒的形变量极不均匀，甚至每一个晶粒内部各处的实际变形程度也不一致（图中垂直虚线是晶界，线上的数字是总形变量）。

综上所述，多晶体的滑移必须克服较大的阻力，这就使得多晶体对塑性变形的抗力增大。金属晶粒越细，晶界面积越大，每个晶粒周围具有不同取向的晶粒数目也越多，金属对塑性变形的抗力就越大，即金属的晶粒越细，则其强度就越高。晶粒大小（平均直径）与屈服强度 R_e 的关系为

$$R_e = \sigma_0 + Kd^{-\frac{1}{2}}$$

式中，σ_0、K 为常数；σ_0 表示晶内的变形抗力；K 反映晶界对变形的影响；在此是与材料有关的两个常数。图5.8所示为纯铁的强度与晶粒大小的关系曲线。

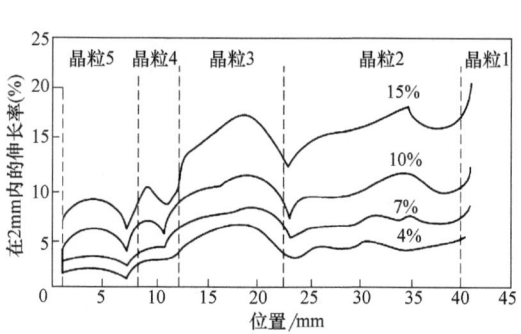

图5.7 多晶体的几个晶粒各处的应变量

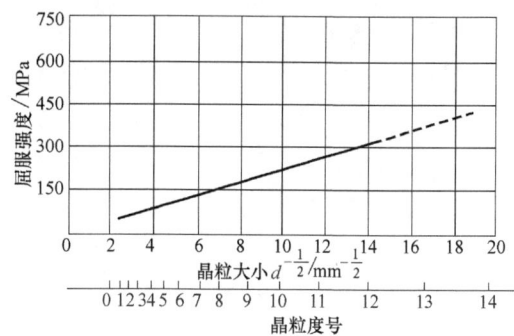

图5.8 纯铁的强度与晶粒大小的关系

细晶粒的金属不仅强度高，而且其塑性、韧性也较好。这是因为晶粒越细，单位体积内的晶粒数越多，有利于滑移的滑移面及滑移方向越多，滑移概率就越多，同样的变形量下，变形便可分散在更多晶粒内进行，使得每个晶粒内的变形都比较均匀，不至于产生局部的应力集中。同时，晶粒越细，裂纹越不易传播，从而使其在断裂前可以承受较大的塑性变形，并具有较高的抗冲击载荷的能力。所以，细化晶粒是目前提高金属材料力学性能的有效途径之一。

2. 多晶体的塑性变形过程

多晶体的塑性变形可以看成是许多单晶体产生变形的综合效果。如前所述，塑性变形

时，凡是滑移面和滑移方向位于或接近于与外力成45°方向的晶粒必将首先发生滑移变形。通常把具有这种位向的晶粒称为处于"软取向"；而滑移面和滑移方向处于或接近于与外力轴平行或垂直的晶粒则称为处于"硬取向"，因为这些晶粒所受的分切应力最小，最难发生滑移。因此，金属的塑性变形将会在不同的晶粒中逐步发生，当首批处于软取向的晶粒发生滑移时，由于晶界及周围硬取向晶粒的影响，只有当应力集中达到一定程度以后，形变才会越过晶界。另外，首批晶粒发生滑移的同时，必然伴随着晶粒的转动，使得这些晶粒从软取向转到硬取向，并且不能再继续滑移，而另一批晶粒开始滑移变形。可见，多晶体的塑性变形总是一批一批的晶粒逐步地发生，从少量晶粒开始逐步扩大到大量的晶粒，从不均匀变形逐步发展到比较均匀的变形。

5.2 金属的塑性变形对组织和性能的影响

金属经冷塑性变形后，其组织和性能将发生一系列明显的变化，主要表现为：①形成纤维组织；②产生加工硬化；③产生织构现象；④存在残余应力。

5.2.1 纤维组织

在拉应力作用下的塑性变形过程中，其内部各晶粒的形状也将随着变形量的增加而沿受力方向伸长。当变形程度很大时，各晶粒将显著地沿同一方向被拉长呈细条状或纤维状，晶界变得模糊不清，如图5.9所示。我们把这种晶粒组织称为纤维组织。具有纤维组织的金属的性能将具有明显的方向性，即纵向的强度和塑性远大于横向。

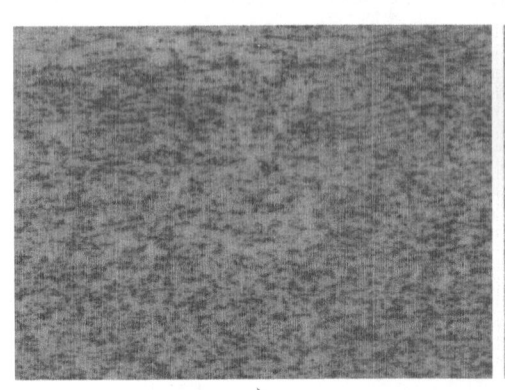
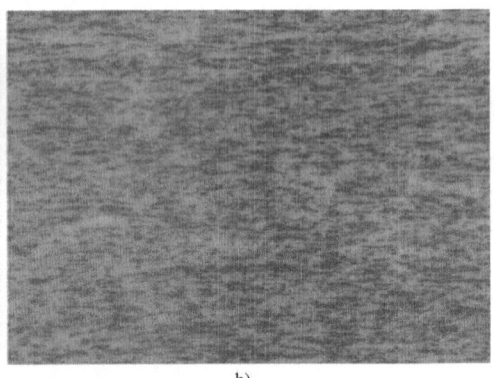

a)   b)
图 5.9 经不同变形量的冷轧钢板的组织
a) $\varepsilon=50\%$ b) $\varepsilon=70\%$

5.2.2 加工硬化

冷塑性变形金属在产生纤维组织的同时，其微观结构也随之发生明显的变化。冷加工使金属内部的结构缺陷增加，位错密度（退火态为 $10^6 \sim 10^7 \mathrm{cm}^{-2}$）将随变形量的增大而增高（$10^{11} \sim 10^{12} \mathrm{cm}^{-2}$）；而位错运动和交互作用的结果，则使得各晶粒破碎成细碎的亚晶粒，形变量越大，晶粒的破碎程度越高，亚晶界便越多。晶粒的破碎和位错密度的增加，使得金属的塑性变形抗力迅速增加，从而使其强度和硬度显著提高，塑性和韧性下降，即产生所谓的"加工硬化"现象。低碳钢的加工硬化现象如图5.10所示。

加工硬化的产生使得金属的进一步加工变得困难。因此，在冷加工过程中，有时要安排一些中间退火，以消除加工硬化，使变形得以继续进行。工业上也常利用加工硬化来提高金属的强度、硬度和耐磨性，尤其对那些不能用热处理方法进行强化的金属材料，加工硬化这一手段就显得更加重要了。

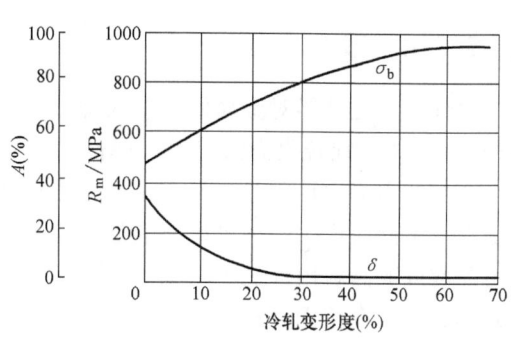

图 5.10　低碳钢 $[w(C)=0.3\%]$ 的加工硬化现象

5.2.3　织构现象

在塑性变形过程中，多晶体中各晶粒的位向将沿着变形方向发生转动。转动的结果，是使各晶粒的某一方向转到力轴上来。如果变形量足够大（70%以上），则各晶粒的取向将按某些方向逐渐趋于一致，即呈现某种程度的规则分布，这种现象称为形变择优取向。具有择优取向的组织称为织构，而由形变所引起的择优取向称为形变织构。

形变织构的类型有两种。如果材料中多数晶粒均以某一晶向<uvw>平行或近似平行于该材料的一个特征外观方向<轧向或拉拔方向>，则称为丝织构，如图 5.11a 所示，这种织构在拔制的金属丝材中最为典型。如果多数晶粒不仅倾向于以某晶向<uvw>平行于材料的一个特征外观方向（轧向），同时，还以包含<uvw>的某一晶面 {hkl} 平行于材料的一个特征外观平面（轧面），则称为板织构。一般金属冷轧板的织构均属此类，如图 5.11b 所示。

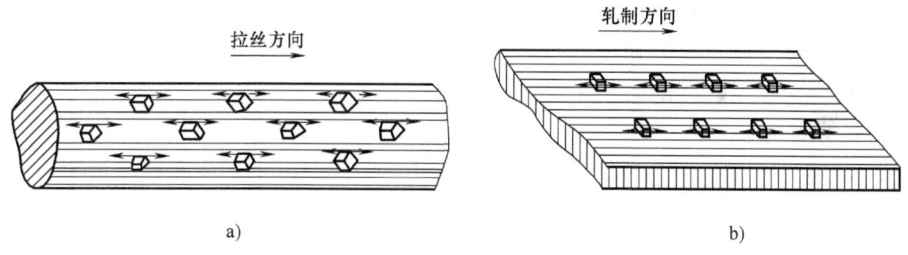

图 5.11　织构示意图
a）丝织构　b）板织构

形变织构使金属材料在宏观上表现出各向异性，并对材料的使用和加工工艺产生很大的影响。织构有时可对材料加工产生不利的影响。如，用板材冲压杯状制品时，可能会出现"制耳"现象，导致产品的边缘凸凹不平，如图 5.12 所示。但如果能够掌握织构形成的规律，并在生产中加以控制，则织构将对材料在某些场合的使用和加工产生极为有利的影响。如，变压器铁芯用的硅钢片就是利用钢板的有利织构来改善磁阻，从而达到减少铁损、提高磁导率的目的。织构还可应用于适于冲压的深冲板、各种具有织构的软磁材料等方面。

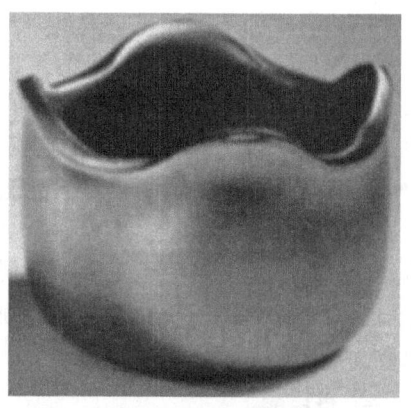

图 5.12　冷冲压件的制耳现象

5.2.4 残余应力

塑性变形是外界对金属做功，大部分功在金属变形的过程中以热的方式散掉，还有一小部分（<10%）则转化为内应力（弹性变形和点阵缺陷）而残留于金属中。

金属的内应力可分为三类。一类是由宏观不均匀形变引起的。形变时，金属表层与心部因变形量不同而产生一种平衡于表层和心部之间的宏观内应力，称为第一类内应力。另一类是由晶粒或亚晶粒内部的不均匀形变引起的，称为第二类内应力。还有一类则是由晶格畸变引起的，其存在范围只相当于几百到几千个原子范围，称为第三类内应力。第二类和第三类内应力同属微观内应力。

金属塑性变形后，内应力的存在可能会引起金属的变形和开裂，如冷轧钢板的翘曲、零件切削加工后的变形等。因此，一般情况下，不希望工件中存在内应力，往往要采取去应力退火以降低或消除内应力的不利影响。但有时也利用工件表面产生的一定压应力来强化在疲劳载荷下工作的零件，以延长工件寿命，如对工件表面进行喷丸和滚压处理等。

5.3 变形金属在加热时组织和性能的变化

如前所述，变形金属因晶粒的破碎拉长、位错等晶格缺陷的急剧增加，会产生加工硬化和残余应力，使其内能升高。即冷变形后的金属在热力学上是处于一种亚稳定的状态，有自发向稳定状态转变的趋势。如果将变形金属加热到某一温度，使原子具有足够的能量，则金属的组织和性能将发生一系列的变化，如图 5.13 所示，其变化过程可分为回复、再结晶和晶粒长大三个部分。

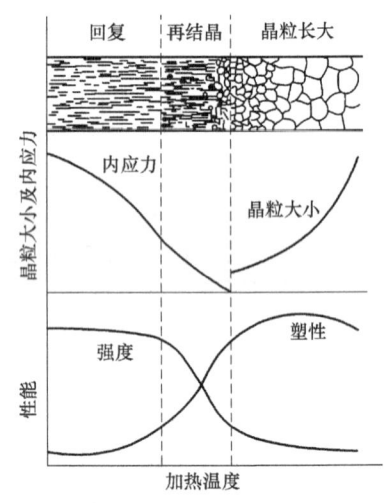

图 5.13 变形金属在不同加热温度时晶粒大小和性能的变化示意图

5.3.1 回复与再结晶

1. 回复

当冷塑性变形金属加热温度较低时，在（0.1～0.3）T_m 范围内（T_m 为金属熔点），回复主要体现在某些亚结构和性能的变化上。此时原子的活动能力较低，主要发生点缺陷的运动，空位消失，而位错密度变化不大，但位错可以重新排列成更稳定的状态，以降低晶体的能量。点阵畸变的消除，晶体缺陷的降低，使金属的物理、化学性能逐渐恢复，力学性能也有不同程度的恢复，即强度、硬度略有降低，塑性有所恢复。我们把这一变化过程称为回复。通过回复，金属基本上保持加工硬化状态，但内应力显著降低，从而避免了变形和开裂。故在工业上通常采用回复退火（去应力退火）来去除那些要求保留加工硬化性能的冷加工金属件的残余内应力，以避免变形、开裂，改善耐蚀性。

2. 再结晶

所谓再结晶就是经冷塑性变形的金属或合金加热到再结晶温度以上时，由畸变晶粒通过形核及长大而形成新的无畸变的等轴晶粒的过程。当冷变形金属加热到较高的温度以后,由于原子的活动能力提高了,这就有可能通过重新形核和长大使晶体中的位错密度大幅度降低,晶粒的外形便开始发生变化。当原先破碎、被拉长的晶粒全部被新的、无畸变的等轴晶粒代替以后,再结晶过程便告一段落。图 5.14 所示为冷轧钢板再结晶退火以后的显微组织($\varepsilon = 70\%$)。

应当指出,再结晶是通过形核和长大的方式进行的,但它不是相变,只是一种组织变化。重新形核和长大后,只是晶粒的外形发生了变化,而金属晶体的晶格类型并未改变。

图 5.14 冷轧钢板再结晶退火后的显微组织(100×)

再结晶完全消除了加工硬化所引起的后果,使金属的组织和性能复原到未加工之前的状态,即金属的强度、硬度显著降低,而塑性和韧性显著提高。在实际生产中,把消除冷加工硬化所进行的热处理称为再结晶退火,目的是使金属再次获得良好的塑性,以便继续加工。

3. 晶粒长大

再结晶完成之后,尽管晶粒内部的缺陷已明显减少,但畸变能并未降至最低点,继续升高温度或延长保温时间,晶粒之间便会通过相互吞并而继续长大(包括正常晶粒长大和异常晶粒长大——二次再结晶),以减少晶界,降低表面能。

晶粒的长大可认为是一个晶界迁移的过程,如图 5.15 所示。通过一个晶粒的边界向另一晶粒的迁移,把另一晶粒中的晶格位向逐步改变为与这个晶粒相同的晶格位向,使得另一晶粒被"吞并",而合并成为一个大晶粒。因此,进行再结晶退火时,必须严格控制加热温度和保温时间,以防止晶粒过分粗大而降低材料的力学性能。

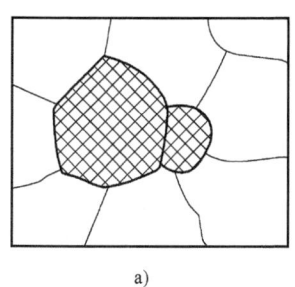 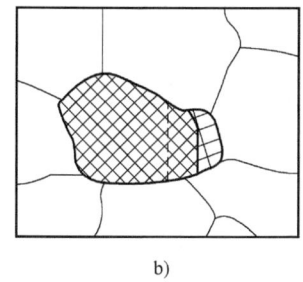 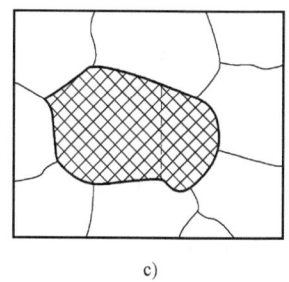

a)　　　　　　　　　b)　　　　　　　　　c)

图 5.15 晶粒长大示意图

5.3.2 再结晶温度与晶粒度

再结晶退火温度和再结晶后晶粒的大小,是冷变形金属进行再结晶退火时的两个重要问题。

1. 再结晶温度

再结晶温度被定义为在一定时间内,完成再结晶时所对应的最低温度。工业上通常规定，以经过大变形量（>70%）的冷变形金属在1h内完成再结晶（达95%以上）所对应的（最低）温度为再结晶温度。应该指出，再结晶过程不是恒温过程，而是自某一温度开始，随着温度的升高而进行的过程。再结晶温度与金属的形变量、纯度、成分及保温时间等因素有关。图5.16所示为铁和铝的再结晶温度与加工变形量之间的关系。由图可以看到，再结晶温度随形变量的增加而降低，最后趋于稳定而达一极限值，此极限值称为最低再结晶温度。

大变形量纯金属的最低再结晶温度 $T_{再}$ 与熔点 $T_{熔}$ 之间存在关系

$$T_{再} \approx 0.4 T_{熔}$$

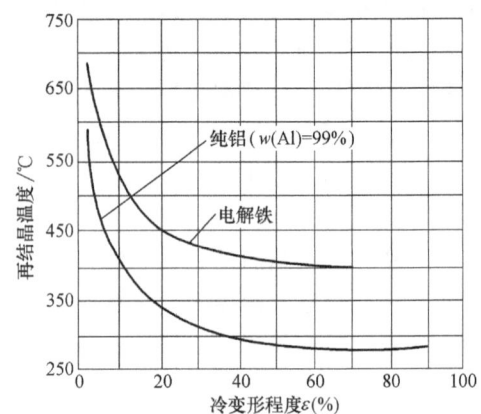

图 5.16 冷变形程度对再结晶温度的影响

合金的最低再结晶温度与开始凝固温度的大致关系为

$$T_{再} \approx (0.5 \sim 0.7) T_{熔}$$

常见金属的最低再结晶温度大约为：纯铁450℃，铜270℃，铝100℃，锡和铅低于20℃。

金属的再结晶温度除受形变量的影响，还与金属纯度、金属的成分、原始晶粒尺寸、加热温度与保温时间等有关。金属纯度越高，则其再结晶温度越低；金属的化学成分越复杂，则其再结晶温度越高；提高加热速度则使再结晶推迟；延长保温时间则使再结晶温度降低；原始晶粒越细小，则再结晶温度越低。

在实际生产中，再结晶退火的加热温度一般都比最低再结晶温度高100~200℃。表5.2列出了几种常用金属材料的再结晶退火温度及去应力退火温度。

表 5.2 常用金属材料的再结晶退火温度及去应力退火温度

金属材料		去应力退火温度 $t/℃$	再结晶退火温度 $t/℃$
钢	碳钢及合金结构钢	500~650	680~720
	碳素弹簧钢	280~300	—
铝及铝合金	工业纯铝	≈100	350~420
	普通硬铝合金	≈100	350~370
铜及铜合金（黄铜）		270~300	600~700

2. 晶粒度

再结晶后晶粒的大小对变形金属的力学性能有重大影响。影响再结晶晶粒大小的因素很多，主要有变形程度、加热温度及原始晶粒的大小等。

（1）变形程度的影响　图5.17表明了金属再结晶晶粒大小与变形程度之间的关系。由图可知，当变形量很小时，由于金属的晶格畸变很小，不足以引起再结晶。当变形量为2%~8%时，由于变形量较小，变形极不均匀，形成的再结晶核心较少，极易造成晶粒的异常长大，此变形度称为"临界变形度"。当变形量超过临界变形度以后，变形度越大，变形越趋均匀，再结晶的形核率越大，再结晶后的晶粒便越细。但是，当变形度特别大时

(>90%)，有些金属晶粒又会变得特别粗大，这可能与金属中某些织构的形成有关。

（2）加热温度的影响　退火加热温度升高，则再结晶后的晶粒变大，临界变形度变小，如图 5.18 所示。在加热温度一定时，加热时间过长，也会使晶粒长大，但其影响不如加热温度的影响大。

（3）原始晶粒大小的影响　在其他条件相同的情况下，原始晶粒越细，再结晶后的晶粒也越细。

为综合考虑加热温度和变形度对再结晶晶粒度的影响，常将三者的关系绘在一张立体图上，如图 5.19 所示，称为再结晶全图。此图对于控制冷变形金属退火时的晶粒大小有着重要的参考价值。

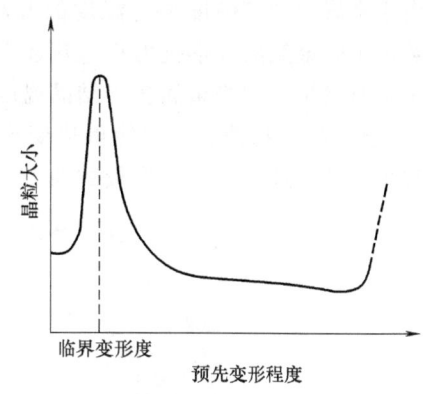

图 5.17　变形程度对金属再结晶晶粒大小的影响

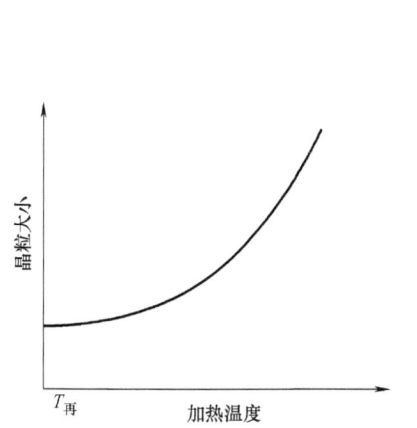

图 5.18　冷加工金属晶粒尺寸与加热温度的关系

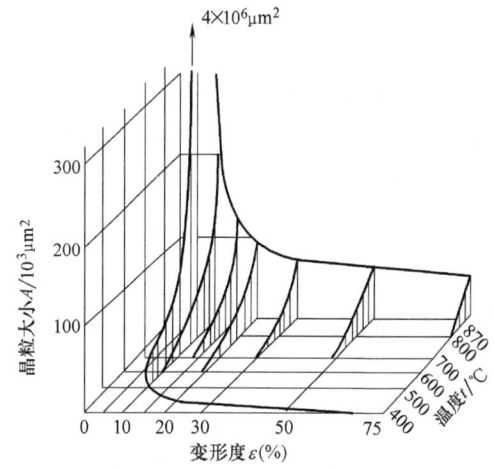

图 5.19　纯铁的再结晶全图

5.4　金属的热变形加工

由于金属在高温下强度、硬度低，而塑性、韧性高，高温下对金属进行加工变形比在较低温度下容易，因此，生产上便有冷、热加工之分。

5.4.1　热变形加工与冷变形加工的区别

由于冷变形加工会引起金属的加工硬化，使金属的变形抗力增大，因此，对于那些变形量较大，尤其是大截面的工件，采用冷变形加工就十分困难。对于某些硬度较高或低塑性的金属（如 W、Mo、Cr、Mg、Zn 等），甚至不可能进行冷变形加工，而必须进行热变形加工。

冷变形加工与热变形加工的界限在理论上是以再结晶温度来区别的。所谓热加工，是指在再结晶温度以上进行的加工过程。反之，在再结晶温度以下进行的加工过程就称为冷加工。冷、热变形加工统称为压力加工。

由于金属强度和硬度随着温度的升高而降低，塑性和韧性随着温度的升高而增加，所以，热加工时金属的变形抗力小、塑性大。同时，由于高温时原子扩散速度很快，金属的再结晶可随时发生，即当金属在再结晶温度以上进行加工时，加工硬化过程将完全被软化过程（回复、再结晶）抵消，从而使得热变形加工后的金属具有再结晶组织而无加工硬化的痕迹，故可以顺利地进行大变形量的加工。图5.20所示为冷轧过程中金属组织变化的示意图。

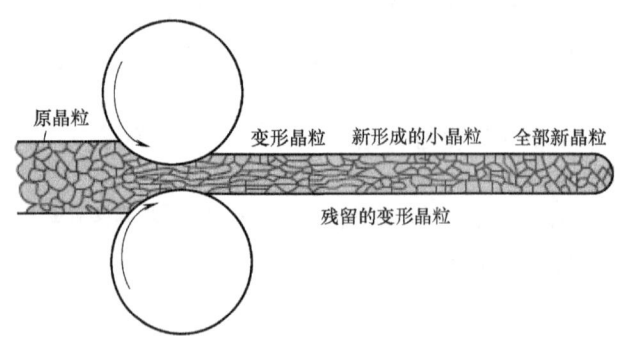

图 5.20　冷轧过程中金属组织变化示意图

由于加工硬化是伴随着塑性变形过程同时发生的，而回复及再结晶过程则除温度条件外，还需一定时间才能完成。所以在实际的热加工过程中，通常采用提高热加工温度的办法来加速软化过程。一般热加工都在 $0.6T_m$ 以上。

热加工的缺点是金属表面产生氧化现象并由于零件的热量而使加工用的模具等寿命降低。

5.4.2　金属的热变形加工对组织和性能的影响

金属的热变形加工同样会对其组织和性能产生一系列的重大影响：

1）热加工可使铸态金属中的气孔、疏松及微裂纹焊合，使致密度提高。

2）热加工可使铸态金属中的粗大晶粒破碎，从而使晶粒细化、组织均匀。

3）热加工能够改变铸态金属中的枝晶偏析、脆性相和夹杂物的形态、大小和分布状况，使它们沿着金属流动的方向被拉长，形成热加工"纤维组织"，称为流线，从而使材料的致密度和力学性能提高的同时，呈现各向异性。即纵向的强度、塑性和韧性显著高于横向，见表 5.3。因此为充分发挥材料纵向具有较高性能的特点，在热加工时，应力求流线有正确的分布，即使流线与零件工作时最大拉应力方向一致，而与冲击应力或切应力的方向垂直。图 5.21 绘出了锻钢曲轴中流线的分布情况。

表 5.3　$w(C)=0.45\%$ 的碳钢力学性能与流线方向的关系

取样方向	R_m/MPa	$R_{p0.2}$/MPa	$A(\%)$	$Z(\%)$	$a_K/(J \cdot cm^{-2})$
纵向	715	470	17.5	62.8	62
横向	672	440	10	31	30

由此可见，热加工可使铸态金属的组织和性能得到一系列重大的改善。所以工业上凡受力复杂、负荷较大的重要工件，大多要经过热加工的方式来制成。但应指出的是，如上这些

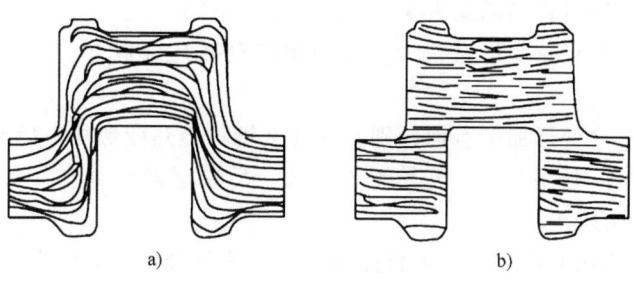

图 5.21 锻钢曲轴中流线的分布情况
a) 流线分布合理 b) 流线分布不合理

组织和性能的改善必须是在正确的热加工工艺的条件下才可达到。其中仅就热加工的温度来说，如果热加工的温度（特别是热加工的终止温度）过高，便有可能使金属得到粗大的晶粒；反之若热加工的温度过低，则不仅会引起金属的加工硬化，在金属中产生残余内应力，甚至发生裂纹，而且在钢中还常会形成"带状组织"，如图 5.22 所示。这种组织呈明显的层状特征，使钢的力学性能变差，它不易用一般的热处理方法来改善，而经常需要再通过一些复杂的热处理才能加以消除。

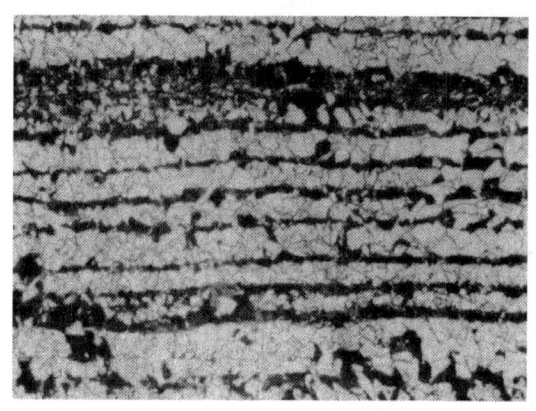

图 5.22 钢中的带状组织（400×）

5.5 习 题

一、名词解释

1. 塑性变形；2. 滑移、滑移带、滑移系；3. 加工硬化；4. 织构；5. 回复、再结晶、再结晶温度；6. 冷变形加工；7. 热变形加工；8. 残余应力。

二、简答题

1. 塑性变形的主要方式是什么？单晶体和多晶体的塑性变形各有何特点？
2. 为什么细晶粒钢强度高，塑性、韧性也好？
3. 金属冷变形后，其组织和性能有何变化？
4. 冷变形金属在加热时会发生什么变化？对其组织和性能又有何影响？
5. 影响再结晶温度和再结晶后晶粒大小的因素主要有哪些？

6. 金属铸件能否通过再结晶退火来细化晶粒，为什么？

7. 冷拔钢丝时，如果总变形量很大，则中间需穿插几次退火工序，为什么？中间退火温度应如何选择？

8. 热变形加工与冷变形加工有何区别？为什么钢材经热变形加工后不出现加工硬化？

9. 用手来回弯折一根铁丝时，开始感觉省劲，后来逐渐感到有些费劲，最后铁丝被弯断。试解释过程演变的原因。

10. 当金属继续冷拔有困难时，通常需要进行什么热处理？为什么？

11. 热加工对金属组织和性能有什么影响？钢材在热加工（如锻造）时，为什么不产生加工硬化？

12. 锡在20℃、钨在1100℃时的塑性变形加工各属于哪种加工？为什么？（锡的熔点为232℃，钨的熔点为3380℃）

第6章 材料的非平衡相变与热处理

铁碳合金在缓慢加热或冷却时发生的能获得符合平衡状态图的平衡组织的相变即为平衡相变；而在加热和冷却速度很快时，上述平衡相将被抑制，固态材料可能发生某些平衡状态图上不能反映的转变并获得被称为不平衡或亚稳定的组织，称为非平衡相变。

钢的热处理（非平衡相变）是指将钢在固态下进行加热、保温和冷却，以改变其内部组织，从而获得所需性能的一种工艺方法。

热处理的目的是显著提高钢的力学性能，发挥钢材的潜力，提高工件的使用性能和寿命。还可以为消除毛坯（如铸件、锻件等）中的缺陷，改善工艺性能，为后续工序作组织准备。随着工业和科学技术的发展，热处理在改善和强化金属材料、提高产品质量、节省材料和提高经济效益等方面将发挥更大的作用。

钢的热处理种类很多，根据加热和冷却方法不同，大致分类如下：

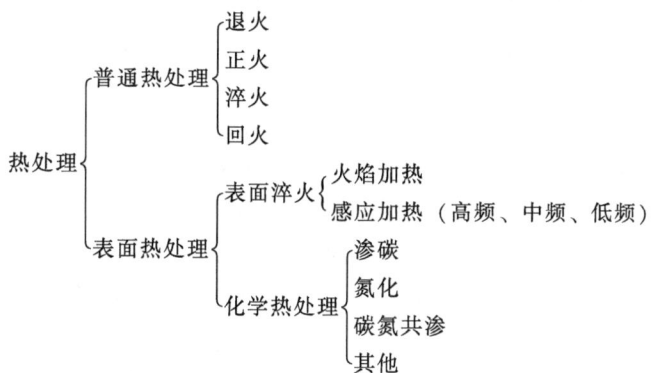

热处理之所以能使钢的性能发生巨大的变化，主要是由于经过不同的加热与冷却过程，钢的内部组织发生了变化。

6.1 钢的热处理原理

6.1.1 钢在加热时的组织转变

在 $Fe\text{-}Fe_3C$ 相图中，共析钢加热超过 PSK 线（A_1）时，组织完全转变为奥氏体。亚共析钢和过共析钢必须加热到 GS 线（A_3）和 ES 线（A_{cm}）以上才能全部转变为奥氏体。相图中的平衡临界点 A_1、A_3、A_{cm} 是碳钢在极缓慢地加热或冷却情况下测定的。但在实际生产中，加热和冷却并不是极其缓慢的。加热转变在平衡临界点以上进行，冷却转变在平衡临界点以下进行。加热和冷却速度越大，其偏离平衡临界点也越大。为了区别平衡临界点，通常将实际加热时各临界点标为 Ac_1、Ac_3、Ac_{cm}，实际冷却时各临界点标为 Ar_1、Ar_3、Ar_{cm}，如图 6.1 所示。

由 $Fe-Fe_3C$ 相图可知，任何成分的碳钢加热到相变点 Ac_1 以上都会发生珠光体向奥氏体转变，通常把这种转变称为奥氏体化。

1. 奥氏体的形成

共析钢加热到 Ac_1 以上时，珠光体全部转变为奥氏体，这一转变可表示为

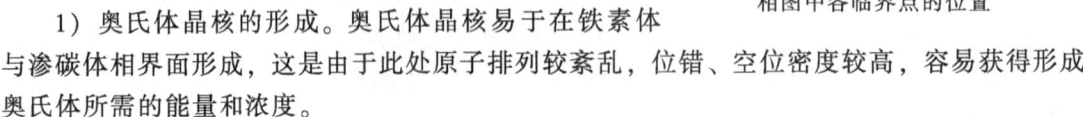

P (F + Fe₃C) → A
w(C)0.0218% w(C)6.69% w(C)0.77%
体心立方晶格 复杂晶格 面心立方晶格

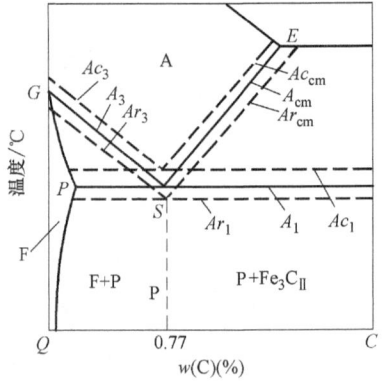

图 6.1　加热（冷却）时 $Fe-Fe_3C$ 相图中各临界点的位置

奥氏体的形成是通过形核及长大过程来实现的，其转变过程分为四个阶段，如图 6.2 所示。

1）奥氏体晶核的形成。奥氏体晶核易于在铁素体与渗碳体相界面形成，这是由于此处原子排列较紊乱，位错、空位密度较高，容易获得形成奥氏体所需的能量和浓度。

2）奥氏体的长大。奥氏体晶核形成之后，一面与渗碳体相接，一面与铁素体相接。奥氏体中的碳含量是不均匀的，与铁素体相接处碳含量较低，而与渗碳体相接处的碳含量较高，因此在奥氏体中出现了碳浓度梯度，引起碳在奥氏体中不断地由高浓度向低浓度扩散。随着碳扩散的进行，破坏了原先碳浓度的平衡，使奥氏体与铁素体相接处的碳浓度增高以及奥氏体与渗碳体相接处的碳浓度降低。为了恢复原先碳浓度的平衡，势必促使铁素体向奥氏体转变以及 Fe_3C 的溶解。这样，碳浓度破坏平衡和恢复平衡的反复循环过程，就使奥氏体逐渐向渗碳体和铁素体两方面长大，直至铁素体全部转变为奥氏体。

3）残余渗碳体的溶解。在奥氏体形成过程中，铁素体比渗碳体先消失，因此奥氏体形成之后，还残存未溶渗碳体。这部分未溶的残余渗碳体将随着时间的延长，继续不断地向奥氏体溶解，直至全部消失。

4）奥氏体均匀化。当残余渗碳体全部溶解，奥氏体中的碳浓度仍不均匀，在原来渗碳体处碳含量较高，在原来铁素体处碳含量较低。如果继续延长保温时间，通过碳的扩散，可使奥氏体的碳含量逐渐趋于均匀。

亚共析钢和过共析钢中，奥氏体的形成过程，与共析钢基本相同，但是还具有过剩相转变和溶解的特点。

亚共析钢在室温平衡状态下的组织为珠光体和过剩铁素体。当缓慢加热到 Ac_1 点时，珠光体转变为奥氏体，成为奥氏体和过剩铁素体的组织；如果进一步提高加热温度并延长保温时间，则过剩铁素体将逐渐转变为奥氏体。当温度超过 Ac_3 时（Ac_3 即为亚共析钢实际加热时，所有铁素体均转变为奥氏体的温度），过剩铁素体完全消失，全部组织为较细的奥氏体晶粒。若继续提高加热温度或延长保温时间，奥氏体晶粒将长大。

过共析钢在室温平衡状态下的组织为珠光体和过剩渗碳体。其中过剩渗碳体往往呈网状分布。当缓慢加热到 Ac_1 时，珠光体转变为奥氏体，成为奥氏体和过剩渗碳体的组织。如果

进一步提高加热温度并延长保温时间，则过剩渗碳体将逐渐溶解于奥氏体。在温度超过 Ac_{cm} 时（Ac_{cm} 即为过共析钢实际加热时，所有渗碳体完全溶入奥氏体的温度），过剩渗碳体完全溶解，全部组织为奥氏体，此时奥氏体晶粒已经粗化。

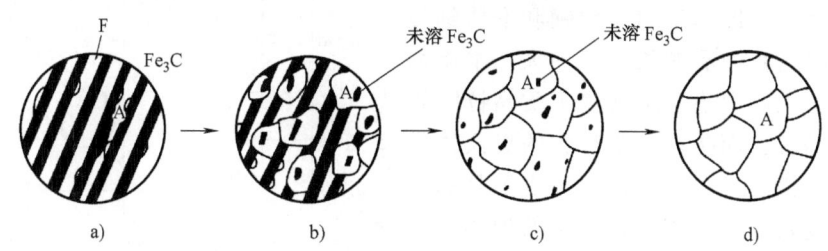

图 6.2 珠光体向奥氏体转变过程示意图
a）形核　b）长大　c）剩余渗碳体溶解　d）奥氏体成分均匀化

珠光体向奥氏体转变是由碳质量分数、晶格均不同的两相混合物转变成为另一种晶格单相固溶体的过程，因此，转变过程中必须进行碳原子和铁原子的扩散，才能进行碳的重新分布和铁的晶格改组，即发生相变。

2. 影响珠光体向奥氏体转变的因素

奥氏体形成速度受形成温度、钢的成分和原始组织，以及加热速度等因素的影响。

随着奥氏体形成温度的提高，原子扩散能力增大，特别是碳原子在奥氏体中的扩散能力增大，并且铁碳合金相图中 GS 线与 SE 线之间的距离加大，即增大了奥氏体中碳的浓度梯度，因而加速了奥氏体的形成。

随着钢中碳含量的增加，铁素体和渗碳体的相界面总量增多，碳的扩散能力明显增大，这就利于加速奥氏体的形成。钢中加入合金元素并不改变奥氏体形成的基本过程，但显著影响奥氏体的形成速度。

钢的原始组织越细，即相界面越多，奥氏体形成速度就越快。如在钢的成分相同时，组织中珠光体越细，奥氏体形成速度越快；层片状珠光体的相界面比粒状珠光体多，加热时奥氏体越容易形成。

随着加热速度的增大，奥氏体形成温度升高，形成的温度范围扩大，形成所需时间缩短。

3. 奥氏体晶粒的长大及影响因素

钢在加热时，奥氏体的晶粒大小直接影响热处理后钢的性能。加热时奥氏体晶粒细小，冷却后组织也细小；反之，则组织粗大。钢材晶粒细化，既能有效地提高强度，又能明显提高塑性和韧性，这是其他强化方法所不及的。因此，在选用材料和热处理工艺上，如何获得细的奥氏体晶粒，对工件使用性能和质量都具有重要意义。

（1）奥氏体晶粒度　晶粒度是表示晶粒大小的一种量度。根据奥氏体形成过程和晶粒长大情况，奥氏体晶粒度可分为起始晶粒度、实际晶粒度和本质晶粒度三种。

起始晶粒度是指珠光体刚刚全部转变为奥氏体时的奥氏体晶粒度。一般情况是，奥氏体的起始晶粒比较细小，在继续加热或保温时，它就要长大。

实际晶粒度是指钢在具体的热处理或热加工条件下实际获得的奥氏体晶粒度。它的大小直接影响钢件的性能。实际晶粒一般总比起始晶粒大，因为热处理生产中，通常都有一个升温和保温阶段，就在这段时间内，晶粒有了不同程度的长大。

不同牌号的钢，奥氏体晶粒的长大倾向不同。有些钢的奥氏体晶粒随着加热温度的升高会迅速长大，而有些钢的奥氏体晶粒则不容易长大，如图6.3所示。可将钢的奥氏体晶粒长大倾向分为两类，即本质粗晶粒钢和本质细晶粒钢。本质粗晶粒钢晶粒长大倾向大，本质细晶粒钢晶粒长大倾向小。所以"本质晶粒"并不指具体的晶粒，而是表示某种钢的奥氏体晶粒长大的倾向性。"本质晶粒度"也不是晶粒大小的实际度量，而是表示在规定的加热条件下，奥氏体晶粒长大倾向性的大小。

一般结构钢的奥氏体晶粒度分为8级。1级最粗，8级最细。晶粒度为1~4级的钢为本质粗晶粒钢，5~8级的钢为本质细晶粒钢。

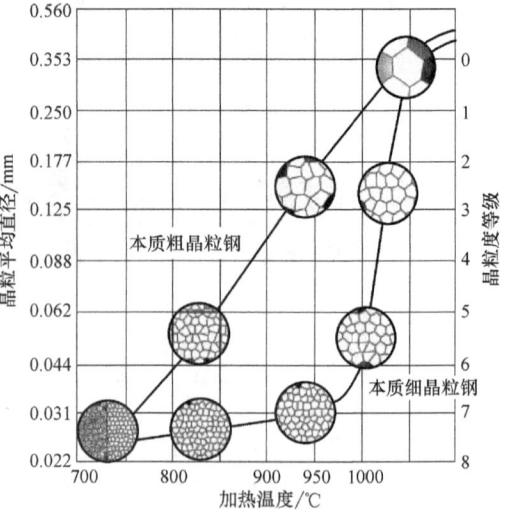

图6.3 奥氏体晶粒长大倾向示意图

但不能认为本质细晶粒钢的晶粒在任何温度加热条件下都不粗化，因为工艺实验规定的温度是930℃，若热处理温度为950~1000℃，就完全有可能得到相反的结果，这时本质细晶粒钢的实际晶粒反而比本质粗晶粒钢要大，因为在950~1000℃时，本质细晶粒钢具有更大的长大倾向。

在工业生产中，一般经铝脱氧的钢，大多是本质细晶粒钢；只用锰硅脱氧的钢为本质粗晶粒钢。沸腾钢一般都为本质粗晶粒钢；镇静钢一般为本质细晶粒钢。需经热处理的工件一般都采用本质细晶粒钢。

（2）影响奥氏体晶粒度的因素　奥氏体晶粒长大，伴随着晶界总面积的减少，体系能量降低，所以在高温下，奥氏体晶粒长大是一个自发过程。

1）加热温度和保温时间。在加热转变中，珠光体刚转变为奥氏体时的晶粒度，称为奥氏体起始晶粒度。奥氏体起始晶粒是很细小的，随着加热温度升高，奥氏体晶粒逐渐长大，晶界总面积减少，而系统的能量降低。所以，在高温下保温时间越长，越有利于晶界总面积减少而导致晶粒粗大。

2）钢的成分。亚共析钢随奥氏体中碳的质量分数增加时，奥氏体晶粒的长大倾向也增大。但对于过共析钢，部分碳以渗碳体的形式存在，当奥氏体晶界上存在未溶的剩余渗碳体时，有阻碍晶粒长大的作用。

钢中加入能形成稳定碳化物的元素，如W、Ti、V、Nb等时，钢中能形成高熔点化合物，并存在于奥氏体晶界上，有阻碍奥氏体晶粒长大的作用，故在一定温度下晶粒不易长大。当只有温度超过一定值时，高熔点化合物溶入奥氏体后，奥氏体才突然长大。

锰和磷是促进奥氏体晶粒长大的元素，必须严格控制热处理时的加热温度，以免晶粒长大而导致工件性能的下降。

6.1.2 钢在冷却时的组织转变

钢在高温时所形成的奥氏体，在冷却时要进行分解或转变。如果按照Fe-Fe₃C相图，奥氏体在低温时将分解成珠光体。然而，当冷却时条件改变，不同过冷度下，奥氏体可能转变为贝氏体、马氏体等介稳组织。现以共析碳钢为例，论述过冷奥氏体转变产物——珠光体、贝氏体、马氏体的组织形态与性能。

1. 珠光体类型组织形态与性能

过冷奥氏体在 $A_1 \sim 550$℃时，将分解为珠光体类型组织。大致是在 $A_1 \sim 650$℃时形成珠光体，650~600℃时形成索氏体，600~550℃时形成屈氏体。珠光体、索氏体、屈氏体均属层片状的铁素体与渗碳体构成的机械混合物，其差别仅在于片层粗细不同。珠光体比较粗，一般在 500 倍金相显微镜下即可显示它的组织特征；而索氏体比珠光体较细，要在 800~1000 倍金相显微镜下才能鉴别；至于屈氏体更细，只有在鉴别率较高的电子显微镜下才能分辨清楚，否则只能看到黑色团状组织。过冷奥氏体所分解的珠光体类型组织，其中渗碳体一般呈片状，只有在 A_1 附近的温度范围内足够长时间的保温，才可能使片状渗碳体球化。其转变产物可能是粒状珠光体而不是层片状珠光体。

珠光体类型组织的力学性能与其粗细程度有很大关系。表 6.1 所示为共析成分碳钢在不同冷却速度下所获得珠光体层片间距、组织形态与力学性能之间的关系。

表 6.1 共析成分碳钢在不同冷却速度下所获得的珠光体层片间距、组织形态与力学性能的关系

冷却速度/(℃/min)	层片间距/μm	组织形态	R_m/MPa	$A(\%)$	硬度 HBW
≈1	0.6~0.7	粗珠光体	≈550	≈5	≈180
≈60	0.35~0.5	珠光体	≈870	≈15	≈220
≈600	0.25~0.3	细珠光体	≈1100	≈10	≈270

由表 6.1 可得，因索氏体（细珠光体）层片间距比珠光体小，即索氏体比珠光体细，故索氏体的强度和硬度比珠光体大。同理，屈氏体组织更细，即层片间距更小，它的强度和硬度就更大。如屈氏体硬度可达 300~450HBW，比珠光体的硬度大得多。

对于相同成分的钢，粒状珠光体比片状珠光体常具有较少的相界面，因而其硬度、强度较低，塑性、韧性较高。粒状珠光体常是高碳钢（高碳工具钢）切削加工前要求获得的组织状态。

近年来采用形变与等温处理相结合的新工艺来改变珠光体组织形态，使获得在含有大量亚晶的形变铁素体基体上分布着极为均匀的渗碳体微粒的珠光体组织。这种珠光体组织形态具有良好的强度和优异的韧性，特别是可以使脆性转变温度降低。珠光体等温形变处理新工艺比较适用于低碳和中碳合金钢线材、板材，以及易于形变加工的结构零件。共析碳钢采用形变正火新工艺，即在 860~950℃下加热并形变后，以 65~85℃/s 速度冷却，可以获得最细密的珠光体组织，除了能够提高强度和塑性，还可以改善抗磨损性能及疲劳性能。

2. 马氏体类型组织形态与性能

当钢的高温奥氏体获得极大过冷时（共析碳钢过冷至 230℃以下），将转变为马氏体类型组织。实际操作中，马氏体一般通过淬火才能获得。共析碳钢在正常温度下淬火，马氏体组织是非常细小的，不易看清，称为隐晶马氏体。为了能看清它的形态，采取过热淬火，粗化马氏体组织，共析碳钢 1100℃淬火后粗大马氏体显微组织如图 6.4 所示。

试验表明，钢中马氏体组织形态主要有两种基本类型，一类是板条状马氏体，另一类是片状马氏体。随着钢中高温奥氏体碳含量的增加，淬火后组织中板条状马氏体逐渐减少，而片状马氏体则逐渐增多。当奥氏体中碳的质量分数大于 1.0%的钢淬火后，组织中的马氏体形态几乎完全是片状的；当奥氏体中碳的质量分数小于 0.20%时，淬火组织中的马氏体形

态几乎完全是板条状的。

片状马氏体的立体形态呈双凸透镜状,显微组织仅是其截面的形态。图6.5所示为粗大的片状马氏体的显微组织。用透射电子显微镜观察表明,片状马氏体内的亚结构主要是孪晶,如图6.6所示,孪晶表现为许多密集而平行的条痕。

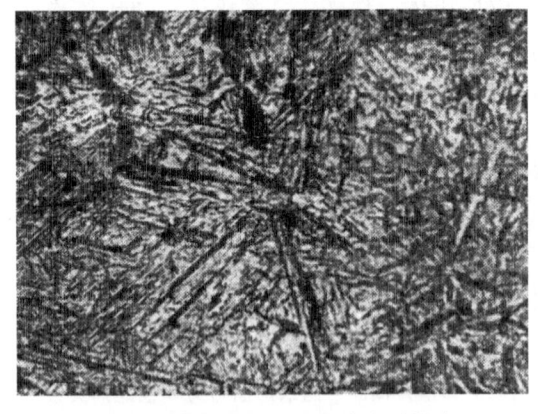 

图6.4 共析碳钢1100℃淬火后粗大　　　图6.5 粗大片状马氏体显微组织（500×）
　　马氏体显微组织（400×）

板条状马氏体的立体形态呈细长的板条状。显微组织表现为一束束细条状的组织,每束内的条与条之间以小角度晶界分开,束与束之间具有较大的位向差。图6.7所示为含$w(C)=0.03\%$、$w(Mn)=2\%$的钢的板条状马氏体显微组织。用透射电子显微镜观察表明,板条状马氏体内的亚结构主要是高密度的位错,如图6.8所示,图中L_1、L_2、L_3、L_4为四条平行的马氏体板条,条内的黑色网络即为位错结构。

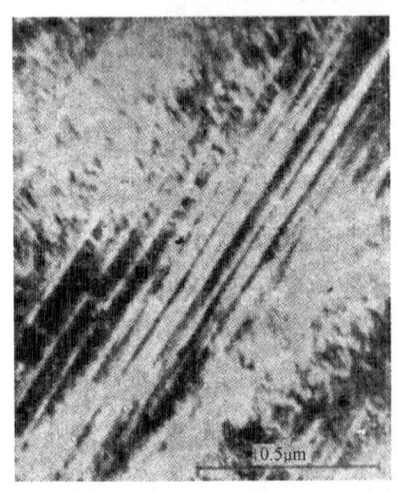 

图6.6 片状马氏体内的孪晶亚结构　　　图6.7 板条状马氏体显微组织（100×）
　　（透射电子显微镜照片）

马氏体的硬度与其碳含量有密切关系。如图6.9所示,随着马氏体碳含量的增大,其硬度也随之而增高,尤其在碳含量较低的情况下,硬度增高比较明显,但当$w(C)>0.6\%$以后,硬度增加趋于平缓。通常合金元素的存在对钢中马氏体硬度的影响不大。碳含量对马氏体硬度的影响主要是由过饱和碳原子与马氏体中晶体缺陷的交互作用引起的固溶强化所造成的。板条状马氏体中的位错和片状马氏体中的孪晶均能引起强化，尤其是孪晶对片状马氏体的硬度和强度做出一定贡献。当 $w(C) > 0.6\%$ 以后，硬度增加趋于平缓，这是由于钢中残余奥氏体逐渐增多所致。

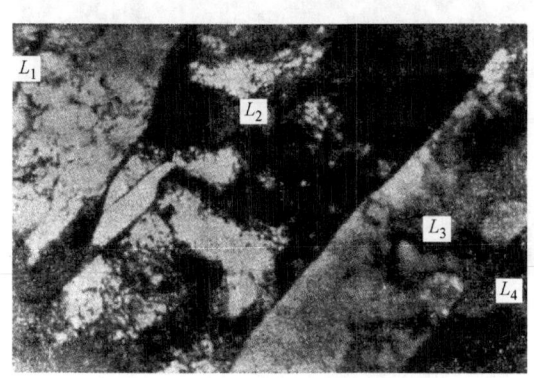

图 6.8　板条状马氏体内的位错亚结构（26000×）

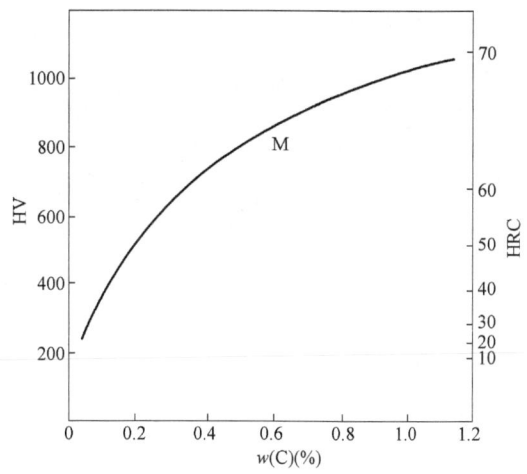

图 6.9　碳含量对马氏体硬度的影响

由于淬火钢中有内应力和内部缺陷存在，加之很难得到 100% 纯粹的马氏体，故对马氏体强度的测定数据很不完整，一般可根据硬度大致地估计。试验表明，细化奥氏体晶粒对提高马氏体强度作用不大，只有一些特殊热处理（如高温形变热处理，即将钢在高温奥氏体状态（$>Ac_3$）进行形变，随后进行淬火回火使马氏体细化的一种操作）或超细化处理（即通过多次循环加热和冷却，使钢的奥氏体实际晶粒细化到 10 级以上的一种操作），才能明显提高马氏体的强度。

高碳片状马氏体的韧性和塑性均很差，其原因是：①碳在马氏体中的过饱和程度大，其正方度 $c/a \gg 1$，晶格畸变严重，残余应力大；②片状马氏体内的亚结构主要是孪晶。

低碳板条状马氏体的韧性和塑性相当好，其原因是：①碳在马氏体中过饱和程度小，其正方度 $c/a \approx 1$，晶格畸变轻微，残余应力小；②板条状马氏体内的亚结构主要是位错。此外，应该指出，高碳片状马氏体易于产生显微裂纹，这也是造成其脆性的附加原因。

近年来，利用中温形变热处理（即将钢在过冷奥氏体状态进行形变，随后进行淬火回火的一种操作），细化马氏体组织，增大马氏体中位错密度，促使碳化物沿位错沉淀析出，降低奥氏体碳含量，减少孪晶马氏体相对量，从而提高了淬火钢的强韧性。

3. 贝氏体类型组织形态与性能

过冷奥氏体在 550~240℃ 时将转变为贝氏体类型组织。贝氏体类型组织主要有上贝氏体和下贝氏体两种，其形态与性能不同于前述珠光体和马氏体类型组织。

（1）上贝氏体组织形态　在共析碳钢和普通的中、高碳钢中，上贝氏体约在 550~350℃ 时形成，在低碳钢中它的形成温度要高些。当转变量不多时，在光学显微镜下明显可见成束的自晶界向晶粒内生长的铁素体条，它的分布具有羽毛状的特征，如图 6.10a 所示。在电子显微镜下，经常可以看到上贝氏体中存在铁素体和渗碳体两个相；铁素体呈暗黑色，而渗碳体呈亮白色；渗碳体以不连续、短杆状的形式分布于许多平行而密集的铁素体条之间，如图 6.11a 所示。在铁素体条内分布有位错亚结构，位错密度随形成温度的降低而增大。随着钢中碳含量增加，上贝氏体中的铁素体条变得更多、更薄，渗碳体的数量变得更多；当形成温度较低时，在碳含量约为共析成分的钢中，渗碳体可能大部分沉淀于铁素体内，形成所谓共析钢上贝氏体。这是一种不同于上述典型上贝氏体形态的上贝氏体组织。

 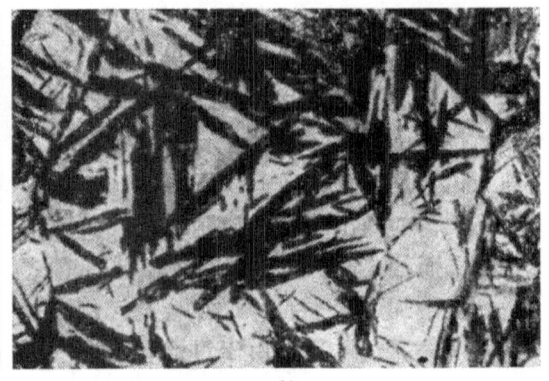

a) b)

图 6.10 上贝氏体与下贝氏体的光学金相照片
a) 上贝氏体（1000×） b) 下贝氏体（500×）

（2）下贝氏体组织形态 典型的下贝氏体是片状铁素体和其内部沉淀碳化物组织。对于一般共析碳钢和中、高碳钢，下贝氏体的形成温度为 350℃～Ms 点（Ms 点即马氏体开始形成温度），这时其铁素体的碳含量比上贝氏体铁素体具有更大的过饱和度；当形成温度在 250℃ 以下时，碳的质量分数为 0.20% 左右。在光学显微镜下，当转变量不多时，由于下贝氏体易受侵蚀，可清晰地观察到在浅色马氏体的背衬上多向分布着铁素体片，其外貌呈黑针状的特征，如图 6.10b 所示。下贝氏体中的碳化物及其形态只有在电子显微镜下始可分辨清楚。它呈短条状，沿着与铁素体片的长轴相夹 55°～65° 的方位分列成排，如图 6.11b 所示。其亚结构与上贝氏体一样，也是位错，但其密度较高。至于是否存在孪晶型下贝氏体则尚未确定。如果形成温度不过低，钢的碳含量又较高，可能出现这种情况，即下贝氏体中的碳化物不但出现于铁素体内部，也出现于它的外缘，这是不同于上述典型下贝氏体的又一种形态的下贝氏体组织。

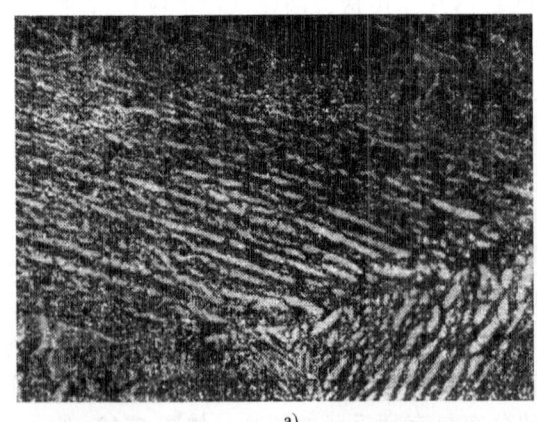 

a) b)

图 6.11 上贝氏体与下贝氏体的电子显微镜照片
a) 上贝氏体（5000×） b) 下贝氏体（10000×）

除上贝氏体和下贝氏体，在低、中碳合金钢中，特别在连续冷却时（如正火、热轧空冷或焊接热影响区），往往会出现粒状贝氏体组织，在等温冷却时也可能形成。它的形成温度范围大致在上贝氏体形成温度范围的上半部。图 6.12 所示为常见的粒状贝氏体显微组织，其特征是较粗大的铁素体块内有一些孤立的"小岛"，形态多样，呈粒状或长条状，很不规则。铁素体所包围的"小岛"，它原先是富碳的奥氏体区，其随后的转变可以有三种情况：①分解为铁素体和碳化物；②发生马氏体转变；③仍然保持为富碳的奥氏体。

（3）贝氏体的力学性能 贝氏体的力学性能主要取决于贝氏体的组织形态。上贝氏体的形成温度较高，上贝氏体铁素体条状晶粒较宽，它的塑变抗力较低；上贝氏体渗碳体分布在铁素体条之间，易于引起脆断。因此，上贝氏体的强度和韧性均较差。下贝氏体的形成温度较低，在较低温度下形成下

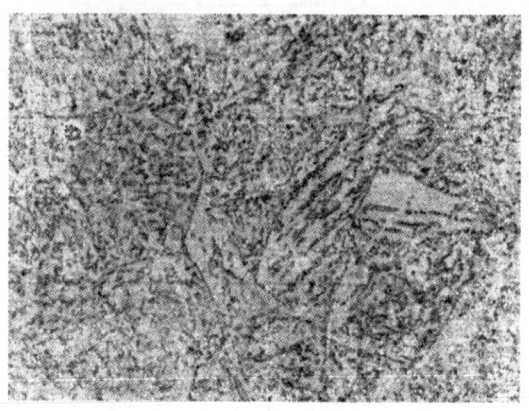

图 6.12 粒状贝氏体的显微组织 （500×）
(0.09%C-3.0%Ni-1.0%Cr 钢，1100℃加热后室冷)

贝氏体组织，具有较优良的综合力学性能。下贝氏体的强度、韧性和塑性均高于上贝氏体。它具有较高强度和较高塑性与韧性的配合。下贝氏体的亚结构高密度位错及细小碳化物在下贝氏体铁素体内沉淀析出是保证下贝氏体具有优良综合力学性能的主要因素。

通常利用等温淬火（即将高温奥氏体过冷至中温区域保温，使过冷奥氏体等温转变为贝氏体的一种操作）获得以下贝氏体为主的组织，使钢件具有较高的强韧性，同时由于下贝氏体相对密度比马氏体小，故可减少变形和开裂。近年来，采用形变与贝氏体转变相结合的形变热处理，可显著提高钢的性能。如将共析碳钢在 950℃ 下轧制形变 25% 后，于 300℃ 等温淬火 40min，可以使钢的 R_m 比普通热处理提高 300MPa，R_e 提高 440MPa。

6.1.3 过冷奥氏体的冷却转变曲线图

钢的过冷奥氏体转变产物可按等温和连续两种冷却方式形成。为了估计其转变量和时间的关系，必须熟悉过冷奥氏体等温和连续冷却转变曲线图。

1. 过冷奥氏体等温转变曲线图

图 6.13 所示为共析碳钢过冷奥氏体等温转变曲线图及转变产物金相组织图。图中，A_1 是奥氏体与珠光体平衡共存的温度，在转变开始线左方是过冷奥氏体区，转变终了线右方是转变终了区（珠光体或贝氏体），在两条线之间是转变过渡区（奥氏体+珠光体或奥氏体+贝氏体），水平线 Ms 为马氏体转变或形成的开始温度，其下为马氏体转变区，而水平线 Mf 为马氏体转变或形成的终了温度。

由图 6.13 可见，过冷奥氏体在不同温度下等温分解或转变时都有一个孕育期。孕育期随等温温度的改变而改变。在曲线的"鼻尖"上部温度范围，孕育期随温度升高而延长；在"鼻尖"下部温度范围，孕育期随温度下降而延长；在"鼻尖"处，孕育期最短，此时过冷奥氏体最不稳定。

在此图中可以划分为珠光体相变、贝氏体相变和马氏体相变三个区域。下面以共析碳钢

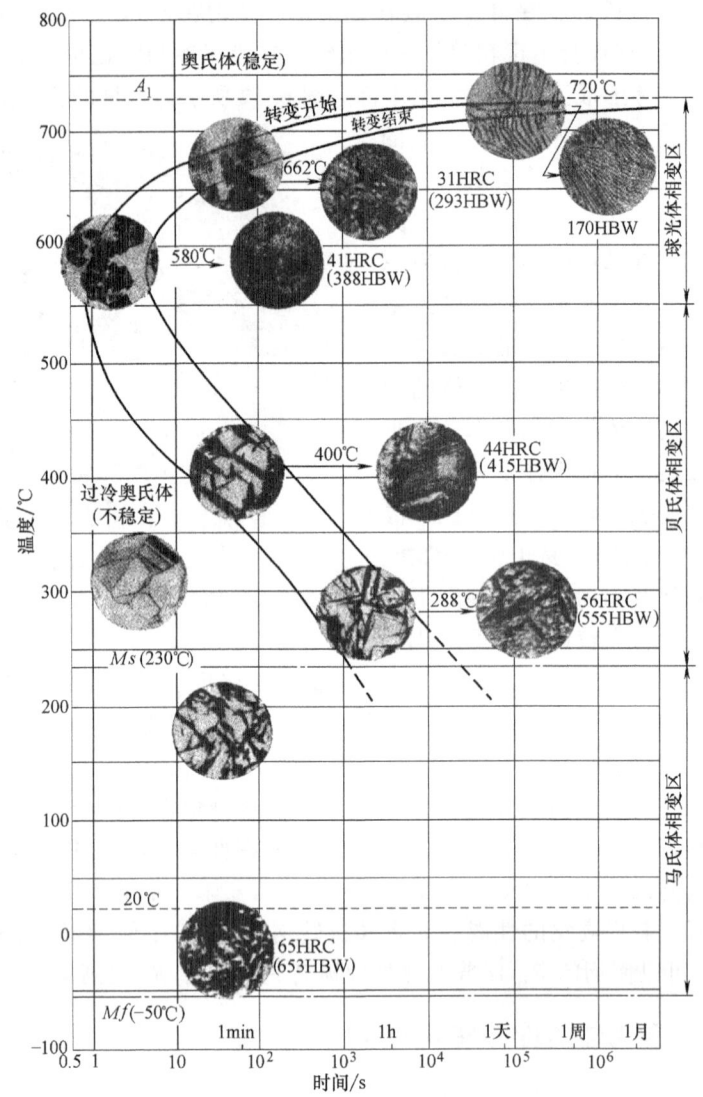

图 6.13　共析碳钢过冷奥氏体等温转变曲线图及转变产物金相组织图（600×）

过冷奥氏体等温转变图进行分析。

（1）共析碳钢等温转变曲线的建立　图 6.14a 所示为用磁性法测定的在不同过冷度下奥氏体等温转变动力学曲线。图中转变温度 $t_1>t_2>t_3>t_4>t_5>t_6$。由图中曲线可以看出，开始时转变速度随着转变温度的降低而逐渐增大，但当转变温度低于 t_4 以后，转变速度又逐渐减小。若将曲线的转变开始时间（图中的各 a 点）和终了时间（图中的各 b 点）标记到一个转变温度-时间为坐标的图上。连接各转变开始点（a 点）及终了点（b 点），便可得到如图 6.14b 所示的曲线，即等温转变曲线。

（2）过冷奥氏体转变产物的形成过程

1）珠光体的形成过程。在等温转变曲线"鼻尖"上部区域为珠光体相变区。珠光体的形成伴随着两个过程同时进行：①碳和铁原子的扩散，由此而生成高碳的渗碳体和低碳的铁素体；②晶格的重构，由面心立方的奥氏体转变为体心立方的铁素体和复杂晶格的渗碳体。

图 6.15 所示为片状珠光体形成过程示意图。由于能量、成分、结构的起伏,优先在奥氏体晶界上产生渗碳体小片状晶核(图 6.15a)。这种小片状渗碳体晶核向纵、横向长大时,吸收了两侧的碳原子,而使其两侧的奥氏体碳含量显著降低,从而出现了铁素体片(图 6.15b)。新生成的铁素体片,除伴随渗碳体片向纵向长大外,也向横向长大。铁素体横向长大时,必然要向侧面的奥氏体中排出多余的碳,因而显著增高了侧面奥氏体的碳浓度,这就促进了另一片渗碳体的形成,而出现了新的渗碳体片。这样连续进行,就形成了许多铁素体与渗碳体层层相间的层片状组织。这时在晶界的其他部分,有可能产生新的渗碳体小片晶核(图 6.15c)。当奥氏体中已经形成了层片相间的铁素体与渗碳体的集团后,侧向长大即停止,只能继续纵向长大。在铁素体与渗碳体层片相间的珠光体不断纵向长大时,另一晶核又成长为铁素体与渗碳体层片相间的珠光体(图 6.15d)。同时,在长大的珠光体与奥氏体的相界上,也有可能产生新的具有另一长大方向的渗碳体晶核,成长为新的珠光体集团(图 6.15e)。一直长大到各珠光体集团相碰,奥氏体全部转变为珠光体时,珠光体形成即结束(图 6.15f)。

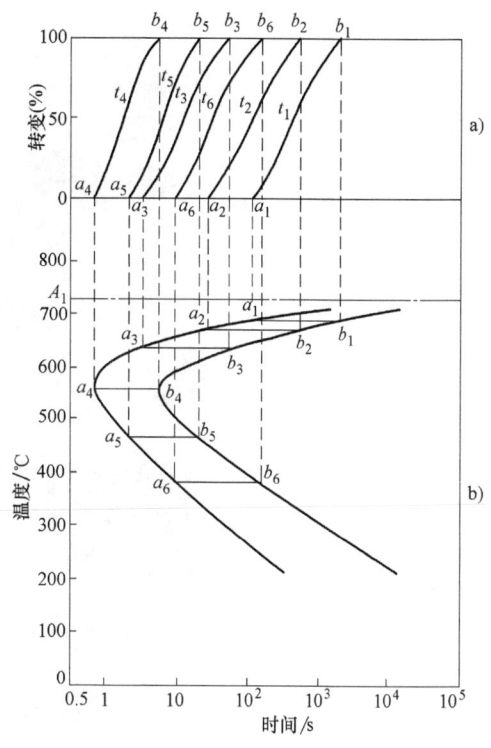

图 6.14 共析碳钢在不同过冷度下奥氏体等温转变动力学曲线

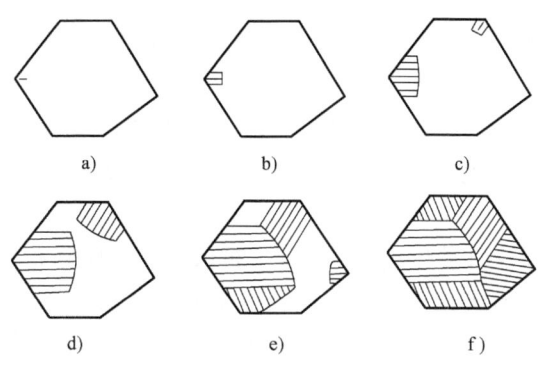

图 6.15 片状珠光体形成过程示意图

过冷奥氏体转变为珠光体的试验照片如图 6.16 所示。试验的等温温度为 705℃。图 6.16b 所示为等温 50s 的情况,此时珠光体开始形成;图 6.16f 所示为等温 66min40s 的情况,此时珠光体已全部形成。

随着转变温度的降低,即过冷度的增大,过冷奥氏体的转变速度加快,这是由于珠光体的形核率和成长率的增加。"鼻尖"处(≈550℃)过冷奥氏体的转变速度最快,珠光体的形核率和成长率达到极大值。

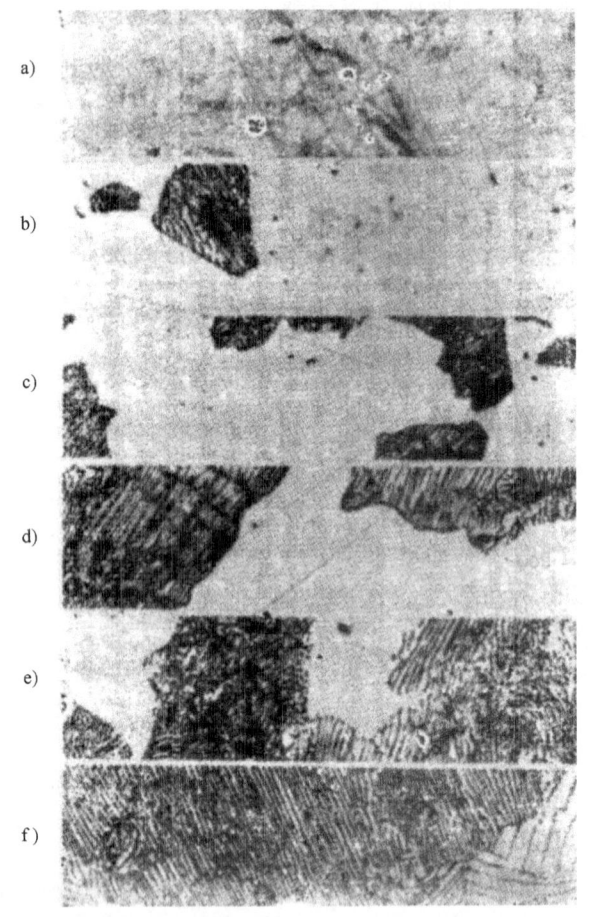

图 6.16 共析钢过冷奥氏体在 705℃ 等温形成珠光体过程的显微组织

随着转变温度继续降低,即过冷度继续增大,过冷奥氏体的转变速度反而减慢,这是由于贝氏体的形成速度随之减慢。

2) 贝氏体的形成过程。等温转变曲线下部区域为贝氏体相变区。贝氏体形成温度的上限以 Bs 表示。对于大多数碳钢,Bs 一般为 550℃,上贝氏体与下贝氏体的界限大约为 350℃。

上述珠光体相变时,铁原子和碳原子均进行扩散,而贝氏体相变时只发生碳原子扩散,铁原子不扩散。贝氏体的形成与珠光体一样,也是形核和长大的过程,但两者有本质的区别。在贝氏体转变开始之前,在过冷奥氏体中的贫碳区可孕育出铁素体晶核。这种铁素体碳含量虽然低于奥氏体的平均碳含量,但仍高于铁素体的平衡状态碳含量,它处于过饱和状态,碳原子有从铁素体脱溶、向奥氏体方向扩散的倾向。

随着密排的铁素体条伸长和变宽,生长着的铁素体中的碳原子不断地通过界面而排出到周围的奥氏体中,使条间奥氏体碳原子不断富集。当碳浓度足够高时,便在条间沿条的长轴方向析出碳化物,形成典型的上贝氏体组织。由于下贝氏体在较大过冷度下形成,碳原子的扩散能力降低,尽管初生下贝氏体铁素体固溶较多的碳原子,具有较大的析出碳化物倾向性,但碳原子的迁移都没能逾越铁素体片的范围,于是只好在片内沿一定晶面偏聚并进而沿与片的长轴呈 55°~65°夹角的方向上沉淀出碳化物粒子。转变温度越低,其粒子越细小,分布越弥散,但这时尚有部分碳原子仍过饱和地固溶于铁素体中,这就形成了典型的下贝氏体组织。

贝氏体的形成速度主要受碳原子的扩散速度控制。转变温度越低,碳原子扩散越困难,因而贝氏体的形成速度也就越慢。

许多钢种的贝氏体相变可以进行完全,如碳钢、低碳和中碳锰钢、中碳硅锰钢等。但也有不少钢种的贝氏体相变不能进行到底,如中碳铬钢、高碳锰钢等。

(3) 影响等温转变曲线的因素　等温转变曲线的形状和位置不仅对奥氏体等温转变速度及转变产物的性质具有十分重要的意义,同时对钢的热处理工艺及淬透性等问题的考虑也有指导性的作用。

影响等温转变曲线形状和位置的因素很多,主要有:①碳的影响,在正常加热条件下,亚共析碳钢的等温转变曲线,随着碳含量的增加向右移;过共析碳钢的等温转变曲线,随着含碳量的增加向左移。故在碳钢中以共析碳钢过冷奥氏体最稳定。图 6.17 所示为亚共析、共析、过共析碳钢的等温转变曲线比较。由图 6.17 可见,亚共析、过共析碳钢等温转变曲线图的"鼻尖"上部区域比共析碳钢多一条曲线,这条曲线表示在过冷奥氏体发生共析分解,转变为珠光体类型组织之前,已经开始相变或析出新相。对于亚共析碳钢,在等温转变曲线图的左上方有一条先共析铁素体转变线,如图 6.17a 所示,这条曲线随着钢中碳含量的增高而逐渐向右下方移动。与此相似,对于过共析碳钢,在等温转变曲线图的左上方有一条先共析渗碳体析出线,如图 6.17c 所示,这条曲线随着钢中碳含量的增大,将逐渐向左上方移动。②合金元素的影响,除钴以外,所有的合金元素溶入奥氏体后,都增大其稳定性,使等温转变曲线右移。碳化物形成元素含量较多时,使等温转变曲线的形状也发生变化,可能出现两组曲线,如图 6.18 所示。③加热温度和保温时间的影响,随着加热温度的提高和保温时间的延长,奥氏体的成分更均匀,奥氏体转变的晶核数量减少,同时奥氏体晶粒长大,晶界面积减少,这些都不利于过冷奥氏体的转变,提高了过冷奥氏体的稳定性,使等温转变曲线右移。图 6.19 所示为奥氏体化温度对 GCr15 钢等温转变曲线的影响。

比较图 6.19a 与图 6.19b 可见,加热温度为 950℃ 的等温转变曲线位置较右,过冷奥氏体稳定性较大,并且明显出现两个"鼻尖"。图上的中间虚线表示过冷奥氏体转变量恰好为 50% 时所需要的等温时间。

2. 过冷奥氏体连续转变曲线图

在生产实践中,过冷奥氏体大多是在连续冷却中转变的,这时就要测定和利用它的连续冷却转变图。其测定方法有金相法、膨胀法和磁性法等。常用的膨胀法测定,是将一组试样经奥氏体化后以不同的冷却速度连续冷却,用高速膨胀仪测出转变开始及转变终了的温度和时间,并记录下最终所得组织及硬度,将相同性质的转变开始点与转变终了点连成曲线,便得到连续冷却转变曲线图。共析碳钢的连续冷却转变曲线图如图 6.20 所示。

图 6.20 所示的 P_s 线表示珠光体开始形成,即 A→P 转变开始线;P_f 线表示珠光体全部形成,即 A→P 转变终了线;K 线表示珠光体形成中止,即 A→P 转变中止线;冷却曲线碰到 K 线,过冷奥氏体就不再发生珠光体转变,而一直保留到 M_s 点以下才转变为马氏体。v_k 称为上临界冷却速度,它是得到全部马氏体组织的最小冷却速度,v_k 越小,钢件在淬火时越容易得到马氏体组织,即钢接受淬火能力越大。v_k' 称为下临界冷却速度,它是得到全部

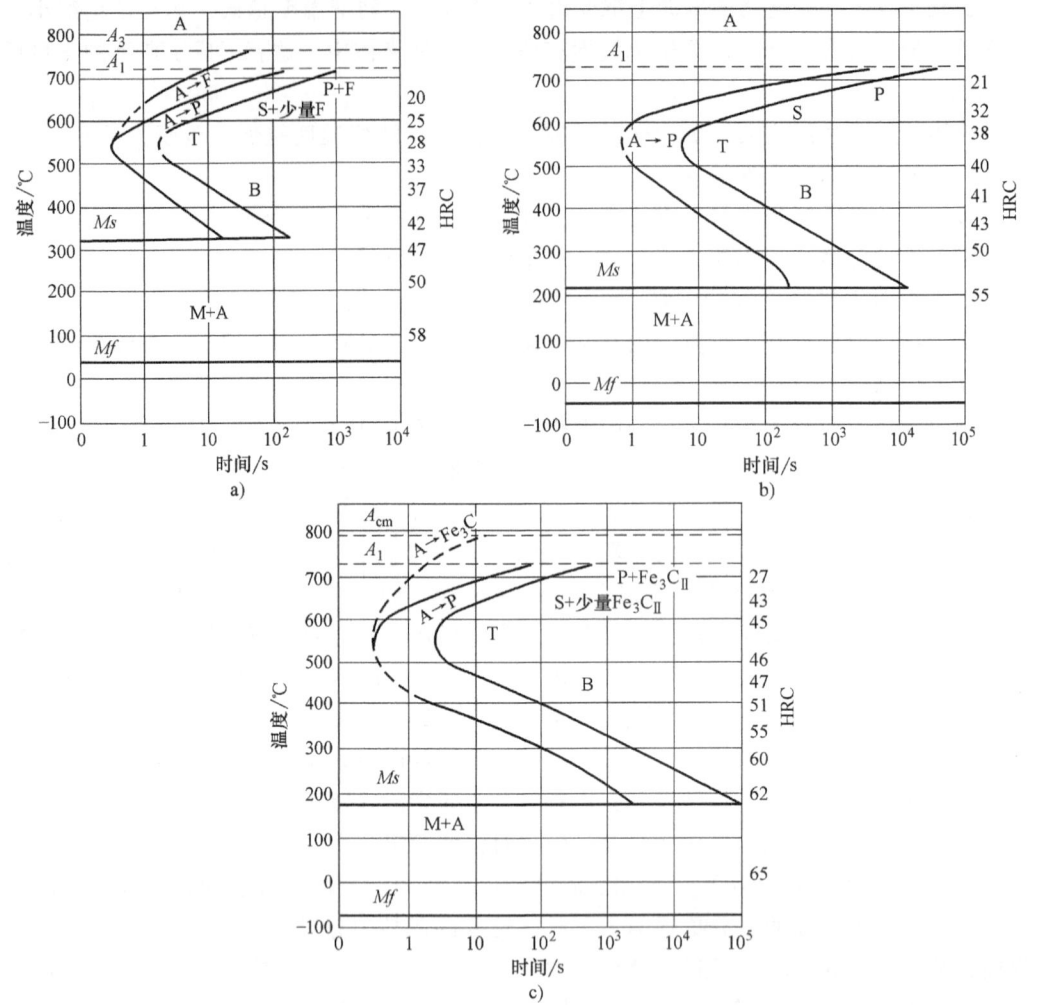

图 6.17 亚共析、共析、过共析碳钢的等温转变曲线比较
a) 亚共析碳钢 b) 共析碳钢 c) 过共析碳钢
P—珠光体 S—索氏体 T—屈氏体 B—贝氏体 M—马氏体 A—奥氏体

珠光体组织的最大冷却速度，v'_k 越小，则退火所需的时间就越长。

图上标出不同冷却速度（炉冷、空冷、油冷、水冷）的冷却曲线。试验表明，按不同冷却速度连续冷却时，过冷奥氏体所得到的转变产物接近于其冷却曲线与等温转变曲线相割区间温度范围所发生的等温转变产物。

将共析碳钢连续冷却转变曲线与等温冷却转变曲线相比，可发现它稍微滞后一些，并且没有贝氏体相变区域。实践表明，可以利用等温冷却转变曲线图来定性说明连续冷却转变情况。

图 6.21 所示为在共析碳钢等温冷却转变曲线图上估计连续冷却转变情况的实例。图中 $v_1<v_2<v_3<v_4<v_5$，它们分别表示不同冷却速度的冷却曲线：

1) v_1 相当于炉冷（退火），它与等温转变曲线相割于 700~650℃，估计在连续冷却后的过冷奥氏体转变产物为珠光体组织（170~220HBW）。

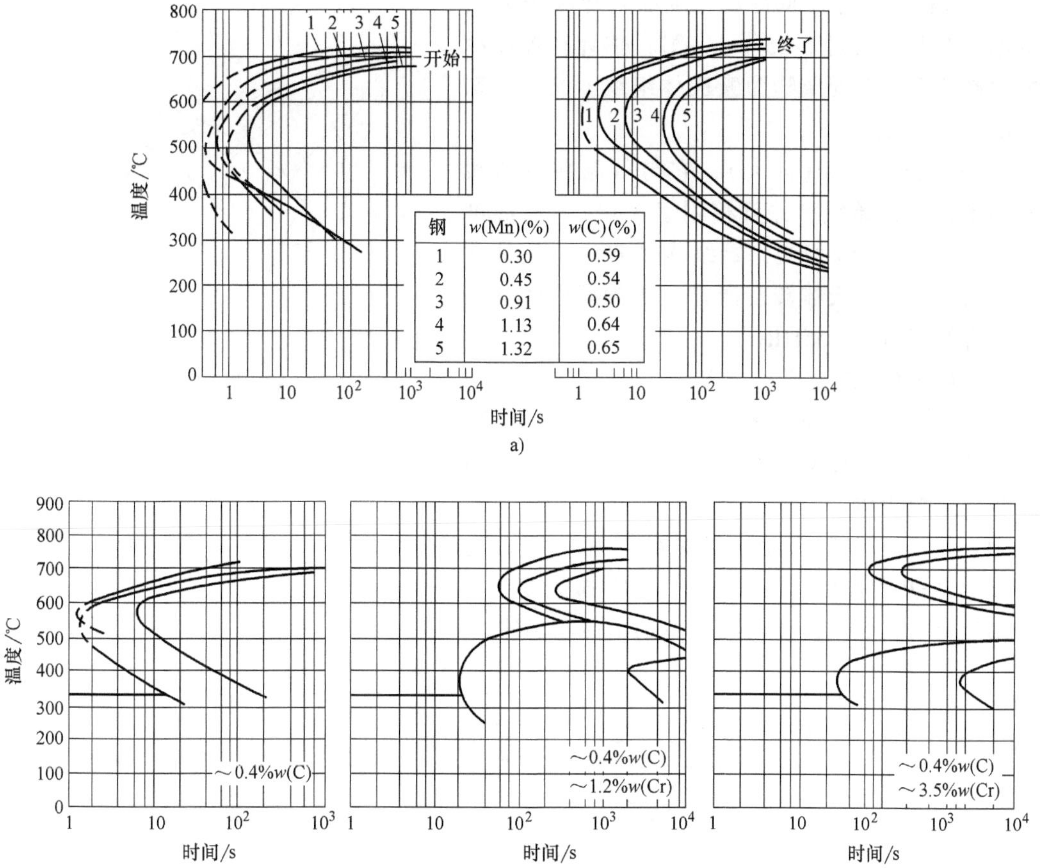

钢	w(Mn)(%)	w(C)(%)
1	0.30	0.59
2	0.45	0.54
3	0.91	0.50
4	1.13	0.64
5	1.32	0.65

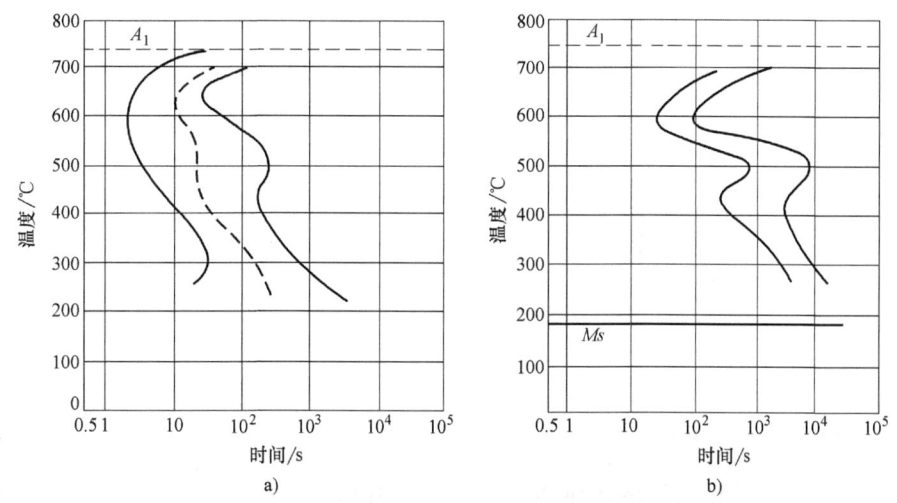

图 6.18　锰和铬对过冷奥氏体等温转变曲线的影响

a）锰的影响　b）铬的影响

图 6.19　奥氏体化温度对 GCr15 钢等温转变曲线的影响

a）w(C)= 1.02%，w(Cr)= 1.41%，加热到 840℃　b）w(C)= 1.07%、w(Cr)= 1.52%，加热到 950℃

2) v_2 和 v_3 相当于不同冷却速度的空冷（正火），它与等温转变曲线相割于 650~600℃，估计在连续冷却后的过冷奥氏体转变产物为索氏体组织，又称细珠光体组织（25~35HRC）。

3) v_4 相当于油冷（淬火），它与等温转变曲线只相割一条转变开始线，并且相割于 550℃ 左右温度范围，随后又与 Ms 线相交，继续冷至室温，估计在连续冷却后的过冷奥氏体转变产物主要为屈氏体和马氏体的混合组织（45~55HRC）。

4) v_5 相当于水或盐水冷（淬火）的情况，它与等温转变曲线不相割，而直接与 Ms 线相交，继续冷至室温，估计在连续冷却后的过冷奥氏体转变产物为马氏体和残余奥氏体。

图中 v_k（与等温转变曲线"鼻尖"相切）称为临界冷却（淬火）速度。凡大于 v_k 的冷却速度，在连续冷却后就会得到马氏体组织，而不出现屈氏体。

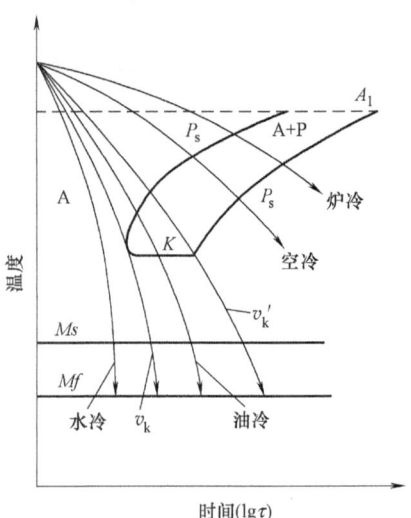

图 6.20　共析碳钢连续冷却转变曲线

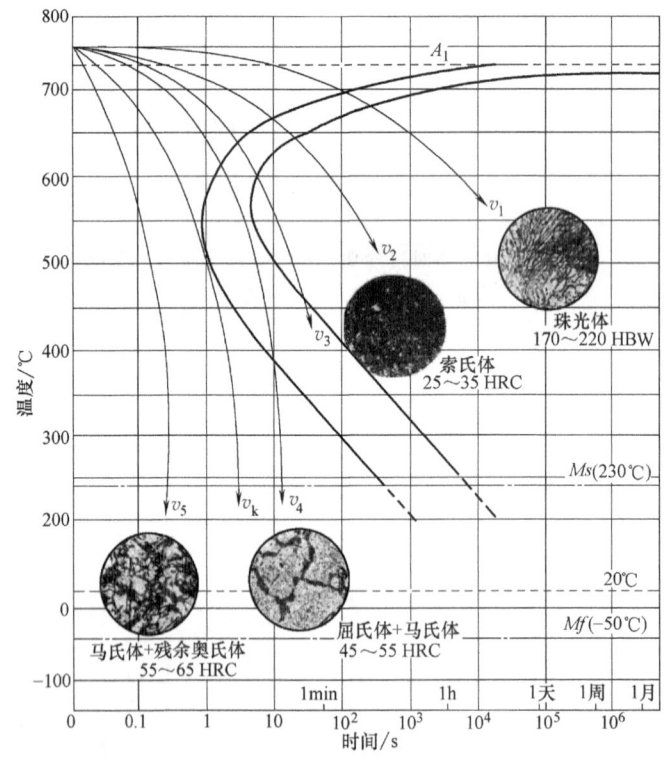

图 6.21　共析碳钢等温冷却转变曲线图上连续冷却后的过冷奥氏体转变产物

奥氏体向马氏体的相变与珠光体和贝氏体相变有根本的区别。马氏体相变是非扩散性的。因为这种相变是以极大的冷却速度、在极大的过冷度下发生的，此时奥氏体中的碳原子已无扩散的可能。因此奥氏体将直接转变为一种含碳过饱和的 α 固溶体，即马氏体（M）。

马氏体中的碳含量与原来奥氏体中的碳含量相同，由于其中碳含量的过饱和，因而使 α-Fe 的体心立方晶格被歪曲成为体心正方晶格（图 6.22）。其晶格常数 c 与 a 之比（c/a）称为马氏体晶格的正方度，它随着马氏体中碳含量的增加呈线性的增大。对于 $w(C)<0.25\%$ 的钢，其马氏体晶格仍为体心立方，有立方马氏体之称，这主要是由于碳含量较低时，碳原子优先沿晶体缺陷（如位错、空位）处偏聚，使晶格不产生明显畸变。一般认为 $w(C)>0.25\%$ 钢的马氏体晶格都具有正方度（即 c/a 均大于 1），称为正方马氏体。

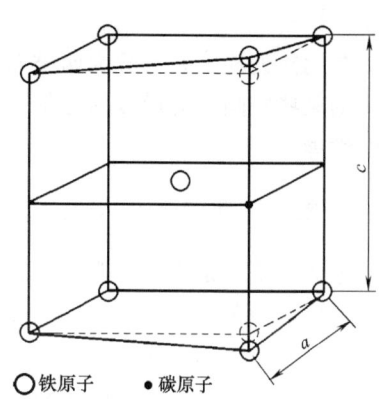

图 6.22　马氏体的体心正方晶格示意图

奥氏体→马氏体的相变是在 Ms 点开始的，随着温度的降低，马氏体的数量不断增多，直至冷却至 Mf 点温度，将获得最多的马氏体量。之后再降低温度也不再有马氏体形成。马氏体的形成是形核和长大的过程。

奥氏体→马氏体的相变是不完全的。即使冷却至 Mf 点温度，也不可能获得 100% 的马氏体，总有部分奥氏体未能转变而被保留下来，这部分奥氏体称为残余奥氏体，以 A' 或 $A_{残}$ 表示。

Ms 和 Mf 点主要由奥氏体的成分来决定，基本上不受冷却速度及其他因素影响。增加碳含量会使 Ms 及 Mf 点降低，如图 6.23a 所示。图中微量碳对马氏体转变点剧烈降低的影响尚未定论。

由图可见，当奥氏体中碳的质量分数增加至 0.5% 以上时，Mf 点便下降至室温以下；碳含量越高，马氏体转变温度下降越大，则残余奥氏体量也就越多，如图 6.23b 所示。由图可知，共析碳钢的 Mf 点约为 -50℃，当淬火至室温时，其组织中会有 3%~6% 的残余奥氏体。

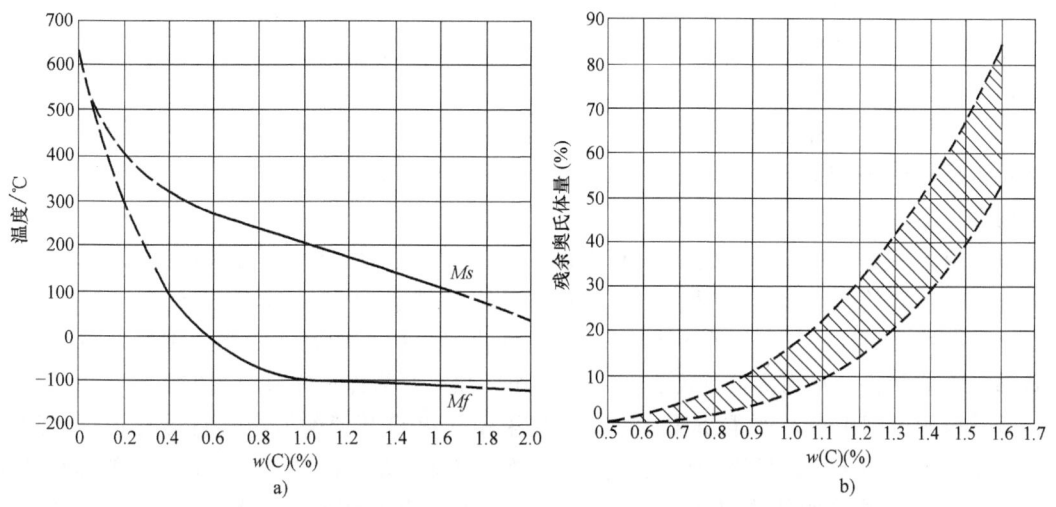

图 6.23　奥氏体的含碳量对马氏体转变温度及残余奥氏体量的影响

6.2 钢的普通热处理

常用热处理工艺可分为两类：预备热处理和最终热处理。预备热处理是消除坯料、半成品中的某些缺陷，为后续的冷加工和最终热处理作组织准备；最终热处理是使工件获得所要求的性能。

6.2.1 钢的退火与正火

退火和正火是应用非常广泛的热处理工艺，在机器零件或工模具等工件的加工制造过程中，经常作为预备热处理工序，安排在铸造或锻造之后、切削（粗）加工之前，用于消除前一工序所带来的某些缺陷，为随后的工序作准备。如，在铸造或锻造等热处理后，钢件中不但存在残余应力，而且组织粗大不均匀，成分也有偏析，这样的钢件，力学性能低劣，淬火时也容易造成变形和开裂。经过适当的退火或正火处理可使钢件的组织细化、成分均匀、应力消除，从而改善钢件的力学性能并为随后淬火作准备。又如，在铸造或锻造等热加工以后，钢件硬度经常偏高或偏低且不均匀，严重影响切削加工。经过适当退火或正火处理可使钢件的硬度达到170~250HBW，而且比较均匀，从而改善钢件的切削加工性能。

退火和正火除经常作为预备热处理工序，在一些普通铸件、焊接件及某些不重要的热加工工件上，还作为最终热处理工序。

综上所述，退火和正火的主要目的大致可归纳为几点：①软化钢件以便进行切削加工；②消除残余应力，以防钢件的变形、开裂；③细化晶粒，改善组织以提高钢的力学性能；④为最终热处理（淬火回火）作组织上的准备。

1. 钢的退火

根据钢的成分、退火工艺和目的的不同，退火常分为完全退火、球化退火、等温退火、均匀化退火、去应力退火和再结晶退火等。

（1）完全退火　完全退火首先是把亚共析钢加热到 Ac_3 以上 30~50℃，保温一段时间，随炉缓慢冷却（随炉或埋入干砂、石灰中），以获得接近平衡组织的热处理工艺。

完全退火主要用于亚共析碳钢和合金钢的铸件、锻件、焊接件等。其目的是细化晶粒，消除内应力，降低硬度，改善切削加工性能等。

（2）球化退火　球化退火是使钢中碳化物球化而进行的退火工艺。一般球化退火是把过共析钢加热到 Ac_1 以上 10~20℃，保温一定时间后，缓慢冷却到600℃以下出炉空冷的一种热处理工艺。

球化退火主要用于过共析成分的碳钢和合金工具钢。加热温度只使部分渗碳体溶解到奥氏体中，在随后的缓慢冷却过程中形成在铁素体基体上分布着球状渗碳体的组织（图6.24），这种组织称为球化体（球状珠光体）。球化退火的目的是使二次渗碳体及珠光体中片状渗碳体球状化，从而降低硬度，改善切削加工性，并为淬火作好组织准备。

若钢原始组织中存在严重渗碳体网时，应采用正火将其消除后再进行球化退火。近年来，球化退火应用于亚共析钢获得成效，只要严格控制工艺，同样可以达到良好的球化体组织，使它们获得最佳的塑性和较低的硬度，从而大大有利于冷挤、冷拉、冷冲等冷成形加工。

(3) 等温退火 完全退火全过程所需时间非常长，特别是对于某些奥氏体比较稳定的合金钢，往往需要数十小时，甚至数天的时间。如果在对应于钢的等温转变曲线上的珠光体形成温度进行奥氏体的等温转变处理，这样就有可能在等温处理的前后，稍快地进行冷却，以便大大缩短整个退火的过程，这种退火的方法便称为"等温退火"。等温退火能得到更均匀的组织与硬度，而且显著缩短生产周期，主要用于高碳钢、合金工具钢和高合金钢。

图 6.25 所示为高速工具钢的普通退火与等温退火的比较，普通退火需要 15~20h 以上，而等温退火所需时间则缩短很多。

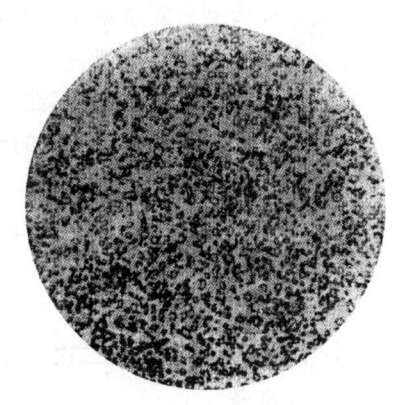

图 6.24 过共析钢的球化退火显微组织

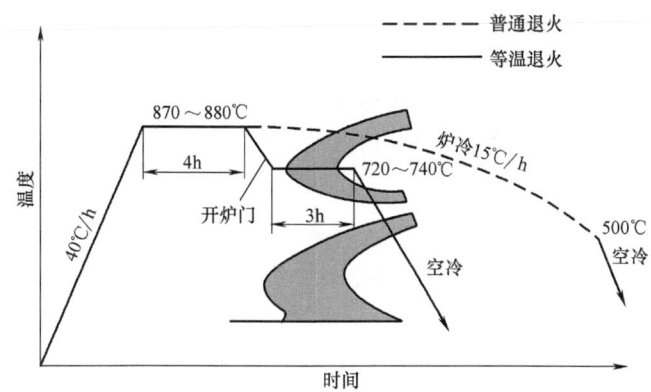

图 6.25 高速工具钢的普通退火与等温退火的比较

(4) 均匀化退火 合金铸锭在结晶过程中，往往易于形成较严重的枝晶偏析。为了消除铸造结晶过程中产生的枝晶偏析，使成分均匀化，改善性能，需要进行均匀化退火。均匀化退火是把合金钢铸锭或铸件加热到 Ac_3 以上 150~200℃，保温 10~15h 后缓慢冷却的热处理工艺。由于加热温度高、时间长，会引起奥氏体晶粒的严重粗化。因此一般还需要进行一次完全退火或正火。

(5) 去应力退火 去应力退火是为了去除锻件、焊件、铸件及机加工工件中存在的残余应力而进行的退火。去应力退火将工件缓慢加热到 Ac_1 以下 100~200℃，保温一定时间后随炉缓慢冷却至 200℃，再出炉冷却。去应力退火是一种无相变的退火。

2. 钢的正火

将钢材或钢件加热到 Ac_1 或 Ac_{cm} 以上 30~50℃，保温一定的时间，出炉后在空气中冷却的热处理工艺称为正火。

正火与退火的主要区别是：正火的冷却速度较快，过冷度较大，因此正火后所获得的组织比较细，强度和硬度比退火要高一些。

正火是成本较低和生产率较高的热处理工艺。在生产中应用为：

1) 对于要求不高的结构零件，可作最终热处理。正火可细化晶粒，正火后组织的力学性能较高。而大型或复杂零件淬火时,可能有开裂危险,所以正火可作为普通结构零件或大型、复杂零件的最终热处理。

2) 改善低碳钢的切削加工性。正火能避免低碳钢中先共析相铁素体,提高珠光体的量并细化晶粒。所以能提高低碳钢的硬度,改善其切削加工性。

3) 作为中碳结构钢的较重要工件的预备热处理。对于性能要求较高的中碳结构钢,正火可消除由于热加工造成的组织缺陷,且硬度为 160~230HBW,具有良好的切削加工性,并能减少工件在淬火时的变形与开裂,提高工件质量。为此,正火常作为较重要工件的预备热处理。

4) 消除过共析钢中的二次渗碳体网。正火可消除过共析钢中的二次渗碳体网,为球化退火作组织准备。

各种退火与正火温度的范围如图 6.26 所示。

6.2.2 钢的淬火

淬火是将钢件加热到 Ac_3 或 Ac_1 以上 30~50℃,保温一定时间,然后以大于淬火临界冷却速度冷却获得马氏体或贝氏体组织的热处理工艺。

淬火的目的是为了得到马氏体组织。再经回火后,使工件获得良好的使用性能,以充分发挥材料的潜力。

1. 钢的淬火工艺

(1) 淬火加热温度的选择　碳素钢的淬火加热温度由 Fe-Fe$_3$C 相图来确定,如图 6.27 所示。

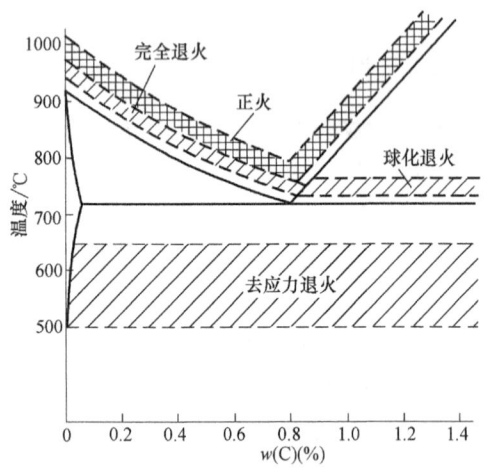

图 6.26　各种退火与正火温度的范围示意图

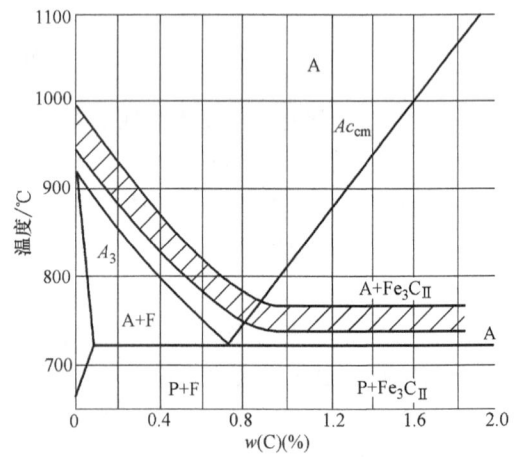

图 6.27　碳素钢的淬火加热温度范围

亚共析钢淬火加热温度为 Ac_3 以上 30~50℃,因为在这一温度范围内可获得全部细小的奥氏体晶粒,淬火后得到均匀细小的马氏体(图 6.28)。若淬火温度高,则引起奥氏体晶粒粗大,淬火后将得到粗大的马氏体组织,会降低钢的性能;若淬火加热温度过低,则淬火组织中有铁素体出现,使钢出现软点,使淬火硬度不足。

共析钢和过共析钢淬火加热温度为 Ac_1 以上 30~50℃,此时的组织为奥氏体或奥氏体加渗碳体颗粒，淬火后获得细小马氏体和球状渗碳体的混合组织（图6.29），由于有高硬度的渗碳体和马氏体存在，能保证得到最高的硬度和耐磨性。如果加热温度超过 Ac_{cm}，将使渗碳体消失，奥氏体晶粒粗大，淬火后残余奥氏体量增加，硬度和耐磨性都会降低，同时还会引起严重的淬火变形，甚至开裂。

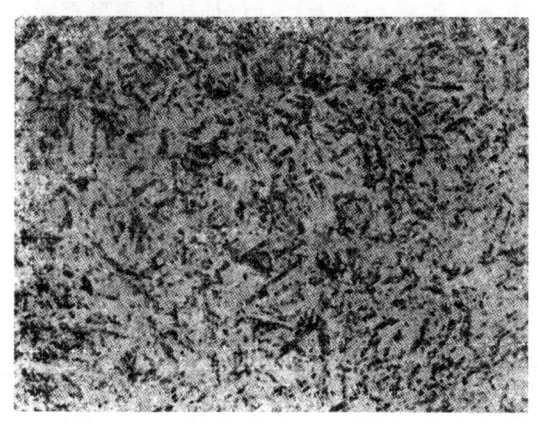

图 6.28　亚共析碳钢（中碳钢）正常淬火的马氏体组织（400×）

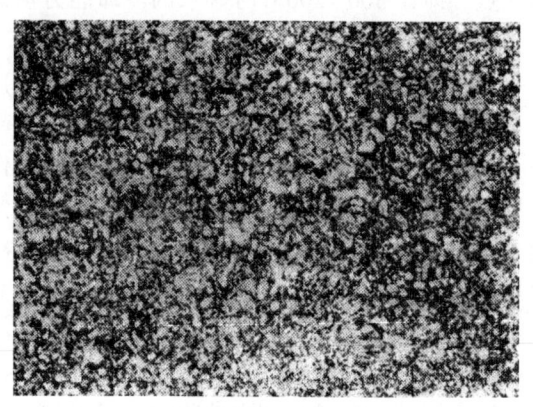

图 6.29　过共析碳钢（T12）正常淬火组织（500×）

对含有阻碍奥氏体晶粒长大的强碳化物形成元素（如 Ti、Nb、Zr 等）的合金钢，淬火温度可以高一些，以加速其碳化物的溶解，获得较好的淬火效果。而对促进奥氏体长大元素（如 Mn 等）含量较高的合金钢，淬火加热温度则应低一些，以防止晶粒粗大。

（2）淬火冷却介质　淬火操作的难度比较大，主要是因为：淬火要求得到马氏体，淬火的冷却速度就必须大于临界冷却速度（v_k），而快冷总是不可避免地要造成很大的内应力，往往会引起钢件的变形和开裂。

淬火冷却时，怎样才能既得到马氏体而又能减小变形与避免裂纹呢？这是淬火工艺上最主要的一个问题。要解决这个问题，可以从两方面着手：①寻找一种比较理想的淬火介质；②改进淬火的冷却方法。

根据碳钢的奥氏体等温转变曲线，要淬火得到马氏体，其实也并不需要在整个冷却过程中都进行快速冷却。关键是在其等温转变曲线鼻尖附近，即在 650~550℃ 时，需要快速冷却。从淬火温度到 650℃ 之间及 400℃ 以下，并不需要快速冷却，特别是在 300~200℃ 发生马氏体转变时，尤其不应快速冷却，否则会因内应力作用而容易引起变形和裂纹。图 6.30 所示为钢的理想淬火冷却速度。但在实际中，到目前为止，还没有找到一种淬火冷却介质能符合这一理想淬火冷却速度，即至今还没有一种十分理想的淬火冷却介质。

淬火时，最常用的冷却介质是盐水、水和油。盐水的冷却能力比一般清水还强烈，尤其在 650~550℃ 时具有很强的冷却能力（>600℃/s），这对保证工件，特别是碳钢件的淬硬来说是非常有利

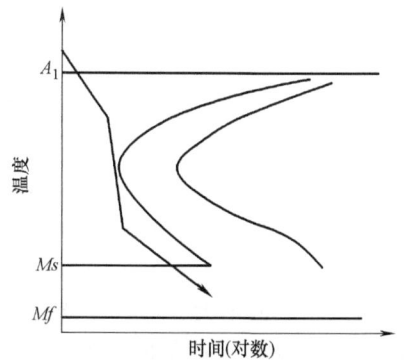

图 6.30　钢的理想淬火冷却速度

的。当工件用盐水淬火时，由于食盐（NaCl）晶体在工件表面的析出和爆裂，不仅有效地破坏包围在工件表面的蒸气膜，使冷却速度加快，而且能破坏淬火加热时所形成的附在工件表面上的氧化铁皮，使它剥落下来。因此用盐水淬火的工件，容易得到高的硬度和光洁的表面，不容易产生淬不硬的软点。这方面清水就不如盐水优越。可是盐水仍然具有与清水相同的缺点，即在300~200℃时盐水的冷却能力仍然像清水那样相当大，这将使工件变形严重，甚至发生开裂。

常用的盐水浓度为10%~15%（体积分数），过高的浓度不但不能增加冷却能力，相反由于溶液的黏度增加，冷却速度反而有降低的趋势；但含量过低也会减弱冷却能力。所以水中食盐的浓度应经常调整。盐水对工件有锈蚀作用，淬过火的工件必须仔细清洗。盐水比较适用淬形状简单、硬度要求高而均匀、表面质量高、变形要求不严格的碳钢零件，如螺钉、销子、垫圈、盖等。在生产上，为了保证碳钢冷冲模具获得较深的淬硬层和较高的硬度，一般用盐水速冷。但为了防止因盐水在300~200℃时冷却速度过大而可能造成模具的过大变形或裂纹，所以让模具在盐水中停留一定时间后应立即转入油中继续冷却，使马氏体相变在冷却能力比较弱的油中进行。在盐水中停留一般以4~6mm/s计算。

淬火用的油几乎全部为矿物油，用得较广泛的是10号机油。号数较大的机油，黏度过高；号数较小，则容易着火。

油的冷却能力很弱，在650~550℃阶段，假定18℃水的冷却强度为1，则50℃矿物油的冷却强度仅为0.25；在300~200℃阶段，假定18℃水的冷却强度为1，则50℃矿物油的冷却强度仅为0.11。因此，在生产上用油作淬火介质只适用于过冷奥氏体的稳定性比较大的一些合金钢或小尺寸的碳钢工件的淬火。

除盐水和矿物油，还可应用硝盐或碱浴作为淬火冷却介质。表6.2所列为常用碱浴、硝盐浴的成分、熔点及其使用温度。

表6.2 常用碱浴、硝盐浴的成分、熔点及使用温度

介质	成分（质量分数，%）	熔点/℃	使用温度/℃
碱浴	80%KOH+20%NaOH，另加3%KNO$_3$+3%NaNO$_2$+6%H$_2$O	120	140~180
	85%KOH+15%NaNO$_2$，另加3%~6%H$_2$O	130	150~180
硝盐浴	53%KNO$_3$+40%NaNO$_2$+7%NaNO$_3$，另加3%H$_2$O	100	120~200
	55%KNO$_3$+45%NaNO$_2$，另加3%~5%H$_2$O	130	150~200
	55%KNO$_3$+45%NaNO$_2$	137	155~550
	50%KNO$_3$+50%NaNO$_2$	145	160~500

实践表明，在高温区域碱浴的冷却能力比油强而比水弱，硝盐浴的冷却能力则比油略弱。在低温区域，碱浴和硝盐浴的冷却能力都比油弱。碱浴和硝盐浴的冷却性能既能保证奥氏体向马氏体转变，不发生中途分解，又能大大减少工件变形和开裂的倾向，因此这类介质广泛应用于截面不大、形状复杂、变形要求严格的碳素工具钢、合金工具钢等工件，作为分级淬火或等温淬火的冷却介质。碱浴虽然冷却能力比硝盐浴强一些，工件的淬硬层也比用硝盐浴深一些，但因碱浴蒸气有较大的刺激性，劳动条件差，所以在生产中使用得不如硝盐浴广泛。为了寻求较理想的淬火介质，已发展新型淬火介质，如聚醚水溶液、聚乙烯醇水溶液等。

2. 淬火方法

常用淬火方法有单介质淬火、双介质淬火、马氏体分级淬火、贝氏体等温淬火、局部淬火和冷处理等。

(1) 单介质淬火　将淬火加热后的钢件在一种冷却介质中冷却，如图 6.31 中曲线①所示。如碳钢在水中淬火、合金钢或尺寸很小的碳钢工件在油中淬火。

单介质淬火操作简单，易实现机械化、自动化，应用广泛。缺点是：水淬容易变形或开裂；油淬大型零件容易产生硬度不足。图 6.32 所示为 40Cr 钢制液压泵齿轮油冷单液淬火的情况。

(2) 双介质淬火　将淬火加热后钢件先淬入一种冷却能力较强的介质中，在钢件还未到达该淬火介质温度前即取出，马上再淬入另一种冷却能力较弱介质中冷却。如先水后油的双介质淬火法，如图 6.31 中曲线②所示。

双介质淬火法的目的是使过冷奥氏体在缓慢冷却条件下转变成马氏体，减少热应力与相变应力，从而减少变形、防止开裂。这种工艺的缺点是不易掌握从一种淬火介质转入另一种淬火介质的时间，要求有熟练的操作技艺。它主要用于中等形状复杂的高碳钢和尺寸较大的合金钢工件。

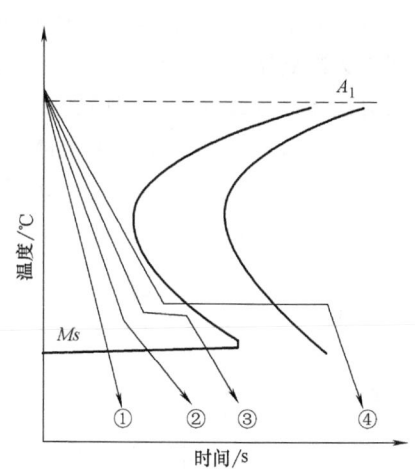

图 6.31　常用淬火方法示意图
①—单介质淬火　②—双介质淬火
③—马氏体分级淬火　④—贝氏体等温淬火

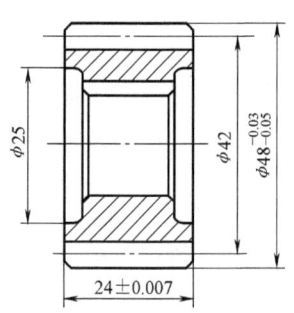 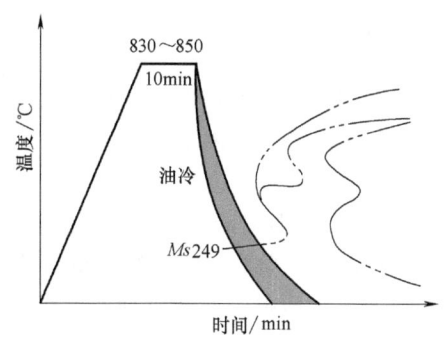

图 6.32　40Cr 钢制液压泵齿轮及其油冷单液淬火示意图

(3) 马氏体分级淬火　将淬火加热后的钢件，迅速淬入温度稍高或稍低于 M_s 点的硝盐浴或碱浴中冷却，在介质中短时间停留，待钢中内外层达到介质温度后取出空冷，以获得马氏体组织。这种工艺特点是在钢件内外温度基本一致时，使过冷奥氏体在缓冷条件下转变成马氏体，从而减少变形，如图 6.31 中曲线③所示。如采用分级淬火后的 40Cr 液压泵齿轮不仅减少了变形，避免了裂纹的产生，而且硬度也比较均匀。分级淬火法在工艺上虽然比较理想，操作容易，但由于它在硝盐浴或碱浴中淬火的冷却速度不够大，所以只适用于尺寸比较小的工件。

(4) 贝氏体等温淬火　将淬火加热后的钢件迅速淬入温度稍高于 M_s 点的硝盐浴或碱浴中，保持足够长时间，直至过冷奥氏体完全转变为下贝氏体，然后在空气中冷却，如图

6.31 中曲线④所示。下贝氏体的硬度略低于马氏体，但综合力学性能较好，因此在生产中被广泛应用，如一般弹簧、螺栓、小齿轮、轴、丝锥等的热处理。

(5) 局部淬火　对于有些工件，如果只是局部要求高硬度，可将工件整体加热后进行局部淬火。为了避免工件其他部分产生变形和开裂，也可局部进行加热淬火冷却。图 6.33 所示为卡规的局部淬火。

(6) 冷处理　为了尽量减少钢中残余奥氏体以获得最大数量的马氏体，可进行冷处理，即把淬火冷到室温的钢继续冷却到 $-80\sim-70℃$（也可冷到更低的温度），保持一段时间，使残余奥氏体在继续冷却过程中转变为马氏体。这样可提高钢的硬度和耐磨性，并稳定钢件的尺寸。获得低温的办法是采用干冰（固态 CO_2）和酒精的混合剂或冷冻机冷却。只有特殊的冷处理才置于 $-103℃$ 的液化乙烯或 $-192℃$ 的液态氮中进行。采用此法，必须防止冷处理时产生裂纹，故可考虑先回火一次，然后冷处理，冷处理后再进行回火。

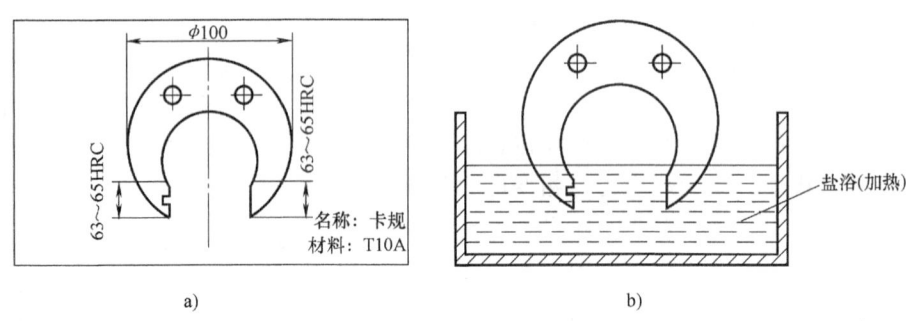

图 6.33　卡规的局部淬火

6.2.3　钢的淬透性

淬透性是钢的主要热处理性能。在淬火时，沿工件截面各处的实际冷却速度是不同的，表层的实际冷却速度总大于内部，而心部的冷却速度最低。

1. 淬透性的概念

将一根较粗的 45 钢试棒，加热到奥氏体化温度水淬，击断后观察其断口，会发现沿外表面一圈呈脆性的细瓷状和心部呈韧性的纤维状的双层结构。若将断口磨平依次测量硬度，会发现表面硬度高（压痕小而浅）而心部硬度低（压痕大而深）。观察断面金相组织，发现表面是马氏体，靠内部是屈氏体，从表面至心部马氏体数量是逐渐减少的，如图 6.34 所示。

由上面分析可知，这一根较粗的 45 钢试棒，淬火后仅仅从表面至内部一定深度获得了马氏体组织。一般规定：由钢的表面至内部马氏体占 50%（其余的 50% 为珠光体组织）的组织处的距离称为淬硬层深度（又称淬透层的深度），并且把钢在淬火后能获得淬硬层深度的一种性质称为淬透性（又称可淬性）。淬硬层越深，就表明钢的淬透性越好。如果淬硬层深度达到心部，则表明该钢全部淬透。

应当注意，淬透性与淬硬性两者的概念是不同的。钢的淬硬性，也叫可硬性，是指钢在正常淬火条件下，以超过临界冷却速度（v_k）所形成的马氏体组织所能达到的最高硬度，而不是指淬成马氏体组织的深度。

2. 淬透性对钢力学性能的影响

淬透性对钢的力学性能的影响很大。如将淬透性不同的两种钢材制成直径相同的轴，进

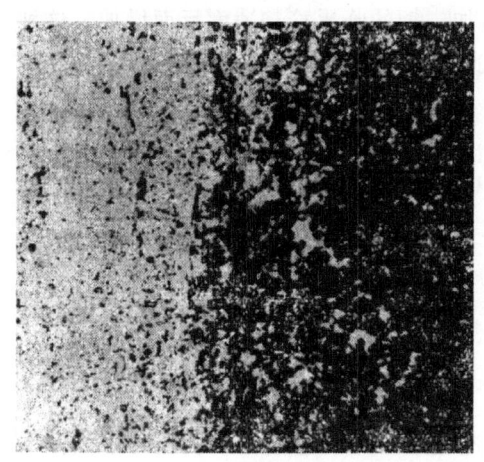
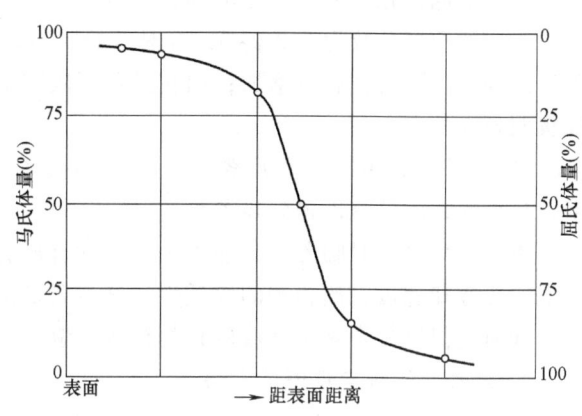

图 6.34 断面上马氏体的分布情况（金相组织及分布曲线）

行淬火加高温回火的调质处理，其中一个淬透性高，能淬透；另一个淬透性低，未淬透，其力学性能比较如图 6.35 所示。由图可见，二者硬度虽然相同，但是其他力学性能有显著差别，淬透性高的钢，其力学性能沿截面是均匀分布的；而淬透性低的钢，心部的力学性能低，尤其是冲击吸收能量（K）更低。这是因为淬透的轴调质后的组织由表及里都是回火索氏体组织，其中渗碳体呈粒状分布。回火索氏体具有较高韧性。未淬透的轴心部组织为层片状索氏体，韧性较低。

3. 影响淬透性的因素

影响钢淬透性的决定性因素是临界冷却速度（v_k）。临界冷却速度越小，钢的淬透性就越大。临界冷却速度与钢的化学成分和奥氏体化温度有密切关系。图 6.36 所示为碳素钢的临界冷却速度与碳含量的关系。由图可见，在亚共析成分范围，随着碳含量增加，钢的临界

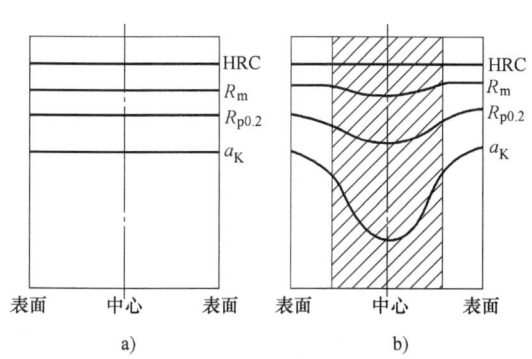

图 6.35 淬透性不同的钢材调质后的力学性能
a) 淬透的钢件高温回火后的性能沿截面分布情况
b) 未淬透的钢件高温回火后的性能沿截面分布情况

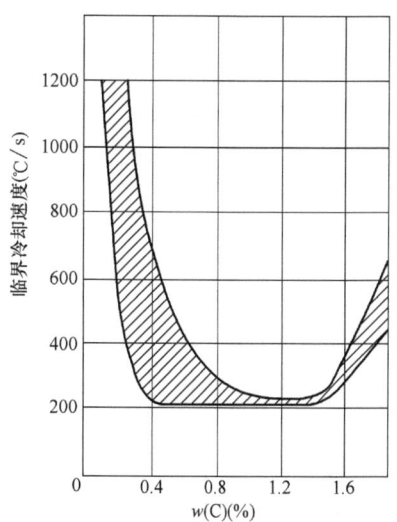

图 6.36 碳素钢的临界冷却速度与碳含量的关系

冷却速度降低；在过共析成分范围，随着碳含量的增加，钢的临界冷却速度反而增加，这种现象在碳的质量分数为1.2%~1.3%时开始明显。因此一般来说，在亚共析碳钢中，随着碳含量的增加，淬透性有所增加；而在过共析碳钢中，碳的质量分数为1.2%~1.3%时，淬透性将明显降低。

除Co外，大多数合金元素，如Mn、Mo、Cr、Al、Si、Ni等，都降低钢的临界冷却速度，从而使钢的淬透性得到显著提高。

奥氏体化温度对临界冷却速度和淬透性有显著的影响。有些钢在较高温度下淬火，可以降低临界冷却速度，改善钢的淬透性。这主要是由于在高温下能使奥氏体晶粒增大，成分均匀，同时还促进残余渗碳体或碳化物继续溶解。

4. 淬透性的测定及表示方法

"结构钢末端淬透性试验法"是目前测定钢的淬透性最常用的方法之一，也称末端淬火法。它通常用于测定优质碳素钢和合金结构钢的淬透性，也可用于测定其他钢种，如弹簧钢、轴承钢及合金工具钢等。

末端淬火法的要点是：将$\phi25\times100$mm的标准试样加热后通过末端喷水（固定水压）冷却（图6.37a）。由于冷却速度不同，距末端越远，冷却越慢，因此随距末端距离加大，估计依次得到马氏体、马氏体+屈氏体等一系列组织，硬度也相应地逐渐下降。端淬试样冷却后，在其侧面沿长度方向磨一窄条平面，并自末端开始，每隔一定距离测一次硬度，将硬度变化与距末端距离绘成曲线，该曲线称为淬透性曲线（图6.37b）。由图可见，45钢比40Cr钢硬度下降得快，表明40Cr钢的淬透性大于45钢。图6.37c所示为钢的50%M区硬度与钢的碳含量的关系。与图6.37b相配合，就可找出这两种钢50%M区至末端的距离。该距离越大，淬透性便越大。如45钢50%M区至末端的距离大约为3mm，而40Cr钢则为10.5mm左右。

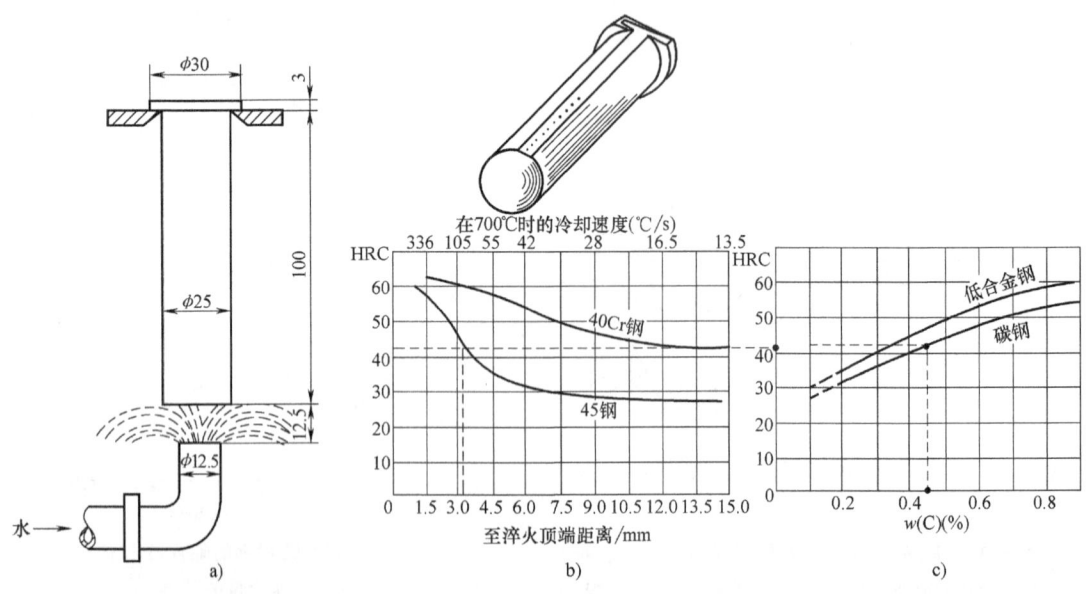

图6.37 末端淬火法

a) 喷水　b) 淬透性曲线举例　c) 钢的半马氏体区（50%M）硬度与钢的含碳量的关系

由于钢材成分的波动，因而手册上所载某钢种的淬透性曲线往往不是一根线而是一个范围。图 6.38 所示为 40Cr 钢的淬透性带，它可以用来确定钢材淬透性的大小。

钢的淬透性值可用 $J\dfrac{\text{HRC}}{d}$ 表示。其中，J 表示末端淬透性；d 表示至末端的距离；HRC 为该处测得的硬度值。如淬透性值 $J\dfrac{42}{5}$ 即表示距末端 5mm 处试样硬度值为 42HRC；又如淬透性值 $J\dfrac{36}{10\sim15}$ 即表示距末端 10～15mm 处试样硬度值为 36HRC；再如淬透性值 $J\dfrac{30\sim35}{10}$ 即表示距末端 10mm 处试样硬度值为 30～35HRC。因此，利用淬透性带可以确定 40Cr 钢的淬透性值为 $J\dfrac{44}{7\sim17}$。

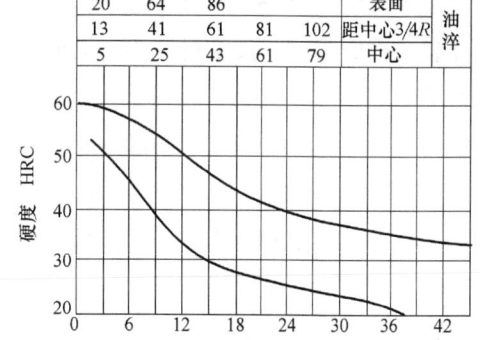

图 6.38 40Cr 钢的淬透性带

5. 淬透性与淬硬层深度的关系

钢的淬硬层深度，也称淬透层深度。在其他条件均相同的情况下，钢的淬透性越高，淬硬层深度就越大，因此可根据淬硬层深度大小来判定钢的淬透性高低。可是在其他条件改变的情况下，淬透性高的钢，其淬硬层深度不一定大。如有两个尺寸不同的工件，分别选用不同淬透性的钢来制造，尺寸小的工件选用淬透性较低的钢，淬火后，很可能是尺寸小的工件反而得到较大的淬硬层深度。这是因为尺寸小的工件，心部冷却速度大，使它有可能超过钢的临界冷却速度，而达到淬透。这个例子指出，要求淬透的小尺寸工件，不一定要选用淬透性很高的钢。

6. 设计中如何考虑钢的淬透性

钢的淬透性对机械设计很重要，设计人员必须对钢的淬透性有充分的了解，以根据工件的工作条件和性能要求进行合理选材。

机械制造中许多大截面零件和在动载荷下工作的许多重要零件，以及承受拉力和压力的螺栓、拉杆、锻模、锤杆等重要工件，常要求零件的表面和心部力学性能一致，此时应选用能全部淬透的钢。

当某些工件的心部力学性能对于使用条件没有什么影响的情况下，则可考虑选用淬透性较低的、淬硬层较浅的钢（如淬硬层深度为工件半径或厚度的 1/2，甚至 1/4）。

有些工件不可选用淬透性高的钢，如焊接工件，若选用淬透性高的钢，就容易在焊缝热影响区内出现淬火组织，造成焊件变形和裂纹；又如承受强力冲击和复杂应力的冷镦凸模工作部分常因全部淬硬而脆断。

在设计中除从以上几方面考虑钢的淬透性外，还应注意几点：

1）设计中不可根据从手册里查到的小尺寸试样性能数据用于大尺寸工件的强度计算。

2）淬透性低的大尺寸工件，淬硬层很浅，应考虑在淬火之前进行切削加工。

3）由于碳钢的淬透性很低，有时在设计大尺寸工件时，用碳钢调质处理甚至还不如用碳钢正火更经济些。如设计尺寸为 ϕ100mm，用 45 钢调质能达到 $R_\text{m}=610\text{MPa}$，若用 45 钢

正火也能达到 $R_m = 600$MPa。

7. 淬透性值的应用

[**例6.1**] 汽车零件转向节在工作时承受弯曲载荷,一般要求距表面1/4半径处硬度为45HRC,而要求淬火后表面硬度超过50HRC,根据已知零件的尺寸和硬度要求,可以按图6.39箭头所示的程序来选择淬透性能合适的钢材。经查几种钢材的淬透性曲线,发现水淬的40Cr钢能得到 $J\frac{53}{2}$ 和 $J\frac{45}{7.5}$ 的淬透性值,可以基本满足要求。如果淬火产生不允许的变形或开裂,则应考虑更换钢材。因为40Cr钢油淬尽管能减少变形和防止开裂,但不能达到硬度要求。

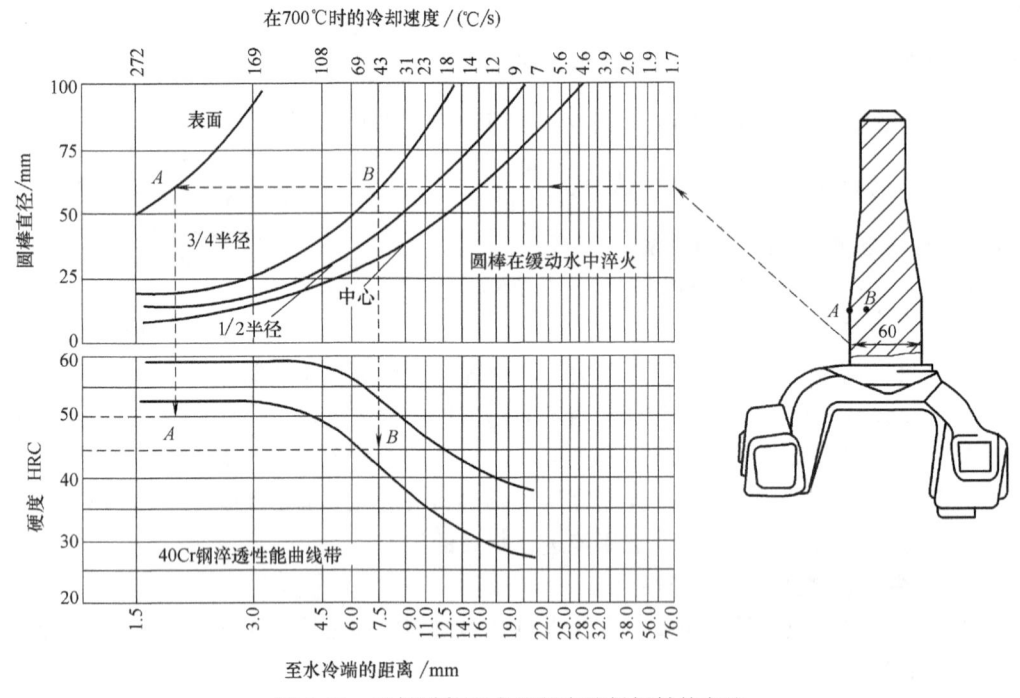

图6.39 根据零件要求的硬度选择钢材的方法

[**例6.2**] 已知40MnB钢的淬透性曲线,根据零件尺寸,可以按图6.40箭头所示的程序来推出零件淬火后断面的硬度分布。如在40MnB钢淬透性曲线上得出距试样末端A(相当于零件表面)、B(相当于零件3/4半径处)、C(相当于零件1/2半径处)、D(相当于零件心部)四点处的硬度值分别为57HRC、54HRC、51HRC、42HRC。根据上述硬度值画出40MnB钢制成的 ϕ50mm 的半轴淬水后的断面硬度分布曲线。

6.2.4 钢的回火

将淬火钢重新加热到 Ac_1 点以下的某一温度,保温一定时间后冷却到室温的热处理工艺称为回火。一般淬火件必须经过回火才能使用。

1. 回火的目的

1) 获得工件所要求的力学性能。工件淬火后得到马氏体组织,硬度高、脆性大,为了满足各种工件的性能要求,可以通过回火来调整硬度、强度、塑性和韧性。

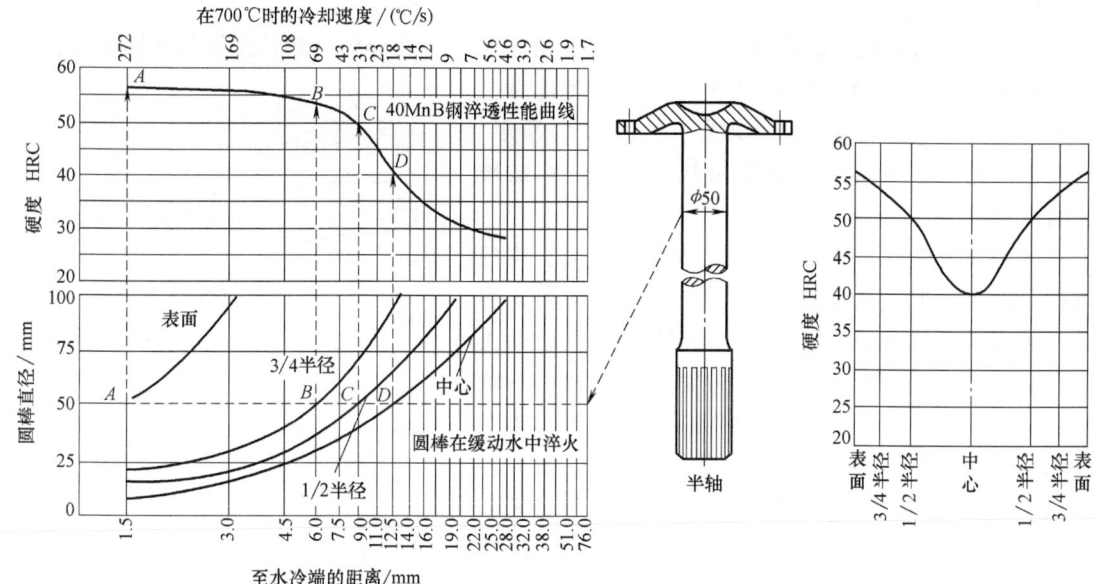

图 6.40 根据钢材的淬透性曲线推出半轴的断面硬度分布情况

2) 稳定工件尺寸。淬火马氏体和残余奥氏体都是不稳定组织,它们具有自发地向稳定组织转变的趋势,因而将引起工件形状和尺寸的改变。通过回火使淬火组织转变为稳定组织,从而保证在使用过程中不再发生形状和尺寸的改变。

3) 降低脆性,消除或减少内应力。工件在淬火后存在很大内应力,如不及时通过回火消除,会引起工件进一步的变形和开裂。

4) 对于退火难以软化的某些合金钢,在淬火(或正火)后常采用高温回火,使钢中碳化物适当聚集,将硬度降低,以利切削加工。

2. 淬火钢在回火时组织的转变

以共析碳钢为例,淬火后钢的组织由马氏体和残余奥氏体组成,它们都是不稳定的,有自发转变为铁素体和渗碳体平衡组织的倾向。回火正是促使这种转变易于进行,我们把这种转变称为回火转变。

在淬火钢中马氏体是比容最大的组织,而奥氏体是比容最小的组织。发生回火转变时,必然会伴随着明显的体积变化。当马氏体发生转变时,钢的体积将减小;当残余奥氏体发生转变时,钢的体积将增大。因此,根据淬火钢在回火时的体积变化,就可了解回火时的相变情况。

在小于 100℃ 回火时,钢的体积没有变化,表明淬火钢中没有明显的转变发生。经 X 射线分析证明,此时只发生马氏体中碳原子的偏聚,而没有分解发生。

在 100~200℃ 回火时,钢的体积发生收缩,即发生回火第一次转变(回火第一阶段)。X 射线分析证明,在此温度范围,马氏体开始分解,它的正方度减小,固溶在马氏体中的过饱和碳原子脱溶沉淀而析出 ε 碳化物(晶体结构为正交晶格,分子式为 $Fe_{2.4}C$),这种碳化物与马氏体保持共格联系。ε 碳化物不是一个平衡相,而是向着 Fe_3C 转变前的一个过渡相。同时由于温度较低,马氏体中的碳并未全部析出,它们仍然含有过饱和的碳。所以在回火第一次转变后钢的组织由过饱和 α 固溶体和与母相晶格联系的 ε 碳化物所组成。这种组织称为回火马氏体。

由于此时的碳化物极为细小，又与母相共格联系，加之母相仍然是过饱和的固溶体，因而钢的硬度在回火第一阶段中不会降低，而且对共析和过共析碳钢的硬度还略有升高，如图 6.41 所示。这是由于它们所析出的 ε 碳化物数量较多，弥散硬化的效果较好。

第一次转变后，继续加热到 200~300℃ 时，钢的体积又发生膨胀，这主要是因为在钢的组织中比容最小的残余奥氏体发生分解。淬火碳钢中残余奥氏体自 200℃ 开始分解，至 300℃ 分解基本完成，一般转变为下贝氏体。这种转变称为回火第二次转变（回火第二阶段）。在第二次转变终了时（300℃ 左右），在 α 固溶体中仍含有约 0.15%~0.20%C。

在回火第二阶段，虽然马氏体继续分解会降低钢的硬度，但是由于同时出现软的残余奥氏体分解为较硬的下贝氏体，所以钢的硬度并不会显著降低（图 6.41）。

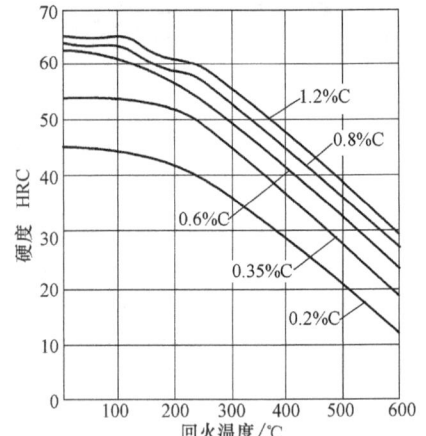

图 6.41 钢的硬度随回火温度的变化

当温度继续升高时，钢的体积又发生收缩，这表明过饱和碳从 α 固溶体内继续析出，同时 ε 碳化物也在逐渐转变为 Fe_3C，一直延续至 400℃ 而告终。这种转变称为回火第三次转变（回火第三阶段）。显然，由于过饱和碳自 α 固溶体内析出，并出现稳定的与母相不再有晶格联系的 Fe_3C 相，因而内应力大量消除。经第三次转变后，钢即由铁素体和渗碳体组成。

继续升高温度，将使渗碳体质点发生聚合，而得到较粗的组织，称为回火第四次转变（回火第四阶段）。在回火第四阶段（温度超过 400℃），α 固溶体的碳含量已降至平衡浓度。此时，α 固溶体已由体心正方晶格变为体心立方晶格，内部亚结构发生回复与再结晶，所产生的固溶强化作用已完全消失，而钢的硬度和强度则取决于渗碳体质点的尺寸和弥散度。回火温度越高，渗碳体质点越大，弥散度越小，则钢的硬度和强度越低，而其韧性则有较大的提高。

综上所述，淬火碳钢在回火时的转变，大致包括马氏体分解、残余奥氏体转变、碳化物聚集长大及 α 固溶体的回复与再结晶四个阶段。

淬火钢在回火过程中，马氏体的碳含量、残余奥氏体量、内应力及渗碳体质点的尺寸等随回火温度所发生的变化，可用如图 6.42 所示的图形来表示。

在碳钢回火各阶段所形成的组织大致为回火马氏体、回火屈氏体和回火索氏体。

（1）回火马氏体 高碳淬火钢在 160~250℃ 低温回火时，由于 ε 碳化物的析出和残余奥氏体的部分分解而获得回火马氏体和残余奥氏体及下贝氏的混合组织，其中主要是回火马氏

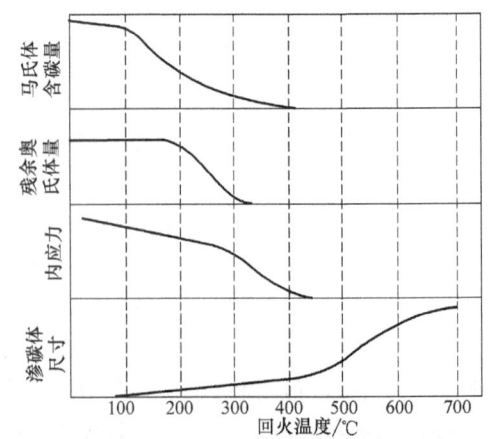

图 6.42 淬火钢在回火时的变化

体。在电子显微镜下观察时，可见到回火马氏体保持着片状形态，其上分布有细小的 ε 碳化物，如图 6.43 所示。

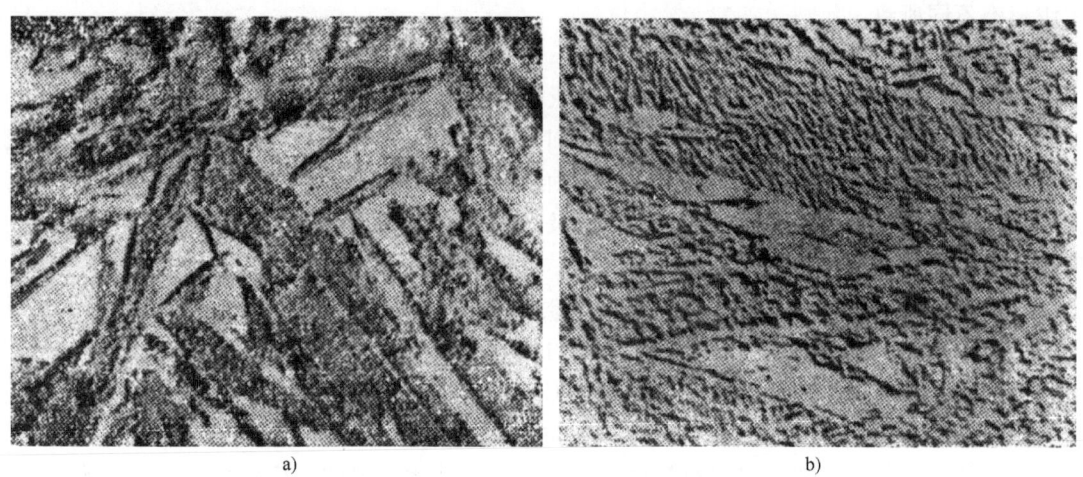

图 6.43　含 0.87%C 钢淬火、回火 1h 后电镜图（15000×）
a）淬火：片状马氏体+残余奥氏体　b）200℃回火：片状回火马氏体+残余奥氏体

中碳钢淬火后得到板条状和片状马氏体的混合组织；低温回火后所得到的回火马氏体也仍然保持板条状和片状形态。

低碳钢淬火后得到低碳板条状马氏体组织，经自回火或低温回火后，只有碳原子的偏聚，没有碳化物的析出，其形态保持不变。

（2）回火屈氏体　在 350~500℃ 时回火所得的组织为回火屈氏体，它的渗碳体是粒状的。图 6.44 所示为含 $w(C) = 0.9\%$ 的钢在 815℃ 淬火后，425℃ 回火的组织。如图 6.44a 所示，在 425℃ 回火 1min，还存在较长渗碳体片；如图 6.44b 所示，425℃ 回火 1h 以后，渗碳体已经聚集球化成颗粒状。

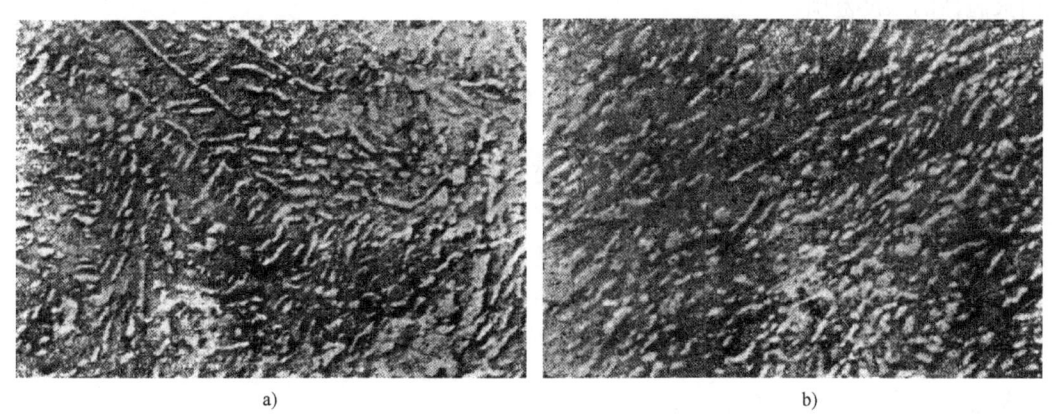

图 6.44　含 0.9%C 钢 815℃ 淬火，425℃ 回火后电镜图像（15000×）
a）425℃回火 1min　b）425℃回火 1h

（3）回火索氏体　在 500~650℃ 时回火所得的组织为回火索氏体，它的渗碳体颗粒比回火屈氏体粗，弥散度较小。

回火组织与一般组织相比，均具有较优的性能。如硬度相同时，回火屈氏体和回火索氏体比一般屈氏体（油淬）和索氏体（正火）具有更高的强度、塑性和韧性。这主要是由于组织形态不同所致。

3. 回火的种类与应用

根据对工件力学性能要求不同，按其回火温度范围，可将回火分为三种。

（1）低温回火　淬火钢件在250℃以下回火称为低温回火。回火后组织为回火马氏体，基本保持淬火钢的高硬度和高耐磨性，淬火内应力有所降低。主要用于要求高硬度、高耐磨性的刀具、冷作模具、量具和滚动轴承，以及渗碳、碳氮共渗和表面淬火的零件。回火后硬度为58~64HRC。

（2）中温回火　淬火钢件在350~500℃时回火称为中温回火。回火后组织为回火屈氏体，具有高的屈强比，高的弹性极限和一定的韧性，淬火内应力基本消除。常用于各种弹簧和模具热处理。回火后硬度一般为35~50HRC。

（3）高温回火　淬火钢件在500~650℃时回火称为高温回火。回火后组织为回火索氏体，具有强度、硬度、塑性和韧性都较好的综合力学性能。因此，广泛用于汽车、拖拉机、机床等承受较大载荷的结构零件，如连杆、齿轮、轴类、高强度螺栓等。回火后硬度一般为200~330HBW。

生产中常把淬火+高温回火热处理工艺称为调质处理。调质处理后的力学性能（强度、韧性）比相同硬度的正火好。这是因为前者的渗碳体呈粒状，而后者为片状。

调质一般作为最终热处理，但也作为表面淬火和化学热处理的预备热处理。调质后的硬度不高，便于切削加工，并能获得较低的表面粗糙度值。

除了以上三种常用的回火方法外，某些高合金钢还在640~680℃进行软化回火。某些量具等精密工件，为了保持淬火后的高硬度及尺寸稳定性，有时仅在100~150℃进行长时间（10~50h）的加热，这种低温长时间的回火称为"尺寸稳定"处理或时效处理。应该注意到的是，从以上各温度范围中看出，没有在250~350℃进行回火，因为这正是钢容易发生低温回火脆性的温度范围。

6.3　钢的表面热处理

机械中的许多零件都是在弯曲和扭转等交变载荷、冲击载荷的作用或强烈摩擦的条件下工作的，如齿轮、凸轮轴、机床导轨等，要求金属表层具有较高的硬度以确保其耐磨性和疲劳强度，而心部具有良好的塑性和韧性，以承受较大的冲击载荷。为满足零件的上述要求，生产中采用了一种特定的热处理方法，即表面热处理。

表面热处理可分为表面淬火和化学热处理两大类。

6.3.1　钢的表面淬火

表面淬火是通过快速加热使钢表层奥氏体化，而不等热量传至中心，立即进行淬火冷却，仅使表面层获得硬而耐磨的马氏体组织，而心部仍保持原来塑性、韧性较好的退火、正火或调质状态的组织。表面淬火不改变零件表面化学成分，只是通过表面快速加热淬火，改变表面层组织来达到强化表面的目的。

许多机械零件,如轴、齿轮、凸轮等,要求表面硬而耐磨,有高的疲劳强度,而心部要求有足够的塑性、韧性,采用表面淬火,使钢表面得到强化,即能满足上述要求。

碳的质量分数为 0.4%~0.5% 的优质碳素结构钢最适于表面淬火。这是由于中碳钢经过预备热处理(正火或调质)以后再进行表面淬火处理,既可以保持心部原有良好的综合力学性能,又可使表面具有高硬度和耐磨性。

表面淬火后,一般需进行低温回火,以减少淬火应力和降低脆性。

表面淬火方法很多,目前生产中应用最广泛的是感应加热表面淬火,其次是火焰加热表面淬火。

1. 感应加热表面淬火

感应加热表面淬火是利用感应电流通过工件表面所产生的热效应,使表面加热并进行快速冷却的淬火工艺。

感应表面加热淬火原理如图 6.45 所示。当感应圈中通入交变电流时,产生交变磁场,于是在工件中便产生同频率的感应电流。这种感应电流有这样一个特性,即在工件截面上的分布是不均匀的,心部电流密度几乎为零,而表面电流密度极大,这个现象称为集肤效应。频率越高,电流密度极大的表面层越薄。由于钢本身具有电阻,因而集中于工件表面的电流,可使表层迅速加热到淬火温度,而心部温度仍接近室温,随后立即喷水(合金钢浸油)快速冷却,使工件表面淬硬。

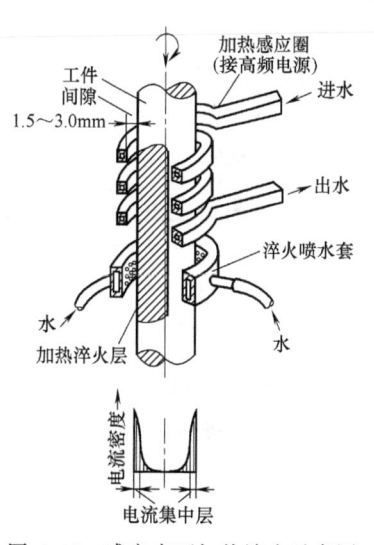

图 6.45 感应表面加热淬火示意图

所用电流频率主要有三种:①高频感应加热,常用频率为 200~300kHz,淬硬层为 0.5~2mm,适用于中、小模数齿轮及中、小尺寸的轴类零件;②中频感应加热,常用频率为 2500~8000Hz,淬硬层深度为 2~10mm,适用于较大尺寸的轴和大、中模数的齿轮等;③工频感应加热,电流频率为 50Hz,硬化层深度可达 10~20mm,适用于大尺寸的零件,如轮辊、火车车轮等。此外还有超声频感应加热,它是 20 世纪 60 年代后发展起来的,频率为 30~40kHz,适用于硬化层略深于高频,且要求硬化层沿表面均匀分布的零件,如中、小模数齿轮、链轮、轴、机床导轨等。

感应加热速度极快,加热淬火特点有:①表面性能好,硬度比普通淬火高 2~3HRC,疲劳强度较高,一般工件可提高 20%~30%;②工件表面质量好,不易氧化脱碳,淬火变形小;③淬硬层深度易于控制,操作易于实现机械化、自动化,生产率高。

对于表面淬火零件的技术要求,在设计图样上应标明淬硬层硬度与深度、淬硬部位,有的还应提出对金相组织及限制变形的要求。

2. 火焰加热表面淬火

火焰加热表面淬火是以高温火焰作为加热源的一种表面淬火方法,如图 6.46 所示。常用火焰为乙炔-氧火焰(最高温度为 3200℃)或煤气-氧火焰(最高温度为 2400℃)。高温火焰将钢件表面迅速加热到淬火温度,随即喷水快速冷却使表面淬硬。火焰加热表面淬硬层通常为 2~8mm。

火焰加热表面淬火设备简单、方法易行，但火焰加热温度不易控制，零件表面易过热，淬火质量不够稳定。火焰淬火尤其适用于处理特大或特小件、异型工件等，如大齿轮、轧辊、顶尖、凹槽、小孔等。

3. 电接触加热表面淬火

电接触加热原理如图 6.47 所示。当工业电流经调压器降压后，电流通过压紧在工件表面的滚轮与工件形成回路，利用滚轮与工件之间的高接触电阻实现快速加热，滚轮移去后，由于基体金属吸热，表面自激冷淬火。

电接触表面淬火可显著提高工件表面的耐磨性和抗擦伤能力。设备及工艺简单易行，硬化层薄，一般为 0.15~0.35mm。适用于表面形状简单的零件，目前广泛用于机床导轨、气缸套等表面淬火。

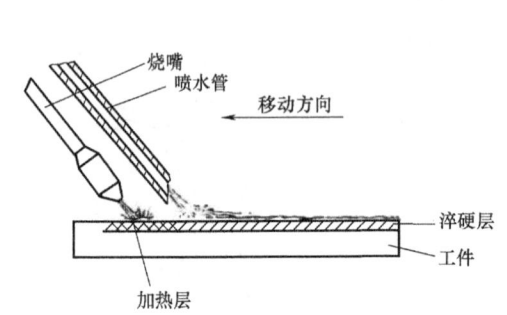

图 6.46 火焰加热表面淬火示意图

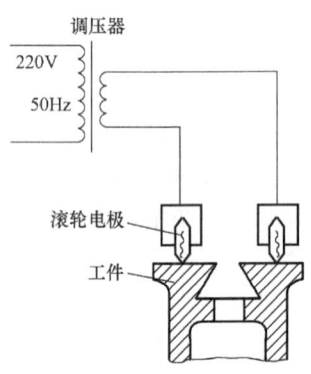

图 6.47 电接触加热原理

4. 激光加热表面淬火

激光加热表面淬火是 20 世纪 70 年代发展起来的一种新型的高能密度的表面强化方法。这种表面淬火方法是用激光束扫描工件表面，使工件表面迅速加热到钢的临界点以上，而当激光束离开工件表面时，由于基体金属的大量吸热，使表面急速冷却而自淬火，故不需冷却介质。

激光淬火硬化层深度和宽度一般为：深度小于 0.75mm，宽度小于 1.2mm。激光淬火后表层可获得极细的马氏体组织，硬度高且耐磨性好。激光淬火可用于形状复杂，特别是某些部位用其他表面淬火方法极难处理的（如拐角、沟槽、不通孔底部或深孔）工件。

6.3.2 钢的化学热处理

化学热处理是将工件置于一定介质中加热和保温，使介质中的活性原子渗入工件表层，以改变表层的化学成分和组织，从而达到使工件表面具有某些特殊的力学或物理、化学性能的一种热处理工艺。与表面淬火比较，化学热处理的主要特点是：表面层不仅有组织的变化，而且有成分的变化。

化学热处理工艺较多，由于渗入元素不同，会使工件表面所具有的性能也不同。如渗碳、碳氮共渗可提高钢的硬度、耐磨性及疲劳强度；氮化、渗硼、渗铬使表面特别硬，显著提高耐磨性和耐蚀性；渗硫可提高减摩性；渗硅可提高耐酸性；渗铝可提高耐热抗氧化性等。

化学热处理时,要使碳、氮等原子渗入工件表层,必须具备以下条件:

1)钢本身必须具有吸收这些渗入元素活性原子的能力,即对它具有一定的溶解度;或能与之化合,形成化合物;或既具有一定的溶解度,又能与之形成化合物。

2)渗入元素的原子必须是具有化学活性的活性原子,即它是从某种化合物中分解出来的,或由离子转变而成的新生态原子,同时这些原子应具有较大的扩散能力。

因此,化学热处理的基本程序大致为:

1)将工件加热到一定温度,利于渗入元素活性原子被吸收。

2)由化合物分解或离子转变而得到渗入元素的活性原子。

3)活性原子被吸附,并溶入工件表面,形成固溶体。活性原子浓度很高时,还可形成化合物。

4)渗入原子在一定温度下,由表层向内扩散,形成一定的扩散层。

目前在汽车、拖拉机和机床制造中,最常用的化学热处理工艺有渗碳、氮化和气体碳氮共渗等,下面分别加以讨论。

1. 钢的渗碳

将钢件在渗碳介质中加热并保温使碳原子渗入表层的化学热处理工艺,称为渗碳。渗碳的目的是提高工件表面的硬度和耐磨性,同时保持心部的良好韧性。

按照采用的渗碳剂不同,渗碳法可分为气体渗碳、固体渗碳、液体渗碳三种。常用的是前两种,尤其是气体渗碳,其生产率高,劳动条件较好,渗碳质量容易控制,并易于实现机械化、自动化,故在当前工业中得到极广泛的应用。

常用渗碳材料是碳的质量分数一般为 0.1%~0.25% 的低碳钢和低碳合金钢,渗碳后;再进行淬火与低温回火,可在零件的表层和心部分别得到高碳和低碳的组织。一些重要零件,如汽车、拖拉机的变速箱齿轮、活塞销、摩擦片等,它们都是在循环载荷、冲击载荷、大接触应力和严重磨损条件下工作的。因此要求此类零件表面具有高的硬度、耐磨性及疲劳强度;心部具有较高的强度和韧性。

(1)气体渗碳法 如图 6.48 所示,将工件置于密封的加热炉中(如井式气体渗碳炉),通入气体渗碳剂,在 900~950℃ 下加热、保温,使钢件表面层进行渗碳。

在井式炉中直接滴入煤油进行气体渗碳,在热处理生产中得到了广泛应用,其主要优点为煤油具有足够活性、价格低廉、供应充足,但也有容易产生炭黑的缺点。除煤油外,目前采用较多的是复合渗碳剂(如甲醇+丙酮)。经常将它们按一定比例同时滴入炉内,可使渗碳零件获得满意的质量。

在气体渗碳时,由于含碳的气氛在钢的表面进行以下的气相反应,提供活性碳原子溶解于高温奥氏体中,然后向钢的内部扩散而进行渗碳。

$$CH_4 \rightarrow [C] + 2H_2$$
$$2CO \rightarrow [C] + CO_2$$
$$CO + H_2 \rightarrow [C] + H_2O$$

渗碳时最主要的工艺因素是加热温度和保温时间。加热温度越高,则渗碳速度就越快,且扩散层的厚度也越大。但温度过高会引起钢件中晶粒长大,使钢变脆,故加热温度应选择适当,一般应为 900~930℃,即超过 Ac_3 50~80℃ 的高温奥氏体区。保温时间主要取决于所需要的扩散层的厚度,不过保温时间长时,厚度增长速度会逐渐减慢。低碳钢渗碳缓冷后的组织如图 6.49 所示。

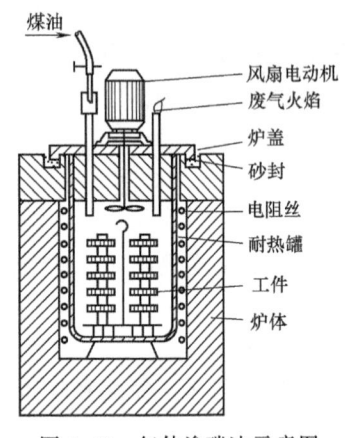

图 6.48 气体渗碳法示意图

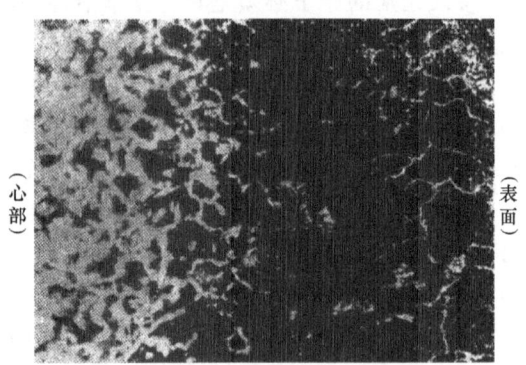

图 6.49 低碳钢渗碳缓冷后的组织

由图可见,表层为珠光体与二次渗碳体混合的过共析组织,其中二次渗碳体呈网状;心部为珠光体与铁素体混合的亚共析原始组织;中间为过渡区,越靠近表面层,铁素体越少。一般规定从表面量到过渡区一半的组织处为渗碳层厚度(深度)。在一定的渗碳温度下,加热时间越长,渗碳层越厚。如用井式炉 920℃渗碳,渗碳时间与渗层厚度大体有表 6.3 所示的关系。低碳钢的渗碳速度比合金钢(20Cr、20CrMnTi、20MnVB 等)低,宜取下限。

表 6.3　920℃渗碳时渗层厚度与时间的关系

渗碳时间/h	3	4	5	6	7
渗碳层厚度/mm	0.4~0.6	0.6~0.8	0.8~1.2	1.0~1.4	1.2~1.6

零件渗碳的目的在于使表面获得高的硬度和耐磨性,因此,渗碳后的零件必须通过热处理使表面得到马氏体组织。通常渗碳后热处理采用淬火+低温回火的工艺。零件经渗碳热处理后的最终组织,其表面为细小片状回火马氏体及少量渗碳体,硬度为 58~62HRC,而心部组织随钢的淬透性而定。对于普通低碳钢,如 15、20 钢,心部组织由铁素体和珠光体组成,硬度相当于 10~15HRC;而对某些低碳合金钢,如 20CrMnTi,心部是由回火低碳马氏体及铁素体组成,其硬度为 35~45HRC 并具有较高强度及足够高的韧性和塑性。

渗碳零件表面层碳含量最好为 0.85%~1.05%。表面层碳含量过低,淬火低温回火后得到碳含量较低的回火马氏体,硬度低,耐磨性差;表面层碳含量过高,渗碳层出现大量块状或网状渗碳体,使引起脆性,造成剥落;同时由于残余奥氏体量的过度增加,也使表面硬度、耐磨性及疲劳强度降低。

一般渗碳零件的工艺路线为

锻造 → 正火 → 机加工 → 渗碳 → 淬火+低温回火 → 精加工
　　　　　　　　　　　　　　　└ 去碳机加工 → 淬火+低温回火 ┘

当渗碳零件有不允许高硬度的部位(如装配孔等),应在设计图上予以注明。该部位可采取镀铜的方法来防止渗碳,或者采取多留加工余量的方法,待零件渗碳后淬火前再去掉该部位的渗碳层（即去碳）。

对于用本质粗晶粒钢制造的或使用性能要求很高的渗碳零件，经常采用两次淬火或一次正火加一次淬火，以保证心部和表层都达到高的性能。渗碳后的第一次淬火或正火主要是为了心部的亚共析原始组织可得到一次重结晶的机会，使晶粒变小，组织细化，同时可消除表面可能存在的网状渗碳体，故加热温度常选择为 Ac_3 以上的温度。第二次淬火即最后一次淬火，主要是为了使表面层硬化，故其淬火温度按共析钢和过共析钢的正常淬火温度来考虑，即 $Ac_1+30\sim50℃$。渗碳零件二次淬火后，再进行 170~200℃ 低温回火，其主要目的是为了保持表面硬度及降低淬火的残余应力。

两次淬火工艺较复杂，加热和冷却次数多，容易出现淬火缺陷，生产周期又长，因此仅用于表面层硬度、耐磨性和疲劳强度，以及心部的强韧性和塑性等要求较高的重载荷零件。对于一些力学性能要求不是很高的工件，或采用本质细晶粒钢制造的工件，则可自渗碳温度直接淬火，或在渗碳后再加热至 850~900℃ 然后淬火（一次淬火法），来代替上述比较麻烦的两次淬火法。

（2）**固体渗碳法** 如图 6.50 所示，将工件置于四周填满固体渗碳剂的箱中，用盖和耐火泥将箱密封后，送入炉中，加热至渗碳温度（900~950℃），保温一定时间后出炉，取出渗碳零件，进行淬火+低温回火热处理。固体渗碳剂通常是由碳粒与碳酸盐（$BaCO_3$ 或 Na_2CO_3）混合组成。在加热时，固体渗碳剂分解而形成 CO，其反应为

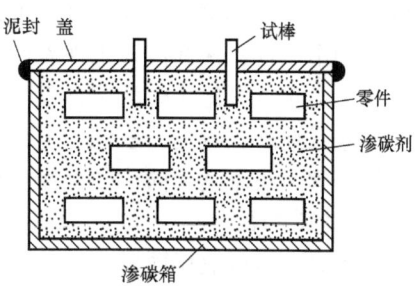

图 6.50　固体渗碳装箱示意图

$$BaCO_3（或 Na_2CO_3）\rightarrow BaO+CO_2$$
$$CO_2+C\rightarrow 2CO$$

在渗碳温度下，CO 是不稳定的，它在钢的表面发生 $2CO\rightarrow[C]+CO_2$ 气相反应，提供活性碳原子，使其溶解于高温奥氏体中，然后向钢的内部扩散而进行渗碳。

与气体渗碳比较，固体渗碳的渗碳速度慢，生产率低，劳动条件差，质量不易控制，但设备简单，容易操作，故中、小型工厂仍普遍采用。目前大量生产中大多采用气体渗碳法。

2. 钢的氮化

氮化是在一定温度（一般在 Ac_1 以下），使活性氮原子渗入工件表面的化学热处理工艺，也称渗氮。氮化的目的是提高工件表面的硬度、耐磨性、疲劳强度及耐蚀性。氮化广泛应用于耐磨性和精度均要求很高的零件，如镗床主轴、精密传动齿轮；在循环载荷下要求高疲劳强度的零件，如高速柴油机曲轴；以及要求变形很小和具有一定抗热、耐蚀能力的耐磨件，如阀门、发动机气缸及热作模具等。

（1）**气体氮化** 气体氮化是向密闭的渗氮炉中通入氨气，利用氨气受热分解来提供活性氮原子。氮化温度一般为 500~570℃，因此氮化件变形很小，比渗碳件变形要小得多，同样也比表面淬火件变形小。氨的分解反应为

$$2NH_3\rightarrow 3H_2+2[N]$$

应用最广泛的氮化用钢是 38CrMoAl 钢，钢中 Cr、Mo、Al 等合金元素在氮化过程中形

成高度弥散、硬度极高的稳定化合物，如 CrN、MoN、AlN 等。氮化后工件表面硬度可高达 950~1200HV（相当于 68~72HRC），具有很高的耐磨性。因此，钢氮化后，不需要进行淬火处理。

结构钢氮化前，宜先进行调质处理，获得回火索氏体组织，以提高心部的性能，同时也为了减少氮化中的变形。由于氮化层很薄，一般不超过 0.6~0.7mm，因此氮化往往是加工工艺路线中最后一道工序，氮化后至多再进行精磨。工件上不需要氮化的部分可用镀锡等保护。

对氮化工件，在设计图纸上应标明氮化层表面硬度、厚度、氮化区域、心部硬度。重要工件还应提出心部硬度、金相组织及氮化层脆性级别等具体要求。

气体氮化的主要缺点是生产周期长，如要得到 0.3~0.5mm 的氮化层，需要 20~50h，因此成本高。此外氮化层较脆，不能承受冲击，在使用上受到一定限制。目前国内外，针对上述缺点发展了新的氮化工艺，如离子氮化等。

（2）离子氮化　离子氮化是将工件放置在低于一个大气压的真空容器内，通入氨气或氮、氢混合气体，以真空容器为阳极，工件为阴极，在两极间加直流高压，迫使电离后的氮正离子高速冲击工件，使其渗入工件表面，并向内扩散形成氮化层。

离子氮化的优点是氮化时间短，仅为气体氮化的 1/3~1/2，易于控制操作，氮化层质量好，脆性低些；此外，省电、省气、无公害。缺点是工件形状复杂或截面相差悬殊时，由于温度均匀性不够，很难达到同一硬度和氮化层深度。

3. 钢的碳氮共渗

碳氮共渗是向钢的表层同时渗入碳和氮的过程。习惯上碳氮共渗又称为氰化。目前，中温气体碳氮共渗和低温气体碳氮共渗（即气体软氮化）应用较为广泛。中温气体碳氮共渗的主要目的是提高钢的硬度、耐磨性和疲劳强度；低温气体碳氮共渗以氮化为主，其主要目的是提高钢的耐磨性和抗咬合性。

（1）中温气体碳氮共渗　中温气体碳氮共渗是在一定温度下同时将碳氮渗入工件表层奥氏体中，并以渗碳为主的化学热处理工艺。由于共渗温度（700~880℃）较高，它是以渗碳为主的碳氮共渗过程，因此处理后要进行淬火和低温回火处理。共渗深度一般为 0.3~0.8mm，共渗层表面组织由细片状回火马氏体、适量的粒状碳氮化合物，以及少量的残余奥氏体组成。表面硬度可达 58~64HRC。

生产中采用的共渗温度一般均为 820~880℃，如碳钢及低合金钢大多在 840~860℃内共渗，使晶粒不致长大，变形较小，渗速中等，并可直接淬火。对那些尺寸小、形状复杂、变形要求很小的耐磨零件，如缝纫机及仪表零件，则往往采取较低温度的中温碳氮共渗工艺，常用温度为 700~780℃。中温气体碳氮共渗温度对渗层的碳、氮含量和厚度的影响很大。温度越高，渗层的碳含量越多而氮含量越少，渗层的厚度越大，而且碳的渗入厚度比氮更大。降低共渗温度有利于减小零件变形，但温度低，渗速慢，渗层薄，在渗层表面还易于形成脆性的高氮化合物，心部组织淬火后硬度较低，使零件性能变差。

中温气体碳氮共渗所使用的共渗剂，目前有几种：①煤油+氨气；②煤气+氨气；③甲醇+丙烷+氨；④三乙醇胺或三乙醇胺+20%尿素。

碳氮共渗时，除单独进行前述几种基本的气相反应对钢起渗碳、氮化作用外，还同时进行由 NH_3 与 CO、CH_4 相互作用的气相反应对钢起碳氮共渗作用

$$NH_3 + CO \rightarrow HCN + H_2O$$
$$NH_3 + CH_4 \rightarrow HCN + 3H_2$$
$$2HCN \rightarrow H_2 + 2[C] + 2[N]$$

气体碳氮共渗所用的钢,大多为低碳钢或中碳钢和合金钢,如 20CrMnTi、40Cr 等。

综上所述,中温气体碳氮共渗与渗碳相比有很多优点,不仅加热温度低,零件变形小,生产周期短,而且渗层具有较高的耐磨性、疲劳强度、抗压强度,以及兼有一定的抗腐蚀能力。因此,目前国内经常采用中温气体碳氮共渗的工艺,有时甚至代替渗碳处理,代替有毒的液体氰化。主要用于汽车和机床齿轮、蜗轮、蜗杆和轴类等零件的热处理。但应当指出,中温碳氮共渗与渗碳相比也有不足之处,如中温碳氮共渗处理后的工件表层经常出现孔洞和黑色组织,中温碳氮共渗的气氛较难控制,容易造成工件氢脆等,尚待进一步解决。

(2) 低温气体碳氮共渗(软氮化) 低温气体碳氮共渗是工件表面渗入碳和氮,并以渗氮为主的化学热处理。常用的共渗温度为 560～570℃,由于共渗温度较低,共渗 1～3 小时,渗层可达 0.01～0.02mm,又称低温碳氮共渗。与气体氮化相比,渗层硬度较低,脆性较低,故又称软氮化。

低温气体碳氮共渗具有处理温度低、时间短、工件变形小的特点,而且不受钢种限制。碳钢、合金钢及粉末冶金材料均可进行低温气体碳氮共渗处理,达到提高耐磨性、抗咬合、疲劳强度和耐蚀性的目的。与一般气体氮化相比,软氮化还有一个突出的优点:软氮化表层硬而具有一定韧性,不容易发生剥落现象。由于共渗层很薄、不宜在重载下工作,目前软氮化广泛应用于模具、量具、刀具及耐磨、承受弯曲疲劳的结构件。如 3Cr2W8 压铸模经软氮化处理后,可提高使用寿命 3～5 倍;高速钢刀具经软氮化处理后,一般能提高使用寿命 20%～200%。

气体软氮化也有缺点:如它的氮化表层中的铁氮化合物层厚度比较薄,仅 0.01～0.02mm;其热分解气体中具有一定毒性。目前正在开展试验研究,以求更好地解决软氮化渗层厚度和有毒性等问题。

6.4 钢的其他热处理方法

为了提高零件力学性能和产品质量,节约能源,降低成本,提高经济效益,以及减少或防止环境污染等,工业中发展了许多热处理新技术、新工艺。

1. 真空热处理

真空热处理是指金属工件在真空中进行的热处理。其主要优点为:在真空中加热,升温速度很慢,因而工件变形小;渗速快、渗层浓度均匀易控;节能、无公害、工作环境好;可以净化表面,因为在高真空中,表面的氧化物、油污发生分解,工件可获得光亮的表面,提高耐磨性、疲劳强度,防止工件表面氧化;脱气作用,有利于改善钢的韧性,提高工件的使用寿命。缺点是真空中加热速度缓慢、设备复杂昂贵。真空热处理包括真空退火、真空淬火、真空回火和真空化学热处理等。

真空退火主要用于活性金属、耐热金属及不锈钢的退火处理,铜及铜合金的光亮退火,以及磁性材料的去应力退火等。真空淬火是指工件在真空中加热后快速冷却的淬火方法。淬火冷却介质可选用气冷(惰性气体或高纯氮气)、油冷(真空淬火油)或水冷,应根据工件材料选用合适的冷却介质。广泛应用于各种高速工具钢、合金工具钢、不锈钢及失效钢、硬磁合金的固溶淬火。值得说明的是，淬火介质的冷却能力有待提高。真空淬火后应真空回火。

多种化学热处理（渗碳、渗金属）均可在真空中进行。如真空渗碳具有渗碳速度快、渗碳时间减少近半、渗碳均匀、表面无氧化等优点。

2. 形变热处理

形变强化和热处理强化都是金属及合金最基本的强化方法。将塑性变形和热处理有机结合，以提高材料力学性能的复合热处理工艺，称为形变热处理。在金属同时受到形变和相变时，奥氏体晶粒细化，位错密度提高，晶界发生畸变，碳化物弥散效果增强，从而获得单一强化方法不可能达到的综合强化效果。

形变热处理的方法很多，通常分为高温形变热处理和中温形变热处理。

高温形变热处理是将工件加热到稳定的奥氏体区域，塑性变形后立即进行淬火，发生马氏体相变，之后经回火达到所需性能。与普通热处理相比，不但能提高钢的强度，而且能显著提高钢的塑性和韧性，使钢的力学性能得到明显的改善。此外，由于工件表面有较大的残余压应力，使工件的疲劳强度显著提高，如热轧淬火和热锻淬火。

中温形变热处理是将工件加热到稳定的奥氏体区域后，迅速冷却到过冷奥氏体的亚稳区进行塑性变形，再进行淬火和回火。与普通热处理相比，强度效果非常明显，但工艺实现较难。

3. 热喷涂

热喷涂是指用专用设备把固体材料粉末加热熔化或软化并高速喷射到工件表面，形成不同于基体成分的一种覆盖物（涂层），以提高工件耐磨、耐蚀或耐高温等性能的工艺技术。热源类型有气体燃烧火焰、气体放电电弧、爆炸及激光等。因而有很多热喷涂方法，如粉末火焰喷涂、棒材火焰喷涂、等离子喷涂、感应加热喷涂和激光喷涂等。热喷涂的过程为：加热—加速—熔化—再加速—撞击基体—冷却凝固—形成涂层等工序。喷涂所用材料和喷涂的对象种类多、范围广，如金属、合金、陶瓷等均可作为喷涂材料，而金属、陶瓷、玻璃、木材、布帛都可以被喷涂而获得所需性能（耐磨、耐蚀、耐高温、耐热抗氧化、耐辐射、隔热、密封和绝缘等）。热喷涂过程简单、被喷涂物温升小，热应力引起变形小，不受工件尺寸限制，节约贵重材料，提高产品质量和使用寿命，因而广泛应用于机械、建筑、造船、车辆、化工和纺织等行业中。

6.5 热处理的技术条件和结构工艺性

6.5.1 热处理技术条件的标注

热处理零件在图样上应注明热处理的技术条件，其内容包括最终热处理方法及热处理应达到的力学性能指标等。标定的硬度值允许有波动范围，一般布氏硬度波动范围为30~40个单位，洛氏硬度波动范围为5个单位左右。如，调质220~250HBS，淬火回火40~45HRC。

金属热处理工艺的分类及代号分述如下：

1. 分类

热处理分类由基础分类和附加分类组成。

(1) 基础分类　根据工艺总称、工艺类型和工艺名称,将热处理工艺按三个层次进行分类,见表6.4。

表6.4　热处理工艺分类及代号 (摘自 GB/T 12603—2005)

工艺总称	代号	工艺类型	代号	工艺名称	代号
热处理	5	整体热处理	1	退火	1
				正火	2
				淬火	3
				淬火和回火	4
				调质	5
				稳定化处理	6
				固溶处理、水韧处理	7
				固溶处理和时效	8
		表面热处理	2	表面淬火和回火	1
				物理气相沉积	2
				化学气相沉积	3
				等离子体化学气相沉积	4
				离子注入	5
		化学热处理	3	渗碳	1
				碳氮共渗	2
				渗氮	3
				氮碳共渗	4
				渗其他非金属	5
				渗金属	6
				多元共渗	7

(2) 附加分类　对基础分类中某些工艺的具体条件作进一步分类。包括退火、正火、淬火、化学热处理工艺加热方式 (表6.5); 退火工艺方法 (表6.6); 淬火冷却介质或冷却方法 (表6.7)。

表6.5　加热方式及代号 (摘自 GB/T 12603—2005)

加热方式	可控气氛(气体)	真空	盐浴(液体)	感应	火焰	激光	电子束	等离子体	固体装箱	流态床	电接触
代号	01	02	03	04	05	06	07	08	09	10	11

表6.6　退火工艺代号 (摘自 GB/T 12603—2005)

退火工艺	去应力退火	扩散退火	再结晶退火	石墨化退火	脱氢退火	球化退火	等温退火	完全退火	不完全退火
代号	St	H	R	G	D	Sp	I	F	P

表 6.7 淬火冷却介质和冷却方法及代号（摘自 GB/T 12603—2005）

冷却介质和方法	空气	油	水	盐水	有机水溶液	盐浴	压力淬火	双液淬火	分级淬火	等温淬火	形变淬火	气冷淬火	冷处理
代号	A	O	W	B	Po	H	Pr	I	M	At	Af	G	C

2. 代号

（1）热处理工艺代号（表 6.8）标记规定如下：

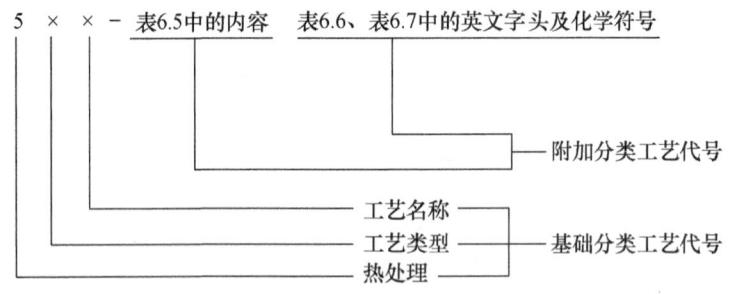

（2）基础工艺代号　用四位数字表示。第一位数字"5"为机械制造工艺分类与代号中表示热处理的工艺代号；第二、三位数字分别代表工艺类型、工艺名称代号（表 6.4）。

（3）附加工艺代号

1）当对基础工艺中的某些具体实施条件有明确要求时，使用附加分类工艺代号。附加工艺代号接在基础分类工艺代号后面，其中加热方式采用两位数字，退火工艺、淬火介质和冷却方法则采用英文字头。具体代号见表 6.5～表 6.7。

2）附加分类工艺代号按表 6.5～表 6.7 顺序标注，当工艺在某个层次不需进行分类时，该层次用 0 代替。

3）当对冷却介质及冷却方法需要用表 6.7 中两个以上字母表示时，用加号将两个或几个字母连接起来，如 H+M 代表盐浴分级淬火。

4）化学热处理中，没有表面渗入元素的各种工艺，如多元共渗、渗金属、渗其他非金属，可以在其代号后用括号表示出渗入元素的化学符号。

（4）多工序热处理工艺代号　用破折号将各工艺代号连接组成，但除第一工艺外，后面的工艺均省略第一位数字"5"，如 515-33-01 表示调质和气体渗氮。

表 6.8 常用热处理工艺及代号

工艺	代号	工艺	代号	工艺	代号
热处理	500	火焰热处理	500-05	整体热处理	510
可控气氛热处理	500-01	激光热处理	500-06	退火	511
真空热处理	500-02	电子束热处理	500-07	去应力退火	511-St
盐浴热处理	500-03	离子轰击热处理	500-08	扩散退火	511-H
感应热处理	500-04	流态床热处理	500-10	再结晶退火	511-R

(续)

工艺	代号	工艺	代号	工艺	代号
石墨化退火	511-G	淬火和回火	514	液体渗氮	533-03
脱氢退火	511-D	调质	515	离子渗氮	533-08
球化退火	511-Sp	稳定化处理	516	流态床渗氮	533-10
等温退火	511-I	固溶处理，水韧处理	517	氮碳共渗	534
完全退火	511-F	固溶处理+时效	518	渗其他非金属	535
不完全退火	511-P	表面热处理	520	渗硼	535（B）
正火	512	表面淬火和回火	521	气体渗硼	535-01（B）
淬火	513	感应淬火和回火	521-04	液体渗硼	535-03（B）
空冷淬火	513-A	火焰淬火和回火	521-05	离子渗硼	535-08（B）
油冷淬火	513-O	激光淬火和回火	521-06	固体渗硼	535-09（B）
水冷淬火	513-W	电子束淬火和回火	521-07	渗硅	535（Si）
盐水淬火	513-B	电接触淬火和回火	521-11	渗硫	535（S）
有机水溶液淬火	513-Po	物理气相沉积	522	渗金属	536
盐浴淬火	513-H	化学气相沉积	523	渗铝	536（Al）
压力淬火	513-Pr	等离子体增强化学气相沉积	524	渗铬	536（Cr）
双价质淬火	513-I			渗锌	536（Zn）
分级淬火	513-M	离子注入	525	渗钒	536（V）
等温淬火	513-At	化学热处理	530	多元共渗	537
形变淬火	513-Af	渗碳	531	硫氮共渗	537（S-N）
气冷淬火	513-G	可控气氛渗碳	531-01	氧氮共渗	537（O-N）
淬火及冷处理	513-C	真空渗碳	531-02	铬硼共渗	537（Cr-B）
可控气氛加热淬火	513-01	盐浴渗碳	531-03	钒硼共渗	537（V-B）
真空加热淬火	513-02	固体渗碳	531-09	铬硅共渗	537（Cr-Si）
盐浴加热淬火	513-03	流态床渗碳	531-10	铬铝共渗	537（Cr-Al）
感应加热淬火	513-04	离子渗碳	531-08	硫氮碳共渗	537（S-N-C）
流态床加热淬火	513-10	碳氮共渗	532	氧氮碳共渗	537（O-N-C）
盐浴加热分级淬火	513-10M	渗氮	533	铬铝硅共渗	537（Cr-Al-Si）
盐浴加热盐浴分级淬火	513-10H+M	气体渗氮	533-01		

6.5.2 热处理零件的结构工艺性

热处理零件的结构工艺性，是指在设计热处理零件，特别是淬火件时，一方面要满足热处理零件的使用性能要求，另一方面应考虑热处理工艺对零件结构的要求，不然会使热处理操作困难，增加淬火变形、开裂，使零件报废。因此设计人员需考虑热处理零件的结构工艺性，尽量考虑以下原则：

（1）避免尖角 零件的尖角是淬火应力集中的地方，往往成为淬火开裂的起点。因此，一般应尽量将尖角设计成圆角、倒角，以避免淬火开裂，如图 6.51 所示。

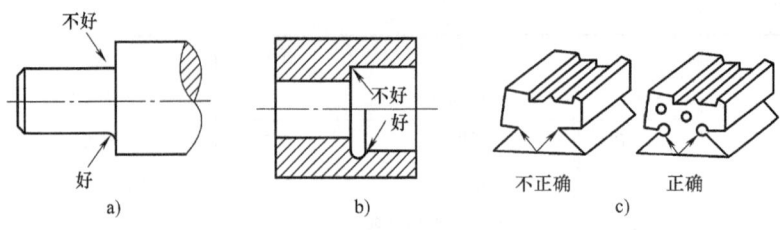

图 6.51 避免尖角、棱角的设计

（2）避免厚薄悬殊的截面　厚薄悬殊的零件淬火冷却时，由于冷却不均匀造成的变形、开裂倾向较大。为了避免厚薄悬殊使淬火变形或开裂，可在零件太薄处加厚，或采用开工艺孔、变不通孔为通孔等方法，如图 6.52、图 6.53 所示。

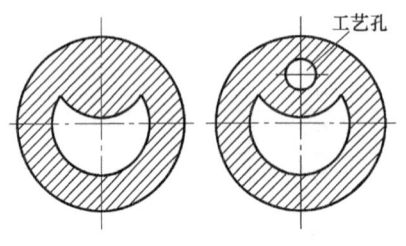

图 6.52 开工艺孔示意图

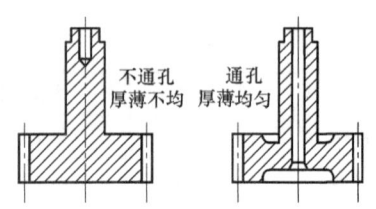

图 6.53 变不通孔为通孔示意图

（3）采用封闭、对称结构　开口或不对称结构的零件在淬火时应力分布也不均匀，容易引起变形，应改为封闭或对称结构。图 6.54a 所示的零件，中间单面有一槽，淬火将发生较大变形（如图中虚线所示）。改成图 6.54b，对使用无影响，却减少了淬火变形。图 6.55 所示为槽形零件，淬火前留筋形成封闭，热处理后切开或去掉。

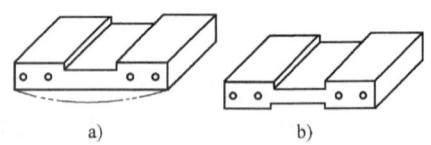

图 6.54 零件对称实例

（4）采用组合结构　某些有淬裂倾向而各部分工作条件要求不同的零件或形状复杂的零件，在可能的条件下可采用组合结构或镶拼结构。

图 6.56a 所示为山字形硅钢片冲模，如果将其做成整体，热处理后要变形（如图中虚线所示）。若把整体改为四块组合件，如图 6.56b 所示，热处理变形可不考虑，将单块磨削后钳工装配组合。

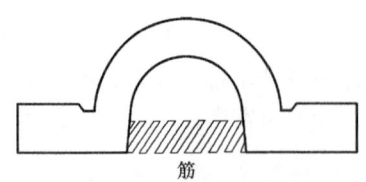

图 6.55 槽形零件淬火前留筋

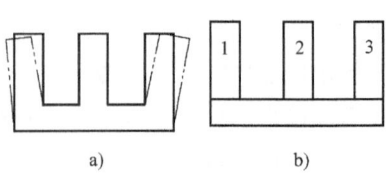

图 6.56 硅钢片冲模

6.6 典型零件热处理工艺分析

6.6.1 车床主轴热处理工艺

在机床、汽车制造业中,轴类零件是用量很大且相当重要的结构件之一。轴类零件常承受交变应力的作用,故要求轴有较高的综合力学性能;承受摩擦的部位还要求有足够的硬度和耐磨性。零件大多经切削加工而制成,为兼顾切削加工性能和使用性能要求,必须制定出合理的冷、热加工工艺。下面以车床主轴为例进行分析加工工艺过程。

(1) 车床主轴的性能要求 图 6.57 所示为车床主轴,材料为 45 钢。热处理技术条件为:
1) 整体调质后硬度为 220~250HBW。
2) 内锥孔和外锥面处硬度为 45~50HRC。
3) 花键部分的硬度为 48~53HRC。

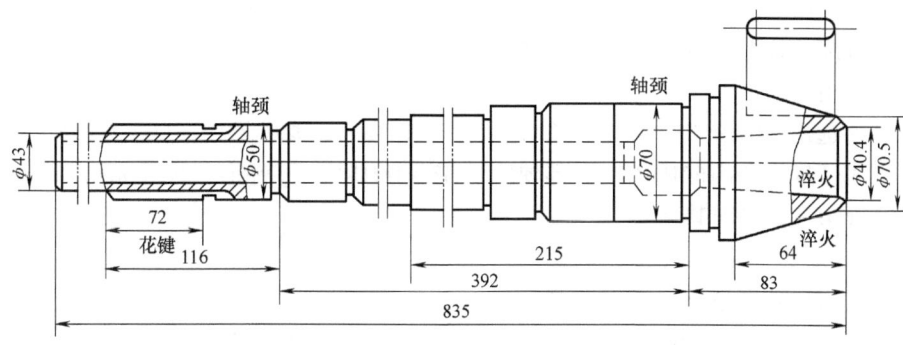

图 6.57 车床主轴

(2) 车床主轴工艺过程 生产中车床主轴的工艺过程为:备料→锻造→正火→粗加工→调质→半精加工→局部淬火(内锥孔、外锥面)、回火→粗磨(外圆、内锥孔、外锥面)→滚铣花键→花键淬火、回火→精磨。

其中正火、调质为预备热处理,内锥孔及外锥面的局部淬火、回火和花键的淬火、回火为最终热处理,它们的作用和热处理工艺分别为:

1) 正火。正火是为了改善锻造组织,降低硬度(170~230HBS)以改善切削加工性能,也为调质处理作准备。正火工艺,加热温度为 840~870℃,保温 1~1.5h,保温后出炉空冷。

2) 调质。调质是为了使主轴得到较高的综合力学性能和疲劳强度。经淬火和高温回火后硬度为 200~230HBW。调质工艺为:①淬火加热,用井式电阻炉吊挂加热,加热温度为 830~860℃,保温 20~25min;②淬火冷却,将经保温后的工件淬入 15~35℃清水中,停留 1~2min 后空冷;③回火工艺,将淬火后的工件装入井式电阻炉中,加热至 550±10℃,保温 1~1.5h 后,出炉浸入水中快冷。

3) 内锥孔、外锥面及花键部分淬火和回火是为了获得所需的硬度。

内锥孔和外锥面部分的表面淬火可放入经脱氧校正的盐浴中快速加热,在 970~1050℃温度下保温 1.5~2.5min 后,将工件取出淬入水中。淬火后在 260~300℃温度下保温 1~3h (回火),获得的硬度为 45~50HRC。

花键部分可采用高频淬火，淬火后经240~260℃回火，获得的硬度为48~53HRC。

为减少变形，锥部淬火与花键淬火分开进行，并在锥部淬火及回火后，再经粗磨以消除淬火变形。而后再滚铣花键及花键淬火，最后以精磨来消除总变形，从而保证质量。

(3) 车床主轴热处理注意事项

1) 淬入冷却介质时应将主轴垂直浸入，并可作上下垂直窜动。

2) 淬火加热过程中应垂直吊挂，以防止工件加热过程中产生变形。

3) 在盐浴炉中加热时，盐浴应脱氧校正。

6.6.2　20CrMnTi 变速箱齿轮的渗碳热处理工艺

汽车变速箱齿轮是汽车中的重要零件，齿轮可以改变发动机曲轴和传动轴的速度比，齿轮经常在较高的载荷（包括冲击载荷和交变弯曲载荷）下工作，磨损也较大。在汽车运行中，由于齿根承受着突然变载的冲击载荷及周期性变动的弯曲载荷，会造成轮齿的脆性断裂或弯曲疲劳破坏；由于轮齿的工作面承受着较大的压应力及摩擦力，会造成麻点接触疲劳破坏及深层剥落；由于经常换档，齿的端部经常受到冲击，也会造成损坏。因此，要求汽车变速箱齿轮具有高的抗弯强度，接触疲劳强度和耐磨性，心部有足够的强度和冲击韧度，以保证有较长的使用寿命。

齿轮材料选用20CrMnTi，渗碳层深度为0.8~1.3mm，渗碳层中$w(C)$为0.8%~1.05%。热处理后齿面硬度为58~62HRC，心部硬度为33~48HRC。零件形状尺寸如图6.58所示。

1. 20CrMnTi 的材料特点

20CrMnTi 为低合金渗碳钢，淬透性和心部强度均比碳素渗碳钢高，化学成分为（质量分数）：0.20%~0.40% Si、0.80%~1.10%Mn、1.00%~1.30% Cr、0.06%~0.12%Ti。经渗碳淬火处理后，具有良好的耐磨性能和抗弯强度，具有较高的抗多次冲击能力。变速箱齿轮要求心部具有良好的韧性，所以选用的钢材碳含量较低，合金元素铬和

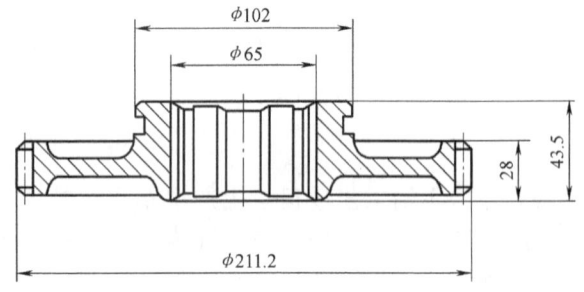

图 6.58　汽车变速箱齿轮

锰，可以提高淬透性，在油中的淬透直径可达40mm左右，这样齿轮的心部淬火后可得到低碳马氏体组织，增加了钢的心部强度。其中的铬元素还能促进齿轮表面在渗碳过程中大量吸收碳，以提高渗碳速度。锰不形成合金碳化物，锰的加入可稍微减弱铬钢渗碳时表面碳含量过高的现象。钢中加入0.06%~0.12%（质量分数）的钛，使钢的晶粒不易长大，提高了钢的强度和韧性，并且改善了钢的热处理工艺性能，使齿轮渗碳后可直接淬火。

2. 渗碳操作

(1) 设备选择与调整　设备选择 RQ3 型井式气体渗碳炉。

(2) 渗碳剂的选用　选用煤油和甲醇同时滴入。

(3) 加热温度的选择　20CrMnTi 钢的上临界点（Ac_3）约为825℃，渗碳时必须全部转变为奥氏体，因为γ-Fe 的溶碳能力远比α-Fe 大，所以20CrMnTi 的渗碳温度略高于825℃，但综合考虑渗碳速度和渗碳过程中齿轮的变形问题，宜选在920~940℃。

（4）渗碳保温时间　在齿轮材料已决定的前提下，渗碳时间主要取决于要求获得渗碳层深度，对于要求渗碳层深度为 0.8~1.3mm 的汽车变速箱齿轮，需外加磨量才能获实际渗碳层深度，假设齿轮磨量单面为 0.15mm，则实际渗碳层深度为 0.95~1.45mm，因此选择强渗时间为 4h，扩散时间为 2h。

（5）渗碳过程中渗碳剂滴量变化的原则　渗碳操作时，以每分钟滴入渗碳剂的毫升数计算。对于具体炉子，再按实测每毫升多少滴折算成"滴/min"。以 75kW 井式炉为例，在每炉装的零件的总面积为 $2~3m^2$ 时，强渗阶段煤油的滴量应为 2.8~3.2ml/min，甲醇的滴量应为 5ml/min。如果实测的煤油 1ml 有 28 滴，而甲醇 1ml 有 30 滴。那么操作时，煤油可按照 84±5 滴/min 计，甲醇按 150 滴/min 计。

（6）工艺曲线　20CrMnTi 变速箱齿轮的渗碳工艺如图 6.59 所示，渗碳剂选用煤油和甲醇同时直接滴入炉膛。工艺曲线的渗碳过程可分四个阶段，即排气、强渗、扩散及降温出炉（缓冷或直接淬火）。

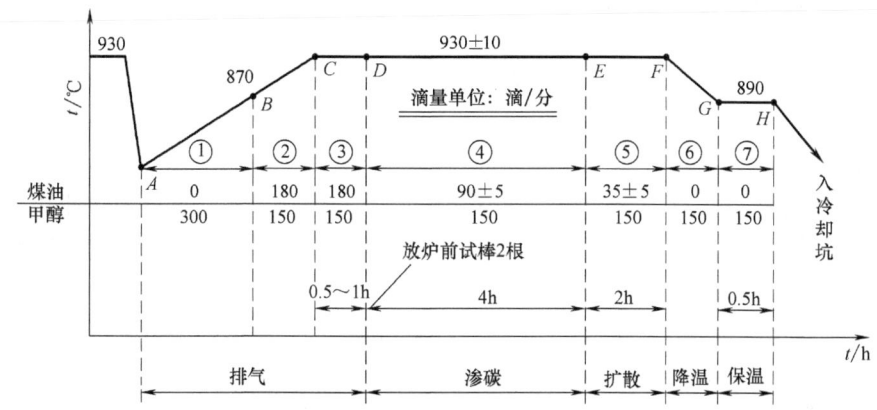

图 6.59　20CrMnTi 变速箱齿轮的渗碳工艺图

3. 渗碳后的热处理

渗碳处理后，齿轮由表层的高碳（0.8%~1.05%）逐渐过渡到基体的低碳，渗碳后缓冷的组织由外向里一般是：过共析层+共析层+亚共析层。这种组织不能使齿轮获得必需的使用性能，只有渗碳后的热处理才能使齿轮获得高硬度、高强度的表面层和韧性好的心部。

（1）直接淬火　根据汽车变速箱齿轮的性能要求和渗碳零件的热处理特点，20CrMnTi 钢制齿轮在井式炉气体渗碳后常采用直接淬火。图 6.60 所示为渗碳后直接淬火的工艺规范。齿轮经渗碳后延时到一定温度（850~860℃）即直接油冷淬火。

至于延时温度，因为要保证齿轮的心部强度，故选 Ar_3，这样可避免心部出现大量游离铁素体，20CrMnTi 钢的过热倾向小，比较适于采用直接淬火，这样大大减少了齿轮的热处理变形和氧化退碳，也提高了经济效益。

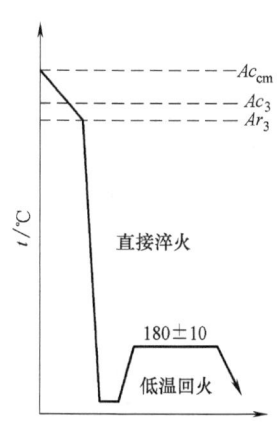

图 6.60　20CrMnTi 渗碳后直接淬火工艺图

（2）回火　齿轮直接淬火后，还要经低温回火，回火温度视淬火后的硬度而定，一般为180±10℃。低温回火后，虽然渗碳层的硬度变化很小，但是，因为回火过程消除了应力，改善了组织，渗碳层的抗弯强度、脆断强度和塑性得到了提高。

4. 质量检验

汽车变速箱齿轮经渗碳、淬火后的质量检查主要包括以下几方面：

（1）渗碳层厚度的测定　测定渗碳层厚度的方法很多，能得到行家认可的方法是显微分析法，对于20CrMnTi制的渗碳齿轮，应从渗碳试样表面测至基体组织。

（2）金相组织检验　20CrMnTi经渗碳+淬火+回火处理后，其表层组织应为回火马氏体+均匀分布的细粒状碳化物+少量残余奥氏体，心部组织为低碳马氏体+少量铁素体，各种组织的级别可按汽车渗碳齿轮专业标准进行。

（3）表面及心部硬度检查　表面硬度以齿顶的表面硬度为准，以轮齿端面1/3齿高位置处的检测值作为心部硬度。

（4）渗碳层表面碳含量的检查　齿轮表面碳含量的检查一般采用剥层试样，将每层（一般为0.10mm）铁屑剥下来进行定碳化验。

6.7 习　　题

一、填空题

1. 马氏体的塑性和韧性与其碳含量有关，_____状马氏体有良好的塑性和韧性。
2. 生产中把淬火加_____的热处理工艺称为调质，调质后的组织为_____。
3. 合金工具钢与碳素工具钢相比，具有淬透性好、_____变形小、_____高等优点。
4. 各种热处理工艺过程都是由_____、_____和_____三个阶段组成。
5. 马氏体是碳在α-Fe中形成的_____，其硬度主要取决于_____。
6. 45钢的淬火加热温度是_____，T10钢的淬火加热温度是_____。
7. 在钢的普通热处理里，其中_____和_____属于预备热处理。
8. 钢的热处理是指钢在固态下采用适当方式进行_____、_____和_____以获得所需组织结构和性能的工艺。
9. 钢的淬透性越高，则其等温转变曲线的位置越_____，说明临界冷却速度越_____。
10. 钢的淬硬性是指钢经过淬火后所能达到的_____，它取决于_____。
11. 各种化学热处理都是将工件加热到一定温度后，并经过_____、_____和_____三个基本过程。

二、判断题

1. 珠光体、索氏体、托氏体都是由铁素体和渗碳体组成的机械混合物。　　　（　　）
2. 用65钢制成的沙发弹簧，使用不久就失去弹性，是因为没有进行淬火、高温回火。
　　　　　　　　　　　　　　　　　　　　　　　　　　　　　　　　　（　　）
3. 淬透性好的钢淬火后硬度一定高，淬硬性高的钢淬透性一定好。　　　　（　　）
4. 60Si2Mn的淬硬性与60钢相同，故两者的淬透性也相同。　　　　　　　（　　）

5. 回火温度是决定淬火钢件回火后硬度的主要因素，与冷却速度无关。（   ）

6. 热处理不但可以改变零件的内部组织和性能，还可以改变零件的外形，因而淬火后的零件都会发生变形。（   ）

7. 钢的表面淬火和化学热处理，本质上都是为了改变表面的成分和组织，从而提高其表面性能。（   ）

8. 钢中碳的质量分数越高，则其淬火加热的温度便越高。（   ）

9. 奥氏体向马氏体开始转变温度线 Ms 与转变终了温度线 Mf 的位置，主要取决于钢的冷却速度。（   ）

三、选择题

1. 一般来说，淬火时形状简单的碳钢工件应选择（   ）作冷却介质，形状简单的合金钢工件应选择（   ）作冷却介质。

   A. 机油　　　　　　　　　　　B. 盐浴
   C. 水　　　　　　　　　　　　D. 空气

2. T12 钢制造的工具的最终热处理应选用（   ）
   A. 淬火+低温回火　　　　　　B. 淬火+中温回火
   C. 调质　　　　　　　　　　　D. 球化退火

3. 为了获得使用要求的力学性能，T10 钢制手工锯条采用（   ）处理。
   A. 调质　　　　　　　　　　　B. 正火
   C. 淬火+低温回火　　　　　　D. 完全退火

4. 马氏体的硬度主要取决于（   ）。
   A. 碳的质量分数　　　　　　　B. 转变温度
   C. 临界冷却速度　　　　　　　D. 转变时间

5. 碳钢的正火工艺是将其加热到一定温度，保温一段时间，然后采用（   ）形式。
   A. 随炉冷却　　　　　　　　　B. 在油中冷却
   C. 在空气中冷却　　　　　　　D. 在水中冷却

6. 要提高 15 钢零件的表面硬度和耐磨性，可采用的热处理方法是（   ）。
   A. 正火　　　　　　　　　　　B. 整体淬火
   C. 表面淬火　　　　　　　　　D. 渗碳后淬火+低温回火

7. 在制造 45 钢轴类零件的工艺路线中，调质处理应安排在（   ）。
   A. 机械加工之前　　　　　　　B. 粗精加工之间
   C. 精加工之后　　　　　　　　D. 难以确定

8. 下列各钢种中，等温转变曲线最靠右的是（   ）。
   A. 20 钢　　　　　　　　　　 B. T8
   C. 45 钢　　　　　　　　　　 D. T12 钢

9. 对于形状简单的碳钢件进行淬火时，应采用（   ）。
   A. 水中淬火　　　　　　　　　B. 油中淬火
   C. 盐水中淬火　　　　　　　　D. 碱溶液中淬火

10. 室温下金属的晶粒越细小，则（   ）。
    A. 强度高、塑性差　　　　　　B. 强度高、塑性好

C. 强度低、塑性差　　　　　　D. 强度低、塑性好

四、问答题

1. 有一批 45 钢工件的硬度为 55HRC，现要求把它们的硬度降低到 200HBW（≈20HRC），问有哪几种方法？

2. 确定下列钢件的退火方式，并指出退火目的及退火后的组织。

1）ZG270-500 铸造齿轮。

2）改善 T12 钢的切削加工性能。

第7章

合 金 钢

碳素钢种类繁多，生产比较简单，成本低廉。热处理后，可以在不改变化学成分的前提下使力学性能得到不同程度的改善和提高，在工农业生产中有着广泛的应用。但是碳素钢的淬透性比较差，强度、屈强比、回火稳定性、抗氧化、耐蚀、耐热、耐低温、耐磨损及特殊电磁性能等方面往往较差，不能满足特殊使用性能的需求。为了满足科学技术和工业的发展要求，提高钢的性能，往往在铁碳合金中加入锰、铬、硅、镍、钨、钒、钼、钛、硼、铝、铜和稀土等合金元素，所获得的钢种，称为合金钢。合金元素与铁、碳及合金元素之间的相互作用，改变了钢的内部组织结构，从而能提高和改善钢的性能。

7.1 合金元素在钢中的作用

在冶炼钢的过程中有目的地加入一些元素，这些元素称为合金元素。常用的合金元素有：锰（$w(Mn)>1\%$）、硅（$w(Si)>0.5\%$）、铬、镍、钼、钨、钒、钛、锆、铝、钴、硼和稀土（RE）等。钢中加入合金元素改变钢的组织结构和力学性能，同时也改变钢的相变点和合金状态图。合金元素在钢中的作用十分复杂，本节主要分析合金元素对钢中基本相、铁碳合金相图和热处理的影响。

7.1.1 合金元素对钢中基本项的影响

碳钢中的基本相，在退火、正火及调质状态下，均为铁素体和渗碳体。当钢中加入少量合金元素时，有可能一部分溶于铁素体内形成合金铁素体，另一部分溶于渗碳体内形成合金渗碳体。那些与碳亲和力很弱的非碳化物形成元素，如 Ni、Si、Al、Co 等，基本上都溶于铁素体内，以合金铁素体形式存在；而那些与碳亲和力较强的碳化物形成元素，如 Cr、W、Mo、V、Nb 等，基本上置换渗碳体内的铁原子而形成合金渗碳体，如 $(Fe,Cr)_3C$、$(Fe,W)_3C$ 等。Mn 是与碳亲和力较弱的碳化物形成元素，它的一小部分溶于渗碳体内，而大部分则溶于铁素体内。当钢中碳化物形成元素含量增加，但碳含量尚不足以使它全部形成合金渗碳体时，剩余的元素则将溶于铁素体内。

凡溶于铁素体的元素都使其性能，如硬度、韧性（A_k）等，发生变化，但各元素的影响程度是不相同的，如图 7.1 所示。一般来说，合金元素的原子半径与铁的原子半径相差越大，以及合金元素的晶格形式与铁素体不相同时，则该元素对铁素体的强化效果也越显著。由图 7.1a 可见，Mn、Si、Ni 等强化铁素体的作用比 Cr、W、Mo 等要大，也是这个原因。合金元素对铁素体韧性（K）的影响如图 7.1b 所示。由图可知，Si 的质量分数低于在 0.6%，Mn 的质量分数低于 1.5% 时，其韧性（K）不降低；当超过此值时，则有下降趋势。

Cr、Ni 在适当的含量范围内（$w(\text{Cr}) \leqslant 2\%$，$w(\text{Ni}) \leqslant 5\%$）尚能提高铁素体的韧性。据此，通常使用的结构钢中各合金元素的含量范围都有一定限度。

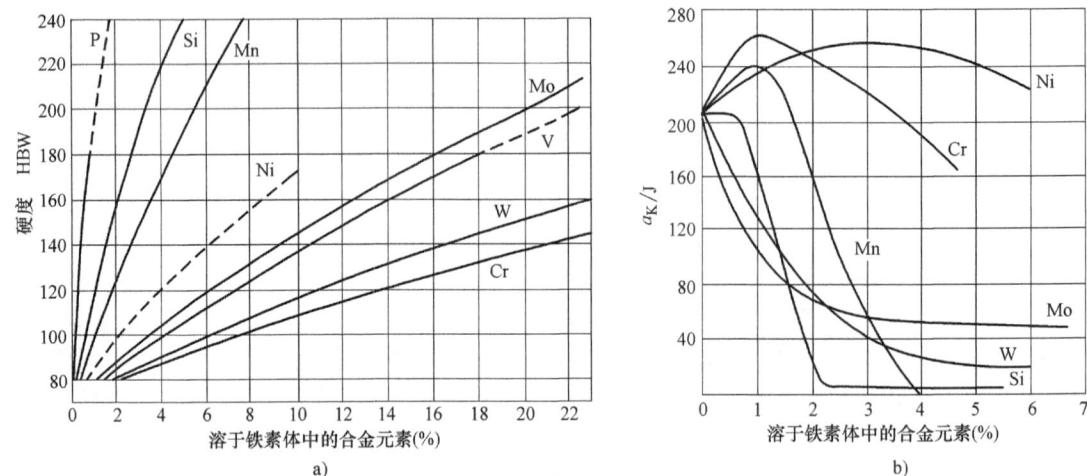

图 7.1　合金元素对铁素体性能的影响（退火状态）
a）对硬度的影响　b）对韧性的影响

图 7.1 所示数据是指退火状态的。在正火、调质状态下，含有 Mn、Cr、Ni 等铁素体的硬度一般比退火状态高。

渗碳体是一种稳定性最低的碳化物，因为渗碳体中 Fe 与 C 的亲和力最弱。合金元素溶于渗碳体内，增强了 Fe 与 C 的亲和力，从而提高其稳定性。稳定性较高的合金渗碳体较难溶于奥氏体，较难聚集长大。

在高碳高合金钢中，除渗碳体型碳化物外，还经常出现各种稳定性更高的合金碳化物（如 Mn_3C、Cr_7C_3、$Cr_{23}C_6$、Fe_4W_2C 等）和稳定性特高的特殊碳化物（如 WC、MoC、W_2C、VC、TiC 等）。稳定性越高的碳化物越难溶于奥氏体，越难聚集长大，而且它的熔点和硬度越高。随着这些碳化物数量的增多，将使钢的强度、硬度增大，耐磨性增加，但塑性和韧性会下降。

合金碳化物的种类、性能和在钢中的分布状态会直接影响到钢的性能及热处理时的相变。

7.1.2　合金元素对 Fe-Fe_3C 相图的影响

为了阐明合金元素对 Fe-Fe_3C 相图的影响规律，有必要先了解一下合金元素与 Fe 的作用。由 Fe 与合金元素所构成的二元相图（图 7.2~图 7.6）可知，Ni、Mn、Co、C、N、Cu 等元素与 Fe 相互作用能扩大 γ 区；Cr、V、Mo、W、Ti、Al 等元素与 Fe 相互作用能缩小 γ 区并使 γ 区呈封闭状态。

凡是能扩大 γ 区的这类元素会使 A_4 点上升，A_3 点下降（Co 例外，当其含量小于 45% 时，A_3 点上升；大于 45% 时，A_3 点下降），使 Fe-Fe_3C 相图中的奥氏体稳定存在的区域扩大。含高 Ni 或高 Mn 的钢有可能在室温下获得稳定的奥氏体组织而被称为奥氏体钢，其原因即在于高含量的 Ni 或 Mn 与 Fe 作用，扩大了 γ 区，使 A_3 降至室温以下所致，如图 7.7a

所示为 Mn 对 Fe-Fe$_3$C 相图的影响。在这类元素中，Ni、Mn、Co 能与 γ-Fe 无限互溶（图 7.2）；而 C、N、Cu 只能部分溶解于 γ-Fe 中，与 γ-Fe 有限互溶（图 7.3）。

凡是能缩小并封闭 γ 区的这类元素会使 A_4 点下降，A_3 点上升（Cr 稍有例外，质量分数小于 7% 时，A_3 点下降；质量分数大于 7% 时，A_3 点上升），使 Fe-Fe$_3$C 相图中的奥氏体稳定存在的区域缩小并封闭。含高 Cr 或高 Si 的钢有可能在室温下获得稳定的铁素体组织而被称为铁素体钢，其原因即在于高含量的 Cr 或 Si 与 Fe 作用，缩小并封闭了 γ 区，最后使 γ 区消失，图 7.7b 所示为 Cr 对 Fe-Fe$_3$C 相图的影响。在这类元素中，只有 Cr、V 两元素能与 α-Fe 无限互溶（图 7.4），而其余元素只能部分溶解于 α-Fe 中，与 α-Fe 有限互溶（图 7.5）。

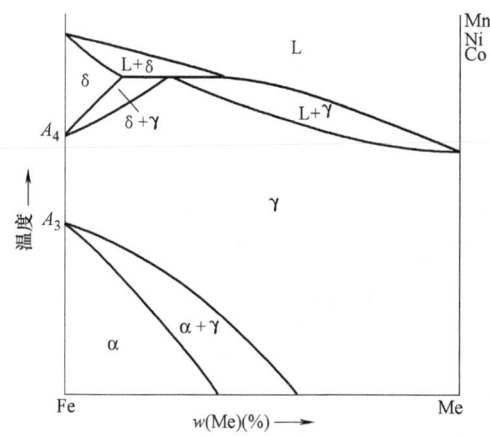

图 7.2 扩大 γ 区并与 γ-Fe 无限互溶的 Fe-Me 相图（Me 代表合金元素）

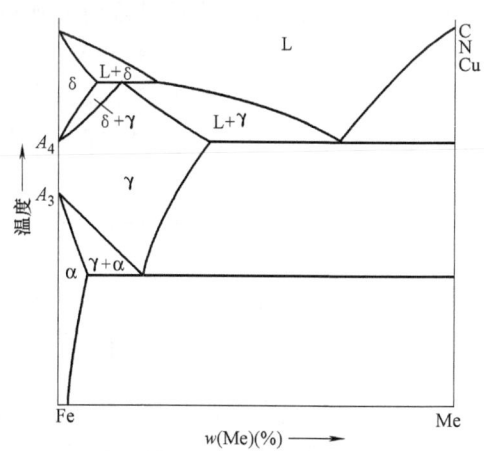

图 7.3 扩大 γ 区并与 γ-Fe 有限互溶的 Fe-Me 相图（Me 代表合金元素）

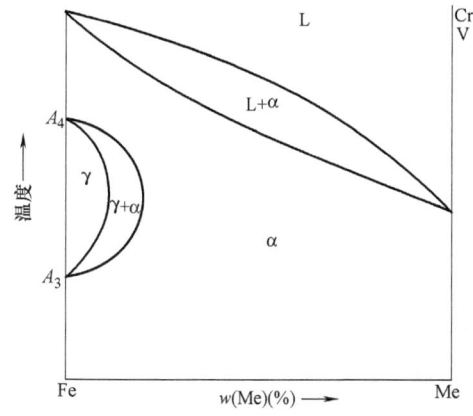

图 7.4 缩小并封闭 γ 区，与 α-Fe 无限互溶的 Fe-Me 相图

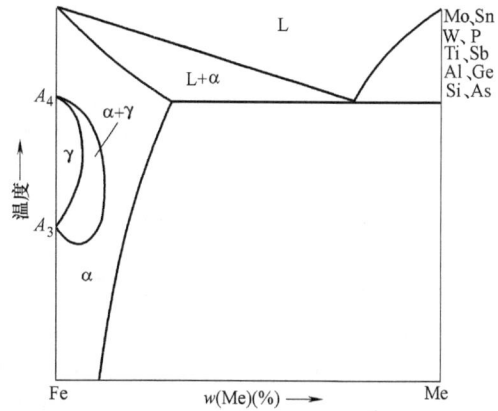

图 7.5 缩小并封闭 γ 区，与 α-Fe 有限互溶的 Fe-Me 相图

必须指出，B、Nb、Ta、Zr 等元素会使 A_4 点下降，A_3 点上升，但它们不使 γ 区呈封闭状态，而只是使其缩小，如图 7.6 所示。

由于合金元素对 Fe-Fe$_3$C 相图中 S 点和 E 点的影响，造成合金钢的平衡组织与其碳含量之间的关系有所变化。如共析成分的合金钢中 $w(C)$ 不再是 0.77%，而是小于 0.77%；出现共晶组织（莱氏体）的最低 $w(C)$ 也不再是 2.11%，而是小于 2.11%。

试验表明，含 $w(C)=0.4\%$ 的碳钢原属亚共析钢，当加入 $w(Cr)=12\%$ 后就成了共析钢。又如含 $w(C)=0.7\%\sim0.8\%$ 的高速工具钢，由于大量合金元素的加入，在铸态组织中出现合金莱氏体，这种钢称为莱氏体钢。

此外，还造成合金钢在热处理时的加热温度有所变更。一般来说，除了含 Ni 和 Mn 的合金钢外，大多数合金钢的热处理加热温度都高于同等碳含量的碳钢。这是由于 A_1、A_3 和 A_{cm} 点上升所致。

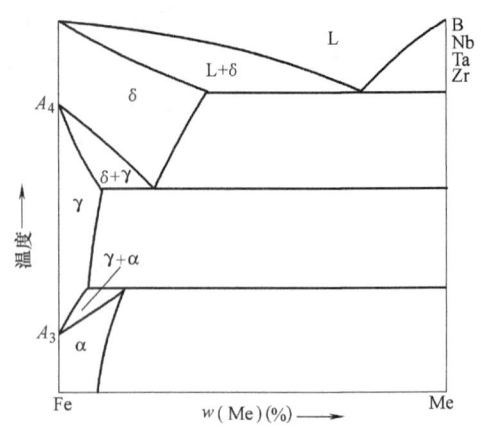

图 7.6　缩小 γ 区的 Fe-Me 相图

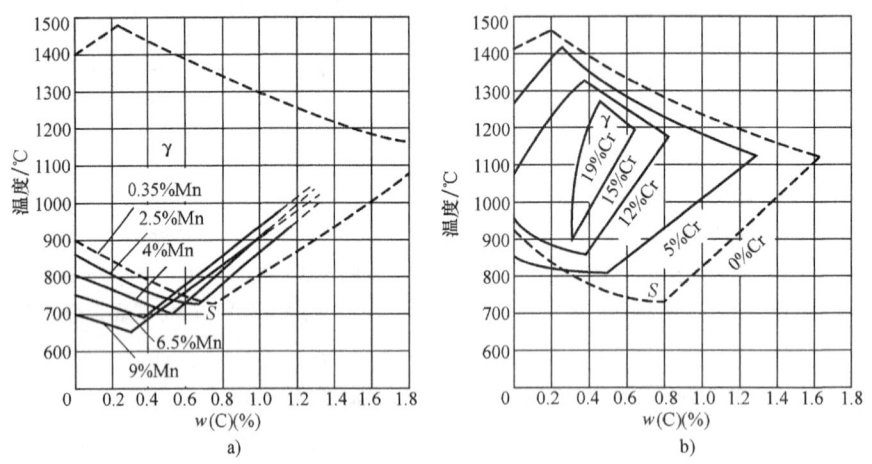

图 7.7　Mn、Cr 对 Fe-Fe3C 相图中奥氏体区的影响
a) 锰对奥氏体区的影响　b) 铬对奥氏体区的影响

7.1.3　合金元素对热处理的影响

1. 合金元素对钢加热时转变影响

合金元素的扩散速度很缓慢，因此对于合金钢应采取较高的加热温度和较长的保温时间，以保证合金元素溶入奥氏体并使之均匀化，从而充分发挥合金元素的作用。

当合金元素形成碳化物，这些特殊碳化物在高温下比较稳定，不易溶于奥氏体，并以细小质点的形式弥散分布在奥氏体晶界上，机械地阻碍奥氏体晶粒长大。因此，钢在高温下较长时间的加热仍能保持细晶粒组织。这是合金钢的一个重要特点。

2. 合金元素对钢冷却转变的影响

（1）合金元素对过冷奥氏体等温转变的影响　除 Co 外，大多数合金元素溶入奥氏体后，会降低原子扩散速度，使奥氏体稳定性增加，从而使冷却转变曲线右移。含有这类元素的低合金钢，其冷却转变曲线形状与碳钢相似，只有一个鼻尖，如图 7.8a 所示。当碳化物形成元素溶入奥氏体后，由于它们对推迟珠光体转变及贝氏体转变的作用不同，使冷却转变曲线出现两个鼻尖，曲线分解成珠光体和贝氏体两个转变区，而两区之间，过冷奥氏体有很大的稳定性，如图 7.8b 所示。

由于合金元素使冷却转变曲线右移，故降低了钢的马氏体临界冷却速度，增大了钢的淬透性。

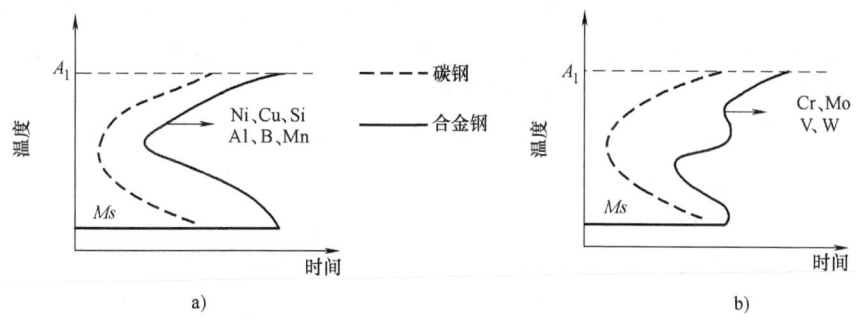

图 7.8　合金元素对冷却转变曲线的影响
a) 非碳化物形成元素及弱碳化物形成元素　b) 强碳化物形成元素

（2）合金元素对过冷奥氏体向马氏体转变的影响　除 Co、Al 外，大多数合金元素溶入奥氏体后，使马氏体转变温度 Ms 和 Mf 降低，其中 Cr、Ni、Mn 作用较强。Ms 越低，则淬火后钢中残余奥氏体的数量就越多，如图 7.9、图 7.10 所示。

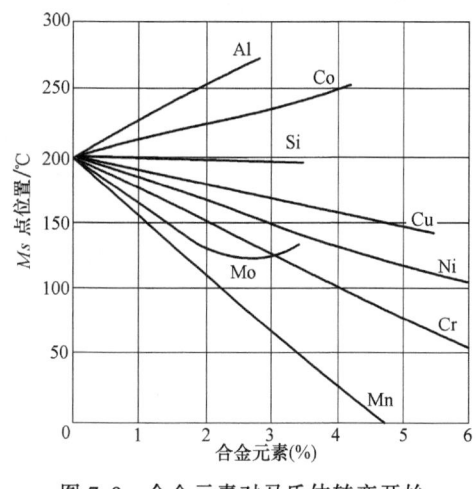

图 7.9　合金元素对马氏体转变开始
温度 Ms 点的影响

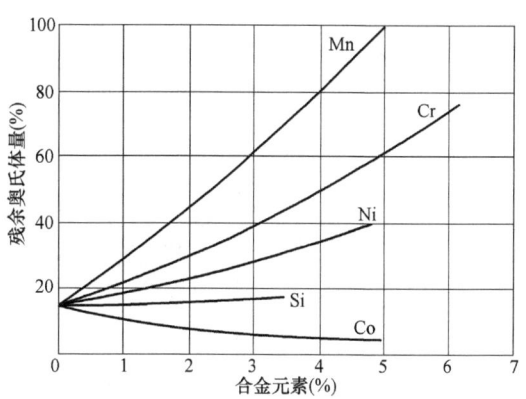

图 7.10　合金元素对残余奥氏体量的影响
（$w(C)=1.0\%$ 的钢在 1150℃ 淬火）

3. 合金元素对淬火钢回火转变的影响

合金元素能使淬火钢在回火过程中的组织分解和转变速度减慢，增加回火抗力，提高回火稳定性，从而使钢的硬度随回火温度的升高而下降的程度减弱。在某些碳化物形成元素的作用下，甚至在回火时出现二次硬化。

碳化物形成元素，尤其是那些强碳化物形成元素，由于它们能减缓碳的扩散，而推迟马氏体分解。非碳化物形成元素 Si，由于它能抑制 ε 碳化物质点的长大并延缓 ε 碳化物向

Fe_3C 的转变,因而提高了马氏体的分解温度。非碳化物形成元素 Ni 及弱碳化物形成元素 Mn,对马氏体分解几乎无影响。

合金元素一般都能提高残余奥氏体转变的温度范围。在碳化物形成元素含量较高的高合金钢中,淬火后残余奥氏体十分稳定,甚至加热至 500~600℃ 时仍不分解,而是在冷却过程中部分转变为马氏体,使钢的硬度反而增加,这种现象称为"二次硬化"。

随着回火温度升高,合金元素在 α 固溶体和碳化物两个基本相之间将进行重新分布。碳化物形成元素将从 α 固溶体移至碳化物内,直至平衡。因此,随着回火温度升高,碳化物成分不断发生变化,碳化物类型也相应发生转变,一般趋势是由较不稳定的碳化物演变为比较稳定的碳化物,如铬钢回火时由 ε 碳化物向 $(Cr,Fe)_{23}C_6$ 碳化物演变。

在高合金钢中,由于 Ti、V、Mo、W 等在 500~600℃ 回火时将沉淀析出这些元素的特殊碳化物,因此,这时硬度不但不降低,反而再次增加,这就是所谓的沉淀型的"二次硬化"现象。$w(C)=0.3\%$ 的 Mo 钢的回火温度与硬度关系曲线如图 7.11 所示。

回火温度再继续升高,特殊碳化物将发生聚集长大,温度越高,聚集越快。这时钢的硬度又开始下降。强碳化物形成元素 W、Mo、V、Ti 等与碳的亲和力大,能减缓碳的扩散,即使碳化物难以溶解,也不易聚集。总的来说,相同碳含量的钢,在同样的回火温度下,含有碳化物形成元素的合金钢,比含有非碳化物形成元素的合金钢,其碳化物的弥散度要大。

合金元素能使 α 固溶体的马氏体形态保持到更高的回火温度,能提高 α 固溶体的再结晶温度,使钢具有更高的回火稳定性。其中以 Mo、W 等元素的影响最为显著。

合金元素对淬火钢回火后力学性能的不利方面是回火脆性。回火脆性一般是在 250~400℃ 和 450~650℃ 回火时出现的,它使钢的韧性显著降低,如图 7.12 所示。前者称为低温回火脆性或第一类回火脆性;后者称为高温回火脆性或第二类回火脆性。

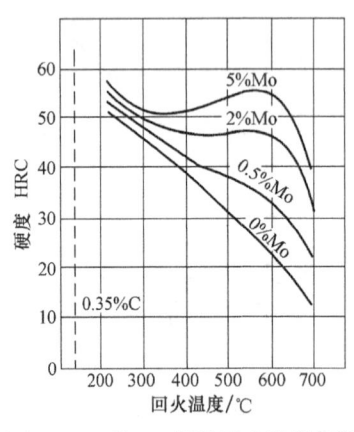

图 7.11 $w(C)=0.3\%$ 的 Mo 钢的回火温度与硬度关系曲线

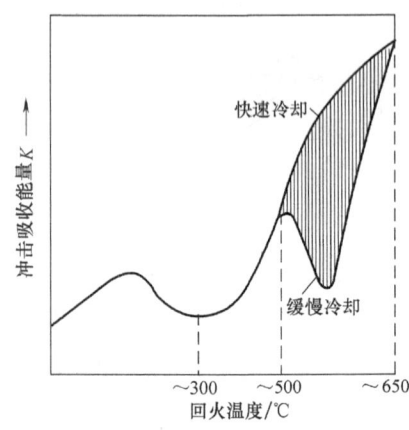

图 7.12 合金钢回火脆性示意图

有些合金结构钢,如含 Cr、Mn 的合金结构钢,在 250~400℃ 回火后出现第一类回火脆性,这种回火脆性产生以后无法消除,因此又有不可逆回火脆性之称。试验表明,中、低碳钢在 250~400℃ 回火时,沿条状马氏体条的间界析出碳化物薄片,可能是引起低温回火脆性的重要原因;S、P、As、Sb、Sn 等杂质元素及 H、N 促进钢的第一类回火脆性的发展;硅锰钢 360℃ 回火脆性的出现是与 P 沿原奥氏体晶界的偏析有关。

为了避免第一类回火脆性,一般不在脆化温度范围内回火;有时为了保证所要求的力学性能而必须在脆化温度回火时，可采取等温淬火方法。另外可选用加入能使脆性区向高温方向移动的 Si 等合金元素的钢，以便在较低温度回火后，保证获得高强度的同时，得到高韧性。试验表明，硅锰钢中加入 Mo（$w(Mo)≈0.3\%$）可使 360℃ 回火脆性大大减轻甚至完全被抑制。

必须指出，高碳钢和合金工具钢，在低温回火后本来就比较脆，在一般冲击试验条件下，显示不出低温回火脆性，只有在扭转和冲击扭转试验条件下，才明显表现出低温回火脆性；而且试验表明，在回火脆性区，它们的抗弯强度达到极大值。据此，高碳钢和合金工具钢所选择的低温回火温度并不一定要避开回火脆性区，对于承受冲击、弯矩的工模具，在回火脆性区低温回火，不仅无害，反而有益。如 T10 高碳钢制冲头常在 230~300℃ 之间回火，寿命最高，否则容易脆断和开裂；又如 CrWMn 钢制六角螺帽冷锻模在 180℃ 回火，硬度达到 60HRC 以上，使用中极易产生开裂，而改为 260℃ 回火，硬度为 56~58HRC，避免了开裂现象，寿命反而大大提高。

第二类回火脆性主要在合金结构钢（含 Cr、Ni、Mn、Si 的调质钢）中出现。试验表明，第二类回火脆性与钢中 Ni、Cr 及杂质元素 Sb、P、Sn 等向原奥氏体晶界偏聚有关，偏聚程度越大，回火脆性越严重，如锰钢、铬钢的第二类回火脆性明显地随杂质元素含量的增加而增大。若将已经发生第二类回火脆性的钢，重新回火加热至 600℃ 以上，使偏聚元素充分溶解并随即快冷，即可消除回火脆性，因此第二类回火脆性又有可逆回火脆性之称。

防止第二类回火脆性的关键在于如何消除杂质元素向晶界的偏聚。经常采取提高钢的纯净度，减少钢中杂质元素含量；加入适量的 Mo 和 W 于钢中，消除或延缓杂质元素向晶界偏聚；二次淬火，可改善杂质元素分布情况；回火后快冷，抑制杂质元素向晶界偏聚等措施来防止第二类回火脆性发生。

7.2 合金钢的分类与编号

生产中使用的钢材品种繁多，为了便于生产、管理、选用和研究，有必要对钢加以分类和编号。

7.2.1 合金钢的分类

按合金元素总的质量分数分为低合金钢（$w(Me)(\%)<5\%$）、中合金钢（$w(Me)(\%)=5\%~10\%$）、高合金钢（$w(Me)(\%)>10\%$）；按钢中主要合金元素种类又可分为锰钢、铬钢、硼钢、铬镍钢、铬锰钢等；按用途分为合金结构钢、合金工具钢、特殊性能钢；按正火后组织分为铁素体钢、奥氏体钢、莱氏体钢等。

7.2.2 合金钢的编号方法

（1）低合金高强度结构钢　其牌号由代表屈服点的汉语拼音字母（Q）、屈服极限数值、质量等级符号（A、B、C、D、E）三个部分按顺序排列。例如 Q390A，表示屈服强度 $R_{eL}=390MPa$、质量等级 A 的低合金高强度结构钢。

（2）合金结构钢　其牌号由"两位数字+元素符号+数字"三部分组成。前面两位数字代表钢中平均碳质量分数的万倍，元素符号表示钢中所含的合金元素，元素符号后面数字表示该元素的平均质量分数的百倍。合金元素的平均质量分数 $w(Me)(\%)<1.5\%$ 时,一般只标明元素而不标明数值;当平均质量分数 $\geqslant1.5\%$,$\geqslant2.5\%$,$\geqslant3.5\%$,…时,则在合金元素后面相应地标出 2,3,4,…。如 40Cr,其平均碳的质量分数 $w(C)=0.4\%$,平均铬的质量分数 $w(Cr)<1.5\%$。如果是高级优质钢,则在牌号的末尾加"A"。如 38CrMoAlA 钢,则属于高级优质合金结构钢。

(3) 滚动轴承钢 在牌号前面加"G"("滚"字汉语拼音的首位字母),后面数字表示铬的质量分数的千倍,其碳的质量分数不标出。如 GCr15 钢,就是平均铬的质量分数 $w(Cr)=1.5\%$ 的滚动轴承钢。铬轴承钢中若含有除 Cr 外的其他合金元素,这些元素的表示方法与一般的合金结构钢相同。滚动轴承钢都是高级优质钢,但牌号后不加"A"。

(4) 合金工具钢 这类钢的编号方法与合金结构钢的区别仅在于:当 $w(C)<1\%$ 时,用一位数字表示碳的质量分数的千倍;当 $w(C)\geqslant1\%$ 时,则不予标出。如 Cr12MoV 钢,其平均碳的质量分数为 $w(C)=1.45\%\sim1.70\%$,所以不标出;平均铬的质量分数为 12%,钼和钒的质量分数都是小于 1.5%。又如 9SiCr 钢,其 $w(C)=0.9\%$,$w(Cr)<1.5\%$。不过高速工具钢例外,其平均碳的质量分数无论多少均不标出。因合金工具钢及高速工具钢都是高级优质钢,所以它的牌号后面也不必再标"A"。

(5) 不锈钢与耐热钢 这类钢牌号前面数字表示碳质量分数的万倍。如 201 牌号为 12Cr17Mn6Ni5N,表示碳(C)质量分数为万分之十二(0.12%);304 牌号为 06Cr19Ni10,表示碳(C)质量分数为万分之六(0.06%);316L 牌号为 022Cr17Ni12Mo2,表示碳(C)质量分数为万分之二点二(0.022%)。

7.3 合金结构钢

在碳素结构钢的基础上添加一些合金元素就形成了合金结构钢。合金结构钢具有较好的淬透性,较高的强度和韧性,用于制造重要工程结构和机器零件时具有优良的综合力学性能,从而保证零部件安全使用。主要有低合金高强度结构钢、合金渗碳钢、合金调质钢、合金弹簧钢和滚动轴承钢。

7.3.1 低合金高强度结构钢

低合金高强度结构钢是结合我国资源条件发展起来的钢种。它是低碳结构钢,合金元素总质量分数在 3% 以下,以 Mn 为主要元素。和碳素结构钢相比有较高强度,足够的塑性、韧性,良好的焊接工艺性能,较好的耐蚀性和低冷脆转变温度。

为保证有良好的塑性和韧性、良好的焊接性能和冷成形性能,低合金高强度结构钢中碳的质量分数一般均较低,大多数为 $w(C)=0.16\%\sim0.20\%$。

合金元素的主要作用是:加入 Mn(为主加元素)、Si、Cr、Ni 元素为强化铁素体;加入 V、Nb、Ti、Al 等元素为细化铁素体晶粒;合金元素使 S 点左移,增加珠光体数量;加入碳化物形成元素(V、Nb、Ti)及氮化物形成元素(Al),使细小化合物从固溶体中析出,产生弥散强化作用。

低合金高强度结构钢可按屈服极限分 295、345、390、420、460(MPa)五个强度等级,其中 295~390MPa 级的应用最广。它们的牌号、化学成分、力学性能及用途见表 7.1。

低合金高强度结构钢大多数是在热轧、正火状态下使用，其组织为铁素体+少量珠光体。对 Q420、Q460 的 C、D、E 级钢也可先淬成低碳马氏体，然后高温回火以获得低碳回火索氏体组织，从而获得良好的力学性能。Q345 钢的应用最广泛。我国的南京长江大桥、内燃机车机体、万吨巨轮及压力容器、载重汽车大梁等都采用 Q345 钢制造。

表 7.1 常用低合金结构钢牌号、成分、力学性能和用途

牌号	化学成分(质量分数,%)						厚度或直径 /mm	力学性能				应用举例
	C	Mn	Si	V	Nb	Ti	其他	R_{eL}/MPa	R_m/MPa	A (%)	KV_2/J (20℃)	
Q295	≤0.16	0.80~1.50	≤0.55	0.02~0.15	0.015~0.060	0.02~0.20		<16 16~35 35~50	≥295 ≥275 ≥255	390~570	23	34	桥梁、车辆、容器、油罐
Q345	0.18~0.20	1.00~1.60	≤0.55	0.02~0.15	0.015~0.060	0.02~0.20		<16 16~35 35~50	≥345 ≥325 ≥295	470~630	21~22	34	桥梁、车辆、船舶、压力容器、建筑结构
Q390	≤0.20	1.00~1.60	≤0.55	0.02~0.20	0.015~0.060	0.02~0.20	Cr≤0.30 Ni≤0.70	<16 16~35 35~50	≥390 ≥370 ≥350	490~650	19~20	34	桥梁、船舶、起重设备、压力容器
Q420	≤0.20	1.00~1.70	≤0.55	0.02~0.20	0.015~0.060	0.02~0.20	Cr≤0.40 Ni≤0.70	<16 16~35 35~50	≥420 ≥400 ≥380	520~680	18~19	34	桥梁、高压容器、大型船舶、管道
Q460	≤0.20	1.00~1.70	≤0.55	0.02~0.20	0.015~0.060	0.02~0.20	Cr≤0.70 Ni≤0.70	<16 16~35 35~50	≥460 ≥440 ≥420	550~720	17	34	中温高压容器（<120℃）、锅炉、化工、石油高压厚壁容器（<100℃）

7.3.2 合金渗碳钢

合金渗碳钢主要用于制造工作中承受较强烈的冲击作用和磨损条件下的渗碳零件，如制作承受动载荷和重载荷的汽车变速箱齿轮、汽车后桥齿轮和内燃机中的凸轮轴、活塞销等。

这类钢经渗碳、淬火和低温回火后表面具有高的硬度和耐磨性，心部具有较高的强度和足够韧性的零件。

合金渗碳钢中碳的质量分数一般为 0.10%~0.25%，以保证渗碳零件心部具有良好的塑性和韧性。碳素渗碳钢的淬透性低，热处理对心部的性能改变不大，加入合金元素可提高钢的淬透性，改善心部性能。常用的合金元素有 Cr、Ni、Mn 和 B 等，其中以 Ni 的作用最好。为了细化晶粒，还加入少量阻止奥氏体晶粒长大的强碳化物形成元素，如 Ti、V、Mo 等，它们形成的碳化物在高温渗碳时不溶解，可有效抑制渗碳时的过热现象。

为了保证渗碳零件表面得到高硬度和高耐磨性，大多数合金渗碳钢采用渗碳后淬火+低温回火。

渗碳后的钢种，表层碳的质量分数为 0.85%～1.05%，淬火和低温回火后，表层组织由合金渗碳体、回火马氏体及少量残余奥氏体组成，硬度可达 58～64HRC，而心部组织与钢的淬透性及零件截面有关：当全部淬透时为低碳回火马氏体，硬度可达 40～48HRC；未淬透的情况下为珠光体+铁素体或低碳回火马氏体加少量铁素体的混合组织，硬度为 25～40HRC。

合金渗碳钢按淬透性分为低淬透性、中淬透性及高淬透性钢三类。

1. 低淬透性合金渗碳钢

低淬透性合金渗碳钢如 15Cr、20Cr、15Mn2、20Mn2 等。这类钢淬透性低，经渗碳、淬火与低温回火后心部强度较低，强度与韧性配合较差。这类钢只可用作受力不太大，不需要高强度的耐磨零件，如柴油机的凸轮轴、活塞销、滑块、小齿轮等。这类钢渗碳时心部晶粒易于长大，特别是锰钢。如性能要求较高时，这类钢在渗碳后，经常采用两次淬火法。

2. 中淬透性合金渗碳钢

中淬透性合金渗碳钢如 20CrMnTi、12CrNi3A、20CrMnMo、20MnVB 等。这类钢含合金元素总量较高（质量分数不高于 4%），它们的淬透性和力学性能均较好。这类钢可用作受中等动载荷的受磨零件，如变速齿轮、齿轮轴、十字销头、花键轴套、气门座和凸轮盘等。由于含有 Ti、V、Mo，渗碳时奥氏体晶粒长大倾向较小，自渗碳温度预冷到 870℃左右可直接淬火，并经低温回火后具有较好的力学性能。

3. 高淬透性合金渗碳钢

高淬透性合金渗碳钢如 12Cr2Ni4A、18Cr2Ni4W 等。这类钢含合金元素总质量分数为 4%～6%，它们的淬透性很大，渗碳、淬火与低温回火后心部强度很高，强度与韧性配合很好。这类钢可用作受重载和强烈磨损的重要大型零件，如内燃机车的主动牵引齿轮、柴油机曲轴、连杆及缸头精密螺栓等。由于这类钢含有较高的合金元素，其冷却转变曲线大大向右移，因而在空气中冷却也能淬得马氏体组织；另外，其马氏体转变温度大为下降，渗碳表层在淬火后将保留大量的残余奥氏体。为了减少淬火后残余奥氏体量，可在淬火前先高温回火，使碳化物球化或在淬火后采用冷处理。

部分合金渗碳钢牌号、成分、力学性能和用途见表 7.2。

表 7.2 常用合金渗碳钢牌号、成分、力学性能和用途

类别	牌号	化学成分(质量分数,%)						力学性能					应用举例
		C	Mn	Si	Cr	Ni	V	其他	R_{eL}/MPa	R_m/MPa	A(%)	Z(%)	KU_2/J	
低淬透性	15	0.12~0.18	0.35~0.65	0.17~0.37					300	500	15	55		活塞销等
	20Mn2	0.17~0.24	1.40~1.80	0.17~0.37					590	785	10	40	47	小齿轮、小轴、活塞销等
	20Cr	0.17~0.24	0.50~0.80	0.20~0.40	0.70~1.00				540	835	10	40	47	齿轮、小轴、活塞销等
	20MnV	0.17~0.24	1.30~1.60	0.17~0.37			0.07~0.12		590	785	10	40	55	同上，也用作锅炉、高压容器管道等

(续)

类别	牌号	化学成分(质量分数,%)						力学性能				应用举例
		C	Mn	Si	Cr	Ni	V	其他	R_{eL}/MPa	R_m/MPa	A(%)	Z(%)	KU_2/J	
中淬透性	20CrMn	0.17~0.23	0.90~1.20	0.17~0.37	0.90~1.20				735	930	10	45	47	齿轮、轴、蜗杆、活塞销、摩擦轮
中淬透性	20CrMnTi	0.17~0.23	0.80~1.10	0.17~0.37	1.00~1.30			Ti 0.04~0.10	850	1080	10	45	55	汽车、拖拉机上的变速箱齿轮
高淬透性	18Cr2Ni4-W	0.13~0.19	0.30~0.60	0.17~0.37	1.35~1.65	4.00~4.50		W 0.80~1.20	835	1180	10	45	78	大型渗碳齿轮和轴类件
高淬透性	20Cr2Ni4	0.17~0.23	0.30~0.60	0.17~0.37	1.25~1.65	3.25~3.65			1080	1180	10	45	63	同上

设计中可应用淬透性值,根据已知渗碳零件尺寸和心部硬度要求来选择淬透性能合适的渗碳钢。

如,已知汽车后桥主要螺旋齿轮的轮齿要求心部硬度为 30~45HRC,要达到这一要求,需求出淬透性值。其顺序是用任一种已经被测定淬透性曲线的钢,仿制同样的齿轮,假定渗碳淬火后测得轮齿心部硬度值恰为 35HRC 左右,则可从该钢淬透性曲线上查得硬度值为 35HRC 的位置位于距末端某处,假定为 7.5mm 处,说明该轮齿心部的冷却速度与淬透性试样上距末端 7.5mm 处的冷却速度相同。因此,轮齿心部的淬透性值可表示为 $J\dfrac{30-45}{7.5}$。经查阅几种渗碳钢的淬透性曲线,发现 20CrMnTi 钢能满足要求,即淬火后轮齿心部硬度能达到 30~45HRC 的要求。

下面就以 20CrMnTi 合金渗碳钢制造的汽车变速齿轮为例,说明其热处理工艺方法的选定和工艺路线的安排。

技术要求:渗碳层厚度 1.2~1.6mm,齿顶硬度 58~60HRC。

根据技术要求,确定其热处理工艺如图 7.13 所示。

20CrMnTi 钢制汽车变速齿轮的整个生产过程的工艺路线为

锻造→正火→加工齿形→局部镀铜→渗碳→预冷淬火、低温回火→喷丸→磨齿 (精磨)

齿轮毛坯在机加工前需正火,其目的是为了改善锻造状态的不正常组织,利于切削加工保证齿形合格。20CrMnTi 钢正火后的硬度为 170~210HBW,切削加工性能良好。20CrMnTi 钢的渗碳温度定为 920℃ 左右,渗碳时间根据所要求的渗碳层厚度 1.2~1.6mm,查阅热处理工艺手册,确定为 6~8h。渗碳后,自渗碳温度预冷到 870~880℃ 直接油淬,经 200℃ 低温回火 2~3h 后,其性能达到:$R_m \approx 1000$MPa,$A \approx 50\%$,$K \approx 64$J;表面层由于碳含量较高(渗碳后 $w(C) \approx 1.0\%$),淬火低温回火后基本上是回火马氏体组织,具有很高的硬度(58~60HRC)和耐磨性;其心部由于 Cr、Mn 元素提高钢的淬透性的影响,在淬火低温回

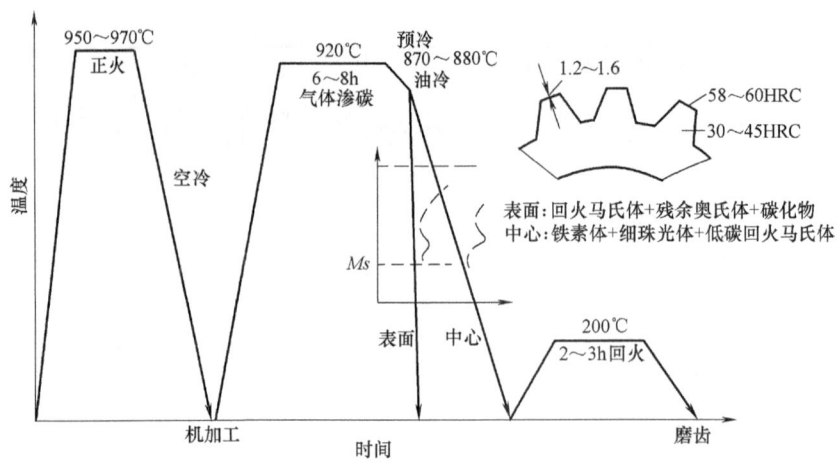

图 7.13　20CrMnTi 钢制汽车变速齿轮热处理工艺曲线

火后可以获得回火低碳马氏体组织，具有高的强度和足够的冲击韧性的良好配合。因此，20CrMnTi 钢制汽车变速齿轮，经过上述冷热加工和热处理后，所获得的性能基本上已满足技术要求。最后的喷丸处理不仅是为了清除氧化皮，使表面光洁，更重要的是作为一种强化手段，使零件表层压应力进一步增大，有利于提高疲劳强度。在某些情况下，喷丸处理后再进行精磨，磨去表层 0.02~0.05mm，这样做有利于降低齿面表面粗糙度值，而对强化效果不至于引起不良影响。

7.3.3　合金调质钢

合金调质钢一般指经过调质处理后使用的碳素结构钢和合金结构钢。大多数合金调质钢是属于中碳钢。调质处理后，钢的组织为回火索氏体。合金调质钢具有高的强度和良好的塑性及韧性的配合，即具有良好的综合力学性能。因此合金调质钢常用于制造汽车、拖拉机、机床及其他机械上要求具有良好综合力学性能的各种重要零件，如柴油机连杆螺栓、汽车底盘上的半轴及机床主轴等。

1. 对合金调质钢淬透性要求

合金调质钢要获得具有良好综合力学性能的回火索氏体组织，其前提是在淬火后必须获得马氏体组织，因此调质效果与淬透性有着密切关系。如淬透性不足，淬火后就不能获得足够厚度的淬硬层，不能获得足够数量的马氏体，即使回火后硬度合格，其他力学性能（如屈服极限、疲劳强度）却显著下降。对于合金调质钢淬透性，应根据零件受力情况而定，如连杆是单向均匀受拉、压或剪切应力的零件，要求淬火后保证心部获得 90% 以上马氏体；传动轴是承受扭转或弯曲应力的零件，因弯、扭时应力由表面至心部逐渐减小，它只要求淬火后离表面 1/4 半径处保证获得 80% 以上马氏体；重要的螺栓类零件虽然主要承受拉应力，但应力不均匀，表层因受预紧力作用，应力较大，心部应力较小，故心部马氏体量可要求低些。如经调质处理的汽车连杆螺栓，淬火时要求离表面 1/2 半径处保证获得 90% 以上马氏体，心部约含 70% 左右马氏体即可。受力小的零件对马氏体量与淬硬层深度要求，还可进一步降低。

2. 合金调质钢的化学成分

合金调质钢碳的质量分数一般为 0.25%~0.50%。碳的质量分数过低不易淬硬，回火后达不到所需要的强度；如果碳的质量分数过高，则零件韧性较差。通常使用的碳素调质钢，其碳含量接近上述范围的上限，如 40 钢、45 钢、50 钢等；而合金调质钢则比较接近下限，如 40Cr 钢、30CrMnTi 钢等。这是因为合金元素有强化作用，它相当于代替了一部分碳含量。

合金调质钢中所包含的主加合金元素有 Cr、Ni、Mn、Si、B 等。它们所起的主要作用是增加合金调质钢的淬透性，并且使淬火和高温回火后回火索氏体组织得到强化。实际上，这些元素大多溶于铁素体中，使铁素体得到强化。合金调质钢中这类元素的含量都保证使铁素体得到强化而不明显降低其韧性，甚至有的还能同时提高其韧性。Mo、W 的主要作用是防止或减轻第二类回火脆性，并增加回火稳定性；V、Ti 的作用是细化晶粒，阻碍高温奥氏体晶粒长大。微量的 B 能强烈地使等温转变曲线向右移，而显著地增加合金调质钢的淬透性。

合金调质钢常按淬透性大小分为三类，其主要牌号、成分、力学性能和用途见表 7.3。

表 7.3 常用调质钢的牌号、成分、力学性能和用途

类别	牌号	化学成分(质量分数,%)							力学性能					应用举例
		C	Mn	Si	Cr	Ni	Mo	V	其他	R_{eL}/MPa	R_m/MPa	A(%)	Z(%)	KU_2/J	
低淬透性	40MnB	0.37~0.44	1.10~1.40	0.17~0.37					B0.0005~0.0035	785	980	10	45	47	主轴、曲轴、齿轮、柱塞等；可代替 40Cr 及部分代替 40CrNi 作重要零件，也可代替 38CrSi 作重要调质件
	40MnVB	0.37~0.44	1.10~1.40	0.17~0.37				0.05~0.10	B0.0005~0.0035	785	980	10	45	47	
	40Cr	0.37~0.44	0.50~0.80	0.17~0.37	0.80~1.10			0.07~0.12		785	980	9	45	47	
中淬透性	38CrSi	0.35~0.43	0.30~0.60	1.00~1.30	1.30~1.60					835	980	12	50	55	载荷大的轴类件及车辆上的重要调质件；可代替 40CrNi 作大截面轴类件；作氮化零件，如高压阀门、缸套等
	35CrMo	0.32~0.40	0.40~0.70	0.17~0.37	0.80~1.10		0.15~0.25			835	980	12	45	63	
	38CrMoAl	0.35~0.42	0.30~0.60	0.20~0.45	1.35~1.65		0.15~0.25		Al0.70~1.10	835	980	14	50	71	
高淬透性	37CrNi3	0.34~0.41	0.30~0.60	0.17~0.37	1.20~1.60	3.00~3.50				980	1130	10	50	47	作大截面并要求高强度、高韧性的零件；作高强度零件，如航空发动机轴、在<500℃工作的喷气发动机承载零件
	40CrMnMo	0.37~0.45	0.90~1.20	0.17~0.37	0.90~1.20		0.20~0.30			785	980	10	45	63	
	40CrNiMo	0.37~0.44	0.50~0.80	0.17~0.37	0.60~0.90	1.25~1.65	0.15~0.25			835	980	12	55	78	

3. 合金调质钢的热处理特点

合金调质钢热处理的第一步工序是淬火，即将钢件加热至 850℃左右（>Ac_3）的温度然后淬火。具体加热温度的高低需由钢的成分来决定。含 B 的钢，其淬透性对淬火温度高低

十分敏感，故必须严格按照所规定的温度加热。温度过高或过低都会使淬透性减低。淬火介质可以根据钢件尺寸大小和该钢淬透性高低加以选择。实际上，除碳钢外，一般合金调质钢零件都在油中淬火；对合金元素含量较高、淬透性特别大的钢件，甚至空冷都能淬得马氏体组织。

淬火只是合金调质钢热处理的第一步。处于淬火状态的钢，内应力大且脆，不能直接使用。必须进行第二步热处理工序——回火，以便消除应力，增加韧性，调整强度。回火是使调质钢的力学性能定型化的最重要工序。为了使合金调质钢具有最为良好的综合力学性能，合金调质钢零件一般采用500~650℃的高温范围进行回火。回火的具体温度则由钢的成分及对性能的要求而定。通过调节不同的回火温度可以得到不同的硬度和最终性能。因此，虽是同一钢号，但设计者可根据不同零件的技术要求加以选择。

合金调质钢在高温回火后虽能获得优良的综合力学性能，但对于某些合金钢（如Cr-Ni、Cr-Mn等钢），当其自高温回火温度缓慢冷却时，往往会出现第二类回火脆性现象。合金调质钢一般制成大截面的零件，采取快速冷却方法去抑制回火脆性的发生是有困难的，因此经常采用加入Mo和W合金元素的办法，其适宜含量为：$w(\mathrm{Mo}) = 0.15\% \sim 0.30\%$，$w(\mathrm{W}) = 0.8\% \sim 1.2\%$。

合金调质钢的零件，通常除了要求有良好的综合力学性能外，往往还要求表层有良好的耐磨性能。为此，经过调质热处理的零件往往还要进行感应加热表面淬火。如果对耐磨性能的要求极高，则需要选用专门的调质钢进行专门的化学热处理，如选用38CrMoAlA钢进行氮化处理。

根据需要，调质钢也可在中、低温回火状态下使用，其金相组织为回火屈氏体、回火马氏体。它们比回火索氏体组织具有较高的强度，但冲击韧性较差。如模锻锤杆、套轴等采用中温回火；凿岩机活塞、球头销等采用低温回火。为了保证必需的韧性和减少残余应力，一般仅使用$w(\mathrm{C}) < 0.30\%$的合金调质钢进行低温回火。

4. 常用合金调质钢的性能特点及用途

40、45钢等中碳钢经调质热处理后，其力学性能大致为：$R_m = 620 \sim 700\mathrm{MPa}$，$R_{eL} = 450 \sim 500\mathrm{MPa}$，$A = 17\% \sim 20\%$，$Z = 45\% \sim 50\%$，$K = 64 \sim 72\mathrm{J}$。碳素调质钢的力学性能不高，只适用于尺寸较小、负荷较轻的零件。在合金调质钢中，加入合金元素，提高了力学性能，使其适用于尺寸较大，负荷较重的零件。常用合金调质钢中，42CrMo、37CrNi3钢的综合力学性能较为良好，尤其是强度较高，比相同碳含量的碳素调质钢约高30%左右。这主要是由于这两种钢中合金元素对铁素体的强化效果较为显著所致。

各种合金调质钢由于淬透性不同而影响其力学性能，见表7.3。由于40CrNiMo钢的淬透性较好，因而其综合力学性能亦较高，尤其是强度和屈强比较高。40Cr钢由于截面尺寸不同而影响其力学性能，如毛坯直径越小，综合力学性能越高，尤其是强度、硬度越高，而韧性亦有上升，这是由于毛坯直径越小，淬硬层厚度越大，淬后马氏体数量越多所致。

40Cr钢是合金调质钢中最常用的一种钢。下面就以40Cr钢制作的拖拉机连杆螺栓为例，说明热处理工艺方法的选定和工艺路线的安排。

连杆螺栓是发动机中一个重要的连接零件，在工作时它承受周期变化着的拉应力和装配时的预应力，在发动机运转中，如果连杆螺栓破断，就会引起严重事故。因此要求它应具有足够的强度、冲击韧性和抗疲劳能力。为了满足上述综合力学性能的要求，确定40Cr钢制连杆螺栓,其热处理工艺如图 7.14 所示。

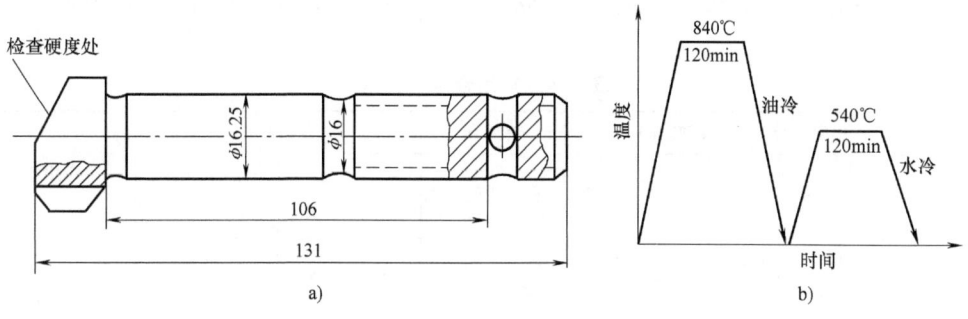

图 7.14 连杆螺栓及其热处理工艺

连杆螺栓的生产工艺路线为

下料→锻造→退火(或正火)→机加工(粗加工)→调质→机加工(精加工)→装配

退火(或正火)作为预备热处理,其主要目的是为了改善锻造组织,细化晶粒,有利于切削加工,并为随后调质热处理作好组织准备。

调质热处理:淬火,加热温度 840±10℃,油冷,获得马氏体组织;回火,加热温度 525±25℃,水冷(防止第二类回火脆性)。

经调质热处理后金相组织应为回火索氏体,不允许有块状铁素体出现,否则会降低强度和韧性,其硬度大约为 30~38HRC(263~322HBW)。

必须指出,凡要求调质零件硬度较高者(如平均硬度大于 285HBW),可先进行粗加工,然后调质。对精度要求高的零件,调质后还需进行精加工。对调质零件硬度要求较低者(一般为 170~230HBW,最高平均硬度不超过 285HBW),可采用"锻造→调质→机加工"工艺路线的热处理方案。此方案中调质工序与热加工紧紧相连,利于锻热淬火(又称高温形变热处理),即在锻造时控制锻造温度,锻后利用锻造余热进行淬火。锻热淬火不仅简化工序、节约工时、降低成本,还可提高调质钢的强韧性,这是由于回火后容易得到均匀的回火索氏体并且提高了回火稳定性所致。

7.3.4 合金弹簧钢

弹簧是各种机械和仪表中的重要零件,它主要利用弹性变形时所储存的能量起到缓和机械上的振动和冲击作用。由于弹簧一般是在动负荷的条件下使用,因此要求合金弹簧钢必须具有高的抗拉强度、高的屈强比、高的疲劳强度(尤其是缺口疲劳强度),并有足够的塑性、韧性及良好的表面质量,同时还要求有较好的淬透性和低的脱碳敏感性,在冷热状态下容易绕卷成形。

为了获得弹簧所要求的性能,弹簧钢的碳的质量分数比调质钢高,一般为 0.6%~0.9%。由于碳素弹簧钢(如 65、75 钢等)的淬透性较差,其截面尺寸超过 12~15mm 在油中就不能淬透。若用水淬,则容易产生裂纹。因此,对于截面尺寸较大,承受较重负荷的弹簧都由合金弹簧钢制造。

合金弹簧钢的碳的质量分数一般为 0.45%~0.75%,合金弹簧钢中所含合金元素经常有Si、Mn、Cr、W、V 等,它们的主要作用是提高钢的淬透性和回火稳定性,强化铁素体和细化晶粒,能有效地改善弹簧钢的力学性能,提高弹性极限、屈强比。其中 Cr、W、V 还有利于提高弹簧钢的高温强度。

合金弹簧钢按生产方法不同可分为热成形弹簧钢和冷成形弹簧钢两类，常用合金弹簧钢见表7.4。

表7.4 常用合金弹簧钢

钢号	化学成分(质量分数,%)					热处理		力学性能				应用举例
	C	Mn	Si	Cr	其他	淬火/℃	回火/℃	R_{eL}/MPa	R_m/MPa	$A_{11.3}$(%)	Z(%)	
65	0.62~0.70	0.50~0.80	0.17~0.37	≤0.25		840(油)	500	785	980	9.0	35	截面<15mm 的小弹簧
85	0.82~0.90	0.50~0.80	0.17~0.37	≤0.25		820(油)	480	980	1130	6.0	30	
65Mn	0.62~0.70	0.90~1.20	0.17~0.37	≤0.25		830(油)	540	785	980	8.0	30	截面≤25mm 的弹簧,如车厢缓冲卷簧
60Si2Mn	0.56~0.64	0.70~1.00	1.50~2.00	≤0.35		870(油)	440	1375	1570	5.0	20	
60Si2Cr	0.56~0.64	0.40~0.70	1.40~1.80	1.70~1.00		870(油)	420	1570	1765	(A)6.0	20	截面≤30mm 的重要弹簧,如汽车板簧、低于350℃的耐热弹簧
50CrV	0.46~0.54	0.50~0.80	0.17~0.37	0.80~1.10		850(油)	500	1130	1275	(A)10.0	40	
55CrMn	0.52~0.60	0.65~0.95	0.17~0.37	0.65~0.95	V0.1~0.2	840(油)	485	1080	1225	(A)9.0	20	

1. 热成形合金弹簧钢

65Mn 钢中 $w(Mn) \approx 1.0\%$，它加入钢中能提高淬透性并强化铁素体，这类钢的淬透性和屈服极限比碳素弹簧钢高，12mm 直径的钢在油中可以淬透，脱碳倾向比硅钢小；缺点是有过热敏感性和回火脆性倾向，淬火时开裂倾向也较大。65Mn 钢可制作一般截面尺寸为 8~16mm 的小型弹簧，如各种小尺寸扁、圆弹簧、坐垫弹簧、弹簧发条，也适于制作弹簧环、气门簧、离合器簧片、刹车弹簧等。

55Si2Mn、60Si2Mn 钢中同时加入 Si 和 Mn，它们所起的主要作用是增加钢的淬透性，并使淬火中温回火后所得回火屈氏体得到强化（实际上是 Si、Mn 合金元素溶于铁素体所引起的强化）。此钢在热处理时，脱碳倾向较大，尤其硅和碳含量偏高时，碳易于石墨化而使钢变脆。主要用于汽车、拖拉机、机车上制作减振板簧和螺旋弹簧、汽缸安全阀簧、轧钢设备及要求承受较高应力的弹簧，还可用作低于 230℃ 条件下使用的弹簧。

另外，55SiMnMoV、55SiMnMoVNb、55SiMnVB 等钢是在硅锰基础上加入少量 Mo、V、Nb、B 等元素制成。这类钢的脱碳倾向比一般硅锰弹簧钢小，而且具有较高的淬透性（在油中能淬透 75mm）和力学性能，适用于制作 8t、15t、25t 汽车大截面板簧。

热轧弹簧钢采取加热成形制造弹簧的工艺路线大致如下（以板簧为例）

扁钢剪断→加热压弯成型后淬火中温回火→喷丸→装配

合金弹簧钢的淬火温度一般为 830~880℃，温度过高易发生晶粒粗大和脱碳现象。合金弹簧钢最忌脱碳，它会使其疲劳强度大为降低。因此在淬火加热时，炉中气氛要严格控制，并尽量缩短弹簧在炉中停留的时间，也可在脱氧较好的盐浴炉中加热。淬火加热后在 50~80℃油中冷却，冷至 100~150℃ 时即可取出进行中温回火。回火温度根据对弹簧的性能要求加以选择。一般在 480~550℃ 时回火。回火后的硬度大约为 39~52HRC。如螺旋弹簧回火后硬度为 45~50HRC；对剪切应力较大的弹簧回火后硬度为 48~52HRC；板簧回火后硬度为 39~47HRC。

弹簧的表面质量对使用寿命影响很大，因为微小的表面缺陷，如脱碳、裂纹、夹杂和斑疤等，可造成应力集中，使钢的疲劳强度降低。因此，弹簧在热处理后还要用喷丸处理来进行表面强化，使弹簧表面层产生残余压应力，以提高其疲劳强度。试验表明，采用 60Si2Mn 钢制作的汽车板簧经喷丸处理后，使用寿命可提高 5~6 倍。

目前在弹簧钢热处理方面应用等温淬火、形变热处理等一些新工艺，对其性能的进一步提高，取得了一定的成效。

2. 冷成形合金弹簧钢

直径较细或厚度较薄的弹簧一般由冷拉合金弹簧钢丝或冷轧合金弹簧钢带制成。冷拉合金弹簧钢丝按制造工艺不同可分为三类：

(1) 铅浴等温处理冷拉钢丝　这种钢丝生产工艺的主要特点是钢丝在冷拉过程中，经过一道快速等温冷却的工序，然后冷拉成所要求的尺寸。以 T9A 钢为例，先将正火酸洗后的钢丝拉拔三次，使总拉拔量为 50%，然后钢丝以 3.5m/min 的速度经过连续加热炉，加热到 900~950℃ 奥氏体化温度，接着就通过 500~550℃ 铅浴进行等温冷却，在此温度区域持续过程中，过冷奥氏体等温转变为索氏体（细珠光体）组织，再经过清理烘干，拉拔到成品所要求的尺寸。与另外两类相比较，目前认为这类钢丝具有最高的强度，其抗拉强度最高可超过 3000MPa，而且还有较高的塑性。这类钢丝有碳素弹簧钢丝（YB248-64）和 65Mn 弹簧钢丝（YB550-65）。用这类钢丝冷卷弹簧后，进行消除应力回火，不需再经淬火回火处理。

(2) 油淬回火钢丝　冷拔到规定尺寸后连续进行淬火回火处理的钢丝。这类钢丝的抗拉强度虽然不及铅浴等温处理冷拉钢丝，但性能比较均匀一致，抗拉强度波动范围小，广泛用于制造各种动力机械阀门弹簧。这类钢丝冷卷成弹簧后，也只进行消除应力回火。

(3) 退火状态供应的合金弹簧钢丝　用这类钢丝制成弹簧后，需经淬火回火处理，才能达到所需的力学性能。这类钢丝有 50CrVA 钢丝（YB218-64，YB285-64）、60Si2MnA 钢丝及 55Si2Mn 钢丝等。

由上述可知，冷拉碳素钢丝和油淬回火钢丝冷卷成形后都要经过去除内应力回火处理。选用的回火温度要恰当，温度过低，去除内应力的作用不充分，弹簧的性能不能充分改善；温度过高，由于回火软化作用而使抗拉强度和弹性极限降低。一般回火加热时间为 30min，时间再长也不会使性能进一步改善。几种钢丝冷卷弹簧后的去除内应力回火温度范围见表 7.5。

表 7.5　钢丝冷卷弹簧后的去除内应力回火温度范围

钢丝种类	去除内应力回火温度/℃
冷拉碳素钢丝	230~260
油淬回火钢丝	230~290
气阀弹簧钢丝	230~400
Cr-V 弹簧钢丝	315~370
Cr-Si 弹簧钢丝	425~455

7.3.5 滚动轴承钢

在柴油机、拖拉机、机床、汽车及其他各种高速运转的机械中，广泛地使用着滚动轴承。用于制造滚动轴承的钢称为滚动轴承钢。实际上，目前滚动轴承钢已不限于用作滚动轴承，也可作其他用途，如形状复杂的工具、冷冲模具、精密量具及要求硬度高、耐磨性高的结构零件等。滚动轴承在工作时，滚动体（指滚珠或滚柱）和内套均受周期性交变载荷，由于它们之间只有很小接触面积，因而接触应力可达 3000~3500MPa，循环受力次数可达数万次每分钟。在周期载荷作用下，在套圈和滚动体表面都会产生小块金属剥落而发生疲劳破坏。滚动体和套圈的接触面之间不但存在滚动，而且也有滑动，因而产生滚动和滑动摩擦，轴承往往因摩擦造成过度磨损而丧失精度。

根据滚动轴承的工作条件，提出对滚动轴承钢的性能要求。滚动轴承钢必须具有：高而均匀的硬度和耐磨性，高的弹性极限和接触疲劳强度，足够的韧性和淬透性，同时在大气或润滑剂中具有一定的耐蚀能力。此外，对钢的纯度（非金属夹杂物等）、组织均匀性、碳化物的分布状况，以及脱碳程度等都有严格的要求，否则这些缺陷将会显著缩短轴承的寿命。

1. 滚动轴承钢的化学成分

通常所说的滚动轴承钢都是指高碳铬钢，其 $w(C) = 0.95 \sim 1.15\%$，$w(Cr) = 0.50 \sim 1.65\%$；尺寸较大的轴承则可采用铬锰硅钢。常用滚动轴承钢的牌号、化学成分、热处理和用途见表 7.6。

表 7.6 常用滚动轴承钢的牌号、化学成分、热处理及用途

牌号	化学成分(质量分数,%)						热处理			应用举例
	C	Cr	Mn	Si	S	P	淬火温度/℃	回火温度/℃	回火后硬度 HRC	
GCr9	1.00~1.10	0.90~1.20	0.25~0.45	0.15~0.35	≤0.020	≤0.027	810~830	150~170	62~66	直径 10~20mm 的滚珠、滚柱及滚针
GCr15	0.95~1.05	1.40~1.65	0.25~0.45	0.15~0.35	≤0.020	≤0.027	825~845	150~170	62~66	壁厚<12mm、外径<250mm 的套圈，直径为 15~50mm 的钢球
GCr15SiMn	0.95~1.05	1.40~1.65	0.95~1.25	0.45~0.75	≤0.020	≤0.027	820~840	150~170	≥62	壁厚≥12mm、外径>250mm 的套圈，直径>50mm 的钢球

为了保证滚动轴承钢的高硬度、高耐磨性和高强度，碳含量应较高。加入 0.40%~1.65%Cr 的主要作用是增加钢的淬透性。含 $w(Cr) = 1.50\%$ 时，厚度为 25mm 以下零件在油中可淬透。Cr 与 C 所形成的 $(Fe,Cr)_3C$ 合金渗碳体比一般 Fe_3C 稳定，会阻碍奥氏体晶粒长大，减小钢的过热敏感性，使淬火后能获得细针状或隐晶马氏体组织而增加钢的韧性。Cr 还有利于提高低温回火时的回火稳定性。铬含量过高（如 $w(Cr)>1.65\%$）时，会增加淬火钢中残余奥氏体量和碳化物分布不均匀性，其结果影响了轴承的使用寿命和尺寸稳定性。因此，铬轴承钢中铬的质量分数以 0.40%~1.65% 为宜。

对于大型轴承（如直径 $D > 30 \sim 50mm$ 的钢珠），在 GCr15 基础上，还加入适量的 Si（0.40%~0.65%）和 Mn（0.90%~1.20%），以便进一步改善淬透性，提高钢的强度和

弹性极限而不降低韧性。

此外，在滚动轴承钢中，对它的杂质含量要求很严，一般规定 $w(S)<0.02\%$，$w(P)<0.027\%$；非金属夹杂物（氧化物、硫化物、硅酸盐等）的含量必须很低，而且在钢中的分布状况要在一定的级别范围之内。

2. 滚动轴承钢的热处理特点

滚动轴承钢的热处理工艺主要为球化退火、淬火和低温回火。

球化退火的主要目的在于使锻造后的钢硬度降低，以利于切削加工，并为零件的最后热处理作组织准备。退火后的金相组织为球化体和均匀分布的过剩的细粒状碳化物，硬度低于210HBW，具有良好的切削加工性。

淬火和低温回火是最后决定轴承钢性能的重要热处理工序，GCr15 钢的淬火温度要求十分严格，如果淬火加热温度过高（大于850℃），将会增大残余奥氏体量，并会由于过热而淬得粗片状马氏体，以致急剧降低钢的硬度和疲劳强度（图 7.15）。

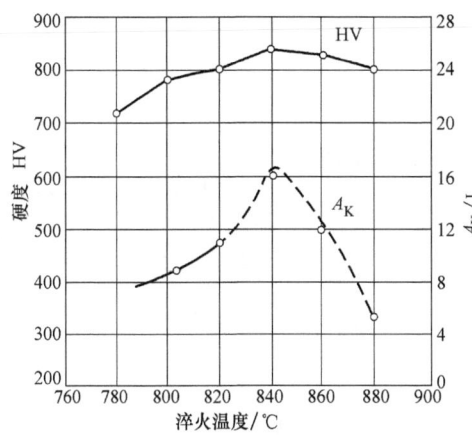 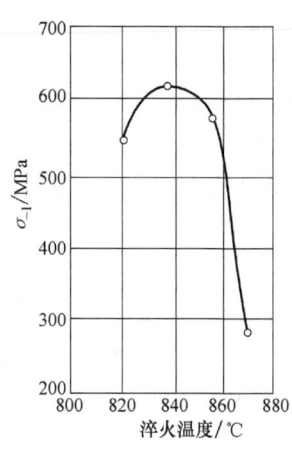

图 7.15　淬火温度对 GCr15 钢的硬度和疲劳强度的影响

淬火后应立即回火，回火温度为 150~160℃，保温 2~3h，经热处理后的金相组织为极细的回火马氏体和分布均匀的细粒状碳化物及少量的残余奥氏体，回火后硬度为 61~65HRC。表 7.7 为铬轴承钢各种零件回火后的硬度要求。

表 7.7　铬轴承钢各种零件回火后的硬度要求

钢号	零件名称	回火后的硬度　HRC
GCr15	套圈	61~65
	关节轴承套圈	58~64
	滚针、滚子	61~65
	≤45mm 钢球直径	62~66
	≥45mm 钢球直径	60~66
GCr15SiMn	套圈	60~64
	钢球	60~66
	滚子	61~65

低温回火后磨加工，磨加工后再需要进行消除磨削应力、进一步稳定组织、提高零件尺寸稳定性的更低温度的长时间回火，这种回火称为附加回火或补充回火，又称为稳定化处理或时效处理。

综上所述，铬轴承钢制造轴承的生产工艺路线一般为

轧制、锻造→预先热处理(球化退火)→机加工→淬火和低温回火→磨加工→成品

对精密轴承零件，保证尺寸的稳定性（即长期存放或使用中不发生变形）极为重要。引起尺寸变化的原因主要是内应力的存在以及残余奥氏体的转变，因此，为了稳定尺寸，可在淬火后进行冷处理（-80~-60℃），并且在磨削后再进行 120~130℃ 保温 5~10h 的低温时效处理。

滚动轴承钢除用作轴承外，还可用来制作精密量具，冷冲模、机床丝杠及柴油机液压泵上的精密偶件——喷油嘴等。

滚动轴承钢的应用举例如下：

零件名称：液压泵偶件针阀体。

针阀体与针阀是内燃机液压泵中一对精密偶件，阀体固定在汽缸头上，在不断喷油的情况下，针阀顶端与阀体端部有强烈的摩擦作用，而且阀体端部工作温度为 260℃ 左右。阀体与针阀要求尺寸精密而稳定，稍有变形就会漏油或出现卡死。因此，要求针阀体有高的硬度、耐磨性和尺寸稳定性。针阀体如图 7.16 所示。

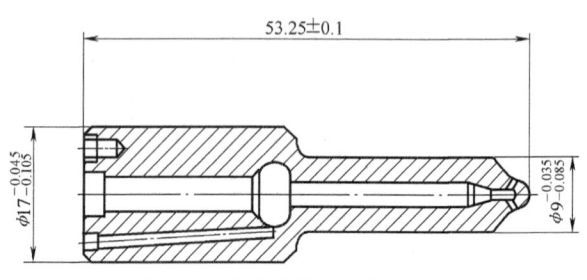

图 7.16 精密偶件针阀体结构图

热处理技术条件：62~64HRC，热处理变形度小于 0.04mm。

用钢选择：一般选用 GCr15 钢。

针阀体的加工路线为

下料（冷拉圆钢）→机加工→去应力→机加工→淬火、冷处理、回火，时效→机加工→时效→机加工

去应力处理在 400℃ 下进行，以消除加工应力，为减小变形创造条件。热处理工艺曲线如图 7.17 所示。

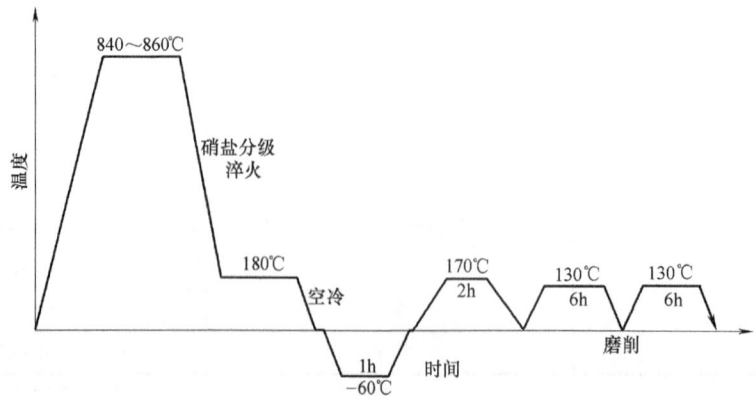

图 7.17 GCr15 钢制"针阀-针阀体"偶件的热处理工艺曲线

淬火冷却采用硝盐分级淬火以减小变形，冷处理在略低于-60℃进行，通过冷处理来减少残余奥氏体量，起稳定尺寸的作用。

回火温度为170℃，以降低淬火及冷处理后产生的应力。

第一次时效在回火后进行，加热温度为130℃，保温6h，利用较低温度、较长时间的保温，使应力进一步降低，组织更加趋向于稳定。

第二次时效在精磨后进行，采用同上工艺，以便更进一步降低应力、稳定组织、稳定尺寸。

7.4 工 具 钢

主要用于制造各种加工和测量工具的钢称为工具钢。按成分不同可分为碳素工具钢和合金工具钢。在碳素工具钢的基础上加入一定种类和数量的合金元素，用于制造各种刀具、模具、量具等用钢就称为合金工具钢。与碳素工具钢相比，合金工具钢的硬度和耐磨性更好，而且还具有更好的淬透性、红硬性和回火稳定性。因此常被用于制作截面尺寸较大、几何形状较复杂、性能要求更高的工具。

工具钢按用途可分为三类：

1）刃具钢，用于制造各种刀具，如车刀、铣刀等。

2）模具钢，用于制造各种模具，如冷冲模、冷挤模、热锻模等。

3）量具钢，用于制造各种量具，如块规、千分尺、样板等。

此外，尚可按所用淬火冷却介质分为水淬钢、油淬钢、空硬钢三类。工具钢分类方法很多，其中常按用途分类。

合金工具钢的编号方法如下：

碳含量：平均碳质量分数不小于1.0%时不标出；小于1.0%时以千分之几表示。高速工具钢有例外，它的平均碳质量分数小于1.0%，也不标出。

合金元素含量：表示方法与合金结构钢相同。

实例：

1）CrMn表示平均碳质量分数不小于1.0%，铬、锰平均质量分数均小于1.5%的合金工具钢。

2）9SiCr表示平均碳质量分数为0.90%，硅、铬平均质量分数均小于1.5%的合金工具钢。

3）W18Cr4V表示碳质量分数为0.70%~0.80%，及钨、铬、钒平均质量分数分别为18%、4%、小于1.5%的高速工具钢。

刀具、模具、量具的工作条件各不相同，它们对所用工具钢的性能要求也就有差别。因此，制造不同的工具所用的工具钢就有着不同的化学成分和热处理特点，现分述于后。

7.4.1 刃具钢

刃具钢主要指制造车刀、铣刀、钻头等切削刀具的钢种。刀具的工作任务就是将钢材或坯料通过切削，加工成为工件。在切削时，刀具受到工件的压力，刃部与切屑之间发生相对摩擦，产生热量，使温度升高；切削速度越快，温度越高，有时可达500~600℃；此外，还承受一定的冲击和振动。根据刀具工作条件，对刃具钢提出如下性能要求：

（1）高硬度　只有刀具的硬度大大高于被切削加工材料的硬度时，才能顺利地进行切削。切削金属材料所用刀具的硬度，一般都在60HRC以上。刃具钢的硬度主要取决于马氏体中的碳含量，一般超过0.6%。因此，刃具钢的碳含量都较高，为0.6%~1.5%。

（2）高耐磨性　耐磨性实际上是反映一种抵抗磨损的能力。磨损量越多，表示耐磨性越差。当磨损量超越所规定的尺寸公差范围时，刃部就丧失切削能力，刀具不能继续使用。因此，耐磨性也可被理解为抵抗尺寸公差损耗的能力。耐磨性的高低，直接影响着刀具的使用寿命。硬度、碳化物与耐磨性之间有密切关系。一般认为硬度越高，其耐磨性越好；随着硬度降低，其耐磨性也变差，如硬度由62~63HRC降至60HRC时，其耐磨性减弱25%~30%。在淬火回火状态，硬度基本相同的情况下，碳化物硬度、数量、颗粒大小、分布情况对耐磨性有很大影响。实践证明，一定数量的硬而细小的碳化物均匀分布在强而韧的金属基体中，可获得较为良好的耐磨性。

（3）高热硬性　所谓热硬性（红硬性），一般是指刃部受热升温时，刃具钢仍能维持高硬度（≥60HRC）的一种特性。热硬性的高低与回火稳定性和碳化物弥散沉淀等有关。若刃具钢中加入既能增加回火稳定性，又能形成弥散沉淀的碳化物的合金元素，如W、V、Nb等，则将显著提高钢的热硬性，如含有这些合金元素的高速工具钢，其在600℃左右仍可维持较高硬度，即刃部受热升温至600℃左右时，高速工具钢的硬度仍维持在不小于60HRC。

此外，刃具钢还要求具有一定的强度、韧性和塑性，以免刃部在冲击、振动载荷作用下，突然发生折断或剥落。

1. 碳素及低合金刃具钢

（1）碳素刃具钢　常用的碳素刃具钢有T7A、T8A、T10A、T12A等，其碳的质量分数为0.65%~1.30%。碳素刃具钢经过适当的热处理后，能达到60HRC以上的硬度和较高的耐磨性；此外，碳素刃具钢加工性能良好，价格低廉，因此，它在工具生产中占有较大的比重，用途广泛，它不仅用作刀具，还可用作模具和量具。

（2）低合金刃具钢　常用低合金刃具钢的牌号、成分、热处理及用途见表7.8。

表7.8　常用低合金刃具钢的牌号、成分、热处理及用途

牌号	化学成分(质量分数,%)				试样淬火		退火状态硬度 HBW 不小于	应用举例
	C	Si	Mn	Cr	淬火温度/℃	硬度 HBC 不小于		
Cr06	1.30~1.45	≤0.40	≤0.40	0.50~0.70	780~810 水	64	241~187	锉刀、刮刀、刻刀、刀片、剃刀、外科医疗刀具
Cr2	0.95~1.10	≤0.40	≤0.40	1.30~1.65	830~860 油	62	229~179	车刀、插刀、铰刀、冷轧辊等
9SiCr	0.85~0.95	1.20~1.60	0.30~0.60	0.95~1.25	830~860 油	62	241~197	丝锥、板牙、钻头、铰刀、齿轮铣刀、小型拉刀、冷冲模等
8MnSi	0.75~0.85	0.30~1.60	0.80~1.10	—	800~820 油	60	≤229	多用作木工凿子、锯条或其他工具
9Cr2	0.85~0.95	≤0.40	≤0.40	1.30~1.70	820~850 油	62	217~179	尺寸较大的铰刀、车刀等刃具、冷轧辊、冷冲模与冲头、木工工具

现以 9SiCr 钢为例，说明合金元素的作用及热处理特点。

9SiCr 钢早先是一种常用的合金刃具钢，但目前已经作为冷冲模具钢使用。

9SiCr 钢相当于 T9+(1.2%~1.6%)Si+(0.95%~1.25%)Cr。钢中含少量 Si 和 Cr，使临界点有所升高，T9 钢与 9SiCr 钢的临界点见表 7.9。

表 7.9　T9 钢与 9SiCr 钢的临界点

钢号	Ac_1	Ar_1
T9	730℃	700℃
9SiCr	770℃	730℃

注：Ac_1 为实际加热时 P→A 的临界点；Ar_1 为实际冷却时 A→P 的临界点。

Si 属于非碳化物形成元素，在加热时能溶于奥氏体中，显著提高过冷奥氏体在珠光体，特别是在贝氏体转变区域的稳定性。Cr 属于碳化物形成元素，由于 9SiCr 中 $w(Cr)<3\%$，因而只能形成合金渗碳体 $(Fe,Cr)_3C$，在正常退火或淬火加热时它能部分溶于奥氏体中，使过冷奥氏体稳定性增加。因此 9SiCr 钢与碳素工具钢相比，具有较高的淬透性，如直径为 30~40mm 的 9SiCr 钢在油中或 160~180℃ 硝盐浴中淬火冷却就能淬透，表面硬度可达 60~62HRC。故 9SiCr 钢适用于截面较厚、要求淬透的或截面较薄、要求变形小的、形状较复杂的工模具。合金渗碳体 $(Fe,Cr)_3C$ 比一般渗碳体 Fe_3C 要稳定，它在退火、正火或淬火加热时不易聚集、溶解，并阻碍奥氏体晶粒长大，使退火、正火或淬火之后获得良好的组织和性能，如球化退火后的球化组织比较均匀细致，淬火时不易造成粗大片状马氏体。由于 Si、Mn 的加入，提高了钢的回火稳定性，因而，230~250℃ 回火后，9SiCr 钢硬度仍不低于 60HRC，而一般碳素工具钢要维持 60HRC，其回火温度一般不允许超过 200℃，如图 7.18 所示。9SiCr 钢的第一类回火脆性区为 250℃ 左右。Si 是石墨化元素，它使钢在加热时容易脱碳，并且在退火状态下硬度较高（197~241HBW），加工性较差。

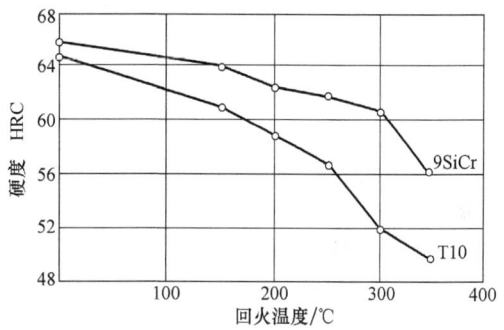

图 7.18　硬度随回火温度的变化

9SiCr 钢在工厂中得到了广泛的应用，特别是用于制造各种薄刃刀具，如板牙、丝锥等。下面就以 9SiCr 钢制造的圆板牙为例，说明其热处理工艺方法的选定和工艺路线的安排。

圆板牙是用来切削外螺纹的刀具。它要求刃具钢碳化物分布均匀，不然使用时易崩刃；板牙的螺距要求精密，要求热处理后齿形变形小，以保证加工质量，一般达到二级精度，使用时螺纹直径和齿形部位容易磨损，因此还要求高的硬度（60~63HRC）和良好的耐磨性，以延长它的使用寿命。为了满足上述性能要求，选用 9SiCr 钢是比较合适的，同时根据圆板牙产品和 9SiCr 钢成分特点来选定热处理工艺方法和安排工艺路线。

圆板牙生产过程的工艺路线为

下料→球化退火→机械加工→淬火+低温回火→磨平面→抛槽→开口

9SiCr 球化退火，一般采用等温退火工艺，如图 7.19 所示。退火后硬度为 197~241HBW，适于机械加工。淬火+低温回火的热处理工艺如图 7.20 所示。

首先在 600~650℃时预热，以减少高温停留时间，从而降低板牙的氧化脱碳倾向。关于淬火加热温度的确定，除考虑控制未溶碳化物数量外，还要考虑原材料的球化级别、工具尺寸以及变形等。若原材料球化级别为 1 级（即球化不良）和 6 级（即有片状珠光体出现），淬火加热温度应低些，以免使马氏体粗化。大直径的钢材中心组织比小直径钢材中心组织要差些（球化组织不良、碳化物不均匀等），所以尺寸大的板牙宜采用较低的淬火加热温度。有时为了控制板牙内孔尺寸变化，也要调整淬火加热温度。加热后在 180℃ 左右的硝盐浴中进行等温淬火，可减小变形。淬火后在 190~200℃时进行低温回火，使其达到所要求的硬度（60~63HRC）并降低残余应力。

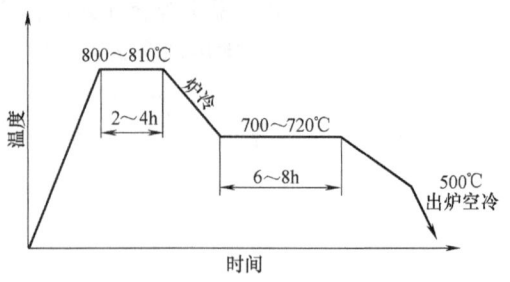

图 7.19 9SiCr 钢等温球化退火工艺

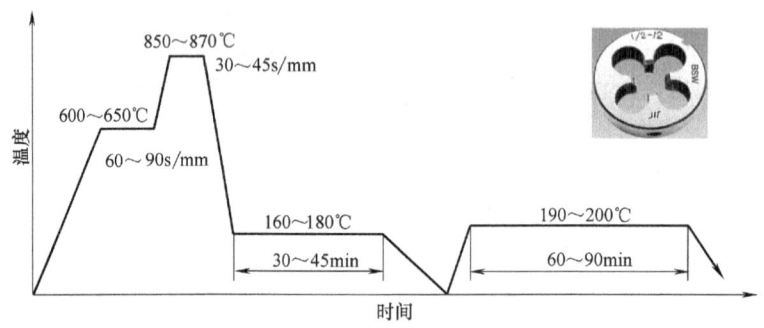

图 7.20 9SiCr 钢圆板牙淬火回火工艺

2. 高速工具钢

高速工具钢是一个热硬性、耐磨性较高的高合金工具钢，它在 600℃仍能维持高的硬度，因允许比合金刃具钢有更高的切削速度而得此名。高速工具钢具有高的强度、硬度、耐磨性及淬透性，切削时能长期保持刃口锋利，故俗称为"锋钢"。其强度也比碳素工具钢提高 30%~50%。

我国的高速工具钢按化学成分分类，可分为钨系、钨钼系两种基本系列，其牌号等见表 7.10。高速工具钢的牌号表示方法类似合金工具钢，但在高速工具钢牌号中，无论碳含量多少，都不予标出。但当合金成分相同，仅碳含量不同时，对高碳者牌号前冠以"C"字。如牌号 W6Mo5Cr4V2 和 CW6Mo5Cr4V2，前者 $w(C) = 0.80\% \sim 0.90\%$，后者 $w(C) = 0.86\% \sim 0.94\%$。

对高速工具钢的性能要求主要是硬度、韧性、耐磨性和热硬性，在保证足够韧性的基础上，寻求尽可能高的硬度。因而，高速工具钢的 $w(C) = 0.70\% \sim 1.60\%$，并含有质量分数总和在 10%以上的 W、Mo、Cr、V 等碳化物形成元素。碳含量较高可获得高碳马氏体，并保证形成足够的合金碳化物，从发展趋势看，高速工具钢的碳含量有普遍提高的趋势。显然，碳含量的提高会使钢的耐磨性、热硬性和切削性能进一步改善，但同时也会使淬火后残余奥氏体量增加。

表 7.10 常用高速工具钢的牌号、成分、热处理、硬度及热硬性

类别	牌号	化学成分(质量分数,%)						热处理			热硬性 HRC
		C	Cr	W	Mo	V	其他	淬火温度/℃	回火温度/℃	回火后硬度 HRC	
钨系	W18Cr4V	0.70~0.80	3.80~4.40	17.50~19.00	≤0.30	1.00~1.40	—	1270~1285	550~570	63	61.5~62
钨钼系	CW6Mo5Cr4V2	0.95~1.05	3.80~4.40	5.50~6.75	4.50~5.50	1.75~2.20	—	1190~1210	540~560	65	—
	W6Mo5Cr4V2	0.80~0.90	3.80~4.40	5.50~6.75	4.50~5.50	1.75~2.20	—	1210~1230	540~560	64	60~61
	W6Mo5Cr4V3	1.00~1.10	3.75~4.50	5.00~6.75	4.75~5.50	2.80~3.30	—	1200~1240	540~560	64	64
	W9Mo3Cr4V	0.77~0.85	3.80~4.40	8.50~9.50	2.70~3.30	1.30~1.70	—	1210~1230	540~560	64	—
超硬系	W18Cr4V2Co8	0.75~0.85	3.75~5.00	17.50~19.00	0.50~1.25	1.80~2.40	Co7.00~9.50	1270~1290	540~560	65	64
	W6Mo5Cr4V2Al	1.05~1.20	3.80~4.40	5.50~6.75	4.50~5.50	1.75~2.20	Al0.80~1.20	1230~1240	540~560	65	65

我国高速工具钢常用的牌号主要有:

1) W18Cr4V (18-4-1)。这是我国发展最早、使用最广的钨系高速工具钢。其硬度、热硬性较高,过热敏感性较小,磨削性好,在600℃时硬度值仍能保持在52~53HRC。但碳化物较粗大,热塑性差,热加工废品率较高。W18Cr4V钢适于制造一般的高速切削刃具(如车刀、铣刀、刨刀、拉刀、丝锥和板牙等),但不适于作薄刃刃具、大型刃具及热加工成形刃具。

2) W6Mo5Cr4V2 (6-5-4-2)。这种钢用 Mo 代替一部分 W,为钨钼系高速工具钢。它的碳化物比钨系高速工具钢更均匀细小,使钢在950~1100℃仍有良好的热塑性,便于压力加工,并且热处理后韧性也较高。这种钢碳含量及钒含量比 W18Cr4V 高,故提高了耐磨性。但 Mo 的碳化物不如 W 的碳化物稳定,因而含 Mo 高速工具钢加热时,易脱碳和过热,热硬性稍差。它适于制造耐磨性与韧性需较好配合的刀具(如齿轮铣刀、插齿刀等),对于扭制、轧制等热加工成形的薄刀刀具(如麻花钻头等)更为适宜。我国发展的含 Al 超硬高速工具钢 ($w(Al)=1\%$),价格便宜,适合我国资源情况。

3) W6Mo5Cr4VAl 具有高热硬性、高耐磨性,热塑性好,且高温硬度高,工作寿命长。该钢热处理后硬度可达68~69HRC。含 Al 高速工具钢适用于加工各种难加工材料,如高温合金、超高强度钢、不锈钢等,但加工高强度钢时,不如含 Co 的高速工具钢。另外,可磨削性不如 W18Cr4V 钢和 W6Mo5Cr4V2 钢。

现以应用较广泛的 W18Cr4V 钢为例,说明合金元素的作用及热处理特点。它的化学成分见表7.10,各元素的作用如下:

1) C。它一方面要保证能与 W、Cr、V 形成足够数量的碳化物,又要有一定的碳量溶

于高温奥氏体中,使获得碳含量过饱和的马氏体,以保证高硬度和高耐磨性,以及良好的热硬性。W18Cr4V 钢中,$w(C) = 0.70\% \sim 0.80\%$,若碳含量过低,则不能保证形成足够数量的合金碳化物,在高温奥氏体和马氏体中的碳含量均减少,以致钢的硬度、耐磨性及热硬性降低;若碳含量过高,则碳化物数量增加,同时碳化物不均匀性也增加,使钢的塑性降低、脆性增加,工艺性变坏。

2) W。W 是使高速工具钢具有热硬性的主要元素,它与钢中 C 形成 W 的碳化物。在 W18Cr4V 钢中,在退火状态下,W 以 Fe_4W_2C 的形式存在。淬火加热时,一部分 Fe_4W_2C 溶入奥氏体,淬火后存在于马氏体中,提高钢的回火稳定性,同时在 560℃ 左右回火过程中有一部分钨以 W_2C 形式弥散沉淀析出,造成"二次硬化"。在淬火加热时未溶的 Fe_4W_2C 能阻止高温下奥氏体晶粒长大。由此可见,钨量的增加,可提高钢的热硬性并减小其过热敏感性,但 $w(W) > 20\%$ 时,钢中碳化物不均匀性增加,钢的强度及塑性降低;若钨量减少,则碳化物总量减少,钢的硬度、耐磨性及热硬性将降低。

3) Cr。一般认为 Cr 对高速工具钢性能的主要影响是增加钢的淬透性并改善耐磨性和提高硬度。Cr 的碳化物($Cr_{23}C_6$)不像 W、Mo 的碳化物那样稳定,它在加热到不太高的温度(大约 1100℃)时已经全部溶入奥氏体中。高速工具钢正常淬火加热温度一般都超过 1100℃,因此 Cr 的碳化物对阻碍奥氏体晶粒长大起不到有效的作用,而 Cr 的碳化物的全部溶解对过冷奥氏体稳定性的增加和钢淬透性的提高起到十分明显和有效的作用。目前高速工具钢钢号中铬质量分数大多为 4% 左右,这主要考虑到铬量降低时,钢的淬透性达不到要求;铬量也不宜过高,超过 4% 时会增加钢的残余奥氏体,并使残余奥氏体稳定性增加,以使钢的回火次数增多,工艺操作变得复杂;而且容易出现回火不足而降低刀具性能和缩短使用寿命。

4) V。V 与 C 的结合力比 W 与 C 或 Mo 与 C 的结合力要强,它所形成的 V_4C_3(或 VC)比 W 的碳化物更稳定。淬火加热时超过 1200℃ 它才开始明显溶解,能显著阻碍奥氏体晶粒长大。V_4C_3 硬度可达 83HRC,大大超过钨碳化物硬度(73~77HRC),其颗粒非常细小,分布又十分均匀,因此 V_4C_3 对改善钢的硬度、耐磨性和韧性有很大贡献。特别是对提高钢的耐磨性最为有效。在 560℃ 左右回火时钒也引起"二次硬化";与 W 相比,V 对高速工具钢的热硬性影响较小。在 18-4-1 钢中钒的质量分数为 1.00%~1.40%,在正常淬火状态基体中约含 0.8%V。因钢中 V_4C_3 数量显著增多,故有利于钢的耐磨性和热硬性进一步改善。随着钢中钒和碳量的增加,将降低钢的塑性和韧性,并使可磨削性和可锻性变得更差。鉴于刀具磨料性能条件的限制,现行高速工具钢标准中大多数钢号的钒的质量分数不超过 3%,只有少数钢号中钒的质量分数大到 5%。含约 3%V 的钢,如 W6Mo5Cr4V3,其碳的质量分数为 1.0%~1.2%,属于耐磨性好而可磨削性尚可的高钒钢,可制造耐磨性和热硬性要求高的、耐磨性和韧性配合较好,形状稍为复杂的刀具,如拉刀、铣刀。钒的质量分数在 4% 以上的高碳高钒高速工具钢,如 W12Cr4V4Mo,只宜作形状简单的刀具或仅需很少磨削的刀具。

W18Cr4V 钢在工厂中得到了广泛应用,适于制造一般高速工具切削用车刀、刨刀、钻头、铣刀等。下面就以 W18Cr4V 钢制造的盘形齿轮铣刀为例,说明其热处理工艺方法的选定和工艺路线的安排。

盘形齿轮铣刀(图 7.21)的主要用途是铣制齿轮,工作过程中,齿轮铣刀往往会磨损、变钝而失去切削能力,因此要求齿轮铣刀经淬火回火后,应保证具有高硬度(刃部硬度要求为

63~65HRC)、高耐磨性及热硬性。为了满足上述性能要求,根据盘形齿轮铣刀规格(模数 $m=3$mm) 和 W18Cr4V 钢成分特点来选定热处理工艺方法和安排工艺路线。

盘形齿轮铣刀生产过程的工艺路线为

下料→锻造→退火→机加工→淬火+回火→喷砂→磨加工→成品

高速工具钢的铸态组织中具有鱼骨骼状碳化物,如图 7.22 所示。

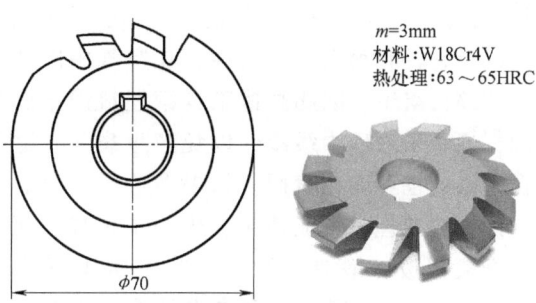

图 7.21 盘形齿轮铣刀示意图

这些粗大的碳化物不能用热处理的方法来消除,只有用锻造的方法将其击碎,并使它分布均匀。锻造退火后的显微组织如图 7.23 所示,它由索氏体和分布均匀的碳化物组成。如果碳化物分布不均匀,将使刀具的强度、硬度、耐磨性、韧性和热硬性均降低,从而使刀具在使用过程中容易崩刃和磨损变钝,导致早期失效。据某厂统计,在数百件崩齿、落齿的刀具中,98%以上都是由于碳化物不均匀造成的。可见高速工具钢坯料的锻造,不仅是为了成形,而且也是为了击碎粗大碳化物,使碳化物分布均匀。各种刀具对锻坯碳化物不均匀性的级别要求见表 7.11。

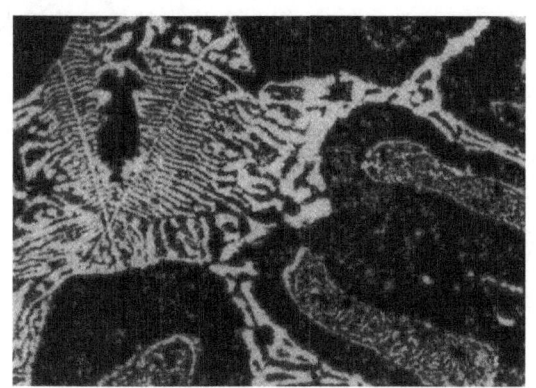

图 7.22 高速工具钢铸态显微组织 (300×)

图 7.23 W18Cr4V 钢锻造退火后的组织 (500×)

表 7.11 各种刀具对锻坯碳化物不均匀性的级别要求

刀具名称	规格	锻坯碳化物不均匀性要求
齿轮滚刀	$m=1\sim5$mm	≤4 级
	$m=5.5\sim8$mm	≤5 级
齿轮铣刀	$m=1\sim10$mm	≤4 级
错齿三面刃铣刀	全部规格	≤4 级
错齿套式端面铣刀	63mm×40mm,80mm×45mm,	≤4 级
	100mm×50mm	≤5 级
粗(细)齿圆柱形铣刀	63mm×5mm,80mm×80mm,	≤4 级
	80mm×100mm,100mm×160mm	≤5 级
车刀	全部规格	≤5 级

注:W18Cr4V 钢锻坯碳化物不均匀性共分 1~6 级,级别越低者,碳化物分布越均匀。

由表可见,对齿轮铣刀锻坯碳化物不均匀性要求不大于 4 级。为了达到上述要求,高速工具钢锻造应镦粗、拔长反复多次，绝不是一次成形。由于高速工具钢的塑性和导热性均较差，以及它具有很高的淬透性，在空气中冷却即可得到马氏体淬火组织，因此高速工具钢坯料锻造后应予缓慢冷却，通常采取砂中缓冷，以免产生裂纹。这种裂纹可能在中心，也可能在表面。如果锻造所产生裂纹未被发现，则在热处理时可能使裂纹进一步扩展，而导致整个刀具开裂报废。锻造中另一缺陷是由于停锻温度过高（>1000℃），变形度不大而造成晶粒不正常长大，出现"萘状断口"，如图7.24所示。

锻造后必须经过退火，以降低硬度（退火后硬度为207~255HBW），消除应力，并为随后淬火回火热处理作好组织准备。

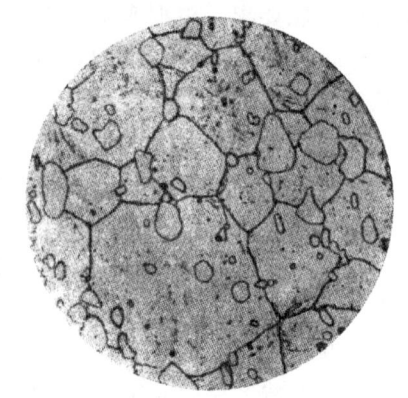

图7.24　高速工具钢"萘状断口"金相组织（500×）

高速工具钢退火时，为了缩短时间，一般采用等温退火，W18Cr4V钢的等温退火工艺如图7.25所示。退火后可直接进行机械加工，但为了使齿轮铣刀在铲削后齿面有较好的表面质量，需要在铲削前进行调质处理，即在900~920℃加热，油中冷却，然后在700~720℃回火1~3h。调质后的组织为回火索氏体+碳化物，其硬度为26~32HRC。W18Cr4V钢制盘形齿轮铣刀的淬火回火工艺如图7.26所示。

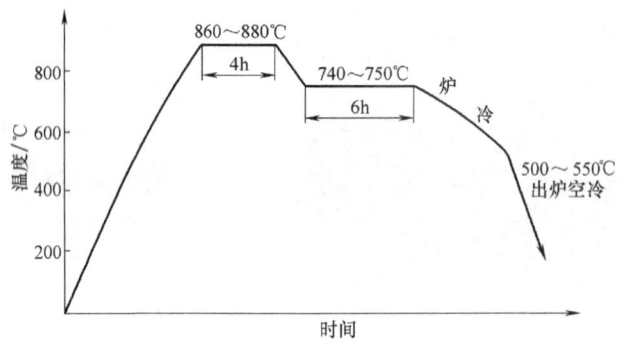

图7.25　W18Cr4V钢锻件在电炉中的等温退火工艺

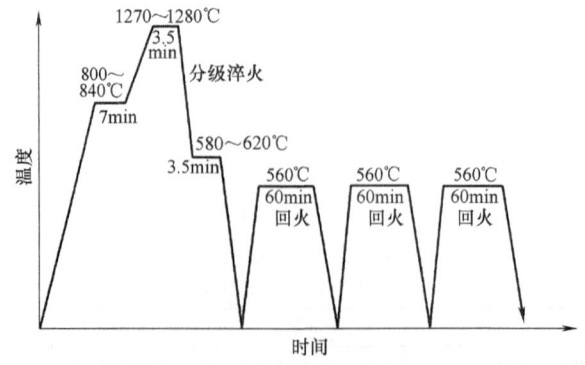

图7.26　W18Cr4V钢制盘形齿轮铣刀淬火回火工艺

由图 7.26 可见，W18Cr4V 钢盘形齿轮铣刀在淬火之前先要进行一次预热（800～840℃）。由于高速工具钢导热性差、塑性低，而淬火温度又很高，假如直接加热到淬火温度就很容易产生变形和裂纹，所以必须预热。对于大型或形状复杂的工具，还要采用两次预热。

高速工具钢的热硬性主要取决于马氏体中合金元素的含量，即加热时溶于奥氏体中合金元素的量。淬火温度对奥氏体成分的影响很大，如图 7.27 所示。

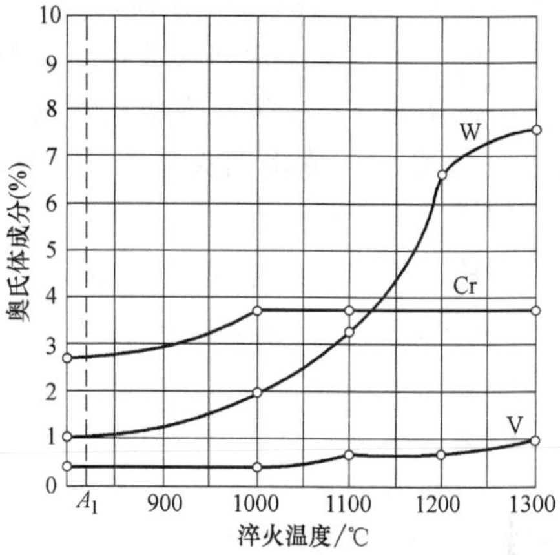

由图 7.27 可知，对高速工具钢热硬性影响最大的两个元素——W 及 V，在奥氏体中的溶解度只有在 1000℃ 以上时才有明显的增加，在 1270～1280℃ 时，奥氏体中约含有 7%～8% 的 W，4% 的 Cr，1% 的 V。温度再高，奥氏体晶粒就会迅速长大变粗，淬火状态下，残余奥氏体也会迅速增多，从而降低高速工具钢性能。这就是淬火温度一般定为 1270～1280℃ 的主要原因。高速工具钢刀具淬火加热时间一般按 8～15s/mm（厚度）计算。

淬火方法应根据具体情况确定，本例中铣刀采用 580～620℃，在中性盐中进行一次分级淬火。分级淬火可以减小变形和开裂。对于小型或形状简单的刀具也可采用油淬等。淬火后的组织如图 7.28 所示。W18Cr4V 钢硬度与回火温度的关系如图 7.29 所示。

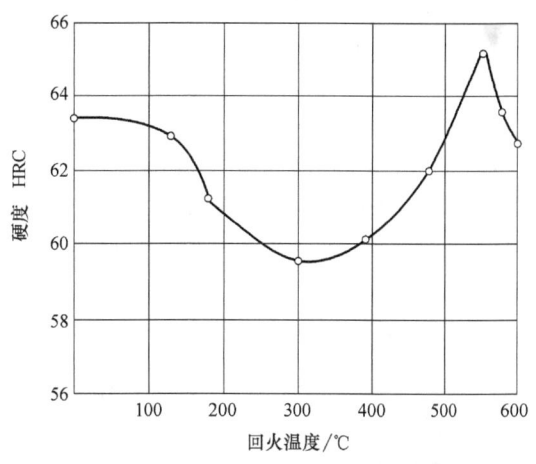

图 7.27 W18Cr4V 钢淬火温度对奥氏体成分的影响

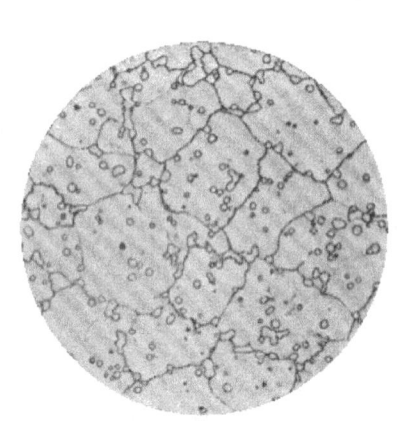

图 7.28 W18Cr4V 钢淬火后的组织（500×）

图 7.29 W18Cr4V 钢硬度与回火温度的关系

由图 7.29 可知，在 550～570℃ 回火时硬度最高。有两个原因：①在此温度范围内，W 及 V 的碳化物（W_2C、VC）呈细小分散状从马氏体中沉淀析出（即弥散沉淀析出），这些碳化物很稳定，难以聚集长大，从而提高了钢的硬度，这就是所谓"弥散硬化"；②在此温度范围内，一部分 C 及合金元素也从残余奥氏体中析出，从而降低了残余奥氏体中 C 及合金元素含量，提高了马氏体转变温度，随后冷却时，就会有部分残余奥氏体转变为马氏体，使钢的硬度得到提高。由于以上原因，回火时便出现了硬度回升的"二次硬化"现象。

为什么要进行三次回火呢？因为W18Cr4V钢在淬火状态约有20%~25%的残余奥氏体，一次回火难以全部消除，三次回火后即可使残余奥氏体减至最低量（一次回火后剩15%，二次回火后剩3%~5%，三次回火后剩1%~2%）。并且后一次回火还可以消除前一次回火时由于奥氏体转变为马氏体所产生的内应力。回火后的组织如图7.30所示，它由回火马氏体+少量残余奥氏体+碳化物组成。

目前生产中广泛应用的另一种高速工具钢是W6Mo5Cr4V2，它的化学成分、热处理、硬度、热硬性及其用途见表7.10。这种钢的热塑性、使用状态的韧性、耐磨性等均优于W18Cr4V，而热硬性不相上下，并

图7.30 W18Cr4V钢淬火回火后的组织（500×）

且碳化物细小，分布均匀，密度小，钢的价格也便宜；但磨削加工性稍次于W18Cr4V，脱碳敏感性较大。其合适的淬火温度为1220~1240℃，一般不应超过1250℃。这种钢可用于制造要求耐磨性和韧性很好配合的高速切削刀具，如丝锥、钻头等；特别适于采用轧制、扭制热变形加工成形新工艺来制造钻头等刀具。

应用表面化学热处理工艺方法（如蒸汽处理、氧氮化处理、软氮化及硫氮共渗等）可进一步提高刀具的使用寿命，充分发挥高速工具钢的性能潜力。

7.4.2 合金模具钢

用于制造冷作模具和热作模具的钢种，通常称为模具钢。由于冷作模具与热作模具的工作条件不同，因而对模具钢性能要求有所区别。为了满足其性能要求，必须合理选用钢材、正确选定热处理工艺方法和妥善安排工艺路线。

1. 冷作模具钢

冷作模具钢包括冷冲模（冲裁模、弯曲模、拉深模等）及冷挤压模等。它们都要使金属在模具中产生塑性变形，因而受到很大压力、摩擦或冲击。冷作模具正常的失效一般是磨损过度，有时也可能因脆断、崩刃而提前报废。因此，冷作模具钢与刃具钢相似，主要要求高硬度、高耐磨性及足够的强度和韧性；当然，也要求较高的淬透性与较低的淬火变形倾向。对冷冲模的硬度要求见表7.12。常用冷作模具钢的化学成分及热处理见表7.13。

表7.12 对冷冲模的硬度要求

名称		单式或复式硅钢片冲裁模	级进式硅钢片冲裁模	薄钢板冲裁模	厚钢板冲裁模	拉深模	拉丝模	剪刀	φ5mm以下的小冲头	冷挤压模	
										挤铜、铝	挤钢
硬度HRC	凸模	60~62	58~60	58~60	56~58	58~62	—	54~58	56~58	60~64	60~64
	凹模	60~62	60~62	58~60	56~58	62~64	>64	—	—	60~64	58~60

表 7.13 常用冷作模具钢的牌号、化学成分及热处理

牌号	化学成分(质量分数,%)							试样淬火		用途举例
	C	Si	Mn	Cr	W	Mo	V	温度/℃	冷却介质	
9Mn2V	0.85~0.95	≤0.40	1.70~2.00				0.10~0.25	780~820	油	滚丝模、冷冲模、冷压模、塑料模
CrWMn	0.90~1.05	≤0.40	0.80~1.10	0.90~1.20	1.20~1.60			820~840	油	冷冲模、塑料模
Cr12	2.00~2.30	≤0.40	≤0.40	11.50~13.50				950~1000	油	冷冲模、拉延模、压印模、滚丝模
Cr12MoV	1.45~1.70	≤0.40	≤0.40	11.00~12.50		0.40~0.60	0.15~0.30	1020~1040 1115~1130	油 硝盐	冷冲模、压印模、冷墩模、冷挤压模 零件模、拉延模
Cr4W2MoV	1.12~1.25	0.40~0.70	≤0.40	3.50~4.00	1.90~2.60	0.80~1.20	0.80~1.10	980~1000	油 硝盐	代 Cr12MoV 钢
6W6Mo5Cr4V	0.55~0.65	≤0.40	≤0.60	3.70~4.30	6.00~7.00	4.50~5.50	0.70~1.10	1020~1040	油或硝盐	冷挤压模(钢件、硬铝件)
4CrW2Si	0.35~0.45	0.80~1.10	≤0.40	1.00~1.30	2.00~2.50			1180~1200	油	剪刀、切片冲头(耐冲击工具用钢)
6CrW2Si	0.55~0.65	0.50~0.80	≤0.40	1.00~1.30	2.20~2.70			860~900	油	剪刀、切片冲头(耐冲击工具用钢)
T10A	0.95~1.04	≤0.35	≤0.40					760~780	水	小尺寸形状简单且工作负荷不大的压弯模、冲孔落料模等

(1) 碳素工具钢　碳素工具钢 T10A 主要是可加工性好、价廉,但淬透性较低,耐磨性差,淬火变形大,使用寿命低。因此只适用于制造一些尺寸不大、形状简单、工作负荷不大的模具。

(2) 低合金冷作模具钢　低合金冷作模具钢主要有 9Mn2V、CrWMn 等。CrWMn 钢由于 Mn、W、Cr 等元素的同时加入,使钢具有高淬透性和耐磨性。Mn 降低了 M_s,淬火后有较多的残余奥氏体,可使淬火变形很小,故有"微变形钢"之称,适用于制造尺寸较大、形状复杂、易变形、精度高的模具,以及截面较大、切削刃口不剧烈受热、要求变形小、耐磨性高的刀具,如长丝锥、长铰刀、拉刀等。9Mn2V 钢不含 Cr 元素,符合我国资源情况,故价格较低,性能与 CrWMn 钢相近;由于 V 的加入,可克服锰钢易过热的缺点,并使碳化物分布均匀,故常用于代替 CrWMn 钢。此外,9Mn2V 钢还常用来制造磨床主轴、精密淬硬丝杠等重要零件。

(3) Cr12 型钢　目前最常用的冷作模具钢主要还是 Cr12 型钢。Cr12 型钢的成分特点是高碳高铬 ($w(C) = 1.45\% \sim 2.3\%$、$w(Cr) = 11\% \sim 13\%$)。淬火、回火后的组织是由合金马氏体和大量(约14%)高硬度、高耐磨性的特殊碳化物 $(Cr, Fe)_7C_3$ 所组成,因而这类钢具有高硬度、高强度及极高的耐磨性(比低合金冷作模具钢高 3~4 倍)。大量的 Cr 可使这

类钢有极好的淬透性（油淬时临界直径为200mm），一般空冷也能淬硬。在淬火加热温度较高的情况下，由于奥氏体溶入较多的Cr，使淬火后残余奥氏体量增多，故可大大减少淬火变形，因而也属于微变形钢。图7.31所示为Cr12型钢的残余奥氏体与淬火温度的关系。此外，在较高的淬火温度下，这类钢耐回火性高，在300～400℃时，仍有高的硬度。但这类钢碳化物不均匀性比较严重，尤其是Cr12钢。Cr12MoV碳含量比Cr12低，并加入合金元素Mo、V，除进一步提高了耐回火性外，还能细化组织，改善韧性。

Cr12型钢与高速工具钢一样，也属于莱氏体钢，铸态下有网状共晶碳化物。轧制后，坯料中碳往往分布不均匀，并呈带状分布，故在制造模具时，特别对精度高、复杂的模具必须与高速工具钢一样，应经合理锻造以消除碳化物的不均匀性。锻造后应缓冷，然后进行等温球化退火。

Cr12型钢经不同温度淬火后，在不同温度下回火时，其硬度变化如图7.32所示。由图可知，提高Cr12型钢硬度可采用一次硬化法和二次硬化法两种方法。

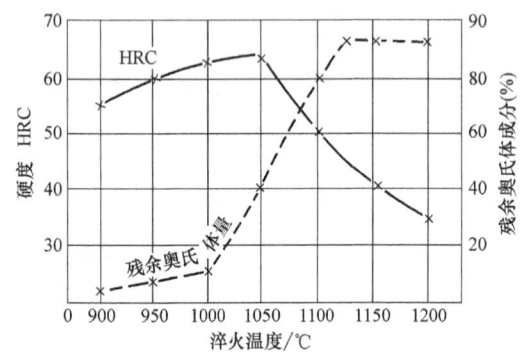

图7.31 Cr12MoV钢硬度、残余奥氏体量与淬火温度的关系

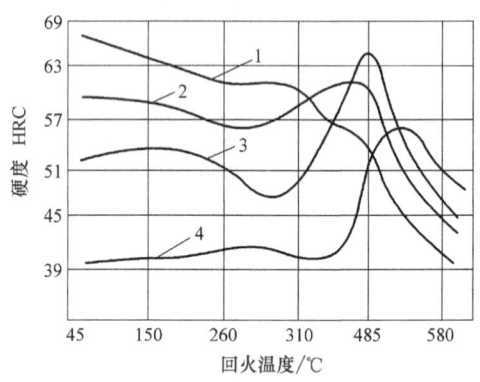

图7.32 Cr12钢淬火、回火温度与硬度关系
1—980℃淬火　2—1010℃淬火
3—1040℃淬火　4—1150℃淬火

1）一次硬化法。采用较低的淬火温度和较低的回火温度。通常Cr12钢的淬火温度为950～980℃（Cr12MoV钢选用1000～1050℃淬火）。淬火后钢中的残余奥氏体量约为20%。回火温度一般为160～180℃。一次硬化处理使钢具有高硬度（61～63HRC）与耐磨性，且淬火变形小。大多数Cr12型钢的冷作模具均采用此法。

2）二次硬化法。采用较高的淬火温度并多次回火。通常Cr12钢的淬火温度为1080～1100℃（Cr12MoV钢采用1100～1120℃）。由于残余奥氏体增多，硬度较低（40～50HRC），但经多次510～520℃回火，产生二次硬化，硬度可升高到60～62HRC，这种方法可获得较高的热硬性，它适于制作在400～450℃条件下工作的模具或还需进行低温气体碳氮共渗的模具。

Cr12型钢经淬火、回火后的组织为回火马氏体、碳化物和残余奥氏体。Cr12型钢适用于重载荷、高耐磨、高淬透性、变形量要求小的冷冲模。其中Cr12MoV钢，除耐磨性不及Cr12钢外，强度、韧性都较好，应用最广。

图7.33所示的冲孔落料模，因其工作条件繁重，对凸模（图7.33a）和凹模（图7.33b）均要求有高的硬度（58～60HRC）和高的耐磨性，以及足够的强度和韧性，并要求

淬火时变形微小。据此，采用 Cr12MoV 钢来制造是比较合适的。为了满足上述性能要求，根据冲孔落料模的规格和 Cr12MoV 钢成分的特点来选定热处理工艺方法并安排工艺路线。

Cr12MoV 钢制冲孔落料模生产过程的工艺路线为

锻造→退火→机加工→淬火、回火→精磨或电火花加工→成品

Cr12MoV 钢类似于高速工具钢，在锻造空冷后会出现淬火马氏体组织，因此锻后应缓冷，以免裂纹产生。锻后退火工艺也类似于高速工具钢（850~870℃，3~4h 加热，然后 720~750℃，6~8h 等温退火），退火后硬度不大于 255HBW。机械加工后进行淬火、回火处理，其工艺如图 7.34 所示。

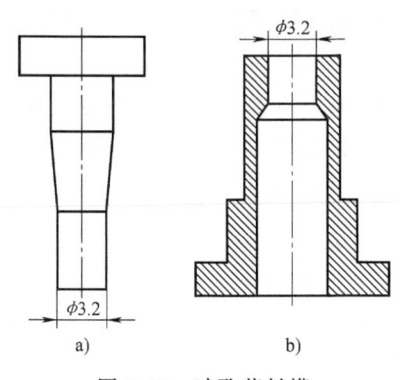

图 7.33 冲孔落料模
a) 凸模 b) 凹模

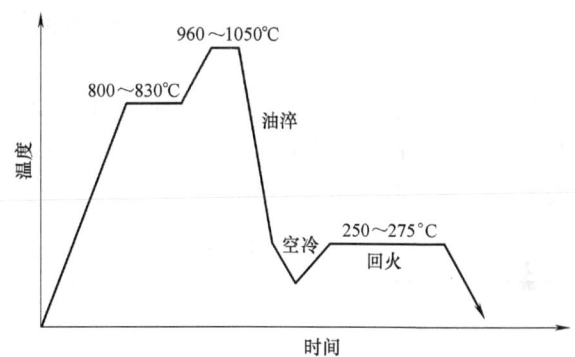

图 7.34 Cr12MoV 钢制冲孔落料模淬火回火工艺

必须指出，如果对 Cr12MoV 钢还要求有良好热硬性时，则可将淬火温度适当提高，一般采用 1115~1130℃，但因组织粗化而使钢的强度和韧性有所降低。淬火后，由于组织中存在大量残余奥氏体（>80%）而使其硬度仅为 42~50HRC。这种淬火钢在 510~520℃ 回火时会出现二次硬化现象，而使钢的硬度回升至 60~61HRC。

（4）高碳中铬钢　高碳中铬钢 Cr5Mo1V 钢、Cr4W2MoV 钢等可用来代替 Cr12 型钢。它们也属于过共析钢，在铸态下，也存在莱氏体。钢中 W（或 Mo）和 V 的作用与 Cr12 型钢相同。高碳中铬钢也具有淬火变形小、淬透性好、耐磨性好等优点，可广泛地用于制造负荷大、生产批量大、形状复杂、变形要求小的模具。

（5）其他　近十余年来，还研制了多种高强韧型冷作模具钢，如降碳高速工具钢、基体钢等。这类钢除抗压性及耐磨性稍逊于高速工具钢或高碳高铬钢外，其强度、韧性、疲劳强度等均优于它们。

6W6Mo5Cr4V 属降碳减钒型钨钼系高速工具钢。与 W6Mo5Cr4V2 相比，碳含量降低了 50%，钒含量减少 1% 左右，是一种高强韧型高承载能力的冷作模具钢。它取代高速工具钢或高碳高铬钢，主要用于制造易于脆断或劈裂的冷挤压冲头或冷镦冲头。

基体钢的化学成分与相应高速工具钢正常淬火后基体组织的成分相当。这种钢中碳化物数量少，颗粒细小，分布均匀。它具有高速工具钢的高强度、高硬度，又有结构钢的高韧性，淬火变形也小。常用于制造重载的冷镦模、冷挤压模。常用的基体钢有 6Cr4W3Mo2VNb 等。由于合金元素含量低，所以成本低于相应的高速工具钢。

2. 热作模具钢

热作模具钢用于制作加热的固态金属或液态金属在压力下成形的模具。前者称为热锻模

或热挤压模,后者称为压铸模。

由于模具承受载荷很大,要求强度高。模具在工作时往往还承受很大冲击,所以要求韧性好,即要求综合力学性能好,同时又要求有良好的淬透性和抗热疲劳性。

常用热作模具钢的牌号、化学成分、热处理及硬度见表7.14。

(1) 热锻模具钢 热锻模具钢包括锤锻模用钢及热挤压、热镦模及精锻模用钢。一般碳的质量分数为 $w(C)=0.4\%\sim0.6\%$,以保证淬火及中、高温回火后具有足够的强度和韧性。

热锻模经锻造后需进行退火,以消除锻造内应力,均匀组织,降低硬度,改善切削加工性能。加工后通过淬火、中温回火,得到主要是回火屈氏体的组织,硬度一般为40~50HRC以满足使用要求。

常用的热锻模具钢牌号是5CrNiMo、5CrMnMo。5CrNiMo钢具有良好韧性、强度、耐磨性和淬透性。5CrNiMo钢是世界通用的大型锤锻模用钢,适于制造形状复杂的、受冲击载荷重的大型及特大型锻模。5CrMnMo钢以Mn代Ni,适于制造中型锻模。

表7.14 常用热作模具钢的牌号、化学成分、热处理及硬度

| 牌号 | 化学成分(质量分数,%) | | | | | | | 交货状态 HBW | 试样淬火 | |
	C	Si	Mn	Cr	W	Mo	V	其他		淬火温度/℃ 冷却介质	硬度 HRC 不小于
5CrMnMo	0.50~0.60	0.25~0.60	1.20~1.60	0.60~0.90	—	0.15~0.30	—	—	241~197	820~850 油	60
5CrNiMo	0.50~0.60	≤0.40	0.50~0.80	0.50~0.80	—	0.15~0.30	—	1.40~1.80	241~197	830~860 油	60
3Cr2W8V	0.30~0.40	≤0.40	≤0.40	2.20~2.70	7.50~9.00	—	0.20~0.50	—	255~207	1075~1125 油	60
5Cr4Mo3SiMnVAl	0.47~0.57	0.80~1.10	0.80~1.10	3.80~4.30	—	2.80~3.40	0.80~1.20	0.30~0.70	≤255	1090~1120 油	60
4CrMnSiMoV	0.35~0.45	0.80~1.10	0.80~1.10	1.30~1.50	—	0.40~0.60	0.20~0.40	—	241~197	870~930 油	60
4Cr5MoSiV	0.33~0.43	0.80~1.20	0.20~0.50	4.75~5.50	—	1.10~1.60	0.30~0.60	—	≤235	790预热,1000(盐浴)或1010(炉控气氛)加热,保温5~15min 空冷,550回火	—
4Cr5MoSiV1	0.32~0.45	0.80~1.20	0.20~0.50	4.75~5.50	—	1.10~1.75	0.80~1.20	—	≤235		

热作模具钢中的4CrMnSiMoV钢具有良好的淬透性,故尺寸较大的模具空冷也可得到马氏体组织,并具有较好的回火稳定性和良好的力学性能,其抗热疲劳性及较高温度下的强度和韧性接近5CrNiMo钢,因此在大型锤锻模和水压机锻造用模上,4CrMnSiMoV钢可以代替5CrNiMo钢。

铬系热模具钢4Cr5MoSiV、4Cr5MoSiV1,可用于制作尺寸不大的热锻模、热挤压模具、高速精锻模具、锻造压力机模具等。5Cr4Mo3SiMnVAl为冷热兼用的模具钢,可用其制作压

力机热压冲头及凹模,寿命较高。

5CrMnMo钢在工厂中得到了广泛应用,特别是适用于制造各种中、小型热锻模。现以5CrMnMo钢制扳手热锻模(图7.35)为例,说明其热处理工艺方法的选定和工艺路线的安排。

由图7.35可见,扳手热锻模的高度为250mm,属于小型模具。对热锻模钢所应具备的力学性能要求一般为:当351~387HBW(相当于40HRC左右)时,$R_m \geq 1200 \sim 1400 \text{MPa}$,$K \geq 32 \sim 56 \text{J}$。热锻模还必须具有高的淬透性、高的回火稳定性、高的耐热疲劳性和导热性,以及足够的耐磨性。为了满足上述性能要求,同时根据扳手热锻模规格,选用5CrMnMo钢是比较合适的。5CrMnMo钢的性能还必须依靠合理选定热处理工艺方法和妥善安排工艺路线来达到。

热锻模生产过程的工艺路线为

锻造→退火→粗加工→成形加工→淬火、回火→精加工(修型、抛光)

锻造时必须消除轧制状态所存在的纤维组织,以免钢的性能呈现异向性,对热锻模应予以注意。锻造后的冷却应缓慢,以防产生裂纹。锻造后退火的主要目的在于消除锻造应力,降低硬度至197~241HBW,改善切削加工性、改善组织及细化晶粒等以适应随后的机械加工及热处理的要求。常用的退火工艺为:加热至780~800℃(Ac_3点以上)保温4~5h后炉冷。

5CrMnMo钢制热锻模淬火回火工艺如图7.36所示。

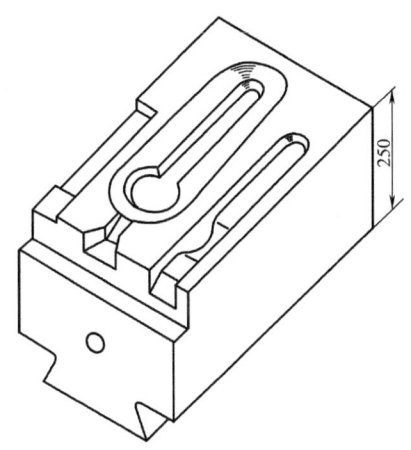
图7.35 扳手热锻模下模示意图

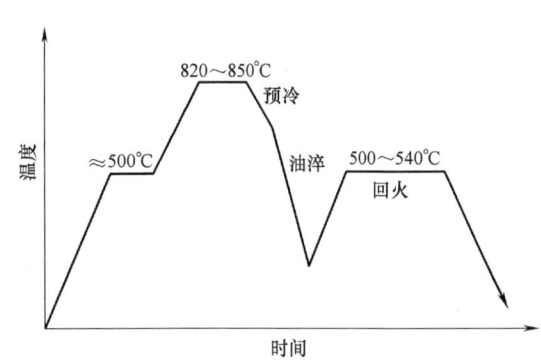
图7.36 5CrMnMo钢制热锻模淬火回火工艺

5CrMnMo钢的常用淬火加热温度比5CrNiMo钢低10℃,为820~850℃。为了防止淬火开裂,一般先预冷至750~780℃,然后置于油中冷却,冷却至接近Ms点时(约为210℃,大概是油冒烟而不着火的温度)取出尽快回火,不允许冷至室温再回火,以防开裂。回火目的在于消除淬火残余应力,获得均匀的回火屈氏体或回火索氏体,以保证赋予所要求的性能。模具的硬度要求随其尺寸而定,一般情况下,截面尺寸较大的,其硬度应该低一些。这是因为大尺寸模具在回火后尚须进行切削加工,降低硬度对切削加工有利,另外因为它存在较多残余应力,硬度低些可以相应地增加一些韧性。在同一模具上,模面(即型腔)所要求的硬度比模尾(即燕尾槽部位)高些。这是因为模面为工作部位,硬度高些免得压塌;模尾是装配连接部分,硬度低些免得断裂。不同尺寸模具所要求的模面和模尾的硬度见

表7.15。

表7.15 模具的硬度要求

模具高度	要求的硬度 HRC	
	模面	模尾
<250mm 小型模具	41~47	35~39
250~400mm 中型模具	39~44	33~37
>400mm 大型模具	35~39	26~33

查表7.15可知，高度为250mm的5CrMnMo扳手热锻模的模面硬度规定为41~44HRC，这个硬度可采用500~540℃温度回火后获得。

（2）压铸模钢　压铸模工作时与炽热金属接触时间较长，要求有较高的耐热疲劳性、较高的导热性、良好的耐磨性和必要的高温力学性能。此外，还需要具有抗高温金属液的腐蚀和金属液的冲刷能力。

常用压铸模钢是3Cr2W8V钢，具有高的热硬性和抗热疲劳性。这种钢在600~650℃下强度可达R_m=1000~1200MPa，淬透性也较好。

近年来，铝镁合金压铸模用钢还可用铬系热模具钢4Cr5MoSiV及4Cr5MoSiV1，其中用4Cr5MoSiV1钢制作的铝合金压铸模具，寿命要高于3Cr2W8V钢。

3. 塑料模具用钢

塑料模具包括塑料模和胶木模等。它们都是用于在不超过200℃的低温加热状态下，将细粉或颗粒状塑料压制成形。塑料模具在工作时，持续受热、受压，并受到一定程度的摩擦和有害气体的腐蚀，因此，塑料模具钢主要要求在200℃时具有足够的强度和韧性，并具有较高的耐磨性和耐蚀性。

GB/T 221—2000中规定，塑料模具钢在牌号头部加符号"SM"，牌号表示方法与优质碳素结构钢和合金工具钢相同，如3Cr2Mo、SM45等。但因GB/T 1299—2014中塑料模具钢牌号前未加"SM"，为便于理解，本书中塑料模具用钢牌号前均未加"SM"。

目前常用的塑料模具钢主要为3Cr2Mo，这是我国自行研制的专用塑料模具钢。$w(C)$=0.3%可保证热处理后获得良好的强、韧配合及较好的硬度、耐磨性；加入Cr可提高钢的淬透性，并能与C形成合金碳化物，可提高模具的耐磨性；少量的Mo可细化晶粒、减少变形、防止第二类回火脆性发生。因此，可广泛应用于中型模具。除此以外，可用作塑料模具的钢主要还有：

1）碳素工具钢。如T7~T12、T7A~T12A，价廉，具有一定的耐磨性，但淬火易变形，故用于尺寸较小、形状简单的塑料模。

2）碳素结构钢及合金结构钢。如45、40Cr，可加工性好、价廉，热处理后具有较高的强度和韧性，但淬透性较差，适用于生产小型、复杂的塑料模具。

3）合金工具钢。如9Mn2V、CrWMn、Cr2等合金工具钢，由于合金元素的加入使钢的淬透性提高，并形成碳化物提高了钢的耐磨性，故常用于制造中、大型塑料模具。Cr12、Cr12MoV等钢由于含有较多的合金元素，大大提高了钢的淬透性、耐磨性，降低了模具的变形和开裂现象，故适于制造尺寸较大、形状复杂的模具。

7.4.3 量具钢

量具钢是用于制造游标卡尺、千分尺、量块、塞规等测量工件尺寸的工具用钢。

1. 对量具钢的要求

1) 量具的工作部分应有高的硬度（≥HRC56）和耐磨性。

2) 某些量具要求热处理变形小，在存放和使用的整个过程中，尺寸不发生变化，始终保持高精度。

3) 要求有好的加工工艺性。

2. 量具用钢及热处理

高精度的精密量具，如塞规、块规等，常用热处理变形小的钢如 CrMn、CrWMn、GCr15 等来制造。

精度较低、形状简单的量具，如量规、样套等，可采用 T10A、T12A、9SiCr 等钢制造。也常用 10、15 钢经渗碳热处理或 50、55、60、60Mn、65Mn 钢经高频感应热处理来制造精度不高，但使用频繁，碰撞后不致折断的卡板、样板、直尺等量具。

现以 CrWMn 钢为例，说明其元素作用及热处理特点。CrWMn 钢的化学成分见表 7.13。钢中含有较高的碳量（$w(C) = 0.90\% \sim 1.05\%$），主要是为了形成足够数量的合金渗碳体和获得含 C 过饱和的马氏体，以保证高的硬度及耐磨性。量具钢为了减小尺寸变化，常加入 Cr、W、Mn 等合金元素，在 CrWMn 钢中，$w(Cr) = 0.90\% \sim 1.20\%$、$w(W) = 1.20\% \sim 1.60\%$、$w(Mn) = 0.80\% \sim 1.10\%$。它们增加了钢的淬透性，可采用缓和冷却介质淬火；它们降低 M_s 点，使残余奥氏体量增加，从而减小了钢的淬火变形。另外，Cr、W、Mn 等溶入渗碳体，形成合金渗碳体而提高钢的硬度和耐磨性。与 CrMn 钢相比，CrWMn 钢中由于附加少量 W，使钢保持细小晶粒和较好韧性，且因碳含量比 CrMn 钢为低，碳化物不均匀性有很大的改善，磨削性较好，但价格昂贵。

下面以 CrWMn 钢制造的块规为例，说明其热处理工艺方法的选定和工艺路线的安排。块规（图 7.37）是机械制造工业中的标准量块，用它来测量及标定线性尺寸。因此，要求块规硬度达到 62~65HRC，并且要求块规在长期使用中能够保证尺寸不发生变化。

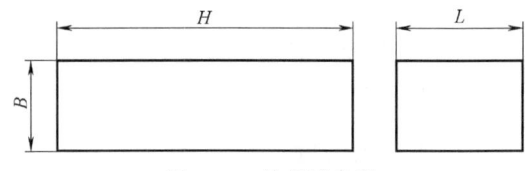

图 7.37 块规示意图

根据上述要求，选用 CrWMn 钢制造是比较合适的。为了满足上述要求，必须合理选定热处理工艺方法并妥善安排工艺路线。

CrWMn 钢制块规生产过程的工艺路线为

锻造→球化退火→机加工→粗磨→淬火→冷处理→回火→
低温人工时效处理→精磨→去应力回火→研磨

CrWMn 钢锻造后球化退火，其工艺为：780~800℃加热，690~710℃等温保温，退火后硬度为 217~255HBW。随后的热处理工艺如图 7.38 所示。

CrWMn 钢制块规热处理主要是为了增加冷处理和时效处理。其目的是为了保证块规具有高硬度（62~65HRC）和尺寸的长期稳定性。

量具在保存和使用过程中的尺寸变化，主要是由以下几方面原因引起的：①残余奥氏体

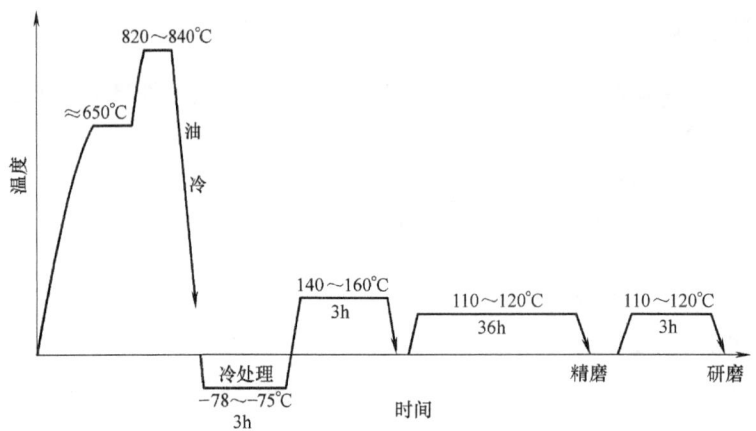

图 7.38 CrWMn 钢制块规退火后的热处理工艺

继续转变为马氏体而引起尺寸膨胀；②马氏体继续分解，它的正方度减小而引起尺寸的收缩；③残余应力松弛，残余应力造成的弹性变形，部分地转变为塑性变形，而引起尺寸变化。采用冷处理可以大大减少残余奥氏体量；再进行低温人工时效处理有利于使冷处理后尚存的极少量残余奥氏体稳定，并且可以使马氏体正方度和残余应力减小至最小程度，由此而使 CrWMn 钢制块规获得高硬度和尺寸的长期稳定性。

冷处理后的低温回火（140~160℃，3h）是为了减小应力，并使冷处理后的过高硬度（66HRC 左右）降至所要求的硬度（62~65HRC）。

时效处理后的低温回火（110~120℃，3h）是为了消除新生的磨削应力，使量具残余应力保持在最小程度。

7.5 特殊性能钢

特殊性能钢是指具有特殊的物理、化学性能的钢。其种类较多，常用的特殊性能钢有不锈钢、耐热钢和耐磨钢。

7.5.1 不锈钢

在腐蚀性介质中具有抗腐蚀能力的钢，一般称为不锈钢。

1. 金属腐蚀

腐蚀通常可分为化学腐蚀和电化学腐蚀两种类型。化学腐蚀指金属与周围介质发生纯化学作用的腐蚀，在腐蚀过程中没有微电流产生，如钢的高温氧化、脱碳等。电化学腐蚀指金属在大气、海水及酸、碱、盐类溶液中产生的腐蚀，在腐蚀过程中有微电流产生。在这两种腐蚀中，危害最大的是电化学腐蚀。大部分金属的腐蚀都属于电化学腐蚀。

为了提高钢的耐电化学腐蚀能力，主要采取以下措施：

1）提高基体电极电位。一般在合金钢中常加入较多数量的 Cr、Ni 等合金元素。如当 $w(Cr)>11.7\%$ 时，绝大多数铬都溶于固溶体中，使基体电极电位由 -0.56V 跃增为 +0.20V，从而提高耐电化学腐蚀的能力。

2）减少原电池形成的可能性。珠光体中有电极电位不同的两个相——铁素体及渗碳体。若将它置于硝酸酒精溶液中，则铁素体相的电极电位较负，成为阳极而被腐蚀；渗碳体相的电极电位较正，成为阴极而不被腐蚀。二者相比，电极电位较高的渗碳体具有较好的耐蚀性。由两相组成的组织越细，所能形成的原电池数目就越多，在相同条件发生电化学腐蚀时就越容易被腐蚀，即它的耐蚀性越差。反之，则耐蚀性越好。所以，应使金属在室温下只有均匀单相组织，如铁素体钢、奥氏体钢，降低原电池形成的可能性。在不锈钢中同时加入Cr和Ni，可能形成单一奥氏体组织。

3) 形成钝化膜。在钢中加入大量合金元素，使金属表面形成一层致密的氧化膜（如Cr_2O_3等），使钢与周围介质隔绝，提高耐腐蚀能力。

2. 常用不锈钢

按化学成分可分为铬不锈钢、铬镍不锈钢、铬锰不锈钢等。按金相组织特点则可分为马氏体型不锈钢、铁素体型不锈钢、奥氏体型不锈钢、奥氏体-铁素体型不锈钢及沉淀硬化型不锈钢五种类型。

不锈钢新牌号前的数字表示平均碳质量分数的万倍，合金元素的表示方法与其他合金钢相同。如不锈钢30Cr13的平均$w(C)=0.3\%$、$w(Cr)\approx13\%$；06Cr19Ni10钢的平均$w(C)\approx0.06\%$、$w(Cr)\approx19\%$、$w(Ni)\approx10\%$；另外，当$w(Si)\leq1.5\%$、$w(Mn)\leq2\%$时，牌号中不予标出。

(1) 铁素体型不锈钢　常用的铁素体型不锈钢中，$w(C)<0.15\%$、$w(Cr)=12\%\sim30\%$，属于铬不锈钢。Cr是缩小奥氏体相区的元素，可使这类钢获得单相铁素体组织，即使将钢从室温加热到高温（960~1100℃），其组织也无显著变化。其抗大气与耐酸能力强，具有良好的高温抗氧化性（700℃以下），特别是抗应力腐蚀性能较好，但力学性能不如马氏体不锈钢，故多用于受力不大的耐酸结构和作抗氧化钢使用。

铁素体型不锈钢按铬含量可分为三种类型：①Cr13型，如06Cr13Al、022Cr12，常作耐热钢用（如汽车排气阀等）；②Cr17型，如10Cr17、10Cr17Mo等，可耐大气、稀硝酸等介质的腐蚀；③Cr27-30型，如008Cr30Mo2、008Cr27Mo，是耐强腐蚀介质的耐酸钢。

(2) 马氏体型不锈钢　这类钢中碳含量比铁素体型不锈钢高，淬火后能得到马氏体，故称为马氏体型不锈钢，也属于铬不锈钢。它随着钢中碳含量的增加，钢的强度、硬度、耐磨性提高，但耐蚀性则下降。马氏体型不锈钢的耐蚀性、塑性、焊接性虽不如奥氏体、铁素体型不锈钢，但由于它有较好的力学性能与耐蚀性相结合，故应用广泛。碳含量较低的12Cr13、20Cr13等钢类似调质钢，可用于制造力学性能要求较高、又要有一定耐蚀性的零件，如汽轮机叶片及医疗器械等。30Cr13、32Cr13Mo等类似工具钢，用于制造医用手术工具、量具及轴承等耐磨工件。

这类钢锻造后需退火，以降低硬度、改善可加工性。冲压后也需进行退火，以消除硬化，提高塑性，便于进一步加工。

(3) 奥氏体型不锈钢　这是应用最广的不锈钢，属铬镍不锈钢。典型的有18-8型不锈钢。这种钢碳含量很低，$w(C)=17\%\sim19\%$、$w(Ni)=8\%\sim11\%$。因Ni的加入，扩大了奥氏体区而获得单相奥氏体组织。故有很好的耐蚀性及耐热性。现已在18-8型基础上发展了许多新钢种。我国奥氏体型不锈钢共有28种。

奥氏体型不锈钢在450~850℃时，在晶界处析出碳化物$(Cr,Fe)_{23}C_6$，从而使晶界附近$w(Cr)<11.7\%$，这样晶界附近就容易引起腐蚀，称为晶间腐蚀。晶间腐蚀的钢，稍受力即

沿晶界开裂或粉碎。防止晶间腐蚀的主要方法有：降低碳含量（$w(C)<0.06\%$），使钢中不形成 Cr 的碳化物；加入能形成稳定碳化物的元素 Ti、Nb 等，使钢中优先形成 TiC、NbC，而不形成 Cr 的碳化物，以保证奥氏体中的铬含量。

这类钢退火状态下并非是单相的奥氏体，还有少量的碳化物。为了获得单相奥氏体，以提高耐蚀性，可在 1100℃ 左右加热，使所有碳化物都溶入奥氏体，然后水淬快冷至室温，即获得单相奥氏体组织。这种处理又称为固溶处理。它与一般钢的淬火有所不同，对 18-8 型不锈钢来讲，固溶处理的目的是提高耐蚀性，并使钢软化。对于含 Ti 或 Nb 的奥氏体型不锈钢，经固溶处理后还需进行稳定化处理，即将钢加热到 850~900℃，保温 4~6h 后空冷或炉冷。其目的在于使 Ti 或 Nb 能以碳化物形式析出，防止晶间腐蚀。

铬镍奥氏体不锈钢在淬火状态下塑性很好（$A=40\%$），适于进行各种冷塑性变形，它对加工硬化很敏感，因此，这类钢唯一的强化方法是加工硬化，硬化后强度可由 600MPa 提高到 1200~1400MPa，断后伸长率为 $A=10\%$。这类钢的可加工性很差，因其塑性、韧性很好，切削时易粘刀，又易加工硬化，加上导热性差，故刃具易磨损。

（4）铁素体-奥氏体型不锈钢（双相不锈钢） 双相不锈钢是近年发展起来的新型不锈钢，它的成分是在 $w(Cr)=18\%~26\%$、$w(Ni)=4\%~7\%$ 的基础上，再根据不同用途加入 Mn、Mo、Si 等元素组合而成，如 022Cr19Ni5Mo3Si2N。双相不锈钢通常采用 1000~1100℃ 淬火后，可获得铁素体（60%左右）及奥氏体组织。由于奥氏体的存在，降低了高铬铁素体型钢的脆性，提高了焊接性、韧性，降低了晶粒长大的倾向；而铁素体的存在则提高了奥氏体型钢的屈服强度、抗晶间腐蚀能力等。如 022Cr19Ni5Mo3Si2N 双相不锈钢室温屈服强度比铬镍奥氏体型钢高一倍左右，而其塑性、冲击韧性仍较高，冷热加工性能及焊接性也较好。但需注意的是双相不锈钢的优越性只有在正确的加工条件和合适的环境下才能保证。

7.5.2 耐热钢

耐热钢是抗氧化钢和热强钢的总称。

钢的耐热性包括高温抗氧化性和高温强度两方面的综合性能。高温抗氧化性是指钢在高温下对氧化作用的抗力；而高温强度是指钢在高温下承受机械载荷的能力，即热强性。因此，耐热钢既要求高温抗氧化性能好，又要求高温强度高。

在钢中加入 Cr、Si、Al 等合金元素，它们与 O 的亲和力大，优先被氧化，形成一层致密、完整、高熔点的氧化膜（Cr_2O_3、Fe_2SiO_4、Al_2O_3），牢固覆盖于钢的表面，可将金属与外界的高温氧化性气体隔绝，从而避免进一步被氧化。

在高温下钢铁材料除氧化外其强度也大大下降，这是由于随温度升高，金属原子间结合力减弱，特别当工作温度接近材料再结晶温度时，材料会缓慢地发生塑性变形，且变形量随时间的延长而增大，最后导致金属破坏，这种现象称为蠕变。

为了提高钢的高温强度，在钢中加入 Cr、Mo、Mn、Nb 等元素，可提高钢的再结晶温度。在钢中加入 Ti、Nb、V、W、Mo 和 Al、B、N 等元素，形成弥散相以提高高温强度。

常用的耐热钢，按正火状态下的组织不同，主要分为珠光体钢、马氏体钢、奥氏体钢三类。其中 15CrMo 钢是典型的锅炉用钢，可用于制造在 500℃ 以下长期工作的零件，此钢虽然耐热性不高，但其工艺性能（如可焊性、压力加工性和切削加工性等）和物理性能（如导热性和膨胀系数等）都较好。4Cr9Si2、4Cr10Si2Mo 钢适用于 650℃ 以下受动载荷的部件，如汽车发动机、柴油机的排气阀,故此两种钢又称为气阀钢。也可用作 900℃ 以下的加热炉构件,如料盘、炉底板等。1Cr13、0Cr18Ni11Ti 钢既是不锈钢又是良好的热强钢。1Cr13 钢在 450℃ 左右和 0Cr18Ni11Ti 钢在 600℃ 左右都具有足够的热强性。0Cr18Ni11Ti 钢的抗氧化能力可达 850℃,是一种应用广泛的耐热钢,可用于制造高压锅炉的过热器、化工高压反应器等。

7.5.3 耐磨钢

耐磨钢是指在冲击和磨损条件下使用的高锰钢。

高锰钢的主要成分是 $w(C) = 0.9\% \sim 1.5\%$,$w(Mn) = 11\% \sim 14\%$。经热处理后得到单相奥氏体组织,由于高锰钢极易冷变形强化,使切削加工困难,基本上是铸造成形后使用。

高锰钢铸件的牌号,前面的"ZG"是代表"铸钢"二字汉语拼音字首,其后是化学元素符号"Mn",随后数字"13"表示平均锰的质量分数的百倍(即平均 $w(Mn) = 13\%$),最后的一位数字 1、2、3、4 表示顺序号。如 ZGMn13-1,表示 1 号铸造高锰钢。其碳的质量分数最高($w(C) = 1.00\% \sim 1.50\%$);而 4 号铸造高锰钢 ZGMn13-4 中碳的质量分数低($w(C) = 0.90\% \sim 1.20\%$)。高锰钢铸件的牌号、化学成分、力学性能及用途见表 7.16。

高锰钢由于铸态组织是奥氏体+碳化物,而碳化物的存在要沿奥氏体晶界析出,降低了钢的韧性和耐磨性,所以必须进行水韧处理。所谓"水韧处理",是将高锰钢铸件加热到 1000~1100℃,使碳化物全部溶解到奥氏体中,然后在水中急冷,防止碳化物析出,获得均匀、单一的过饱和单相奥氏体组织。这时其强度、硬度并不高,而塑性、韧性却很好($R_m \geq 637 \sim 735 \text{MPa}$,$A_5 \geq 20\% \sim 35\%$,硬度 $\leq 229 \text{HBW}$,$K \geq 118 \text{J}$)。但是,当工作时受到强烈的冲击或较大压力时,表面因塑性变形会产生强烈的冷变形强化,从而使表面层硬度提高到 500~550HBW,因而获得高的耐磨性,而心部仍然保持着原来奥氏体所具有的高的塑性和韧性,能承受冲击。当表面磨损后,新露出的表面又可在冲击和磨损条件下获得新的硬化层。因此,这种钢具有很好的耐磨性和抗冲击能力。但要指出,这种钢只有在强烈冲击和磨损下工作时才显示出高的耐磨性,在一般机器工作条件下高锰钢并不耐磨。

表 7.16 高锰钢铸件的牌号、化学成分、热处理、力学性能及用途

牌号	化学成分(质量分数,%)					热处理(水韧处理)		力学性能			应用举例
	C	Si	Mn	S	P	淬火温度/℃	冷却介质	R_m/MPa	$A_5(\%)$	K/J	硬度 HBW
								不小于			不大于
ZGMn13-1	1.00~1.45	0.30~1.00	11.00~14.00	≤0.040	≤0.090	1060~1100	水	637	20	—	229	用于结构简单、要求以耐磨为主的低冲击铸件,如衬板、齿板、辊套、铲齿等
ZGMn13-2	0.90~1.35	0.30~1.00	11.00~14.00	≤0.040	≤0.070	1060~1100	水	637	20	18	229	
ZGMn13-3	0.95~1.35	0.30~1.00	11.00~14.00	≤0.035	≤0.070	1060~1100	水	686	25	18	229	用于结构复杂、要求以韧性为主的高冲击铸件,如履带板等
ZGMn13-4	0.90~1.30	0.30~1.00	11.00~14.00	≤0.040	≤0.070	1060~1100	水	735	35	18	229	

高锰钢被用于制造在高压力、强冲击和剧烈摩擦条件下工作的抗磨零件,如坦克和矿山

拖拉机履带板、破碎机颚板、挖掘机铲齿、铁道道岔及球磨机衬板等。

7.6 习　题

一、填空题

1. 在生产中使用最多的刀具材料是_____和_____，而用于一些手工或切削速度较低的刀具材料是_____。
2. 合金渗碳钢的碳含量属_____碳范围，可保证钢的心部具有良好的_____。

二、判断题

1. 由于 T13 钢中的碳含量比 T8 钢高，故前者的强度比后者高。　　　　　　（　　）
2. GCr15 是滚动轴承钢，钢中 $w(Cr)=(5\%)$，主要用于制造滚动轴承的内外圈。

（　　）
3. 可锻铸铁比灰铸铁有高得多的塑性，因而可以进行锻打。　　　　　　　　（　　）

三、选择题

1. 除（　　）以外，其他合金元素溶入奥氏体中，都能使冷却转变曲线右移，提高钢的淬透性。

　　A. Co　　　　　　B. Ni　　　　　　C. W　　　　　　D. Cr

2. 除（　　）以外，其他合金元素都使 Ms、Mf 点下降，使淬火后钢中残余奥氏体量增加。

　　A. Cr、Al　　　　B. Ni、Al　　　　C. Co、Al　　　　D. Mo、Co

3. Q345（16Mn）是一种（　　）。

　　A. 调质钢，可制造车床齿轮　　　　B. 渗碳钢，可制造主轴
　　C. 低合金结构钢，可制造桥梁　　　D. 弹簧钢，可制造弹簧

4. 40Cr 中 Cr 的主要作用是（　　）。

　　A. 提高耐蚀性　　　　　　　　　　B. 提高回火稳定性及固溶强化 F
　　C. 提高切削性　　　　　　　　　　D. 提高淬透性及固溶强化 F

5. GCr15 是一种滚动轴承钢，其（　　）。

　　A. $w(C)=1\%$，$w(Cr)=15\%$　　　B. $w(C)=0.1\%$，$w(Cr)=15\%$
　　C. $w(C)=1\%$，$w(Cr)=1.5\%$　　 D. $w(C)=0.1\%$，$w(Cr)=1.5\%$

6. 0Cr18Ni19 钢固溶处理的目的是（　　）。

　　A. 增加塑性　　　B. 提高强度　　　C. 提高韧性　　　D. 提高耐蚀性

7. 粗车锻造钢坯应采用的刀具材料是（　　）

　　A. YG3　　　　　B. YG8　　　　　C. YT15　　　　　D. YT30

8. 下列钢号中，（　　）是合金渗碳钢，（　　）是合金调质钢。

　　A. 20　　　　B. 65Mn　　　　C. 20CrMnTi　　　　D. 45　　　　E. 40Cr

9. 在下列四种钢中，（　　）钢的弹性最好，（　　）钢的硬度最高，（　　）钢的塑性最好。

　　A. T12　　　　　B. T8　　　　　C. 20　　　　　D. 65Mn

10. 选择下列工具材料：板牙（　　），铣刀（　　），冷冲模（　　），车床主轴

（　　），医疗手术刀（　　）。

A. W18Cr4V　　　B. Cr12　　　C. 9SiCr　　　D. 40Cr

E. 4Cr13

11. 在下列四种钢中，（　　）钢的弹性最好，（　　）钢的硬度最高，（　　）钢的塑性最好。

A. T12　　　B. T8　　　C. 20　　　D. 65Mn

12. 在 W18Cr4V 高速工具钢中，W 的作用是（　　）。

A. 提高淬透性　　　B. 细化晶粒　　　C. 提高红硬性　　　D. 固溶强化

13. 在下列几种碳素钢中，硬度最高的是（　　）。

A. 20　　　B. Q235-A　　　C. 45　　　D. T12

14. 选择下列工具、零件的材料：铣刀（　　），冷冲模（　　），汽车变速箱中的齿轮（　　），滚动轴承的内外套圈（　　）。

A. W18Cr4V　　　B. Cr12　　　C. 20CrMnTi　　　D. GCr15

四、简答题

1. 合金钢中经常加入的合金元素有哪些？按其与 C 的作用如何分类？

2. 合金元素在钢中以什么形式存在？

3. 合金元素对 Fe-Fe$_3$C 合金状态图有什么影响？这种影响有什么工业意义？

4. 为什么碳钢在室温下不存在单一的奥氏体或单一的铁素体组织，而合金钢中有可能存在这类组织？

5. 在碳质量分数相同的情况下，为什么大多数合金钢的奥氏体化加热温度比碳素钢的高？

6. 为什么含 Ti、Cr、W 等合金钢的回火稳定性比碳素钢高？

7. 说明用 20Cr 钢制造齿轮的工艺路线，并指出其热处理特点。

8. 合金渗碳钢中常加入哪些合金元素？它们对钢的热处理、组织和性能有何影响？

9. 说明合金调质钢最终热处理的名称及目的。

10. 为什么合金弹簧钢把 Si 作为重要的主加合金元素？弹簧淬火后为什么要进行中温回火？

11. 为什么滚动轴承钢的碳含量均为高碳？为什么限制钢中铬的质量分数不超过 1.65%？滚动轴承钢预备热处理和最终热处理的特点？

12. 一般刃具钢要求什么性能？高速工具钢要求什么性能？为什么？

13. 为什么刃具钢中含高碳？合金刃具钢中加入哪些合金元素？其作用怎样？

14. 用 9SiCr 钢制成圆板牙，其工艺流程为：锻造→球化退火→机械加工→淬火→低温回火→磨平面→开槽加工。试分析：①球化退火、淬火及低温回火的目的；②球化退火、淬火及低温回火的大致工艺参数。

15. 高速工具钢铸造后为什么要经过反复锻造？锻造后切削前为什么要进行退火？淬火温度选用高温的目的是什么？淬火后为什么需进行三次回火？

16. 什么是热硬性（红硬性）？它与"二次硬化"有何关系？W18Cr4V 钢的二次硬化发生在哪个回火温度范围？

17. 模具钢分几类？各采用何种最终热处理工艺？为什么？

18. 制造量具的钢有哪几种？有什么要求？热处理工艺有什么特点？

19. 不锈钢通常采取哪些措施来提高其性能？

20. 1Cr13、2Cr13、3Cr13、4Cr13 钢在成分上、用途上和热处理工艺上有什么不同？

21. 说明不锈钢的分类及热处理特点。

22. 影响耐热钢热强性的因素有哪些？如何解决？

23. 指出下列钢号的钢种、成分及主要用途和常用热处理：16Mn、20CrMnTi、40Cr、60Si2Mn、GCr15、9SiCr、W18Cr4V、1Cr18Ni9Ti、1Cr13、12CrMoV、5CrNiMo。

24. 由于管理不善造成材料错用，问使用过程中会出现哪些问题？

1）把 20 钢当成 60 钢制成弹簧。

2）把 30 钢当成 T7 钢制成大锤。

25. 如果错把 10 钢当成 35 钢制成螺钉，在使用时会有什么问题？

五、填表题

在下列表格中填出各钢号的类别（按用途归类）、最终热处理方法、主要性能特点和用途举例。

钢号	类别(按用途归类)	最终热处理方法	主要性能特点	用途举例
Q420				
40MnB				
20CrMnTi				
GCr15SiMn				
3Cr2W8V				
T12				
1Cr17				
QT400-18				
60Si2Mn				
40Cr				
GCr15				
0Cr19Ni9				
16Mn				
45				

第8章 铸 铁

由铁碳合金相图可知，碳质量分数大于2.11%的铁碳合金称为铸铁。工业上常用铸铁的成分（质量分数）范围是：2.5%~4.0%C、1.0%~3.0%Si、0.5%~1.4%Mn、0.01%~0.50%P、0.02%~0.20%S；除此以外，有时还含有一定量的合金元素，如Cr、Mo、V、Cu、Al等。可见，铸铁与钢的主要不同是，铸铁碳和硅含量较高，杂质元素S、P较多。

早在公元前6世纪的春秋时期，我国就已经开始使用铸铁，比欧洲各国要早将近2000年。虽然铸铁的强度、塑性和韧性较差，不能进行锻造，但它却具有优良的铸造性、减摩性、切削加工性等一系列的性能特点；加之它的生产设备和工艺简单，价格低廉，因此在机械制造上得到了极其广泛的应用。在目前工业生产中，铸铁仍是最重要的工程材料之一。若按重量百分比计算，在各类机械中，铸铁件约占40%~70%；在机床和重型机械中，则可达60%~90%。

特别是由于稀土镁球墨铸铁的发展，更进一步打破了钢与铸铁的使用界限，不少过去使用碳钢和合金钢制造的重要零件，如曲轴、连杆、齿轮等，如今已可采用球墨铸铁来制造，"以铁代钢、以铸代锻"。这不仅为国家节约了大量的优质钢材，而且还大大减少了机械加工的工时，降低了产品的成本。

铸铁之所以能具有这一系列的优越性能，除了因为它的碳含量较高，接近共晶合金成分，使得它的熔点低、流动性好、易于铸造以外，还因为它的碳和硅含量较高，使得它其中的碳大部分不再以化合状态（Fe_3C）而是呈游离的石墨状态存在。由于铸铁组织中含有石墨，石墨本身就具有润滑作用和吸油能力，因而使铸铁具有良好的减摩性和切削加工性。

8.1 铸铁的石墨化

铸铁组织中石墨的形成称为"石墨化"过程。在铁碳合金中，C可能以两种形式存在，即化合状态的渗碳体（Fe_3C）和游离状态的石墨（常用G表示）。其中渗碳体的晶体结构已如前述（见第5章）。石墨的晶体结构为简单六方晶格，如图8.1所示，原子呈层状排列，同一层的原子间距为0.142nm，结合力较强；而层与层之间的面间距为0.34nm，是依靠较弱的金属键结合，故石墨具有不太明显的金属性能（如导电性），而且由于层与层间的结合力弱，易滑移，故石墨的强度、塑性和韧性较低，硬度仅为3~5HBW。

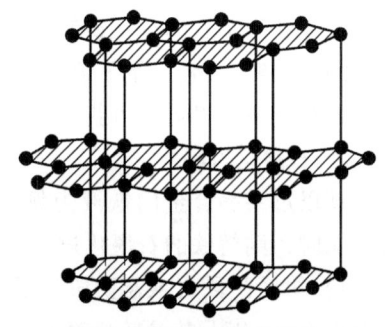

图8.1 石墨的晶体结构

8.1.1 铁碳合金双重相图

实践证明，渗碳体若加热到高温，可分解为铁素体与石墨，即 $Fe_3C \rightarrow 3Fe + C$（G）。这表明石墨是稳定相，而渗碳体仅是介（亚）稳定相。成分相同的铁液在冷却时，冷却速度越慢，析出石墨的可能性越大；冷却速度越快，析出渗碳体的可能性越大。因此，描述铁碳合金结晶过程的相图应有两个，即前述的 $Fe-Fe_3C$ 相图（它说明了介稳定相 Fe_3C 的析出规律）和 Fe-C（G）相图（它说明了稳定相石墨的析出规律）。为了便于比较应用，习惯上把这两个相图合画在一起，称为铁碳合金双重相图，如图 8.2 所示。图中实线表示 $Fe-Fe_3C$ 相图，虚线表示 Fe-C（G）相图，凡虚线与实线重合的线条都用实线表示。

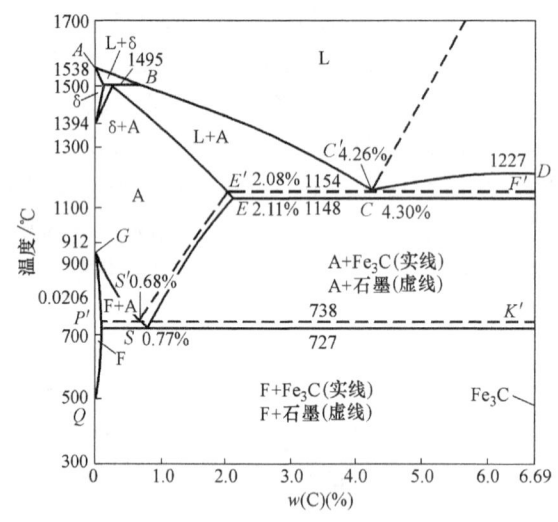

图 8.2 铁碳合金双重相图

由图 8.2 可见，虚线均位于实线的上方或左上方，这表明 Fe-C（G）相图比 $Fe-Fe_3C$ 相图更为稳定，以及碳在奥氏体和铁素体中溶解度较小。

8.1.2 石墨化方式和过程

1. 石墨化方式

铸铁组织中石墨的形成过程称为石墨化过程。铸铁的石墨化有如下两种方式：

1) 按照 Fe-C（G）相图，由液态和固态直接析出石墨。在生产中经常出现的石墨漂浮现象，就证明了石墨可从铁液中直接析出。

2) 按照 $Fe-Fe_3C$ 相图结晶出渗碳体，随后渗碳体在一定条件下分解出石墨。在生产中，白口铸铁经高温退火后可获得可锻铸铁，就证实了石墨也可由渗碳体分解得到。

2. 石墨化过程

现以过共晶合金的铁液为例，当它以极缓慢的速度冷却，并全部按 Fe-C（G）相图进行结晶时，则铸铁的石墨化过程可分为如下三个阶段：

1) 第一阶段（液态阶段）石墨化。它包括过共晶液相沿着液相线 $C'D$ 冷却时析出的一次石墨 G_I，以及共晶转变时形成的共晶石墨 $G_{共晶}$，其反应式可写成

$$L \rightarrow L_{C'} + G_I$$

$$L_{C'} \xrightarrow{1154℃} A_{E'} + G_{共晶}$$

2）中间阶段（共晶-共析阶段）石墨化。过饱和奥氏体沿着 $E'S'$ 线冷却时析出的二次石墨 G_{II}，其反应式可写成

$$A_{E'} \xrightarrow{1154\sim738℃} A_{S'} + G_{II}$$

3）第二阶段（共析阶段）石墨化。在共析转变阶段，由奥氏体转变为铁素体和共析石墨 $G_{共析}$，其反应式可写成

$$A_{S'} \xrightarrow{738℃} F_{P'} + G_{共析}$$

上述成分的铁液若按 $Fe-Fe_3C$ 相图进行结晶，再由渗碳体分解出石墨，则其石墨化过程同样可分为三个阶段：① 一次渗碳体和共晶渗碳体在高温下分解而析出石墨；② 二次渗碳体分解而析出石墨；③ 共析渗碳体分解而析出石墨。

石墨化过程是原子扩散过程，所以石墨化的温度越低，原子扩散越困难，越不易石墨化。显然，由于石墨化程度不同，将获得不同基体的铸铁组织。

8.1.3 影响石墨化的因素

铸铁的化学成分和结晶过程中的冷却速度是影响石墨化的主要因素。

1. 化学成分的影响

（1）C 和 Si C 和 Si 是强烈促进石墨化元素，铸铁中 C 和 Si 含量越高，石墨化程度越充分。这是因为随着碳含量的增加，液态铸铁中石墨晶核数量增多，所以促进了石墨化；Si 与 Fe 原子的结合力较强，Si 溶于铁素体中，不仅会削弱 Fe、C 原子间的结合力，而且还会使共晶点的碳含量降低，共晶温度提高，这都有利于石墨的析出。

实践表明，铸铁中 Si 的质量分数每增加1%，共晶点 C 的质量分数相应降低0.33%。为了综合考虑 C 和 Si 的影响，通常把硅含量折成相当的碳含量，并把这个碳的总量称为碳当量 $w(CE)$，即

$$w(CE) = w(C) + \frac{1}{3}w(Si)$$

用碳当量代替 Fe-C（G）相图的横坐标碳含量，就可以近似估计出铸铁在 Fe-C（G）相图上的实际位置。因此调整铸铁的碳当量，是控制其组织与性能的基本措施之一。由于共晶成分的铸铁具有最佳的铸造性能，因此在灰铸铁中，一般将其碳当量均配制在4%左右。

（2）Mn Mn 是阻止石墨化的元素。但 Mn 与 S 能形成 MnS，减弱了 S 对石墨化的阻止作用，结果又间接地起着促进石墨化的作用，因此，铸铁中锰含量要适当。

（3）S S 是强烈阻止石墨化的元素，这是因为 S 不仅增强 Fe、C 原子的结合力，而且形成硫化物后，常以共晶体形式分布在晶界上，阻碍 C 原子的扩散。此外，S 还降低铁液的流动性并使高温铸件开裂。所以 S 是有害元素，铸铁中硫含量越低越好。

（4）P P 是微弱促进石墨化的元素，同时它能提高铁液的流动性，但形成的 Fe_3P 常以共晶体形式分布在晶界上，增加铸铁的脆性，使铸铁在冷却过程中易于开裂，所以一般铸

铁中磷含量也应严格控制。

2. 冷却速度的影响

在实际生产中,往往发现同一铸件厚壁处为灰铸铁,而薄壁处出现白口铸铁的现象。这说明在化学成分相同的情况下,铸铁结晶时,厚壁处由于冷却速度慢,利于石墨化过程的进行,薄壁处由于冷却速度快,不利于石墨化过程的进行。

冷却速度对石墨化程度的影响,可以用铁碳合金双重相图作简要解释:由于 Fe-C(G)相图比 Fe-Fe$_3$C 相图更为稳定,因此成分相同的铁液在冷却时,冷却速度越缓慢,即过冷度较小,越有利于按 Fe-C(G)相图结晶,析出稳定相石墨的可能性就越大;反之,冷却速度越快,即过冷度增大时,越有利于按 Fe-Fe$_3$C 相图结晶,析出介稳定相渗碳体的可能性就越大。

由上述影响石墨化的因素可知,当铁液中碳当量较高,结晶过程中的冷却速度较慢时,易于形成灰铸铁;反之,则易形成白口铸铁。

8.1.4 铸铁的分类

根据铸铁在结晶过程中的石墨化程度不同,铸铁可分为如下三类:

1) 灰口铸铁。即在第一阶段和中间阶段石墨化的过程中都得到了充分石墨化的铸铁,其断口为暗灰色。工业上所用的铸铁几乎全部都属于这类铸铁。这类铸铁视其第二阶段石墨化程度的不同,又可分为三种不同基体组织的灰口铸铁,即铁素体、铁素体+珠光体和珠光体。

2) 白口铸铁。即第一阶段、中间阶段和第二阶段石墨化全部都被抑制的,完全按照 Fe-Fe$_3$C 相图进行结晶而得到的铸铁。这类铸铁组织中的 C 全部呈化合碳的状态,形成渗碳体,并具有莱氏体的组织,其断口白亮,性能硬脆,故在工业上很少应用,主要用作炼钢原料。

3) 麻口铸铁。即在第一阶段石墨化过程中便未得到充分石墨化的铸铁。其组织介于白口铸铁与灰口铸铁之间,含有不同程度的莱氏体,也具有较大的硬脆性,工业上也很少应用。

由于灰口铸铁中的碳主要以石墨形式存在,使它具有良好的可加工性、减摩性、减振性及铸造性能等,而且熔炼的工艺与设备简单,成本低廉,故目前工业生产中主要应用这类铸铁。根据灰口铸铁中石墨形态不同,它又可分为如下四种:

1) 灰铸铁。铸铁中石墨呈片状存在。这类铸铁的力学性能不高,但它的生产工艺简单,价格低廉,故工业上应用最广。

2) 球墨铸铁。铸铁中石墨呈球状存在。它不仅力学性能比灰铸铁好,而且还可以通过热处理进一步提高其力学性能,所以它在生产中的应用日益广泛。

3) 蠕墨铸铁。它是 20 世纪 70 年代发展起来的一种新型铸铁,石墨形态介于片状与球状之间,故性能也介于灰铸铁与球墨铸铁之间。

4) 可锻铸铁。铸铁中石墨呈团絮状存在。其力学性能(特别是韧性和塑性)比灰铸铁好,并接近于球墨铸铁。

8.2 灰 铸 铁

在铸铁的总产量中，灰铸铁件要占80%以上。它常用于制造各种机器的底座、机架、工作台、机身、齿轮箱箱体、阀体及内燃机的气缸体、气缸盖等。

8.2.1 灰铸铁的化学成分、组织和性能

1. 灰铸铁的化学成分

铸铁中C、Si、Mn是调节组织的元素，P是控制使用的元素，S是应限制的元素。目前生产中，灰铸铁的化学成分范围一般为：$w(C) = 2.7\% \sim 3.6\%$，$w(Si) = 1.0\% \sim 2.5\%$，$w(Mn) = 0.5\% \sim 1.3\%$，$w(P) \leqslant 0.3\%$，$w(S) \leqslant 0.15\%$。

2. 灰铸铁的组织

灰铸铁是第一阶段和中间阶段石墨化过程都能充分进行时形成的铸铁，它的显微组织特征是片状石墨分布在各种基体组织上。应该指出，从灰铸铁中看到的片状石墨，实际上是一个立体的多枝石墨团。由于石墨各分枝都长成翘曲的薄片，在金相磨片上所看到的仅是这种多枝石墨团的某一截面，因此呈孤立的长短不等的片状（或细条状）石墨。由于第二阶段石墨化程度的不同，可以获得三种不同基体组织的灰铸铁：

1）铁素体灰铸铁。若第一、中间和第二阶段石墨化过程都充分进行，则获得的组织是铁素体基体上分布片状石墨，如图8.3a所示。

2）珠光体+铁素体灰铸铁。若第一和中间阶段石墨化过程均能充分进行，而第二阶段石墨化过程仅部分进行，则获得的组织是珠光体加铁素体基体上分布片状石墨，如图8.3b所示。

3）珠光体灰铸铁。若第一和中间阶段石墨化过程均能充分进行，而第二阶段石墨化过程完全没有进行，则获得的组织是珠光体基体上分布片状石墨，如图8.3c所示。

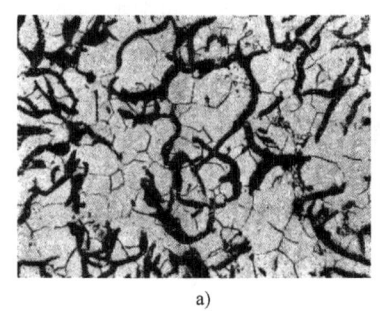
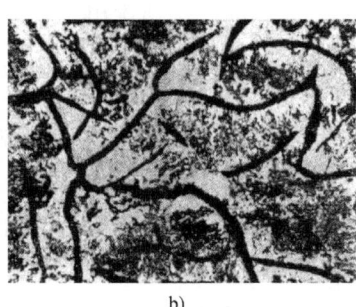
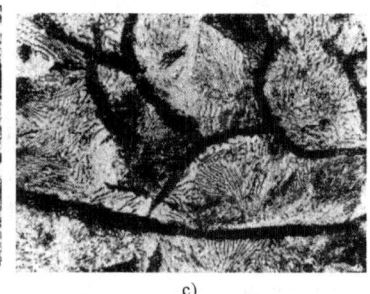

a)   b)   c)

图 8.3 灰铸铁的显微组织
a) 铁素体灰铸铁   b) 铁素体+珠光体灰铸铁   c) 珠光体灰铸铁

各阶段的石墨化过程能否进行和进行的程度如何，完全取决于影响石墨化的因素。图8.4所示为在砂型铸造条件下，影响石墨化的主要因素——铸件壁厚（冷却速度）和化学成分（碳硅总含量）对铸件组织的影响。

3. 灰铸铁的性能

（1）力学性能   灰铸铁组织相当于以钢为基体加片状石墨。基体中含有比钢更多的Si、

Mn等元素，这些元素可溶于铁素体而使基体强化。因此，其基体的强度与硬度不低于相应的钢。片状石墨的强度、塑性、韧性几乎为零，可近似地把它看成是一些微裂纹，它不仅割断了基体的连续性，缩小了承受载荷的有效截面，而且在石墨片的尖端处易导致应力集中，使材料形成脆性断裂。故灰铸铁的抗拉强度、塑性、韧性和弹性模量远比相应基体的钢低。石墨片的数量越多，尺寸越粗大，分布越不均匀，对基体的割裂作用和应力集中现象越严重，则铸铁的强度、塑性和韧性就越低。

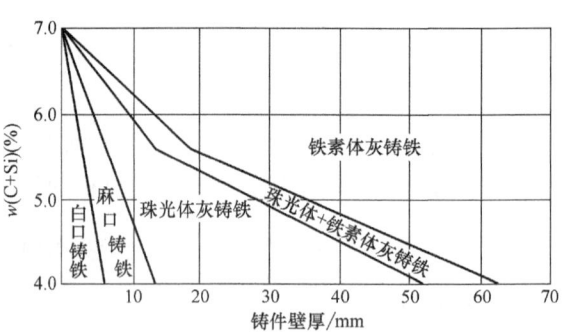

图8.4　铸件壁厚（冷却速度）和化学成分（碳硅总含量）对铸件组织的影响

由于灰铸铁的抗压强度、硬度与耐磨性主要取决于基体，石墨的存在对其影响不大，故灰铸铁的抗压强度一般是其抗拉强度的3～4倍。同时，珠光体基体比其他两种基体的灰铸铁具有较高的强度、硬度和耐磨性。

（2）其他性能　石墨虽然会降低铸铁的抗拉强度、塑性和韧性，但也正由于石墨的存在，使铸铁具有一系列其他优良性能：

1）铸造性能良好。由于灰铸铁的碳当量接近共晶成分，故与钢相比，不仅熔点低，流动性好，而且铸铁在凝固过程中要析出比体积较大的石墨，部分地补偿了基体的收缩，从而减小了灰铸铁的收缩，所以灰铸铁能浇注形状复杂及薄壁的铸件。

2）减摩性好。所谓减摩性是指减少对偶件被磨损的性能。灰铸铁中石墨本身具有润滑作用，而且当它从铸铁表面掉落后，遗留下的孔隙具有吸附和储存润滑油的能力，使摩擦面上的油膜易于保持而具有良好的减摩性。所以承受摩擦的机床导轨、气缸体等零件可用灰铸铁制造。

3）减振性强。铸铁受振动时，石墨能起缓冲作用，它阻止振动的传播，并把振动能量转变为热能，使灰铸铁减振能力约比钢大10倍，故常用作承受压力和振动的机床底座、机架、机身和箱体等零件。

4）可加工性良好。由于石墨割裂了基体的连续性，使铸铁切削时易断屑和排屑，且石墨对刀具具有一定的润滑作用，使刀具磨损减小。

5）缺口敏感性较低。钢常因表面有缺口（如油孔、键槽、刀痕等）造成应力集中，使力学性能显著降低，故钢的缺口敏感性大。灰铸铁中石墨本身就相当于很多小的缺口，致使外加缺口的作用相对减弱，所以灰铸铁具有较低的缺口敏感性。

正由于灰铸铁具有以上一系列的优良性能，而且价廉，易于获得，故在目前工业生产中，它仍然是应用最广泛的金属材料之一。

8.2.2　灰铸铁的孕育处理

灰铸铁组织中的石墨片比较粗大，因而它的力学性能较低。为了提高灰铸铁的力学性能，生产上常进行孕育处理（或称变质处理）。孕育处理就是在浇注前往铁液中加入少量孕育剂，改变铁液的结晶条件，从而获得细珠光体基体加上细小均匀分布的片状石墨组织。孕育处理后的铸铁称为孕育铸铁。

生产中常用的孕育剂为硅铁和硅钙合金等,其中以硅质量分数为75%的硅铁最为常用。孕育处理时,这些孕育剂或它们的氧化物(如SiO_2、CaO)在铁液中形成大量、高度弥散的难熔质点悬浮在铁液中,成为大量的石墨结晶核心,使石墨细小并分布均匀,从而提高了灰铸铁的力学性能。

孕育铸铁不仅力学性能高,而且由于在孕育铸铁的铁液中,均匀分布着大量外来的结晶核心,结晶过程几乎是在整个铁液中同时进行,使铸铁各个部位截面上的组织和性能都均匀一致,即孕育铸铁在力学性能上的一个显著特点是断面敏感性小,如图8.5所示。因此,孕育铸铁常用作力学性能要求较高且截面尺寸变化较大的大型铸件。

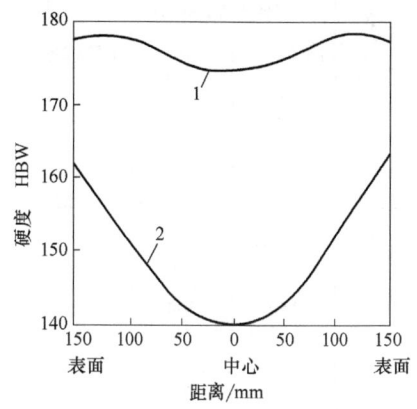

图 8.5 300mm×300mm 铸铁件
截面上的硬度分布
1—孕育铸铁 2—普通灰铸铁

8.2.3 灰铸铁的牌号和应用

表8.1为灰铸铁的牌号和力学性能。牌号中"HT"是"灰铁"两字汉语拼音的首字母,后面三位数字表示直径30mm单铸试棒的最小抗拉强度值(MPa)。

由表可见,灰铸铁的强度与铸件壁厚有关,在同一牌号中,随着铸件壁厚的增加,其抗拉强度与硬度要降低。因此,根据零件的性能要求去选择铸铁牌号时,必须注意铸件壁厚的影响,如铸件的壁厚过大或过小,并超出表中所列尺寸时,应根据具体情况,适当提高或降低铸铁的牌号。表中强度较高的HT300、HT350灰铸铁均属于孕育铸铁。

表 8.1 灰铸铁的牌号和力学性能 (GB/T 9439—2010)

牌号	铸件壁厚/mm		最小抗拉强度 R_m(强制性值)		铸件本体预期抗拉强度 R_m/MPa
	>	≤	单铸试棒/MPa	附铸试棒或试块/MPa	
HT100	5	40	100	—	—
HT150	5	10	150	—	155
	10	20		—	130
	20	40		120	110
	40	80		110	95
	80	150		100	80
	150	300		90	—
HT200	5	10	200	—	205
	10	20		—	180
	20	40		170	155
	40	80		150	130
	80	150		140	115
	150	300		130	—

（续）

牌号	铸件壁厚/mm		最小抗拉强度 R_m（强制性值）		铸件本体预期抗拉强度 R_m/MPa
	>	≤	单铸试棒/MPa	附铸试棒或试块/MPa	
HT225	5	10	225	—	230
	10	20		—	200
	20	40		190	170
	40	80		170	150
	80	150		155	135
	150	300		145	—
HT250	5	10	250	—	250
	10	20		—	225
	20	40		210	195
	40	80		190	170
	80	150		170	155
	150	300		160	—
HT275	10	20	275	—	250
	20	40		230	220
	40	80		205	190
	80	150		190	175
	150	300		175	—
HT300	10	20	300	—	270
	20	40		250	240
	40	80		220	210
	80	150		210	195
	150	300		190	—
HT350	10	20	350	—	315
	20	40		290	280
	40	80		260	250
	80	150		230	225
	150	300		210	—

注：1. 当铸件壁厚超过300mm时，其力学性能由供需双方商定。
  2. 当某牌号的铁液浇注壁厚均匀、形状简单的铸件时，壁厚变化引起抗拉强度的变化，可从本表查出参考数据；当铸件壁厚不均匀，或有型芯时，本表只能给出不同壁厚处大致的抗拉强度值，铸件的设计应根据关键部位的实际值进行。
  3. 表中斜体数值表示指导值，其余抗拉强度值均为强制性值，铸件本体预期抗拉强度值不作为强制性值。

8.2.4 灰铸铁的热处理

由于热处理只能改变灰铸铁的基体组织，而不能改变石墨片的存在状况，故利用热处理来提高灰铸铁力学性能的效果并不大。通常仅应用少数几种热处理。

1. 消除内应力的退火

在冷却过程中，因铸件各部位的冷却速度不同，常会产生很大的内应力，它不仅在冷却过程中就会引起铸件的变形和裂纹，而且在随后的切削加工时还常会因应力的重新分布而引起变形，使铸件失去加工精度。所以，凡大型、复杂的铸件或精度要求较高的铸件（如床身、机架等）在铸件开箱之后或切削加工之前，通常都要进行一次消除内应力的退火，有时甚至在粗加工之后还要再进行一次。这种退火由于经常是在共析温度以下进行长时间的加热，故称为"低温退火"或者称为"时效处理"。一般可在铸件开箱之后立即转入 100~200℃ 的炉中，随炉缓慢升温至 500~600℃，经长时间（一般 4~8h）保温后，再缓慢冷却。经过时效处理，常可消除内应力 90% 以上。

2. 改善切削加工性的退火

铸件的表层及一些薄壁处，由于冷却速度较快（特别是用金属模浇注时），常不免会出现白口，使切削加工难以进行。为了降低硬度，改善切削加工性，必须进行在共析温度以上加热的"高温退火"。退火方法是将铸件加热至 850~900℃，保温 2~5h，使渗碳体分解成为石墨，然后随炉缓慢冷却至 400~500℃，再置于空气中冷却。

3. 表面淬火

有些大型铸件的工作表面需要有较高的硬度和耐磨性，如机床导轨的表面及内燃机汽缸套的内壁等，常需表面淬火。表面淬火的方法有高频表面淬火、火焰表面淬火及接触电热表面淬火等，详细参见本书第 6 章中关于表面淬火方法的论述。表面淬火前铸铁原始组织应是珠光体基体上分布细小均匀的石墨，以保证工件淬火后获得高而均匀的表面硬度。

8.3 球 墨 铸 铁

球墨铸铁是 20 世纪 50 年代发展起来的一种铸铁材料。它是通过在浇注前向铁液中加入一定量的球化剂（如 Mg、Ca 及稀土元素等）进行球化处理，并加入少量的孕育剂（硅铁或硅钙合金）以促进石墨化，在浇注后直接获得具有球状石墨结晶的铸铁。由于球墨铸铁具有优良的力学性能、加工性能和铸造性能，生产工艺简便，成本低廉，因此我国自 1950 年试制成功以来，球墨铸铁得到了飞速的发展。特别是自 1965 年以来，又创制出了具有我国生产特色的稀土镁球墨铸铁，将其质量和生产工艺提高到了世界的先进水平，大大促进了"以铁代钢、以铸代锻"的技术发展，对我国工业发展和现代化建设起到了积极的作用。

8.3.1 球墨铸铁的成分、组织、性能和用途

球墨铸铁中应用最广泛的是铁素体球墨铸铁和珠光体球墨铸铁，显微组织如图 8.6 所示；而铁素体+珠光体球墨铸铁则应用得较少。珠光体球墨铸铁的一般成分（质量分数）范围是：3.6%~3.8%C，2.0%~2.8%Si，0.6%~0.8%Mn，不大于 0.1%P，不大于 0.07%S，0.3%~0.5%Mg，0.02%~0.04%RE（稀土元素）。铁素体球墨铸铁与其不同的是硅含量稍高（质量分数可达 3.3%），锰含量稍低（质量分数为 0.3%~0.6%）。总之，球墨铸铁的成分特点是：碳当量较高（一般在 4.3%~4.6%），硫含量较低。高碳当量是为了使它得到共晶左右的成分，具有良好的流动性；而低硫含量则是因为 S 与球化剂（Mg 及 RE）具有很强的亲和力，会消耗球化剂，从而造成球化不良。大量试验数据表明，铸铁中的残余镁和稀

土含量是非常重要的,其含量的不足或过高均不能得到良好的球化。过去国外仅用 Mg 进行球化,不仅易产生夹渣和缩松,且球化工艺复杂,我国自 1965 年试制成功同时用稀土和镁合金对铸铁进行球化以来,进一步改善了球墨铸铁的性能和球化工艺。由于 Mg 和稀土元素都是阻止石墨化的元素,故在进行球化处理的同时,还必须加入适量的硅铁等孕育剂,以防止白口。

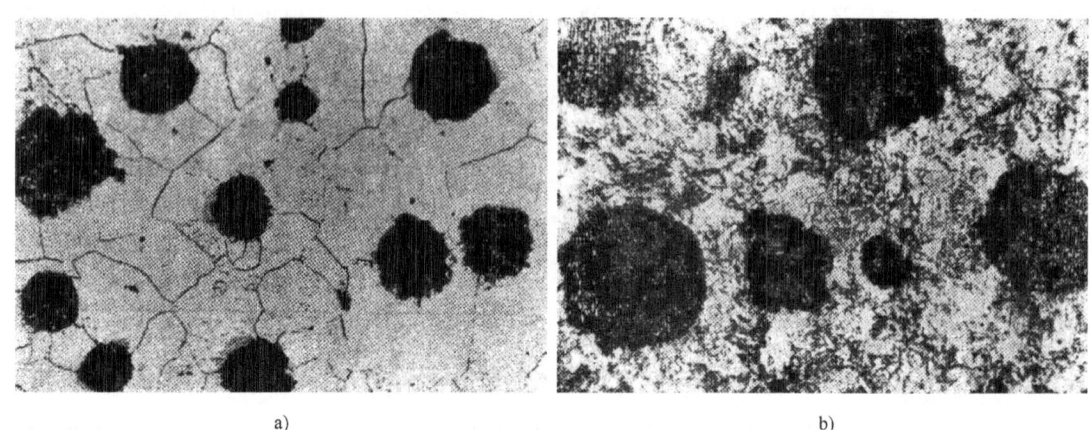

图 8.6 球墨铸铁的显微组织
a) 铁素体球墨铸铁 b) 珠光体球墨铸铁

由图 8.6 可以看出,球墨铸铁的组织特点是其石墨的形态非常圆整,因而对基体的强度、塑性和韧性的影响更小。球墨的数量越少,越细小,分布越均匀,球墨铸铁的力学性能便越高,即铸铁基体强度的利用率便越高。在球墨铸铁中,基体强度的利用率可达 70%~90%,而在灰铸铁中,基体强度的利用率仅 30%~50%。故球墨铸铁的强度、塑性和韧性都远超过灰铸铁,甚至优于可锻铸铁。我国现行国家标准中列了球墨铸铁单铸试样的力学性能(表 8.2),牌号由 QT 与两组数字组成,其中 QT 表示"球铁"二字汉语音的字首,第一组数字代表最低抗拉强度值,第二组数字代表最低伸长率。

为了达到规定的力学性能,其成分中有时尚含有少量的合金元素 Cu 和 Mo(如 $w(Cu)$ = 0.3%~0.8%,$w(Mo)$ = 0.15%~0.4%)。Cu 和 Mo 的加入,不仅能固溶强化铁素体,细化珠光体和增加珠光体的数量,而且能使石墨的结晶又细又圆,故可进一步提高球墨铸铁的强度,这样的球墨铸铁常被称为高强度铸铁。

表 8.2 球墨铸铁单铸试样的力学性能(GB/T 1348—2019)

材料牌号	抗拉强度 R_m/MPa	屈服强度 $R_{p0.2}$/MPa	伸长率 $A(\%)$	布氏硬度 HBW	主要基体组织
QT350-22L	350	220	22	≤160	铁素体
QT350-22R	350	220	22	≤160	铁素体
QT350-22	350	220	22	≤160	铁素体
QT400-18L	400	240	18	120~175	铁素体
QT400-18R	400	250	18	120~175	铁素体
QT400-18	400	250	18	120~175	铁素体

(续)

材料牌号	抗拉强度 R_m/MPa	屈服强度 $R_{p0.2}$/MPa	伸长率 A(%)	布氏硬度 HBW	主要基体组织
QT400-15	400	250	15	120~180	铁素体
QT450-10	450	310	10	160~210	铁素体
QT500-7	500	320	7	170~230	铁素体+珠光体
QT550-5	550	350	5	180~250	铁素体+珠光体
QT600-3	600	370	3	190~270	铁素体+珠光体
QT700-2	700	420	2	225~305	珠光体
QT800-2	800	480	2	245~335	珠光体或索氏体
QT900-2	900	600	2	280~360	回火马氏体或屈氏体+索氏体

注：1. 如需求球墨铸铁 QT500-10 时，其性能要求参见 GB/T 1348—2019 附录 A。

2. 字母"L"表示该牌号有低温（-20℃或-40℃）下的冲击性能要求；字母"R"表示该牌号有室温（23℃）下的冲击性能要求。

3. 伸长率是从原始标距 $L_o = 5d$ 上测得的，d 是试样上原始标距处的直径。其他规格的标距参见 GB/T 1348—2019。

球墨铸铁不仅具有远超过灰铸铁的力学性能，而且同样也具有灰铸铁的一系列优点，如良好的铸造性、减摩性、切削加工性及低的缺口敏感性等，甚至在某些性能方面可与锻钢相媲美，如疲劳强度大致与中碳钢相近，耐磨性优于表面淬火钢等。此外，球墨铸铁还可适应各种热处理，使其力学性能提高到更高的水平。球墨铸铁经过各种热处理后的力学性能见表 8.3。

表 8.3 球墨铸铁经不同热处理后的力学性能

球墨铸铁类型	热处理	力学性能				备注
		R_m/MPa	A(%)	K/J	硬度	
铁素体球墨铸铁	退火	400~500	15~25	48~96	121~179HBW	可代碳素钢，如 35、40
珠光体球墨铸铁	正火	700~950	2~5	16-24	229~302HBW	可代碳素钢、合金钢，如 45、35CrMo、40CrMnMo
	调质	900~1200	1~5	4~24	32~43HRC	
	等温淬火	1200~1500	1~3	16-48	38~50HRC	可代合金钢，如 20CrMnTi

因此，球墨铸铁在机械制造中得到了广泛的应用，可成功地代替不少铸钢、锻钢、合金钢、可锻铸铁及某些有色金属，用于制造各种受力复杂、负荷较大和耐磨的重要铸、锻件。如珠光体球墨铸铁常用于制造汽车、拖拉机或柴油机中的曲轴、连杆、凸轮轴、齿轮，机床中的主轴、蜗杆、蜗轮，轧钢机的轧辊、大齿轮，以及大型水压机的工作缸、缸套、活塞等；而铁素体球墨铸铁则可用于制造受压阀门、机器底座、汽车的后桥壳等。

当然，球墨铸铁也不是十全十美的，它较明显的缺点是凝固时的收缩率较大，对原铁液的成分要求较严格，因而对熔炼和铸造工艺的要求较高；此外，它的减振能力也比不上灰铸铁。

8.3.2 球墨铸铁的热处理

球墨铸铁的热处理主要是用于改变它的基体组织和性能。球墨铸铁的热处理原理与钢大致相同,但由于球墨铸铁中含有较多的Si及其他元素,因而它具有如下热处理特点:

1) 共析转变温度显著升高,并变成一很宽的温度范围。图8.7所示为球墨铸铁中的硅含量对其共析转变温度的影响,当$w(Si)=2.0\%$时,其共析转变温度为750~820℃;而当$w(Si)$增至2.9%时,其共析转变温度范围便升高至770~860℃。因此,对球墨铸铁进行热处理时,必须结合铸铁的成分并根据热处理的目的去确定加热温度。

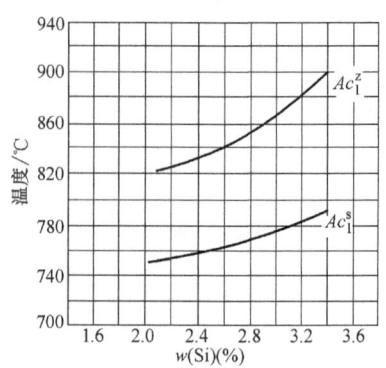

图8.7 稀土镁球墨铸铁中的硅含量对共析转变温度的影响

2) 奥氏体等温转变曲线显著右移,且珠光体与贝氏体的转变曲线明显分离,变成两个拐弯,如图8.8所示。这使球墨铸铁的临界冷却速度显著降低,淬透性明显增大,很容易实现油淬和等温淬火。

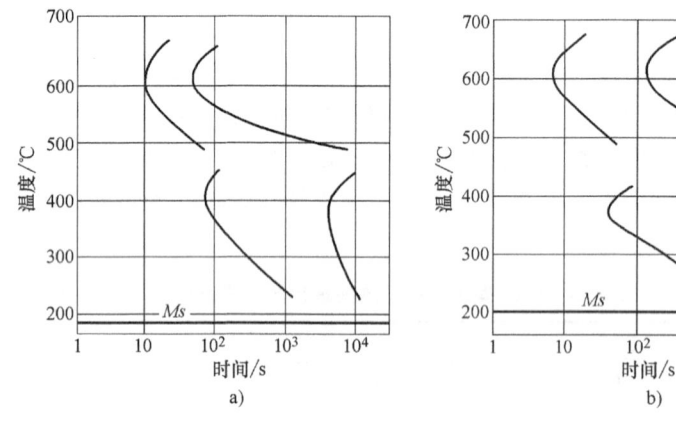

图8.8 稀土镁球墨铸铁的奥氏体等温转变曲线
a) $w(Si)=2.05\%$ b) $w(Si)=2.92\%$

球墨铸铁常用的热处理工艺有:退火、正火、调质处理、等温淬火。

1. 退火

退火的目的是为了获得铁素体球墨铸铁。球墨铸铁在浇注后,其铸态组织中常会出现不同程度的珠光体和自由渗碳体,不仅力学性能较差,且难以切削加工。为了获得高塑性的铁素体组织,及改善切削加工性,消除铸造应力,就必须进行退火,使其中的渗碳体和珠光体得以分解。根据球墨铸铁具体铸态组织的不同,退火工艺有如下两种:

1) 高温退火。当铸态组织中不仅有珠光体,而且有自由渗碳体时,应进行高温退火。方法是将铸件加热至共析温度范围以上,即900~950℃,保温2~5h后,随炉缓慢冷却至约600℃,然后出炉空冷。

2) 低温退火。当铸态组织仅为"铁素体+珠光体+石墨"而没有自由渗碳体时,则低温退火便可达到目的。方法是将铸件加热至共析温度范围附近,即720~760℃,保温3~6h

后，随炉缓慢冷却至约600℃，出炉在空气中冷却。

2. 正火

正火又可分为高温正火和低温正火。低温正火是加热至共析相变温度范围上限以下，一般为840~880℃，而后在空气中冷却。这种正火通常称为部分奥氏体化正火，主要是为了得到具有适当韧性的铁素体+珠光体球墨铸铁，但强度较低。为了获得高强度的珠光体球墨铸铁，铸件应进行高温正火。正火的方法是将铸件加热至共析温度范围以上50~70℃，当铸铁中硅的质量分数为2%~3%时，一般加热至880~920℃，保温1~3h，然后在空气中冷却。

通过高温正火应得到细珠光体和石墨的组织，但往往其中会混有少量的铁素体，常分布在石墨的周围，呈牛眼状，如图8.9所示。在珠光体球墨铸铁中，铁素体的含量一般不允许超过15%，过多的铁素体会降低铸铁的强度。正火组织中所含铁素体的含量，主要取决于冷却速度，增加冷却速度将会显著减少铁素体的含量。因此，正火时的冷却方法除空冷外，还可采用风冷或喷雾冷却等。由于正火时冷却速度的加大，常会在铸件中引起一定的内应力，故在正火之后，常需再进行一次消除内应力的回火。回火一般采取550~600℃，保温1~2h，而后空冷。

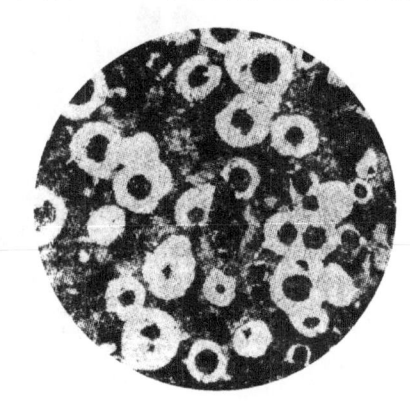

图8.9 球墨铸铁中的牛眼状铁素体组织

3. 调质处理

对于一些受力比较复杂、综合力学性能要求较高的零件，如承受拉压交变应力的连杆、承受交变弯曲应力的曲轴等，若采用正火，仍嫌其强度和韧性不足，在此情况下，可采用调质处理。

调质处理的淬火温度应为共析温度范围以上30~50℃，对$w(Si)=2\%~3\%$的铸铁为860~900℃，通常用油冷，而后在550~620℃回火2~4h，得回火索氏体与石墨组织。

4. 等温淬火

对于一些要求综合力学性能（如强度、硬度、耐磨及冲击韧性等）较高且外形又比较复杂、热处理易变形或开裂的零件，如齿轮、滚动轴承套圈、凸轮轴等，可采用等温淬火。

等温淬火的加热温度与淬火相同，即860~900℃，适当保温后，迅速移至250~300℃的等温盐浴中进行等温处理30~90min，然后取出空冷，一般不再回火。等温淬火后的组织为下贝氏体+石墨。球墨铸铁经等温淬火后的强度极限可达1200~1500MPa，硬度为38~50HRC，冲击韧度a_K为16~48J/cm^2，并具有良好的耐磨性。等温盐浴的温度越低，强度越高；而温度越高，则塑性和韧性越大。

由此可见，等温淬火为提高球墨铸铁综合力学性能的一个有效途径。但由于等温盐浴的冷却能力有限，故一般仅适用于截面尺寸不大的零件。

8.4 可锻铸铁

可锻铸铁是由白口铸铁在固态下经长时间石墨化退火而得到的具有团絮状石墨的一种铸

铁。可锻铸铁实际上是不能锻造的。

可锻铸铁中的石墨是在退火过程中通过渗碳体的分解（$Fe_3C \rightarrow 3Fe+C$）而形成的，因其形成条件不同，故形态也不同。在退火过程中，通过共析反应时的冷速不同，可锻铸铁的基体组织可分为铁素体和珠光体两种，如图 8.10 所示。由于可锻铸铁中的石墨呈团絮状，大大减轻了石墨对基体金属的割裂作用，因而它不但比灰铸铁具有更高的强度，并且还具有较高的塑性和韧性，其断后伸长率可达 12%，冲击吸收能量可达 24J。

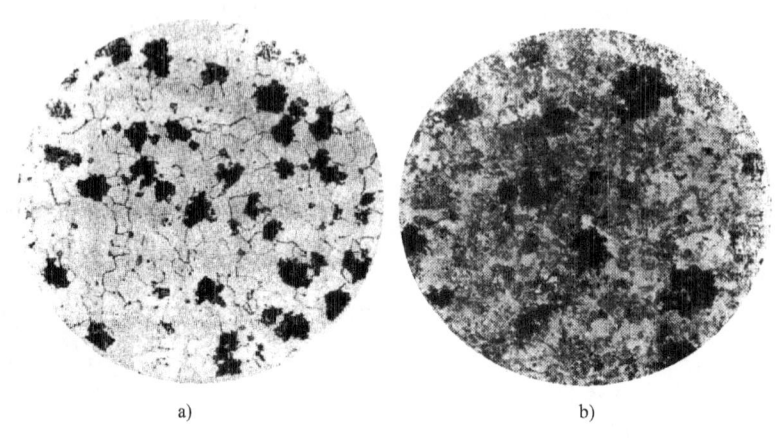

图 8.10　可锻铸铁的显微组织
a) 铁素体可锻铸铁　b) 珠光体可锻铸铁

可锻铸铁件的生产必须经过两个步骤，即第一步先要浇注成白口铸件，第二步再经石墨化退火而成。如果在第一步的浇铸过程中得不到完全白口组织，一旦有片状石墨形成，则在随后的退火过程中，从渗碳体中分解出石墨时便会沿其原来的片状石墨析出，而得不到团絮状的石墨。为此必须使铸铁中有较低的碳和硅含量，保证在通常的冷却条件下铸件能得到完全的白口，其成分（质量分数）通常是：2.2%～2.8%C，1.2%～2.0%Si，0.4%～1.2%Mn，不大于 0.1%P，不大于 0.2%S。

第二步石墨化退火的方法是，将浇注成的白口铸件再加热至 900~980℃，在高温下经过约 15h 的长时间保温，使其组织中的渗碳体发生分解而得到奥氏体与团絮状石墨的组织；而后在缓慢冷却的过程中，奥氏体将沿已经形成的团絮状石墨的表面再析出二次石墨；至共析转变温度范围（720~750℃）时，奥氏体则分解成为铁素体和石墨，结果得到铁素体可锻铸铁，其退火工艺曲线如图 8.11 中曲线①所示。而如果在共析转变时的冷却速度较快，如图 8.11 中曲线②所示，最终则得到珠光体可锻铸铁。

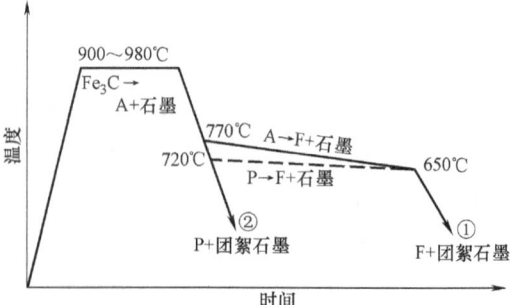

图 8.11　可锻铸铁的石墨化退火工艺

可锻铸铁主要是用于制作一些形状复杂而在工作中又要经受振动的薄壁小型铸件，这些铸件若采用灰铸铁制造，则韧性不足；而若采用铸钢制造，则又铸造性不良，质量均难保证。

表 8.4 列出我国常用可锻铸铁的牌号、性能及用途。其牌号由 "KTH" 或 "KTZ" 和两组数字表示。其中 "KT" 表示 "可锻" 二字的汉语拼音字首;"H" 和 "Z" 分别表示 "黑" 和 "珠" 的汉语拼音的字首;牌号后边第一组数字表示最小抗拉强度值;第二组数字表示最小断后伸长率。

表 8.4 黑心可锻铸铁和珠光体可锻铸铁的牌号、力学性能及用途(GB/T 9440—2010)

类别	牌号	试样直径/mm	力学性能			硬度 HBW	用途举例
			R_m/MPa	$R_{p0.2}$/MPa	$A(\%)$		
			不小于				
黑心可锻铸铁	KTH300-06	12 或 15	300	—	6	≤150	弯头、三通管件、中低压阀门等
	KTH330-08		330	—	8		扳手、犁刀、犁柱、车轮壳等
	KTH350-10		350	200	10		汽车、拖拉机前后轮壳、差速器壳、转向节壳、制动器及铁道零件等
	KTH370-12		370	—	12		
珠光体可锻铸铁	KTZ450-06		450	270	6	150~200	载荷较高和耐磨损零件,如曲轴、凸轮轴、连杆、齿轮、活塞环、轴套、耙片、万向接头、棘轮、扳手、传动链条等
	KTZ550-04		550	340	4	180~230	
	KTZ650-02		650	430	2	210~260	
	KTZ700-02		700	530	2	240~290	

综上所述,虽然可锻铸铁的力学性能远比灰铸铁为优,但其生产周期很长,工艺复杂,成本较高,且仅适用于薄壁(<25mm)零件。故随着稀土镁球墨铸铁的发展,不少可锻铸铁的零件已逐渐被球墨铸铁代替。

8.5 蠕墨铸铁

蠕墨铸铁是 20 世纪 70 年代发展起来的一种新型铸铁。它是在一定成分的铁液中加入适量使石墨成蠕虫状的蠕化剂(稀土镁钛合金、稀土镁钙合金等)和孕育剂(硅铁),获得石墨形态介于片状与球状之间、形似蠕虫状的铸铁。因此,它兼备灰铸铁和球墨铸铁的某些优点,可用于代替高强度灰铸铁、合金铸铁、铁素体球墨铸铁及黑心可锻铸铁,故在国内外日益引起重视。

1. 蠕墨铸铁的化学成分

蠕墨铸铁的化学成分要求与球墨铸铁相似,即要求高碳、高硅、低硫、低磷,并含有一定量的稀土和 Mg。一般成分范围为:$w(C) = 3.5\% \sim 3.9\%$,$w(Si) = 2.1\% \sim 2.8\%$,$w(Mn) = 0.4\% \sim 0.8\%$,$w(S) < 0.1\%$,$w(P) < 0.1\%$。

蠕墨铸铁是在上述成分铁液中,加入适量蠕化剂进行蠕化处理和孕育剂进行孕育处理后获得的。

2. 蠕墨铸铁的组织与性能

灰铸铁中片状石墨的特征是片长而薄、端部较尖,球墨铸铁中的石墨大部分呈球状,蠕墨铸铁中的石墨形似片状,但石墨片短而厚(一般长厚比为 2~10),端部较钝、较圆,如图 8.12 所示。

蠕墨铸铁基体组织在铸态时，铁素体量约为50%（体积分数）或更高，通过加入Cu、Ni、Sn等珠光体稳定元素，可使铸态珠光体量提高至70%左右，若再进行正火处理，珠光体量可达90%~95%。

蠕墨铸铁的力学性能介于相同基体组织的灰铸铁和球墨铸铁之间。其强度、韧性、疲劳极限、耐磨性及抗热疲劳性能都比灰铸铁高，而且对断口的敏感性也较小。但由于蠕虫状石墨是互相连接的，其塑性、韧性和强度都比球墨铸铁低。

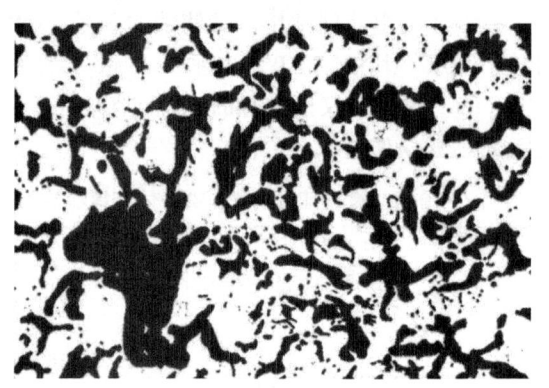

图8.12　铁素体蠕墨铸铁的显微组织

此外，蠕墨铸铁的铸造性能、减振性、导热性及可加工性都优于球墨铸铁，并接近灰铸铁。因此，蠕墨铸铁在生产中得到广泛应用，主要用于制造大功率柴油机气缸盖、气缸套、电动机外壳、机座、机床床身、钢锭模、制动器鼓轮和阀体等零件。

按GB/T 5612—2008规定，蠕墨铸铁的牌号表示方法与灰铸铁相似。用汉语拼音字母"RuT"表示蠕墨铸铁，后面三位数字表示其最小抗拉强度值（MPa），如RuT420表示最小抗拉强度为420MPa的蠕墨铸铁。蠕墨铸铁单铸试样的力学性能见表8.5。

表8.5　蠕墨铸铁单铸试样的力学性能（GB/T 26655—2011）

牌号	抗拉强度 R_m /MPa	屈服强度 $R_{p0.2}$ /MPa	断后伸长率 $A(\%)$	典型的布氏硬度范围 HBW	主要基体组织
RuT300	300	210	2.0	140~210	铁素体
RuT350	350	245	1.5	160~220	铁素体+珠光体
RuT400	400	280	1.0	180~240	珠光体+铁素体
RuT450	450	315	1.0	200~250	珠光体
RuT500	500	350	0.5	220~260	珠光体

8.6　合金铸铁

随着工业的发展，不仅要求铸铁具有更高的力学性能，而且有时还要求它具有某些特殊性能，如耐磨、耐热及耐蚀性等。为此，可向铸铁中加入一定量的合金元素，以获得合金铸铁，或称为特殊性能铸铁。这些铸铁与相似条件下使用的合金钢相比，熔炼简单，成本低廉，有良好的使用性能；但它们的力学性能比合金钢低，脆性较大。

8.6.1　耐磨铸铁

耐磨铸铁分为减摩铸铁和抗磨铸铁两类。前者在有润滑、受黏着磨损条件下工作，如机床导轨和拖板、发动机的缸套和活塞环、各种滑块和轴承等；后者在无润滑、受磨料磨损条件下工作，如轧辊、犁铧、抛丸机叶片、球磨机磨球等。

1. 减摩铸铁

减摩铸铁的组织应为软基体上分布有坚硬的强化相。软基体在磨损后形成的沟槽可保持油膜,有利于润滑;而坚硬的强化相可承受摩擦。细层状珠光体灰铸铁就能满足这一要求,其中铁素体为软基体,渗碳体为坚硬的强化相,同时石墨也起着贮油和润滑的作用。

为了进一步提高珠光体灰铸铁的耐磨性,可加入适量的 Cu、Cr、Mo、P、V、Ti 等合金元素,形成合金减摩铸铁。目前生产中常用的合金减摩铸铁有以下几种。

1) 高磷铸铁。若把铸铁中磷含量提高到 $w(P)=0.4\%\sim0.7\%$,即成为高磷铸铁。其中 P 形成 Fe_3P,并与铁素体或珠光体组成磷共晶。磷共晶硬而耐磨,它以断续网状分布在珠光体基体上,形成坚硬的骨架,使铸铁的耐磨性显著提高。普通高磷铸铁的一般成分为:$w(C)=2.9\%\sim3.2\%$,$w(Si)=1.4\%\sim1.7\%$,$w(Mn)=0.6\%\sim1.0\%$,$w(P)=0.4\%\sim0.65\%$,$w(S)<0.12\%$。

2) 磷铜钛铸铁。在高磷铸铁基础上加入 $w(Cu)=0.6\%\sim0.8\%$ 和 $w(Ti)=0.1\%\sim0.15\%$ 后形成磷铜钛铸铁。Cu 能促进第一阶段石墨化和珠光体的形成,并使之细化和强化;Ti 能促进石墨细化,并形成高硬度的 TiC。因此磷铜钛铸铁的耐磨性超过高磷铸铁。

3) 铬钼铜铸铁。铬钼铜铸铁的组织一般为细层状珠光体+细片状石墨+少量磷共晶和碳化物。由于 Mo 是稳定碳化物、阻止石墨化的元素,并能提高奥氏体的稳定性,使铸铁在铸态下获得索氏体甚至贝氏体基体,因此,它的强度和耐磨性都较高。

除了上述三种减摩铸铁外,我国还采用钒钛铸铁及硼铸铁等,它们都具有优良的耐磨性。

2. 抗磨铸铁

抗磨铸铁的组织应具有均匀的高硬度。普通白口铸铁就是一种抗磨性高的铸铁,但其脆性大,因此常加入适量的 Cr、Mo、Cu、W、Ni、Mn 等合金元素,形成抗磨白口铸铁。它具有一定的韧性和更高的硬度和耐磨性。抗磨白口铸铁的牌号用汉语拼音字母 "KmTB" 表示,后面为合金元素及其含量,如 KmTBCr9Ni5、KmTBCr26 等。抗磨白口铸铁件主要以硬度作为验收依据,在铸态下其硬度都在 50HRC 以上,淬火后硬度还可进一步提高,故适用于在磨料磨损条件下工作。

此外,$w(Mn)=5.0\%\sim9.5\%$、$w(Si)=3.3\%\sim5.0\%$ 的中锰球墨铸铁,其铸态组织为马氏体、奥氏体、碳化物和球状石墨,它除了具有良好的抗磨性外,还具有较好的韧性和强度,适于制造在冲击载荷和磨损条件下工作的零件。

8.6.2 耐热铸铁

耐热铸铁具有良好的耐热性,因此可代替耐热钢制造加热炉炉底板、坩埚、废气管道、热交换器、钢锭模及压铸模等。

1. 铸铁的耐热性

铸铁的耐热性主要指它在高温下抗氧化和抗热生长的能力。普通铸铁加热到 450℃ 以上,随着加热温度的提高、时间的延长及反复加热次数的增多,除了在铸铁表面发生氧化外,还会发生 "热生长" 的现象。所谓热生长就是指铸铁的体积产生了不可逆的胀大,严重时可胀大到 10% 左右。

铸铁产生热生长现象的主要原因是:空气中氧通过石墨的边界和裂纹渗入铸铁内部,生成密度小而体积大的氧化物；铸铁组织中的渗碳体在高温下发生分解，析出密度小而体积大的石墨；工作温度超过其相变温度，铸铁基体组织变化而引起体积的变化。热生长的结果，是使铸铁件精度降低和产生显微裂纹。

2. 提高铸铁耐热性的途径

防止铸铁氧化与热生长的途径有：在铸铁表面形成一层牢固、致密而又完整的氧化膜，使其内部不再继续氧化而破坏；提高铸铁的固态相变温度，使其在工作温度范围内不发生组织转变；基体最好是单相组织，使铸铁在高温下不存在渗碳体分解而析出石墨的可能；石墨最好呈球状，因为球状石墨一般都是独立分布，互不相连，故不致构成氧化性气体渗入铸铁内的通道。

目前生产中主要通过加入 Si、Cr、Al 等合金元素来提高铸铁的耐热性。因为这些合金元素的加入，使铸铁表面形成一层致密的氧化膜 Fe_2SiO_4、Cr_2O_3、Al_2O_3 等，在高温下具有保护作用。另外，这些元素还可提高铸铁的相变点，使铸铁在工作温度范围内不发生相变，同时又促使铸铁获得单相铁素体组织。

3. 常用耐热铸铁

耐热铸铁的种类很多，我国耐热铸铁系大致分为硅系、铝系、铬系和硅铝系等。其中铬系耐热铸铁的价格较高；铝系耐热铸铁的脆性大，温度急变时易裂，且不易熔炼，铸造性能较差，故国内较多发展硅系和硅铝系耐热铸铁。几种耐热铸铁的成分、使用条件和应用举例见表 8.6。

表 8.6 耐热铸铁的成分、使用条件及应用举例

牌号	化学成分(质量分数,%)							使用条件	应用举例
	C	Si	Cr	Al	Mn	P	S		
RTCr16	1.6~2.4	1.5~2.2	15~18	—	<1.0	<0.10	<0.05	在空气炉气中耐热温度达 900℃，抗磨，耐硝酸腐蚀	退火罐、煤粉烧嘴、炉栅、水泥焙烧炉零件、化工机械零件
RTSi5	2.4~3.2	4.5~5.5	0.50~1.0	—	<0.8	<0.20	<0.12	在空气炉气中耐热温度达 900℃	炉条、煤粉烧嘴、锅炉用梳形定位板、换热器针状管
RQTSi5	2.4~3.2	4.5~5.5	—	—	<0.7	<0.10	<0.03	在空气炉气中耐热温度达 800℃，硅为上限时达 900℃	煤粉烧嘴、炉条、辐射管、烟道闸门、加热炉中间架
RQTAl5Si5	2.3~2.8	4.5~5.2	—	5.0~5.8	<0.5	<0.10	<0.02	在空气炉气中耐热温度达 1050℃	焙烧机算条、炉用件
RQTAl22	1.6~2.2	1.0~2.0	—	20~24	<0.7	<0.10	<0.03	在空气炉气中耐热温度达 1100℃，抗高温硫蚀性好	锅炉用侧密封块、链式加热炉炉爪、黄铁矿焙烧炉零件

注：RT 为耐热铸铁代号；RQT 为耐热球墨铸铁代号，合金元素符号后面的数字表示该合金元素平均质量分数的 100 倍。

8.6.3 耐蚀铸铁

耐蚀铸铁不仅具有一定的力学性能，而且在腐蚀性介质中工作时具有耐腐蚀的能力。它广泛应用于化工部门，用于制造管道、阀门、泵类、反应锅及盛贮器等。

耐蚀铸铁的化学和电化学腐蚀原理以及提高耐蚀性的途径基本上与不锈耐酸钢相同，即铸件表面形成牢固、致密而又完整的保护膜，阻止腐蚀继续进行；提高铸铁基体的电极电位；铸铁组织最好在单相组织的基体上分布着彼此孤立的球状石墨，并控制石墨量。

目前生产中，主要通过加入 Si、Al、Cr、Ni、Cu 等合金元素来提高铸铁的耐蚀性。耐蚀铸铁用"蚀铁"两字汉语拼音的第一个字母"ST"表示，后面为合金元素及其含量。应用最广泛的是高硅耐蚀铸铁，它的 $w(C)<1.4\%$、$w(Si)=10\%\sim18\%$，组织为含硅合金铁素体 + 石墨 + Fe_3Si（或 FeSi）。这种铸铁在含氧酸类（如硝酸、硫酸）中的耐蚀性不亚于 12Cr18Ni9 钢，而在碱性介质和盐酸、氢氟酸中，由于铸铁表面的 Fe_2SO_4 保护膜受到破坏，耐蚀性下降。

8.7 习 题

一、判断题

1. 石墨化过程中第一阶段石墨化最不易进行。（   ）
2. 采用球化退火可获得球墨铸铁。（   ）
3. 可锻铸铁可锻造加工。（   ）
4. 白口铸铁由于硬度很高，故可作刀具材料。（   ）
5. 灰铸铁不能淬火。（   ）
6. 灰铸铁通过热处理可使片状石墨变成团絮状石墨或球状石墨。（   ）

二、简答题

1. 为什么铸造生产中，化学成分具有三低（碳、硅、锰含量低）一高（硫含量高）特点的铸铁易形成白口？又为什么在同一铸铁件中，往往在表层或薄壁处易形成白口？
2. 在灰铸铁中，为什么碳含量和硅含量越高时，铸铁的抗拉强度和硬度越低？
3. 在铸铁的石墨化过程中，如果第一、中间阶段完全石墨化，第二阶段完全石墨化或部分石墨化或未石墨化时，它们各获得哪种组织的铸铁？
4. 铸铁抗拉强度的高低主要取决于什么？硬度的高低主要取决于什么？用哪些方法可提高铸铁的抗拉强度和硬度？铸铁抗拉强度高时硬度是否也一定高？为什么？
5. 试从下列几个方面来比较 HT150 灰铸铁和退火状态的 20 钢：①成分；②组织；③抗拉强度；④抗压强度；⑤硬度；⑥减摩性；⑦铸造性能；⑧锻造性能；⑨焊接性；⑩可加工性。
6. 机床的床身、床脚和箱体为什么都采用灰铸铁铸造为宜？能否用钢板焊接制造？试将两者的使用性和经济性作简要的比较。
7. 在铸铁生产中，为了控制原铁液的化学成分和孕育处理效果，保证其组织与性能达到预期要求，常用三角试块快速冷却后进行鉴别。三角试块的尺寸与断口尖角部位的白口宽度 a 及深度 b 如图 8.13 所示。试述如何根据白口宽度 a 和深度 b 来确定铁液中碳含量和硅含量的高低？并说明其鉴别原理。

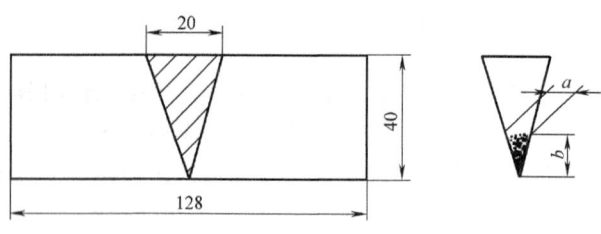

图 8.13　简答题 7 图

8. HT200、KTH300-06、KTZ550-04、QT400-15、QT700-2、QT900-2 等铸铁牌号中数字分别表示什么性能？具有什么显微组织？这些性能是铸态性能，还是热处理后性能？若是热处理后性能，请指出其热处理方法。

9. 为什么可锻铸铁适于制造壁厚较薄的零件？而球墨铸铁却不宜制造壁厚较薄的零件？

10. 现有铸态下球墨铸铁曲轴一根，按技术要求，其基体应为珠光体组织，轴颈表层硬度为 50~55HRC，试确定热处理方法。

11. 现有形状和尺寸完全相同的白口铸铁、灰铸铁和低碳钢棒料各一根，试问用何种最简便的方法能迅速将它们区分出来？

12. 简述减摩铸铁与抗磨铸铁在性能及应用上的差异。

三、填表题

根据下表所列的要求，归纳对比几种铸铁的特点。

类别	牌号表示	显微组织	成分特点（碳当量）	生产方法的特点	力学、工艺性能	用途举例
灰铸铁						
孕育铸铁						
球墨铸铁						
蠕墨铸铁						
可锻铸铁						

第9章 有色金属与非金属材料

通常把铁及其合金（钢、铸铁）称为黑色金属，而黑色金属以外的所有金属及合金则称为有色金属。与黑色金属相比，有色金属有许多优良的特性，如铝、镁、钛等金属及其合金具有密度小、比强度（强度/密度）高的特点，在航空航天、汽车、船舶和军事领域中的应用十分广泛；银、铜、金（包括铝）等金属及其合金具有优良的导电性和导热性，是电器仪表和通信领域不可缺少的材料；钨、钼、钽、铌等金属及其合金熔点高，是制造耐高温零件及电真空元件的理想材料；钛及其合金是理想的耐蚀材料等。本章主要介绍目前工程中广泛应用的铝、铜及其合金以及轴承合金和常用的非金属材料。

9.1 铝及铝合金

铝及铝合金在工业上是仅次于钢的一种重要金属，也是应用最广泛的一种有色金属。

9.1.1 工业纯铝

纯铝为面心立方晶格，无同素异构转变，呈银白色。塑性好（$Z \approx 80\%$）、强度低（$R_m = 80 \sim 100 \text{MPa}$），一般不能作为结构材料使用，可经冷塑性变形使其强化。铝的密度较小（约 $2.7 \times 10^3 \text{kg/m}^3$），仅为铜的 1/3；熔点为 660℃；磁化率低，接近非磁材料；导电导热性好，仅次于银、铜、金而居第四位。铝在大气表面易生成一层致密的 Al_2O_3 薄膜而阻止进一步的氧化，故抗大气腐蚀能力较强。

根据上述特点，纯铝主要用于制作电线、电缆，配制各种铝合金，以及制作要求质轻、导热或耐大气腐蚀但强度要求不高的器具。

纯铝中含有 Fe、Si 等杂质，随着杂质含量的增加，其导电性、导热性、抗大气腐蚀性及塑性将下降。

$w(\text{Al}) \geq 99.00\%$ 时为纯铝，工业纯铝分未加压力加工产品（铝锭）和压力加工产品（铝材）两种。按 GB/T 1196—2008 规定，铝锭的牌号有 Al99.90、Al99.85、Al99.70、Al99.60、Al99.50、Al99.00、Al99.7E、Al99.6E 八种。变形铝（铝材）按 GB/T 16474—2011 规定，其牌号用四位字符体系的方法命名，即用 1×××表示，牌号的最后两位数字表示最低铝质量分数。当最低铝质量分数精确到 0.01% 时，牌号的最后两位数字就是最低铝质量分数中小数点后面的两位。牌号第二位的字母表示原始纯铝的改型情况，如果第二位字母为 A，则表示为原始纯铝，例如牌号 1A30 的变形铝表示 $w(\text{Al}) = 99.30\%$ 的原始纯铝；如果是 B~Y 的其他字母，则表示原始纯铝的改型，与原始纯铝相比，其元素含量略有改变。

9.1.2 铝合金

向铝中加入适量的 Si、Cu、Mg、Mn 等合金元素，进行固溶强化和第二相强化而得到铝合金，其强度比纯铝高几倍，并保持纯铝的特性。

1. 铝合金分类

根据铝合金的成分及工艺特点，可分为变形铝合金和铸造铝合金两类。铝合金相图的一般类型如图 9.1 所示，凡位于 D 点左边的合金，在加热时能形成单相固溶体组织，这类合金塑性较高，适于压力加工，故称为变形铝合金。合金成分位于 D 点右边的合金，都具有低熔点共晶组织，流动性好，塑性低，适于铸造而不适于压力加工，故称为铸造铝合金。对于形变铝合金来说，位于 F 点左边的合金，其固溶体的成分不随温度的变化而变化，故不能用热处理强化，称为不能热处理强化的铝合金。成分在 F 点与 D 点之间的合金，其固溶体成分随温度的变化而改变，可用热处理来强化，故称为能热处理强化的铝合金。

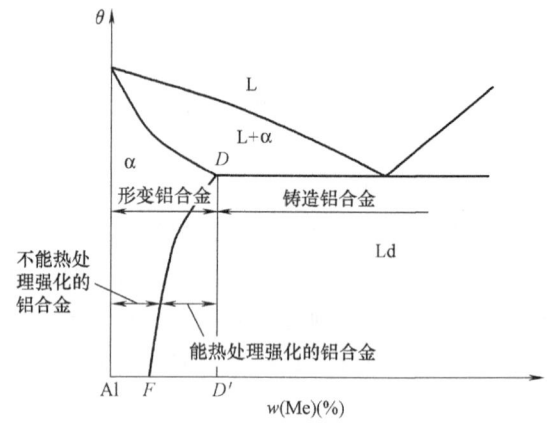

图 9.1 二元铝合金相图

2. 铝合金的热处理

当铝合金加热到 α 相区，保温后在水中快速冷却，其强度和硬度并没有明显升高，而塑性却得到改善，这种热处理称为固溶热处理。由于固溶热处理后获得的过饱和固溶体是不稳定的，有分解出强化相过渡到稳定状态的倾向。若在室温下放置相当长的时间，强度和硬度会明显升高，而塑性明显下降。

固溶处理后铝合金的强度和硬度随时间而发生显著提高的现象，称为时效强化或沉淀硬化。在室温下进行的时效为自然时效；在加热条件下进行的时效为人工时效。

在不同温度下进行人工时效时，其效果也不同，时效温度越高，时效速度越快，但其强化效果越低。

铝合金之所以产生时效强化，是由于铝合金在淬火时抑制了过饱和固溶体的分解。这种过饱和固溶体极不稳定，必然要分解。在室温和加热条件下都可以分解，只是加热条件下的分解进行得更快而已。

3. 变形铝合金

常用变形铝合金的牌号、成分、力学性能见表 9.1。

变形铝合金按其主要性能特点可分为防锈铝、硬铝、超硬铝和锻铝等。通常加工成各种规格的型材（板、带、线、管等）产品。变形铝合牌号用（GB/T 16474—2011）2×××~8×××系列表示。牌号第一位数字表示组别，按 Cu、Mn、Si、Mg、Mg_2Si、Zn、其他元素的顺序来确定合金组别；牌号第二位的字母表示原始合金的改型情况，如果牌号第二位的字母是 A，表示为原始合金；如果是 B~Y 其他字母，则表示为原始合金的改型合金；牌号的最后两位数字没有特殊意义，仅用来区分同一组中不同的铝合金。

表 9.1 常用变形铝合金牌号、代号、成分、力学性能及用途
（GB/T 3190—2008、GB/T 10569—1989、GB/T 10572—1989）

类别		牌号	代号	化学成分(质量分数,%)					处理状态①	力学性能②			应用举例
				Cu	Mg	Mn	Zn	其他		R_m/MPa	$A(\%)$	HBW	
不能热处理强化的铝合金	防锈铝合金	5A05	LF5	0.1	4.8~5.5	0.3~0.6	0.2	Si0.5 Fe0.5	M	280	20	70	焊接油箱、油管、焊条、铆钉及中等载荷零件及制品
		3A21	LF21	0.2	0.05	1.0~1.6	0.1	Si0.6 Ti0.15 Fe0.7	M	130	20	30	焊接油箱、油管、焊条、铆钉及轻载荷零件及制品
能热处理强化的铝合金	硬铝合金	2A01	LY1	2.2~3.0	0.2~0.5	0.2	0.10	Si0.5 Ti0.15 Fe0.5	线材CZ	300	24	70	工作温度不超过100℃的结构用中等强度铆钉
		2A11	LY11	3.8~4.8	0.4~0.8	0.4~0.8	0.3	Si0.7 Fe0.7 Ni0.1 Ti0.15	板材CZ	420	18	100	中等强度结构零件，如骨架、模锻的固定接头、支柱、螺旋桨叶片、局部镦粗的零件、螺栓和铆钉
能热处理强化的铝合金	硬铝合金	2A12	LY12	3.8~4.9	1.2~1.8	0.3~0.9	0.3	Si0.5 Ni0.1 Ti0.15 Fe0.5	板材CZ	470	17	105	高强度结构零件，如骨架、蒙皮、隔框、肋、梁、铆钉等在150℃以下工作的零件
	超硬铝合金	7A04	LC4	1.4~2.0	1.8~2.8	0.2~0.6	5.0~7.0	Si0.5 Fe0.5 Cr0.1~0.25	CS	600	12	150	结构中主要受力件，如飞机大梁、桁架、加强框、蒙皮、接头及起落架
	锻铝合金	2A50	LD5	1.8~2.6	0.4~0.8	0.4~0.8	0.3	Si0.7~1.2	CS	420	13	105	形状复杂中等强度的锻件及模锻件
		2A70	LD7	1.9~2.5	1.4~1.8	0.2	0.3	Ti0.02~0.1 Ni0.9~1.5 Fe0.9~1.5	CS	415	13	120	内燃机活塞、高温下工作的复杂锻件、板材，可作高温下工作的结构件

① M—包铝板材退火状态；CZ—包铝板材淬火自然时效状态；CS—包铝板材人工时效状态。

② 防锈铝合金为退火状态指标；硬铝合金为（淬火+自然时效）状态指标；超硬铝合金为（淬火、人工时效）状态指标；锻铝合金为（淬火+人工时效）状态指标。

防锈铝合金属于热处理不能强化的铝合金，常采用冷变形方法提高其强度。主要有 Al-Mn、Al-Mg 合金。这类铝合金具有适中的强度、优良的塑性和良好的焊接性，并具有很好的抗蚀性，故称为防锈铝合金，常用于制造油罐、各式容器、防锈蒙皮等。常用牌号有 5A05 等。

其他两类都属于热处理能强化的铝合金，其中硬铝属于 Al-Cu-Mg 系，超硬铝属于 Al-Cu-Mg-Zn 系。硬铝和超硬铝在固溶处理后，可进行人工时效或自然时效，时效后强度很高，其中超硬铝的强化作用最为强烈。这两类铝合金的耐蚀性较差，为了提高铝合金的耐蚀性，常采用包铝法（即包一层纯铝）。牌号 2A01 硬铝有很好的塑性，大量用于制造铆钉。飞机上常用铆钉的硬铝牌号为 2A10。与 2A01 相比，铜的含量稍高，镁的含量低，塑性好，且孕育期长，又有较高的抗剪强度。牌号 2A11 硬铝既有相当高的硬度又有足够的塑性，在仪器、仪表及飞机制造中获得广泛的应用。牌号为 7A04 超硬铝，多用于制造飞机上受力大的结构零件，如起落架、大梁等。

锻铝合金大多是 Al-Mg-Si-Cu 系，含合金元素较少，有良好的热塑性和耐蚀性，适于用压力加工来制造各种零件，有较好的力学性能。一般锻造后再经固溶处理和时效处理。常用牌号 2A50、2A70 等。

4. 铸造铝合金

铸造铝合金中有一定数量的共晶组织，故具有良好的铸造性能，但塑性差，常采用变质处理和热处理的办法提高其力学性能。铸造铝合金可分为 Al-Si 系、Al-Cu 系、Al-Mg 系和 Al-Zn 系四大类。

铸造铝合金代号用"ZL"（铸铝）及三位数字表示。第一位数字表示合金类别（如 1 表示 Al-Si 系，2 表示 Al-Cu 系，3 表示 Al-Mg 系，4 表示 Al-Zn 系等）；后两位数字为顺序号，顺序号不同，化学成分不同。

（1）Al-Si 系合金　Al-Si 铸造铝合金又称为硅铝明，是铸造铝合金中应用最广泛的一类。这种合金流动性好，熔点低，热裂倾向小，耐蚀性和耐热性好，易气焊，但粗大的硅晶体会严重降低合金的力学性能。因此生产中常采用"变质处理"提高合金的力学性能，即在浇注前往合金溶液中加入 2/3NaF+1/3NaCl 混合物的变质剂（加入量为合金质量的 2%～3%），变质剂中 Na 能促进 Si 形核，并阻碍其晶体长大。因此合金的性能显著提高。ZL102 经变质处理，其力学性能由 R_m = 140MPa 提高到 R_m = 180MPa，A = 3% 提高到 A = 8%。

为提高硅铝明的强度，常加入能产生时效强化的 Cu、Mg、Mn 等合金元素制成特殊硅铝明，这类合金除变质处理外，还可固溶时效处理，进一步强化合金。

（2）其他铸造铝合金　常见的有 Al-Cu 系、Al-Mg 系和 Al-Zn 系等。

Al-Cu 铸造铝合金耐热性好，但由于其铸造性能不好，有热裂和疏松倾向，耐蚀性差，比强度低于一般优质硅铝明，故有被其他铸造铝合金取代的趋势。常用牌号有 ZL201、ZL202 等。

Al-Mg 铸造铝合金耐蚀性好，强度高，密度小（为 $2.55×10^3 kg/m^3$），但其铸造性能差，耐热性低，熔铸工艺复杂，时效强化效果小，常用牌号有 ZL301、ZL302 等。

Al-Zn 铸造铝合金铸造性能好，铸态下可自然时效，是一种铸态下高强度合金，价格是铝合金中最便宜的，但耐蚀性差，热裂倾向大，有应力腐蚀断裂倾向，密度大。常用牌号有 ZL401、ZL402 等。

常用铸造铝合金的牌号、化学成分、力学性能及用途见表 9.2。

表 9.2 常用铸造铝合金的牌号、代号、化学成分、力学性能及用途（GB/T 1173—2013）

类别	牌号	代号	化学成分(质量分数,%)						处理状态		力学性能			应用举例
			Si	Cu	Mg	Mn	其他	Al	铸造①	热处理②	R_m/MPa	A(%)	HBW	
铝硅合金	ZAlSi12	ZL102	10.0~13.0					余量	S B J B S B J	F F T2 T2	143 153 133 143	4 2 4 3	50 50 50 50	形状复杂、低载荷的薄壁零件，如仪表、水泵壳体、船舶零件等
铝硅合金	ZAlSi5-Cu1Mg	ZL105	4.5~5.5	1.0~1.5	0.4~0.6			余量	J J	T5 T7	231 173	0.5 1	70 65	工作温度在225℃以下的发动机曲轴箱、汽缸体、盖等
铝铜合金	ZAlCu5-Mn	ZL201		4.5~5.3		0.6~1.0	w_{Ti}=0.15~0.35	余量	S S	T4 T5	290 330	3 4	70 90	工作温度小于300℃的零件，如内燃机汽缸头、活塞
铝镁合金	ZAlMg10	ZL301			9.5~11.5			余量	S	T4	280	9	20	承受冲击载荷，在大气或海水中工作的零件，如水上飞机、舰船配件
铝镁合金	ZAlMg5Si1	ZL303	0.8~0.3		4.5~5.5	0.1~0.4		余量	S J	F	143	1	55	
铝锌合金	ZAlZn11Si7	ZL401	6.0~8.0		0.1~0.3		w_{Zn}=9.0~13.0	余量	J	T1	241	1.5	90	承受高静载荷或冲击载荷，不能进行热处理的铸件，如汽车、仪表零件、医疗器械等
铝锌合金	ZAlZn6Mg	ZL402			0.5~0.65		w_{Cr}=0.4~0.6 w_{Zn}=5.0~6.5 w_{Ti}=0.15~2.5	余量	J	T1	231	4	70	

① J—金属型；S—砂型；B—变质处理。
② F—铸态；T1—人工时效；T2—退火；T4—固溶处理后自然时效；T5—固溶处理+不完全人工时效；T7—固溶处理+稳定化处理。

9.2 铜及铜合金

在有色金属中，铜的产量仅次于铝。铜及其合金在我国有着悠久的使用历史，而且范围很广。

9.2.1 工业纯铜

铜是贵重有色金属，是人类应用最早和最广的一种有色金属，全世界产量仅次于钢和铝。工业纯铜又称为紫铜，密度为 $8.96\times10^3 kg/m^3$，熔点为1083℃。纯铜具有良好的导电、导热性，其晶体结构为面心立方晶格，因而塑性好，容易进行冷热加工。同时纯铜有较高的耐蚀性，在大气、海水及不少酸类中皆可耐蚀。但其强度低，强度经冷变形后可以提高，但塑性显著下降。

工业纯铜按杂质含量不同可分为T1、T2、T3、T4四种。"T"为铜的汉语拼音字头，其数字越大，纯度越低。如T1的 $w(Cu)$=99.95%，而T4的 $w(Cu)$=99.50%，其余为杂质含量。纯铜一般不作结构材料使用，主要用于制造电线、电缆、导热零件及配制铜合金。

9.2.2 铜合金

1. 黄铜

黄铜是以 Zn 为主要合金元素的铜锌合金。按化学成分分为普通黄铜和特殊黄铜两类。普通黄铜是由 Cu 与 Zn 组成的二元合金。它的色泽美观，对海水和大气腐蚀有很好的抗力。当 $w(Cu)<32\%$ 时为单相黄铜，单相黄铜塑性好，适于冷、热压力加工；当 $w(Cu) \geqslant 32\%$ 后，组成双相黄铜，适于热压力加工。

黄铜的代号用 "H"（黄）汉语拼音+数字表示，数字表示铜的平均质量分数。

H80 色泽好，可以用于制造装饰品，故有"金色黄铜"之称。H70 强度高、塑性好，可用深冲压的方法制造弹壳、散热器、垫片等零件，故有"弹壳黄铜"之称。H62、H59，它们具有较高的强度和耐蚀性，且价格便宜，主要用于热压、热轧零件。

为改善黄铜的某些性能，常加入少量 Al、Mn、Sn、Si、Pb、Ni 等合金元素，形成特殊黄铜。特殊黄铜的代号是在 "H" 之后标以主加元素的化学符号，并在其后标以 Cu 及合金元素的质量分数。如 HPb59-1 表示 $w(Cu)=59\%$、$w(Pb)=1\%$，余量为 Zn 的铅黄铜。

2. 青铜

青铜原指人类历史上应用最早的一种 Cu-Sn 合金。但逐渐地把除 Zn 以外的其他元素的铜基合金，也称为青铜。所以青铜包含有锡青铜、铝青铜、铍青铜、硅青铜和铅青铜等。

青铜的代号为 "Q（青）+主加元素符号及其质量分数+其他元素符号及质量分数"。铸造青铜则在代号（牌号）前加 "ZCu"。

(1) 锡青铜　以 Sn 为主加入元素的铜合金，我国古代遗留下来的钟、鼎、镜、剑等就是用这种合金制成的，至今已有几千年的历史，仍完好无损。

锡青铜铸造时，流动性差，易产生分散缩孔及铸件致密性不高等缺陷，但它在凝固时体积收缩小，不会在铸件某处形成集中缩孔，故适用于铸造对外形尺寸要求较严格的零件。

锡青铜的耐腐蚀性比纯铜和黄铜都高，特别是在大气、海水等环境中。抗磨性能也高，多用于制造轴瓦、轴套等耐磨零件。

常用锡青铜牌号有 QSn4-3、QSn6.5-0.1、ZCuSn10P1。

(2) 铝青铜　铝青铜是以 Al 为主加元素的铜合金，它不仅价格低廉，且强度、耐磨性、耐蚀性及耐热性比黄铜和锡青铜都高，还可进行热处理（淬火、回火）强化。当 $w(Al)<5\%$ 时，强度很低，塑性高；当 $w(Al)=12\%$ 时，塑性已很差，加工困难。故实际应用的铝青铜的 $w(Al)$ 一般为 $5\%\sim10\%$。当 $w(Al)=5\%\sim7\%$ 时，塑性最好，适于冷变形加工。当 $w(Al)=10\%$ 左右时，常用于铸造。常用铝青铜牌号有 QAl7。

铝青铜在大气、海水、碳酸及大多数有机酸中具有比黄铜和锡青铜更高的抗蚀性。因此铝青铜是无锡青铜中应用最广的一种，也是锡青铜的重要代用品，缺点是其焊接性能较差。铸造铝青铜常用于制造强度及耐磨性要求较高的摩擦零件，如齿轮、轴套、蜗轮等。

(3) 铍青铜　铍青铜的铍含量很低，约 $1.7\%\sim2.5\%$，Be 在 Cu 中的溶解度随温度而变化，故它是唯一可以固溶时效强化的铜合金，经固溶处理及人工时效后，其性能可达 $R_m=1200MPa$，$A=2\%\sim4\%$，硬度 $330\sim400HBW$。

铍青铜还有较高的耐蚀性和导电、导热性，以及无磁性。此外，有良好的工艺性，可进行冷、热加工及铸造成形。通常制作弹性元件及钟表、仪表、罗盘仪器中的零件，以及电焊机电极等。

9.3 钛及其合金

钛及其合金具有质量轻、比强度高、良好的耐蚀性。钛及其合金还有很高的耐热性，实际应用的热强钛合金工作温度可达 400~500℃，因而钛及其合金已成为航空航天、机械工程、化工、冶金工业中不可缺少的材料。但由于钛在高温中异常活泼，熔点高，熔炼、浇注工艺复杂且价格昂贵，成本较高，因此使用受到一定限制。

9.3.1 纯钛

纯钛是灰白色轻金属，密度为 $4.54g/cm^3$，熔点为 1668℃。固态下有同素异晶转变，在 882.5℃ 以下为 α-Ti（密排六方晶格），882.5℃ 以上为 β-Ti（体心立方晶格）。

纯钛的牌号为 TA0、TA1、TA2、TA3。TA0 为高纯钛，仅在科学研究中应用，其余三种均含有一定量的杂质，称为工业纯钛。

纯钛焊接性能好、低温韧性好、强度低、塑性好，易于冷压力加工。

9.3.2 钛合金

钛合金可分为三类：α 钛合金、β 钛合金和（α+β）钛合金。我国的钛合金牌号是以 TA、TB、TC 后面附加顺序号表示。常用的钛合金牌号、化学成分、力学性能见表 9.3。

表 9.3 常用的钛合金牌号、化学成分、力学性能

类型	合金牌号	化学成分	状态	室温力学性能,不小于				高温力学性能		
				R_m/MPa	A(%)	Z(%)	a_K/(J/cm^2)	试验温度/℃	瞬时强度 R/MPa	持久强度 R/MPa
α 钛合金	TA4	Ti-3Al	退火	450	25	50	80	—	—	—
	TA5	Ti-4Al-0.005B		700	15	40	60	—	—	—
	TA6	Ti-5Al		700	10	27	30	350	430	400
	TA7	Ti-5Al-2.5Sn		800	10	27	30	350	500	450
	TA8	Ti-5Al-2.5Sn-3Cu-1.5Zr		1000	10	25	20~30	500	700	500
β 钛合金	TB1	Ti-3Al-8Mo-11Cr	淬火+时效	1300	5	—	15			
	TB2	Ti-5Mo-5V-3Cr-3Al		1400	7	10	15			
α+β 钛合金	TC1	Ti-2Al-1.5Mn	退火	600	15	30	45	350	350	350
	TC2	Ti-3Al-1.5Mn		700	12	30	40	350	430	400
	TC4	Ti-6Al-4V		950	10	30	40	400	530	580
	TC6	Ti-6Al-1.5Cr-2.5Mo-0.5Fe-0.3Si		950	10	23	30	450	600	550
	TC9	Ti-6.5Al-3.5Mo-2.5Sn-0.3Si		1140	9	25	30	500	850	620
	TC10	Ti-6Al-6V-2Sn-0.5Cu-0.5Fe		1150	12	30	40	400	850	800

（1）α 钛合金　由于 α 钛合金的组织全部为 α 固溶体，因此组织稳定，抗氧化性和抗蠕变性好，焊接性能也很好。室温强度低于 β 钛合金和（α+β）钛合金。但高温（500~600℃）强度比后两种钛合金高。α 钛合金不能热处理强化，主要是固溶强化来提高其强度。

TA7是常用的α钛合金，该合金有较高的室温温度、高温强度和优良的抗氧化性及耐蚀性，并具有很好的低温性能，适于制作使用温度不超过500℃的零件，如导弹的燃料罐、超声速飞机的涡轮机匣等。

（2）β钛合金　β钛合金具有较高的强度、优良的冲压性，但耐热性差，抗氧化性能差。当温度超过700℃时，合金很容易受大气中的杂质气体污染。它的生产工艺复杂，且性能不太稳定，因而限制了它的使用。β钛合金可进行热处理强化，一般可用于淬火和时效强化。

TB1是应用最广泛的β钛合金，淬火后容易得到介稳定的单相β组织，这时该合金具有良好的冷成形性能。该合金使用温度在350℃以下，多用于制造飞机结构件和紧固件。

（3）（α+β）钛合金　（α+β）钛合金室温组织为α+β，它兼有α钛合金和β钛合金两者的优点，强度高，塑性好，耐热性，耐蚀性和冷热加工性及低温性能都很好，并可以通过淬火和时效进行强化，是钛合金中应用最广的合金。

TC4是用途最广的合金，退火状态下具有较高的强度和良好的塑性（$R_m = 950\text{MPa}$，$A = 10\%$），淬火和时效处理后其强度可提高至1190MPa。该合金还具有较高的抗蠕变能力、低温韧度及良好的耐蚀性，因此常用于制造400℃以下和低温下工作的零件，如飞机发动机压气机盘和叶片、压力容器等。

9.4　滑动轴承合金

机器中，轴是极其重要的零件，而滑动轴承又是机器中用于支承轴进行运转的不可缺少的零部件。一般滑动轴承由轴承体和轴瓦组成。制造轴瓦及其内衬的合金称为轴承合金。

9.4.1　轴承合金的性能要求和组织特征

1. 滑动轴承的性能要求

轴承的作用是支承轴和其他转动零件，与轴直接配合使用。当轴旋转时，轴承承受交变载荷，且伴有冲击力，轴瓦和轴发生强烈的摩擦，造成轴径和轴瓦的磨损。由于轴是机器中最重要的零件，制造困难，价格昂贵，经常更换会造成很大的经济损失。所以，在设计轴承合金时，即要考虑轴瓦的耐磨性，又要保证轴径极少磨损。为此，轴承合金应具有较高的抗压强度和疲劳强度；高的耐磨性、良好的磨合性和较小的摩擦系数；足够的塑性和韧性，以承受冲击和振动；良好的耐蚀性和导热性，较小的膨胀系数；良好的工艺性，低廉的价格。

2. 轴承合金的组织特征

为满足上述性能要求，轴承合金应具有软基体上分布着硬质点（图9.2）或在硬基体上分布着软质点的组织。运转时软组织很快受磨损而凹陷，可贮存润滑油，减小摩擦。硬组织支承轴颈，降低轴和轴瓦之间的摩擦系数。

9.4.2　轴承合金的分类及牌号

轴承合金按主要成分可分为锡基、铅基、铝基、

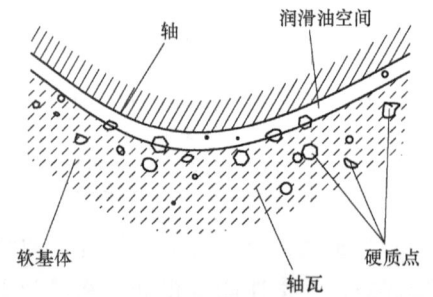

图9.2　轴承合金组织示意图

铜基等几种。其中锡基和铅基轴承合金又称巴氏合金。轴承合金的价格较贵。

轴承合金一般在铸态下使用，其编号方法是 Z+基本元素+主加元素+主加元素含量+辅助加入元素符号及含量。其中 Z 是"铸"字汉语拼音字首。如，牌号为 ZSnSb11Cu6（即旧牌号 ZCuSnSb11-6）表示是 $w(Sb)=11\%$，$w(Cu)=6\%$ 的锡基轴承合金。

1. 锡基轴承合金（锡基巴氏合金）

锡基轴承合金是以 Sn 为基础，加入 Sb、Cu 等元素组成的合金。如 ZSnSb11Cu6 合金中软基体为 Sb 溶于 Sn 的 α 固溶体，以 β 相（即 SnSb 为基的硬脆化合物）及高熔点的 Cu_3Sn 为硬质点。

与其他轴承材料相比，锡基轴承合金膨胀系数小，减摩性好，并具有良好的导热性、塑性和耐蚀性。适用于制造汽车、拖拉机、汽轮机等高速轴承。但其疲劳强度差。由于 Sn 的熔点低，其工作温度也较低（小于 120℃）。为提高疲劳强度和使用寿命，常采用离心浇注法将其镶嵌在低碳钢的轴瓦上，形成薄而均匀的内衬。这种双金属的轴承称为"双金属"轴承。即提高了轴承的使用寿命，又节约了大量昂贵的锡基轴承合金。

2. 铅基轴承合金（铅基巴氏合金）

铅基轴承合金是以 Pb-Sb 为基，又加入少量的 Sn 和 Cu 的轴承合金，也是软基体上分布硬质点的轴承合金。常用牌号为 ZPbSb16Sn16Cu2 轴承合金。含 16%Sb、16%Sn 和 2%Cu。其软基体为（α+β）共晶体（α 相是 Sb 溶于 Pb 中的固溶体，β 相是以 Pb-Sb 为基的硬脆化合物），硬质点是 β 相（SnSb）和（Cu_2Sb）化合物。加入约 11%Sn 的作用是溶入 Pb 中强化基体，并能形成硬质点；加入约 2%Cu，能防止"比重偏析"，同时形成 Cu_2Sb 硬质点，提高耐磨性。

铅基轴承合金的硬度、强度和韧性比锡基轴承合金低，但由于价格便宜，常用作低速低载轴承。如汽车、拖拉机的曲轴轴承及电动机、破碎机轴承等，工作温度不超过 120℃。

3. 铜基轴承合金

铜基轴承合金有铅青铜、锡青铜和铝青铜（如 ZCuPb30、ZCuSn10Pb1、ZCuAl10Fe3），常见的 ZCuPb30 青铜中，Pb 不溶于 Cu 而形成软质点分布在 Cu（硬）基体中，铅青铜的疲劳强度高，导热性好，并具有低的摩擦系数，因此，可用作承受高载荷、高速度及在高温下工作的轴承。

4. 铝基轴承合金

铝基轴承合金密度小，导热性好，疲劳强度高，价格低廉，广泛用作高速轴承。但膨胀系数大，运转时易与轴胶合。目前主要有高锡铝基与铝锑镁轴承合金两类，都是硬基体上分布着软质点的轴承合金。

高锡铝基轴承合金（$w(Sn)=20\%$，$w(Cu)=1\%$，其余为 Al）具有高的疲劳强度及高的耐热性和耐磨性，且承载能力高，用于代替巴氏合金、铜基轴承合金，制作高速重载发动机轴承，已在汽车、拖拉机、内燃机车上推广使用。铝锑镁轴承合金具有高的疲劳强度和耐磨性，但承载能力不大，一般用于制造承载能力较小的内燃机轴承。

9.5 粉末冶金材料

粉末冶金是用金属粉末或金属与非金属粉末的混合物作原料，经压制成形后烧结，以获得金属零件和金属材料的方法。它是一种不经熔炼生产材料或零件的方法，其零件的生产过程是一种精密的无切屑或少切屑的加工方法。粉末冶金可生产其他工艺方法无法制造或难以制造的零件和材料。如高熔点材料、复合材料和多孔材料等。

9.5.1 硬质合金

硬质合金是采用高硬度、高熔点的碳化物粉末和黏结剂混合、加压成形、烧结而成的一种粉末冶金材料。硬质合金的硬度，在常温下可达86~93HRA（相当于69~81HRC），红硬性可达900~1000℃。因此，其切削速度比高速工具钢提高4~7倍，刀具寿命可提高5~80倍。由于硬质合金硬度高、脆性大，不能进行机械加工，故常将其制成一定形状的刀片，镶焊在刀体上使用。

常用硬质合金按成分与性能的特点可分为三类，其类别、牌号、化学成分及性能特点见表9.4。

表9.4 常用硬质合金的牌号、化学成分、力学性能

类别	ISO代号	牌号	化学成分(质量分数,%) WC	TiC	TaC	Co	物理、力学性能 密度ρ/(g/cm^3)	HRA 不小于	R_m/MPa 不小于
钨钴类硬质合金	K红色	K01	YG3X 96.5	—	<0.5	3	15.0~15.3	91.5	1079
		K20	YG6 94.0	—	—	6	14.6~15.0	89.5	1422
		K10	YG6X 93.5	—	<0.5	6	14.6~15.0	91.0	1373
		K30	YG8 92.0	—	—	8	14.5~14.9	89.0	1471
			YG8N 91.0	—	1	8	14.5~14.9	89.5	1471
		—	YG11C 89.0	—	—	11	14.0~14.4	86.5	2060
		—	YG15 85.0	—	—	15	13.0~14.2	87.0	2060
		—	YG4C 96.0	—	—	4	14.9~15.2	89.5	1422
		—	YG6A 92.0	—	2	6	14.6~15.0	91.5	1373
		—	YG8C 92.0	—	—	8	14.5~14.9	88.0	1716
钨钛钴类硬质合金	P蓝色	P30	YT5 85.0	5	—	10	12.5~13.2	89.5	1373
		P10	YT15 79.0	15	—	6	11.0~11.7	91.0	1150
		P01	YT30 66.0	30	—	4	9.3~9.7	92.5	883
通用硬质合金	M黄色	M10	YW1 84~85	6	3~4	6	12.6~13.5	91.5	1177
		M20	YW2 82~83	6	3~4	8	12.4~13.5	90.5	1324

（1）钨钴类硬质合金 它的主要化学成分为WC及Co。其牌号用"硬""钴"两字的汉语拼音的字首"YG"加数字。数字表示Co的质量分数。钴含量越高，合金的强度、韧性越好；钴含量越低，合金的硬度越高、耐热性越好。如YG6表示钨钴类硬质合金$w(Co)=6\%$，余量为WC。这类合金也可以用代号"K"来表示，并采用红色标记。

（2）钨钴钛类硬质合金 它的主要成分为WC、TiC和Co。其牌号用"硬""钛"两字的汉语拼音的字首"YT"加数字。数字表示TiC的质量分数。如YT15表示钨钴钛类硬质合

金 $w(TiC)=15\%$，余量为 WC 和 Co。这类合金也可用代号"P"表示，并采用蓝色标记。

钨钴钛类硬度合金由于碳化钛的加入，具有较高的硬度与耐磨性。同时，由于这类合金表面会形成一层氧化钛薄膜，切削时不易粘刀，故有较高的红硬性，但强度和韧性比钨钴类硬质合金低。因此，钨钴类硬质合金适于加工脆性材料（如铸铁等），而钨钴钛类硬质合金适宜于加工塑性材料（如钢等）。同一类硬质合金中，钴含量较高的适于制造粗加工的刀具；反之，则适于制造精加工的刃具。

（3）通用硬质合金　它是以碳化钽（TaC）或碳化铌（NbC）取代钨钴钛类硬质合金的一部分 TiC。通用硬质合金兼有上述两类合金的优点，应用广泛，因此通用硬质合金又称"万能硬质合金"。其牌号用"硬""万"两字的汉语拼音的字首"YW"加数字表示，数字无特殊意义，仅表示该合金的序号。它也可以用代号"M"表示，并采用黄色标记。

近年来，用粉末冶金法又生产了一种新型硬质合金——钢结硬质合金。它是以一种或几种碳化物（如 TiC 和 WC）为硬化相，以碳钢或合金钢（高速钢或铬相钢）粉末为黏结剂（基体），经配料、混合、压制、烧结而成粉末冶金材料。钢结硬质合金坯料与钢一样，可以锻造、热处理、切削加工、焊接。它在淬火与低温回火后硬度可达相当于 70HRC，具有高耐磨性、抗氧化、耐腐蚀等优点。用作刀具时，钢结硬质合金的寿命与钨钴类硬质合金差不多，远超过合金工具钢。由于它可以切削加工，故适于制造各种形状复杂的刀具、模具和耐磨零件。

9.5.2　烧结减摩材料

（1）多孔轴承　机械行业广泛使用的多孔轴承有铁基的（98%铁粉+2%石墨粉）和铜基的（99%锡青铜粉+1%石墨粉）两种。前者可以取代部分铜合金，价格便宜；后者的减摩性好。

多孔轴承具有较高减摩性。这种材料压制成轴承后再浸入润滑油中，因组分中含有石墨，它本身具有一定的孔隙度，在毛细现象作用下可吸附大量润滑油，故称为多孔轴承。多孔轴承有自动润滑作用。多孔轴承一般用作中速、轻载荷的轴承，特别适用于不经常加油的轴承。在家用电器、精密机械及仪表工业中得到广泛应用。另外，多孔轴承使用时还能消除因润滑油的漏落而造成产品的污染。

（2）金属塑料减摩材料　用烧结好的多孔铜合金作骨架，在真空下浸渍聚四氟乙烯乳液，使聚四氟乙烯浸入孔隙中，就能获得金属与塑料成为一体的金属塑料减摩材料。

聚四氟乙烯具有一定的减摩性、耐蚀性及较宽的工作温度范围（-26～+250℃）。铜合金骨架具有较高的强度和较好的导热性。

9.5.3　烧结铁基结构材料

烧结铁基结构零件的材料，又称为烧结钢。用粉末冶金方法生产结构零件的最大特点是发挥了冶金工艺无切削或少切削加工，使零件精度高及表面光洁（径向精度 2～4 级、表面粗糙度值 Ra 1.60～0.20μm），零件还可通过热处理强化提高耐磨性。

用碳钢粉末烧结的合金，碳含量较低，可制造承受载荷小的零件、渗碳件及焊接件；其碳含量较高的，淬火后可制造要求一定强度或耐磨性的零件。用合金钢粉末烧制的合金，其中常有 Cu、Ni、Mo、B、Mn、Cr、Si、P 等合金元素，它们可强化基体，提高淬透性，加入

Cu 还可提高耐蚀性。合金钢粉末冶金淬火后 R_m 可达 500~800MPa，硬度为 40~45HRC，可制造承受载荷较大的烧结结构件，如液压、泵齿轮、汽车差速齿轮等。

9.6 高分子材料、陶瓷材料及复合材料

通常金属材料以外的材料都被认为是非金属材料，主要有高分子材料、陶瓷材料。它们有着金属材料所不及的某些性能，如高分子材料的耐腐蚀、电绝缘性、减振、质轻、价廉等，以及陶瓷材料的高硬度、耐高温、耐腐蚀及特殊的物理性能等。故它们在生产中的应用得到了迅速发展，在某些生产领域中已成为不可取代的材料。本章主要介绍高分子材料和陶瓷材料的化学组成、组织结构与性能之间的关系，以及它们在实际生产中的应用。

随着科学技术的发展，性能多种多样的新型材料不断出现，如由几种不同材料复合的复合材料，不仅克服了单一材料的缺点，而且产生了单一材料通常不具备的新功能，成为很有发展前途的材料品种，故将复合材料也列入本节作简要介绍。

9.6.1 高分子材料

高分子化合物是相对分子质量大于 5000 的有机化合物的总称，有时也称为聚合物或高聚物。有些常见的高分子材料相对分子质量是很大的，如橡胶相对分子质量为十万左右，聚乙烯相对分子质量在几万至几百万之间。低分子化合物相对分子质量一般小于 500，很少超过 1000，如水（H_2O）只有 18，氨（NH_3）为 17。虽然高分子物质相对分子质量大，且结构复杂多变，但组成高分子化合物的大分子一般具有链状结构，它是由一种或几种简单的低分子有机化合物重复连接而成的，就像一根链条是由众多链环连接而成一样，故称为大分子链。

在当前机械工业中，塑料是应用最广泛的高分子材料。

1. 塑料的组成

大多数塑料都是以各种合成树脂为基础，再加入一些用来改善使用性能和工艺性能的添加剂而制成的。

（1）合成树脂

合成树脂是决定塑料性能和使用范围的主要组成物，在塑料中，起黏结其他组分的作用。塑料中的合成树脂含量一般为 30%~100%（质量分数，不含添加剂的塑料称为单组分塑料，其余称为多组分塑料）。因此，大多数塑料都是以树脂名称来命名的，如聚氯乙烯塑料的树脂就是聚氯乙烯树脂。

（2）添加剂

1）填充剂。填充剂的作用是调整塑料的物理化学性能，提高材料强度，扩大使用范围，以及减少合成树脂的用量，降低塑料成本。加入不同的填充剂，可以制成不同性能的塑料。如加入银、铜等金属粉末，可制成导电塑料；加入磁铁粉，可以制成磁性塑料；加入石棉，可改善塑料的耐热性。这是塑料制品品种繁多，性能各异的主要原因之一。

2）增塑剂。为了增加塑料制品的可塑性和柔韧性，常加入少量相对分子质量较小，且又难挥发的低熔点固体或液体有机物作为增塑剂。如在聚氯乙烯树脂中加入邻苯二甲酸二丁酯，可得到像橡胶一样的软塑料。

3）稳定剂。稳定剂的作用是防止成型过程中高聚物受热分解和长期使用过程中的塑料老化。在日常生活中，经常会发现用久了的塑料制品发硬开裂，橡胶制品发黏等现象，这都称为高聚物的老化。为了阻缓高分子的老化，确保高分子大分子链结构稳定，常加入稳定剂。如在聚氯乙烯中加入硬脂酸盐，可防止热成型时的热分解。在塑料中加入炭黑作紫外线吸收剂，可提高其耐光辐射的能力。

4）润滑剂。润滑剂是为了防止在成型过程中产生黏模，并增加成型时的流动性，保证制品表面光洁。常用的润滑剂为硬脂酸及其盐类。

5）固化剂。固化剂的作用是将热塑性的线型高聚物加热成型时，交联成网状体型高聚物并固结硬化，制成坚硬和稳定的塑料制品。固化剂常用胺类、酸类及过氧化物等化合物，如环氧树脂中加入乙二胺。

6）着色剂。用于装饰的塑料制品常加入着色剂，使其具有不同的色彩。一般用有机染料或无机颜料作为着色剂。着色剂应满足着色力强、色泽鲜艳，不易与其他组分起化学变化，以及耐热、耐光性好等要求。

7）其他。塑料中还可加入其他一些添加剂，如阻燃剂（阻止塑料燃烧或造成自熄）、抗静电剂（提高塑料表面的导电性，防止静电积聚，保证加工或使用过程中安全操作）及发泡剂（在塑料中形成气孔，降低材料的密度）等。

2. 塑料的分类

按使用范围可分为通用塑料和工程塑料两大类。

（1）通用塑料　通用塑料是一种非结构材料。它的产量大，价格低，性能一般。目前主要有聚乙烯、聚丙烯、聚氯乙烯、聚苯乙烯、酚醛塑料和氨基塑料。可作为日常生活用品、包装材料及一般小型机械零件。

（2）工程塑料　工程塑料可作为结构材料。常见的品种有聚甲醛、聚酰胺、聚碳酸酯、聚苯醚、ABS、聚砜、聚四氟乙烯、有机玻璃和环氧树脂等。和通用塑料相比，它们产量较小，价格较高，但具有优异的力学性能、电性能、化学性能，以及耐热性、耐磨性和尺寸稳定性等，在汽车、机械、化工等部门用于制造机械零件及工程结构。

按树脂的热性能可分为热塑性塑料和热固性塑料两大类。

（1）热塑性塑料　热塑性塑料通常为线型结构，能溶于有机溶剂，加热可软化，故易于加工成型，并能反复使用。常用的有聚氯乙烯、聚苯乙烯、ABS等塑料。

（2）热固性塑料　热固性塑料通常为网型结构，固化后重复加热不再软化相熔融，也不溶于有机溶剂，不能再成型使用。常用的有酚醛塑料、环氧树脂塑料等。

3. 塑料的性能

（1）物理性能

1）密度小。塑料的密度均较小，一般为 $0.9 \sim 2.0 \text{g/cm}^3$，相当于钢密度的 $1/7 \sim 1/4$。可以大大降低零部件的重量。

2）热学性能。塑料的热导率较小，一般为金属的 $1/600 \sim 1/500$，所以具有良好的绝热性。但易摩擦发热，这对运转零件是不利的。塑料的热胀系数比较大，是钢的 $3 \sim 10$ 倍，所以塑料零件的尺寸精度不够稳定，受环境温度影响较大。

3）耐热性。耐热性是指保持高分子材料工作状态下的形状、尺寸和性能稳定的温度范围，由于塑料遇热易老化、分解，故其耐热性较差，大多数塑料只能在 100℃ 左右使用，仅有少数品种可在200℃左右长期使用。

4) 绝缘性。由于塑料分子的化学键为共价键，不能电离，没有自由电子，因此是良好的电绝缘体。当塑料的组分变化时，电绝缘性也随之变化。如由于填充剂、增塑剂的加入导致电绝缘性降低。

（2）化学性能（耐蚀性）塑料大分子链是共价键结合，不存在自由电子或离子，不发生电化学过程，故没有电化学腐蚀问题。同时又由于大分子链卷曲缠结，使链上的基团大多被包在内部，只有少数暴露在外面的基元才能与介质作用，所以塑料的化学稳定性很高，能耐酸、碱、油、水及大气等物质的侵蚀。其中，聚四氟乙烯还能耐强氧化剂"王水"的侵蚀。因此工程塑料特别适于制作化工机械零件及在腐蚀介质中工作的零件。

（3）力学性能

1) 强度、刚度和韧性。塑料的强度、刚度和韧性都很低，如45钢正火R_m为700~800MPa，塑料的R_m为30~150MPa，仅为金属的1/10，所以塑料只能用于制作承载不大的零件。但由于塑料的密度小，所以塑料的比强度、比模量还是很高的。

对于能够发生结晶的塑料，当结晶度增加时，材料强度可提高。此外热固性塑料由于具有交联的网型结构，强度也比热塑性塑料高。

塑料没有加工硬化现象，且温度对性能影响很大，温度稍有微小差别，同一塑料的强度与塑性就有很大不同。图9.3所示为聚甲基丙烯酸甲酯（有机玻璃）在不同温度下的应力-应变曲线，由图可见，温度只有几十摄氏度的差别，就已从弹性模量较高的脆性断裂转变为弹性模量很低的韧性断裂。

2) 蠕变与应力松弛。塑料在外力作用下表现出的是一种黏弹性的力学特征，即形变与外力不同步。黏弹性可在应力保持恒定条件下，导致应变随时间的发展而增加，这种现象称为蠕变。如架空的聚氯乙烯电线管会缓慢变弯，就是材料的蠕变。金属材料一般在高温下才产生蠕变，而高分子材料在常温下就缓慢地沿受力方向伸长。不同的塑料在相同温度下抗蠕变的性能差别很大。几种塑料的蠕变曲线如图9.4所示。机械零件应选用蠕变较小的塑料。

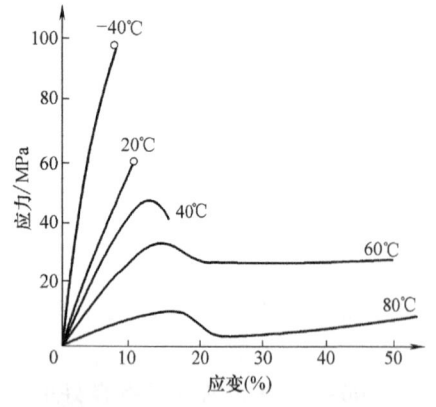

图9.3　有机玻璃应力-应变曲线
（拉伸速度5mm/min）

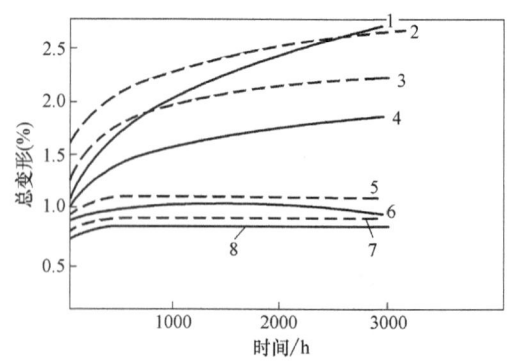

图9.4　几种塑料的蠕变曲线
1—聚砜　2—聚苯醚　3—聚碳酸酯　4—改性聚苯醚
5—耐热ABS　6—聚甲醛　7—尼龙　8—ABS

黏弹性也可在应变保持恒定的条件下使应力不断降低，这种现象称为应力松弛。如连接管道的法兰盘中间的硬橡胶密封垫片,经一定时间后,由于应力松弛导致泄漏而失效。

蠕变和应力松弛只是表现形式不同,其本质都是由于高聚物材料受力后大分子链构象的变化所引起的,而大分子链构象调整需要一定时间才能实现,故呈现出黏弹性。

3) 减摩性。塑料的硬度虽低于金属,但摩擦因数小,如聚四氟乙烯对聚四氟乙烯的摩擦因数只有 0.04,尼龙、聚甲醛、聚碳酸酯等也都有较小的摩擦因数,因此有很好的减摩性能。塑料还由于自润滑性能好,对工作条件的适应性和磨粒的嵌藏性好,因此在无润滑和少润滑的摩擦条件下,其减摩性能是金属材料无法相比的。工程上已应用这类高分子材料来制造轴承、轴套、衬套及机床导轨贴面等,取得了较好的技术性能。

4. 常用的工程塑料

工程塑料的品种很多,常见的工程塑料性能和用途见表 9.5。

表 9.5 常见工程塑料性能和用途

塑料名称	符号	链节	性能	用途
聚甲醛	POM	(结构式)	有很高的刚性、硬度、抗拉强度,优良的耐疲劳性和减摩性,吸水性差,尺寸稳定,有较小的蠕变性,较好的电绝缘性;但密度较大,耐酸性和阻燃性不够理想	可代替金属制作各种结构零部件,如汽车工业中各种轴承、齿轮、汽车钢板弹簧衬套等
聚碳酸酯	PC	(结构式)	密度较小,具有优异的冲击强度,耐热性及尺寸稳定性好;无毒,透明,不易着火,且容易加工成型	在电气、机械、建筑、医疗、日用品等方面有广泛的应用,如制造高压蒸汽下蒸煮消毒的医疗手术器械和人工内脏
聚苯醚	PPO	(结构式)	强度高,减摩性、耐热性好,能经受蒸汽消毒。长期使用温度范围为 -170~190℃,无载荷下间断工作可达 204℃	可用作高温下工作的精密齿轮、轴承等摩擦传动件,也可用作外科医疗器械,以代替不锈钢
聚砜	PSF	(结构式)	具有突出的耐热、耐寒、抗氧化性能,可在 -100~150℃下长期使用;耐辐射,有良好的尺寸稳定性、强度及电绝缘性能(在水或湿空气中以及在 190℃ 高温下,能保持其电绝缘性)	用于高温下工作的结构传动件,特别适于做既要强度高又要耐热和尺寸准确性的制品,如精密小型的电子、电器工业中的零件及医疗器械

(续)

塑料名称	符号	链节	性能	用途
聚酰胺 （尼龙1010）	PA	$\left[-NH-CH_2-NH-\underset{\underset{O}{\parallel}}{C}\right]_{10}$ $\left[-CH_2-\underset{\underset{O}{\parallel}}{C}\right]_{8n}$	具有高强度，良好的韧性、刚度、耐疲劳、耐油、耐腐蚀以及较好的自润滑性；但吸水性很大，影响尺寸的稳定性并使一些力学性能下降	可用于制作各种轴承、齿轮、泵叶轮、风扇叶片、储油容器、传动带、密封圈及凸轮、电缆、电器线圈等
ABS树脂 （丙、丁苯树脂）	ABS	$\left[-CH_2-\underset{\underset{H}{\mid}}{\overset{CN}{\underset{\mid}{C}}}\right]_x\left[-CH_2-CH=CH\right]$ $\left[-CH_2-CH\left(\right)\right]_{z\,n}^y$	具有坚韧、硬质、刚性的特征，良好的耐磨性、耐蚀性、耐油性及尺寸稳定性；低温抗冲击性好，使用温度范围$-40\sim 100℃$，易于成型和机械加工，但在有机溶剂中能溶解、溶胀或应力开裂	在机械工业上用于制造齿轮、轴系、电机及各类仪表外壳、贮槽内衬等；在汽车工业上，可用作挡泥板、扶手、加热器及小轿车车身、转向盘；此外也可用作纺织器材、电气零件、文教体育用品、乐器、家具、包装容器及装饰件等
聚四氟乙烯	PTFE (F-4)	$\left[-\underset{\underset{F}{\mid}}{\overset{F}{\underset{\mid}{C}}}-\underset{\underset{F}{\mid}}{\overset{F}{\underset{\mid}{C}}}-\right]_n$	在较宽的温度范围内有良好的力学性能；具有极强的耐化学腐蚀性，有"塑料王"之称；摩擦因数极低，静摩擦因数是塑料中最小的，此外也是优良的电绝缘材料；但其抗蠕变性、耐辐射性差	在防腐化工机械上制造各种零部件，化工腐蚀设备上用作衬里和涂层；加入各种填料的F-4制品被应用在各种要求自润滑、耐磨的轴承、活塞环及医疗手术中的人工心、肺等；多孔的F-4板材还可用作强腐蚀介质的过滤材料
有机玻璃	PMMA	$\left[-CH_2-\underset{\underset{\underset{O}{\parallel}}{\overset{\mid}{C}-O-CH_3}}{\overset{CH_3}{\underset{\mid}{C}}}\right]_n$	有优良的透光性、耐候性、耐电弧性，但力学强度一般，表面硬度低，易被硬物擦伤生痕	在飞机、汽车上作为透明的窗玻璃和罩盖，在建筑、电气、机械等领域可用于制造光学仪器、电器、医疗器械高压电流断路器及各种透明模型、装饰品、广告牌等
环氧树脂	EP	$\left[-O-CH_2-CH-CH_2-\right]$ $\left[\underset{OH}{\mid}\right]$ $\left[-\underset{\underset{CH_3}{\mid}}{\overset{CH_3}{\underset{\mid}{C}}}-\right]_n$	环氧树脂本身为热塑性树脂，但在各种固化剂作用下，能交联而变型为体型结构；环氧塑料强度较高，韧性较好，具有优良的绝缘性能，尺寸稳定性及化学稳定性好，耐寒耐热，可在$-80\sim 155℃$温度范围内长期工作	可用作模具、量具、电子仪表装置、制造各种复合材料；此外，环氧树脂是很好的胶粘剂

9.6.2 陶瓷材料

陶瓷大致可分为传统陶瓷及特种陶瓷两大类。其生产过程比较复杂，但基本的工艺是原料的制备、坯料的成型和制品的烧成或烧结三大步骤。传统陶瓷（普通陶瓷）主要是以黏土为主要原料的制品，原料经粉碎、成型、烧成而成产品。特种陶瓷（新型陶瓷）是用化工原料（包括氧化物、氮化物、碳化物、硅化物、硼化物和氟化物等）采用烧结工艺制成的具有各种力学性能、物理或化学性能的陶瓷。若按性能特点或用途分类，传统陶瓷可分为：日用陶瓷、建筑陶瓷、卫生陶瓷、电气绝缘陶瓷、化工陶瓷和多孔陶瓷（过滤、隔热陶瓷）等，它们可满足各种工程的需要；特种陶瓷可分为：电容器陶瓷、压电陶瓷、磁性陶瓷、电光陶瓷和高温陶瓷等，广泛应用于尖端科学领域中。

陶瓷材料具有耐高温、抗氧化、耐腐蚀及其他优良的物理、化学性能。除传统用途外，还具有许多近代的新用途（特别是特种陶瓷）。

1. 物理性能

（1）**热学性能**

1）高熔点。陶瓷材料一般都具有高的熔点（大多在 2000℃ 以上）、极好的化学稳定性和特别优良的抗氧化性，已广泛用作高温材料，如制作耐火砖、耐火泥、炉衬、耐热涂层等。刚玉（Al_2O_3）可耐 1700℃ 高温，能制成耐高温的坩埚。

2）热导率。陶瓷依靠晶格中原子的热振动来完成热传导。由于没有自由电子的传热作用，热导率远低于金属材料，它常作为高温绝热材料。多孔和泡沫陶瓷也可用作 $-240 \sim -120℃$ 的低温隔热材料。

3）热膨胀。凡应用中涉及高温、循环温度或温度梯度工况时，都要考虑热膨胀。它是温度升高时原子振动振幅增大和原子间距增大而导致体积长大的现象。热胀系数的大小和材料的晶体结构密切相关，结构较紧密的材料热胀系数较大。陶瓷的线胀系数比金属低，比高分子更低，一般为 $10^{-6}/K$ 左右。

（2）**电学性能**　大多数陶瓷是良好的绝缘体，在低温下具有高电阻率，因而大量用于制作低电压（1kV 以下）直到超高压（110kV 以上）的隔电瓷质绝缘器件。

铁电陶瓷（钛酸钡 $BaTiO_3$ 和其他类似的钙钛矿结构）具有较高的介电常数，可用于制作较小的电容器，这种电容器的电容量却比由一般电容器材料制成的要大，利用这一优点，可以更有效地改进电路。铁电陶瓷在外加电场作用下，还具有改变其外形（尺寸）的能力，这种由电能转换成机械能的性能是压电材料的特性，可用于制作扩音机、电唱机中的换能器，无损检验用的超声波仪器，以及声呐与医疗用的声谱仪等。少数陶瓷材料还具有半导体性质，如经高温烧结的氧化锡就是半导体，可用作整流器。

（3）**光学性能**　具有特殊光学性能的陶瓷是重要的功能材料，如固体激光器材料、激光调制材料、光导纤维材料、光储存材料等。这些材料的研究和应用对通信、摄影、计算机技术等的发展有非常大的理论和实用意义。近代透明陶瓷的出现是光学材料的重大突破，它们大都是以单一晶体相组成的多晶体材料，可用于高压钠灯管、耐高温及高温辐射工作的窗口和整流罩等。

（4）**磁学性能**　通常被称为铁氧体的磁性陶瓷材料（如 $MgFe_2O_4$、$CuFe_2O_4$、Fe_3O_4、$CoFe_2O_4$）在电子束偏转线圈、变压器铁芯、大型计算机的记忆元件等方面有着广泛的应用前景。

2. 力学性能

(1) 塑性与韧性　由于陶瓷晶体一般为离子键或共价键结合,其滑移系比金属材料少得多,所以大多数陶瓷材料在常温下受外力作用时不产生塑性变形,而是在一定弹性变形后直接发生脆性断裂。此外,陶瓷中又存在气相,故冲击韧性和断裂韧度要比金属材料低得多,如氮化硅(Si_3N_4)的断裂韧度 K_{IC} 仅为 $4.6 \sim 5.7 MPa \cdot m^{1/2}$,而45钢的 K_{IC} 约为 $90 MPa \cdot m^{1/2}$,球墨铸铁的 K_{IC} 为 $20 \sim 40 MPa \cdot m^{1/2}$。在机械结构中,陶瓷材料应用不多。

(2) 强度　由于受工艺制备因素的影响,在陶瓷材料内部和表面会形成各种各样的缺陷,如微裂纹、位错、气孔等,因此由于受各种缺陷的影响,陶瓷的实际强度远低于理论值。如刚玉陶瓷纤维的缺陷减少时,强度可提高1~2个数量级,热压氮化硅陶瓷在致密度增大、气孔率近于零时,强度可接近理论值。

陶瓷中的气相能使应力集中,在拉应力作用下,气孔会扩展而引起脆断,故陶瓷的抗拉强度较低。但它具有较高的抗压强度,可用于承受压缩载荷的场合,如用于作为地基、桥墩和大型结构与重型设备的底座等。

(3) 硬度　陶瓷的硬度在各类材料中最高。其硬度大多在1500HV以上,而淬火钢为500~800HV,高分子材料都低于20HV。氮化硅和立方氮化硼(CBN)具有接近金刚石的硬度。

目前氮化硅和碳化硅(SiC)都是共价性化合物,键的强度高、膨胀系数低、热导率高,所以都有较好的抗热振性能(温度急剧变化时,抵抗破坏的能力)。由于制造工艺和添加物不同,氮化硅的强度可从350MPa直至1000MPa,且在1200℃高温下保持不变。碳化硅在1650℃下,强度仍可达450MPa。它们作为高温高强度结构材料,在发动机、燃气轮机上的应用正受到很大的重视。我国第一台无水冷陶瓷发动机于1990年7月在上海首次装车,经长途试验,证明发动机性能优良,比普通金属发动机热效率高,耗油省,故障率少,并能适用多种燃料,更能适应在缺水的恶劣环境下使用,这是一项跨入世界领先行列的高科技成果。

陶瓷作为超硬耐磨损材料,性能特别优良。除氮化硅、碳化硅、立方氮化硼是一种新型的刀具材料外,近年来又开发了高强度、高稳定化的二氧化锆(ZrO_2)陶瓷刀具,广泛应用于高硬难加工材料的加工及高速切削、加热切削等的加工。

此外,特种陶瓷还广泛用作能源开发材料、耐火耐热材料、耐热冲击材料及化工材料等。一些典型的特种陶瓷的性能和用途见表9.6。

表9.6　特种陶瓷的性能和用途

材料		性能特点	例	用　途
结构材料	耐热材料	热稳定性高	MgO、ThO_2	耐火件
		高温强度高	SiC、Si_3N_4	燃气轮机叶片,燃气轮火焰导管,火箭燃烧室内壁喷嘴
	高强度材料	高弹性模量	SiC、Al_2O_3	复合材料用纤维
		高硬度	TiC、B_4C、BN	切削工具,连接铸造用模,玻璃成型高温模具

(续)

材料		性能特点	例	用途
功能材料	介电材料	绝缘性	Al_2O_3、Mg_2SiO_4	集成电路基板
		热电性	$PbTiO_3$、$BaTiO_3$	热敏电阻
		压电性	$PbTiO_3$、$LiNbO_3$	振荡器
		强介电性	$BaTiO_3$	电容器
	光学材料	荧光、发光性	Al_2O_3、CrNd 玻璃	激光
		红外透过性	CaAs、CdTe	红外线窗口
		高透明度	SiO_2	光导纤维
		电发色效应	WO_3	显示器
	磁性材料	软磁性	$ZnFe_2O$、$\gamma\text{-}Fe_2O_3$	高频磁心
		硬磁性	$SrO \cdot 6Fe_2O_3$	电声器件、仪表及控制器件的磁心
	半导体材料	光电导效应	CdS、Ca_2Sx	太阳电池
		阻抗温度变化效应	VO_2、NiO	温度传感器
		热电子放射效应	LaB_6、BaO	热阳极

9.6.3 复合材料

由两种或两种以上化学成分不同或组织结构不同的物质，经人工合成获得的多相材料称为复合材料。自然界中，许多物质都可称为复合材料，如树木、竹子由纤维素和木质素复合而成；动物骨骼是由硬而脆的无机磷酸盐和软而韧的蛋白质骨胶组成的复合材料。人工合成的复合材料一般是由高韧性、低强度、低模量的基体和高强度、高模量的增强组分组成。这种材料既保持了各组分材料自身的特点，又使各组分之间取长补短，互相协同，形成优于原有材料的特性。对复合材料的研究和使用表明，人们不仅可复合出质轻、力学性能良好的结构材料，也能复合出具有耐磨、耐蚀、导热或绝热、导电、隔声、减振、吸波、抗高能粒子辐射等特性的一系列特殊的功能材料。

继 20 世纪 40 年代的玻璃钢（玻璃纤维增强塑料）问世以来，近些年出现了性能更好的高强度纤维，如碳纤维、硼纤维、碳化硅纤维、氧化铝纤维、氮化硼纤维及有机纤维等。这些纤维不仅可与高聚物基体复合，还可与金属、陶瓷等基体复合。这些高级复合材料是制造飞机、火箭、卫星、飞船等航空航天飞行器构件的理想材料。预计复合材料将会很快向各工业领域中扩展，获得越来越广泛的应用，21 世纪将是复合材料的时代。

复合材料的分类至今尚不统一，目前主要采用以下几种分类方法：

1）按材料的用途分类。可分为结构复合材料和功能复合材料两大类。结构复合材料是利用其力学性能（如强度、硬度、韧性等），用于制作各种结构和零件。功能复合材料是利用其物理性能（如光、电、声、热、磁等），如雷达用玻璃钢天线罩就是具有良好透过电磁波性能的磁性复合材料；常用的电器元件上的钨银触点就是在 W 的晶体中掺入 Ag 的导电功能材料；双金属片就是利用不同膨胀系数的金属复合在一起而成的具有热功能性质的材料。

2）按增强材料的物理形态分类。可分为纤维增强复合材料、粒子增强复合材料及层叠复合材料。

3) 按基体类型分类。可分为非金属基体及金属基体两大类。

目前大量研究和使用的是以高分子材料为基体的复合材料。常见复合材料的分类见表 9.7。

表 9.7 复合材料的分类

增强剂基体	金属	陶瓷	高分子	
金属	纤维增强金属 包层金属	纤维增强陶瓷 夹网玻璃 金属陶瓷 钢筋混凝土	纤维增强塑料 夹网波板 铝聚乙烯复合薄膜 填充塑料	轮胎 橡胶弹簧
陶瓷	纤维增强金属 粒子增强金属 碳纤维增强金属	纤维增强陶瓷 压电陶瓷 陶瓷磨具 玻璃纤维增强水泥 石棉水泥板	纤维增强塑料 砂轮 填充塑料 炭黑补强橡胶 树脂混凝土 树脂石膏摩擦材料 碳纤维增强塑料	轮胎多层玻璃 乳胶水泥 玻璃纤维增强碳 碳碳复合材料
高聚物	铝聚乙烯复合膜薄	—	复合薄膜 合成皮革	

1. 复合材料的性能

1) 比强度和比模量高。比强度和比模量是度量材料承载能力的一个重要指标,因为许多动力设备和结构不仅要求材料的强度高,还要求材料的重量轻。复合材料的比强度和比模量要比金属材料高得多。常见材料的性能比较见表 9.8。

表 9.8 常见材料的性能比较

材料名称	密度/(g/cm³)	抗拉强度/MPa	弹性模量/10^2MPa	比强度/10^5m	比模量/10^7m
钢	7.8	1030	2100	0.130	0.27
硬铝	2.8	470	750	0.170	0.26
玻璃钢	2.0	1060	400	0.530	0.21
碳纤维-环氧树脂	1.45	1500	1400	1.030	0.21
硼纤维-环氧树脂	2.1	1380	2100	0.660	1.00

2) 抗疲劳性能好。复合材料的疲劳强度都很高,一般金属材料的疲劳极限为抗拉强度的 40%~50%,而碳纤维增强塑料是 70%~80%,这是由于基体中密布着大量纤维,疲劳断裂时,裂纹的扩展常要经历非常曲折和复杂的路径,所以疲劳强度很高。

3) 减振性能好。复合材料中,纤维与基体间的界面具有吸振能力。如对相同形状和尺寸的梁进行振动试验,同时起振时,轻合金梁需 9s 才能停止振动,而碳纤维复合材料的梁却只要 2.5s 就停止。

4) 高温性能好。一般铝合金升温到 400℃时,强度只有室温时的 1/10,弹性模量大幅度下降并接近于零。如用碳纤维或硼纤维增强的铝材，400℃时，强度和弹性模量几乎可保持室温下的水平。耐热合金最高工作温度一般不超过900℃，陶瓷粒子弥散型复合材料的最高工作温度为1200℃以上，而石墨纤维复合材料，瞬时高温可达2000℃。

5）工作安全性好。因纤维增强复合材料基体中有大量独立的纤维，使这类材料的构件一旦超载并发生少量的纤维断裂时，载荷会重新迅速分布在未破坏的纤维上，从而使这类结构不致在短时间内有整体破坏的危险，因而提高了工作的安全可靠性。

2．常用复合材料

复合材料因具有强度高、刚度大、密度小、隔声、隔热、减振和阻燃等优良的物理、力学性能，在航空航天、交通运输、机械工业、建筑工业、化工及国防工业等领域起着重要的作用。

（1）纤维增强复合材料　纤维增强复合材料是以纤维增强材料均匀分布在基体材料内所组成的材料。纤维增强复合材料是复合材料中最重要的一类，应用最为广泛。它的性能主要取决于纤维的特性、含量和排布方式，其在纤维方向上的强度可超过垂直纤维方向的几十倍。

纤维增强材料按化学成分可分为有机纤维和无机纤维。有机纤维，如聚酯纤维、尼龙纤维、芳纶纤维等；无机纤维，如玻璃纤维、碳纤维、碳化硅纤维、硼纤维及金属纤维等。纤维增强复合材料的种类、特性和应用见表9.9。

表9.9　纤维增强复合材料的种类、特性和应用

纤维种类	基体	特性	用途
聚芳酰胺纤维（芳纶纤维）	合成树脂	韧性好，弹性模量高，密度低，但耐压强度及弯曲疲劳强度较差	可用于制造雷达天线罩、高强度绳索（如降落伞）、高压防腐蚀容器、游艇的船体等
玻璃纤维	合成树脂	有优良的抗拉、抗弯、抗压及抗蠕变性能，耐冲击性、电绝缘性好	可用作减摩、耐磨的机械零件，密封件、仪器仪表零件、管道、泵阀、汽车船舶壳体，以及建筑结构、飞机制造等
碳纤维	合成树脂陶瓷金属	密度小，强度和弹性模量高，耐磨、自润滑性好。热胀系数小，可经受剧烈的加热或冷却，且可耐2000℃以上的高温	在航天、航空、核工业中用作燃气轮机叶片、发动机体、轴瓦、齿轮、卫星结构；还可用作人工关节
硼纤维	合成树脂金属	弹性模量高，耐热性能好	可用作航天、航空、飞行器结构件，涡轮机推进器零件
碳化硅纤维	合成树脂	有极高的强度和高温下的化学稳定性好	可用于制作涡轮叶片
石棉纤维	合成树脂	耐热、耐酸、耐磨，吸湿性小，绝缘性好	可用于制作密封件、制动件，及作为绝热材料

在高温领域，近十年来，发现陶瓷晶须在高温下化学稳定性和力学性能好（弹性模量高、强度高、密度小），故倍受重视。但由于这类晶须产量低、价格高，所以仍处于试验研

究阶段。某些晶须的性能见表9.10。

表9.10 某些晶须的性能

品种	密度/(g/cm³)	熔点/℃	抗拉强度/MPa	比强度/10^5m	拉伸弹性模量/MPa	比模量/10^7m
碳化硅	3.21	2700	21000	6.5	490000	1.52
蓝宝石	3.96	2040	19000~22000	4.8~5.6	430000	1.08

（2）粒子增强复合材料 粒子增强复合材料是由一种或多种颗粒均匀分布在基体材料内所组成的材料。粒子增强复合材料的颗粒在复合材料中随粒子的尺寸大小不同而有明显的差别。颗粒直径小于 0.01~0.10μm 的称为弥散强化材料；直径为 1~50μm 的称为颗粒增强材料。颗粒越小，增强效果越好。

按化学组分的不同，颗粒主要分为金属颗粒和陶瓷颗粒。不同的金属颗粒起着不同的功能，如需要导电、导热性能时，可以加银粉、铜粉；需要导磁性能时，可加入 Fe_2O_3 磁粉；加入 MoS_2 可提高材料的减摩性。

陶瓷颗粒增强金属基复合材料具有高强度、耐热、耐磨、耐腐蚀和热胀系数小等特性，用于制作高速切削刀具、重载轴承及火焰喷管的喷嘴等高温工作零件。

3. 层叠复合材料

层叠复合材料是由两层或两层以上材料叠合而成的材料。其中各个层片既可由各层片纤维位向不同的相同材料组成（如层叠纤维增强塑性薄板），也可由完全不同的材料组成（如金属与塑料的多层复合），从而使层叠材料的性能与各组成物性能相比有较大的改善。层叠复合材料广泛应用于要求高强度、耐蚀、耐磨、装饰及安全防护等用途。层叠复合材料有夹层结构复合材料、双层金属复合材料和塑料-金属多层复合材料三种。

夹层结构复合材料是由两层具有较高强度、硬度、耐蚀性及耐热性的面板和具有低密度、低导热性、低传声性或绝缘性好等特性的心部材料复合而成。其中心部材料有实心或蜂窝格子两类。这类材料常用于制作飞机机翼、船舶外壳、火车车厢、运输容器、面板和滑雪板等。

双层金属复合材料是将性能不同的两种金属，用胶合或溶合等方法复合在一起，以满足某种性能要求的材料。如将两种具有不同热胀系数的金属板胶合在一起的双层金属复合材料，常用作测量和控制温度的简易恒温器。

以钢为基体、烧结铜网为中间层、塑料为表面层的塑料-金属多层复合材料，具有金属基体的力学、物理性能和塑料的减摩、耐磨性能。这种材料可用于制造各种机械、车辆等的无润滑或步润滑条件下的各种轴承，并在汽车、矿山机械、化工机械等领域得到广泛应用。

9.7 习 题

一、填空题

1. ZL102属于_____合金，一般用_____工艺来提高强度。
2. H70属于_____合金，其组织为_____，一般采用_____工艺来提高强度。
3. 铝合金热处理是首先进行_____处理，获得_____组织；然后经_____过程使其强度、硬度明显提高。

4. ZSnSb11Cu6 属于_____合金，其中锡含量为_____。

二、判断题

1. 铝合金热处理也是基于铝具有同素异构转变。（ ）
2. LF21 是防锈铝合金，可用冷压力加工或淬火、时效来提高强度。（ ）
3. ZL109 是铝硅合金，其中还含有少量的合金元素，可用热处理来强化，常用于制造发动机的活塞。（ ）
4. LY12 的耐蚀性比纯铝、防锈铝都好。（ ）
5. H70 的组织为 α+β′，具有较高的强度、较低的塑性。（ ）
6. 锡基轴承合金比铜基轴承合金（锡青铜）的硬度高，故常用于制造整体轴套。（ ）
7. 钨钛钴类硬质合金刀具适于加工脆性材料。（ ）

三、选择题

1. 提高 LY11 零件强度的方法通常采用（　　）。
   A. 淬火+低温回火　　　　　　　B. 固溶处理+时效
   C. 变质处理　　　　　　　　　　D. 调质处理
2. 为了获得较高强度的 ZL102（ZAlSi12）零件，通常采用（　　）。
   A. 调质处理　　　　　　　　　　B. 变质处理
   C. 固溶处理+时效　　　　　　　D. 淬火+低温回火
3. ZSnSb11Cu6 合金的组织为（　　）。
   A. 软基体软质点　　　　　　　　B. 软基体硬质点
   C. 硬基体软质点　　　　　　　　D. 硬基体硬质点
4. 为防止黄铜的应力腐蚀破坏可采用（　　）。
   A. 去应力退火　　　　　　　　　B. 固溶处理
   C. 调质处理　　　　　　　　　　D. 水韧处理
5. 铸造人物铜像，最好选用（　　）。
   A. 黄铜　　　　　　　　　　　　B. 锡青铜
   C. 铅青铜　　　　　　　　　　　D. 铝青铜
6. 牌号 YT15 中的"15"表示（　　）。
   A. C 的质量分数（%）　　　　　B. TiC 的质量分数（%）
   C. Co 的质量分数（%）　　　　　D. 顺序号

四、简答题

1. 简要说明时效强化的机理以及时效强化与固溶强化的区别。
2. 试述下列零件进行时效处理的意义与作用：①形状复杂的大型铸件在 500℃~600℃进行时效处理；②铝合金件淬火后于 140℃进行时效处理；③GCr15 钢制造的高精度丝杠于 150℃进行时效处理。
3. 何谓硅铝明？它是属于哪一类铝合金？为什么硅铝明具有良好的铸造性能？在变质处理前后其组织和性能有何变化？这类铝合金主要用于何处？
4. 锡青铜属于什么合金？为什么工业用锡青铜中锡的质量分数大多不超过 14%？
5. 指出下列合金的类别、成分、主要特性及用途：ZL108、LY12、LD7；H62、H59、

ZHMn55-3-1、ZHSi80-3；ZQSn6-6-3、ZQAl9-4、QBe2、ZQPb30；ZChSnSb11-6。

6. 用作轴瓦材料必须具有什么特性？对轴承合金的组织有什么要求？
7. 工程塑料与金属材料相比，在性能与应用上有哪些差别？
8. 陶瓷材料的主要结合键是什么？从结合键的角度来解释陶瓷材料的性能特点。
9. 陶瓷材料在温度急变时易于开裂，你认为抵抗其开裂的能力与哪些力学、物理性能有关？
10. 玻璃钢与金属材料相比，在性能与应用上有哪些特点？
11. 列举一些复合材料的例子，并指出这些材料中哪些是增强组分？哪些是基体？
12. 复合材料性能上的突出特点是什么？

第10章 机械零件的失效分析与选材

作为一名从事机械设计与制造的工程技术人员,在机械零件设计与制造过程中,都会遇到选择材料的问题。在生产实践中,往往由于材料的选择和加工工艺路线不当,使得机械零件在使用过程中发生早期失效,给生产带来了重大损失。若要正确合理地选择和使用材料,必须了解零件的工作条件及其失效形式,才能较准确地提出对零件材料的主要性能要求,从而选择出合适的材料并制定出合理的冷、热加工工艺路线。

10.1 机械零件的失效分析

所谓失效,主要指零件由于某种原因,导致其尺寸、形状或材料的组织与性能的变化而丧失其规定功能的现象。机械零件的失效,一般包括以下几种情况。

1) 零件完全破坏,不能继续工作。
2) 虽然仍能安全工作,但不能满意地起到预期的作用。
3) 零件严重损伤,继续工作不安全。

分析引起机械零件的失效原因、提出对策、研究补救措施的技术和管理活动称为失效分析。研究机械零件的失效是很重要的工作,本节将讨论机械零件常见的失效形式及零件失效的产生原因。

10.1.1 零件的失效形式

根据零件损坏的特点,可将失效形式分为三种基本类型:变形、断裂和表面损伤。

1. 变形失效与选材

变形失效有两种情况,弹性变形失效与塑性变形失效。

(1) 弹性变形失效 弹性变形失效是指由于发生过大的弹性变形而造成零件的失效。如,电动机转子轴的刚度不足,发生过大的弹性变形,结果转子与定子相撞,最后主轴撞弯,甚至折断。

弹性变形的大小取决于零件的几何尺寸及材料的弹性模量。金刚石与陶瓷的弹性模量最高,其次是难熔金属、钢铁,有色金属则较低,高分子材料的弹性模量最低。因此,作为结构件,从刚度及经济角度来看,选择钢铁是比较合适的。

(2) 塑性变形失效 塑性变形失效是指零件由于发生过量塑性变形而失效。塑性变形失效是零件中的工作应力超过材料的屈服强度的结果。塑性变形是一种永久变形,可在零件的形状和尺寸上表现出来。在给定载荷条件下,塑性变形发生与否,取决于零件几何尺寸及材料的屈服强度。

一般陶瓷材料的屈服强度很高，但脆性非常大。进行拉伸试验时，在远未达到屈服应力时就发生脆断，强度高的特点发挥不出来。因此，不能用于制造高强度结构件。高分子材料的强度很低，最高强度的塑料也不超过铝合金。因此，目前用作高强度结构的主要材料还是钢铁。

2. 断裂失效

断裂失效是机械零件的主要失效形式。根据断裂的性质和断裂的原因，可分为以下四种。

1）塑性断裂。塑性断裂是指零件在受到外载荷作用时，某一截面上的应力超过了材料的屈服强度，产生很大的塑性变形后发生的断裂。如低碳钢光滑试样拉伸试验时，由于断裂前已经发生了大量的塑性变形而进入了失效状态，故虽然零件不能工作，但不会造成较大的危险。

2）脆性断裂。脆性断裂发生时，事先不产生明显的塑性变形，承受的工作应力通常远低于材料的屈服强度，所以又称为低应力脆断。这种断裂经常发生在有尖锐缺口或裂纹的零件中，另外，零件结构中的棱角、台阶、沟槽及拐角等结构突变处也易发生，特别是在低温或冲击载荷作用的情况下，更易发生脆性断裂。

3）疲劳断裂。在低于材料屈服强度的交变应力反复作用下发生的断裂称为疲劳断裂。因疲劳而最终断裂是瞬时的，因此危害性较大，常在齿轮、弹簧、轴、模具、叶片等零件中发生。疲劳断裂是一种危害极大，而且是一种常见的失效形式，据统计，承受交变应力的零件，80%~90%以上的损坏是由疲劳引起的。采用各种强化方法提高材料的强度，尤其是表面强度，在表面形成残余压应力，可使疲劳强度显著提高。此外，减少零件上各种能引起应力集中的缺陷、刀痕、尖角、截面突变等，均可提高零件的抗疲劳能力。

4）蠕变断裂。蠕变断裂即在应力不变的情况下，变形量随时间的延长而增加，最后由于变形过大或断裂而导致的失效。如架空的聚氯乙烯电线管在电线和自重的作用下发生的缓慢的挠曲变形，就是典型的材料蠕变现象。金属材料一般在高温下才产生明显的蠕变，而高分子在常温下受载就会产生显著的蠕变，当蠕变变形量超过一定范围时，零件内部就会产生裂纹而很快断裂。

3. 表面损伤

零件在工作过程中，由于机械和化学的作用，工件表面及表面附近的材料受到严重损伤导致失效，称为表面损伤失效。表面损伤失效大体上分为三类：磨损失效、表面疲劳失效和腐蚀失效。

（1）磨损失效 在机械力的作用下，产生相对运动（滑动、滚动等）而使接触表面的材料以磨屑的形式逐渐磨耗，使零件的形状、尺寸发生变化而失效，称为磨损失效。零件磨损后，会使其精度下降或丧失，甚至无法正常运转。材料抵抗磨损的能力称为耐磨性，用单位时间的磨损量表示。磨损量越小，耐磨性越好。

磨损主要有磨粒磨损和黏着（胶合）磨损两种类型。

1）磨粒磨损。磨粒磨损是零件表面遭受摩擦时，有硬质颗粒嵌入材料表面，形成许多切屑沟槽而造成的磨损。这种磨损常发生在农业机械、矿山机械及车辆、机床等机械运行时因嵌入硬屑（硬质颗粒）等情况中。

2）黏着磨损。黏着磨损又称为胶合磨损，是相对运动的摩擦表面之间在摩擦过程中发生局部焊合或黏着，在分离时黏着处将小块材料撕裂，形成磨屑而造成的磨损。这种磨损在所有的摩擦副中均会产生，如蜗轮与蜗杆、内燃机的活塞环和缸套、轴瓦与轴颈等。

为了减少黏着磨损，所选材料应当与所配合的摩擦副为不同性质的材料，而且摩擦系数应尽可能小，最好具有自润滑能力或有利于保存润滑剂。如，近年来在不少设备上已采用尼龙、聚甲醛、聚碳酸酯、粉末冶金材料制造轴承、轴套等。

(2) 表面疲劳失效 相互接触的两个运动表面（特别是滚动接触），在工作过程中承受交变接触应力的作用，表层材料发生疲劳破坏而脱落，造成零件失效称为表面疲劳失效。为了提高材料的表面疲劳抗力，材料应具有足够高的硬度，同时具有一定的塑性和韧性；材料应尽量少含夹杂物，材料要进行表面强化处理，强化层的深度要足够大，以免在强压层下的基体内形成小裂纹，使强化层大块剥落。

(3) 腐蚀失效 由于化学和电化学腐蚀的作用，表面损伤而造成零件失效称为腐蚀失效。腐蚀失效除与材料的成分、组织有关外，还与周围介质有很大关系，应根据介质的成分性质选材。

10.1.2 零件失效的原因

零件到底会发生哪种形式的失效，这与很多因素有关。概括起来，失效的原因有以下四个方面：

1) 零件设计不合理。零件的结构、形状、尺寸设计不合理最容易引起失效。如键槽、孔或截面变化较剧烈的尖角或尖锐缺口处容易产生应力集中，出现裂纹。其次是对零件在工作中的受力情况判断有误，设计时安全系数过小或对环境的变化情况估计不足，造成零件实际承载能力降低等均属设计不合理。

2) 选材不合理。选材不合理即选用的材料性能不能满足工作条件要求，或者所选材料名义性能指标不能反映材料对实际失效形式的抗力。所用材料的化学成分与组织不合理、质量差也会造成零件的失效，如含有过多夹杂物和杂质元素等缺陷。因此原材料进行严格检验是避免零件失效的重要步骤。

3) 加工工艺不合理。在加工和成形过程中，因零件采用的工艺方法、工艺参数不合理，操作不正确等会造成失效。如热成形过程中温度过高所产生的过热、过烧、氧化、脱碳；热处理过程中工艺参数不合理造成的变形和裂纹、组织缺陷；由于淬火应力不均匀导致零件的棱角、台阶等处产生拉应力。

4) 安装及使用不正确。机器在安装过程中，配合过紧、过松、对中不良、固定不牢或重心不稳，密封性差及装配拧紧时用力过大或过小等，均易导致零件过早失效。在超速、过载，润滑条件不良的情况下工作时，工作环境中有腐蚀性物质及维修、保养不及时或不善等均会造成零件过早失效。

10.1.3 失效分析

对失效零件进行失效分析的基本步骤、方法如下：

1) 现场勘察。查看零件失效的部位、形式，弄清零件工作条件，操作情况和失效过程；收集并保护好失效零件，必要时对现场进行拍照。

2) 了解零件背景资料。了解零件设计、加工制造、装配及使用、维护等一系列历史资料，并收集与该零件失效相类似的相关资料。

3）测试分析。主要包括断口宏观分析、金相组织分析、电镜分析、成分分析、表面及内部质量分析、应力分析、力学分析和力学性能测试等。以上项目可根据需要选择。

4）综合分析。对以上调查材料、测试结果进行综合分析，判明失效原因（尤其是主要原因，是确定主要失效抗力指标的依据），提出改进措施并在实践中检验效果。

10.2 选材的一般原则

作为一名从事机械设计与制造的工程技术人员，如何合理选择和使用材料是一项十分重要的工作，不仅要保证零件在工作时具有良好的功能，使零件经久耐用，而且要求材料有较好的工艺性和经济性，以便提高生产率，降低成本。本节简要介绍机械零件选材的一般原则。

10.2.1 材料的使用性能原则

在选择材料时，必须根据零件在整机中的作用、零件的尺寸、形状及受力情况，提出零件材料应具备的主要力学性能指标。零件的工作环境是复杂的，故应注意以下三点。

1. 零件使用条件与失效形式分析

（1）零件使用条件　零件使用条件应根据产品的功能和零件在产品中的作用进行分析。

1）受力状况。包括应力种类（拉伸、压缩、弯曲、扭转、剪切等）和大小、载荷性质（静载荷、冲击载荷、变动载荷等）和分布状况，以及其他（摩擦、振动等）条件。

2）环境状况。包括温度和介质等。

3）特殊要求。如导电性能、绝缘性能、磁性能、热胀性能、导热性能和外观等。

选择材料时一定要将上述条件考虑周全，并且找出材料所需要的主要使用性能。

（2）零件失效形式分析　机械零件在使用过程中会因某种性能不足而出现相应形式的失效。因此可根据零件的失效形式，分析起主导作用的使用性能，并以此作为选材的主要依据。如，长期以来，人们认为发动机曲轴的主要使用性能是高的冲击韧性和耐磨性。但失效分析结果证明，曲轴破坏主要是疲劳失效。所以，以疲劳强度为主要设计依据，其质量和寿命有很大提高。

2. 确定使用性能指标和数值

通过分析零件工作条件和失效形式，确定零件对使用性能的要求后，必须进一步转化为实验室性能指标和数值，这是选材中极其重要的步骤。

3. 根据力学性能选材时应注意的问题

零件所要求的力学性能指标和数值确定下来之后便可进行选材。由于适当的强化方法可充分发挥材料的性能潜力，所以选材时应把材料与强化手段紧密结合起来进行综合考虑，而且还要注意下列问题：

1）学会正确使用手册和有关资料。选材时查手册是十分自然的事情，但必须注意手册中数据测定条件等的局限性。

2）正确使用硬度指标。设计中，常用硬度作为控制材料性能的指标，在零件图等技术文件中，常以硬度来表明对零件的力学性能要求。但硬度指标也有其局限性。因此，在设计中提出硬度值的同时，应对其热处理工艺（特别是强化工艺）作出明确规定，而对于某些重要零件还应明确规定其他力学性能要求。

3) 强度与韧性应合理配合。受力的零件、构件选用材料时，首先要看强度能否满足使用要求，为防止零件在使用过程中发生脆性断裂，还要考虑塑性和冲击韧性。如，断面有变化并有缺口的零件、承受冲击的零件，以及大尺寸零、构件等，应适当降低强度、硬度要求，相应提高塑性、韧性。

4) 断裂韧度 K_{IC} 在选材中的应用。由于 K_{IC} 反映了材料抵抗内部裂纹失稳扩展的能力，故可根据 K_{IC} 数值的大小对材料的韧性作出可靠的评价，并可用于设计计算。

10.2.2 材料的工艺性能原则

零件都是由不同的工程材料经过一定的加工制造而成的。因此，材料的工艺性能，即加工成合格零件的难易程度，显然也是选材必须考虑的主要问题。选材中，与使用性能相比较，工艺性能处于次要地位，但在某些情况下，如大量生产，工艺性能就可能成为选材考虑的主要依据，如选用易切钢等。

用金属材料制造零件的基本加工方法，通常有四种：铸造、压力加工、焊接和机械（切削）加工。热处理是作为改善加工性能并使零件得到所要求性能的工序。

材料的工艺性能好坏对零件加工生产有直接的影响，主要的工艺性能包括：铸造性能、压力加工性能、焊接性能、切削加工性能和热处理性能。

从工艺出发，如果设计的零件是铸件，最好选用共晶成分及其附近的合金；若设计的是锻件、冲压件，最好选择固溶体的合金；如果设计的是焊接结构，则不应选用铸铁，最适宜的材料是低碳钢、低合金钢。而铜合金、铝合金的焊接性能都不好。

在机械制造中，绝大部分的零件都要经过切削加工。因此，材料切削加工性的好坏，对提高产品质量和生产率、降低成本都具有重要意义。为了便于切削，一般希望钢铁材料的硬度控制在 170~230HBW 之间。

一般来说，碳钢的锻造、切削加工等工艺性能较好，其力学性能可以满足一般零件工作条件的要求，因此碳钢的用途较广，但它的强度还不够高，淬透性也差。所以，制造大截面、形状复杂和高强度的淬火零件，常选用合金钢，因为合金钢淬透性好、强度高；但合金钢的锻造、切削加工等工艺性能较差。

10.2.3 经济性原则

在机械设计和生产过程中，一般在满足使用性能和工艺性能的条件下，经济性也是选材必须考虑的主要因素。选材时应注意以下三点：

1) 尽量降低材料及其加工成本。在满足零件对使用性能和工艺性能要求的前提下，能用铸铁不用钢；能用非合金钢不用合金钢；能用硅锰钢不用铬镍钢；能用型材不用锻件、加工件，且尽量用加工性能好的材料；能正火使用的零件就不必调质处理。材料来源要广，尽量采用符合我国资源情况的材料，如含铝超硬高速工具钢（W6Mo5Cr4V2Al）具有与含钴高速工具钢（W18Cr4V2Co8）相似的性能，但价格更便宜。

2) 用非金属材料代替金属材料。非金属材料的资源丰富，性能也在不断提高，应用范围不断扩大，尤其是发展较快的高分子具有很多优异的性能，在某些场合可代替金属材料，既改善了使用性能，又可降低制造成本和使用维护费用。

3）零件的总成本。零件的总成本包括原材料价格、零件的加工制造费用、管理费用、试验研究费和维修费等。选材时不能一味追求原材料低价而忽视总成本的其他各项。

10.3 典型零件的选材与工艺

10.3.1 提高疲劳强度和耐磨性的选材与工艺

1. 提高疲劳强度的选材与工艺

承受交变应力的零件主要分为三种情况：一是承受交变拉、压应力的零件，如拉杆、连杆、螺栓、锻锤杆等；二是承受交变弯曲、扭转应力；三是吸收、储存能量，如弹簧、弹簧夹头等。它们都要求较高的疲劳强度，在各类材料中，金属材料的疲劳强度较高，故推荐选用金属材料来制造抗疲劳零部件（以钢铁材料为最佳）。

主要承受交变载荷零件的用材及强化方法见表10.1。

表10.1 主要承受交变载荷零件的用材及强化方法

零件名称	受力情况	性能要求	主要用材及强化方法	强化特点
内燃机连杆、连接螺栓、锻锤杆、拉杆等	交变拉压应力、冲击载荷	高强度、耐疲劳	调质钢。热变形、调质或淬火及中温回火，表面滚压	整个截面均强化
各种传动轴、内燃机曲轴、汽车半轴、凸轮轴、机床主轴等	交变弯曲、扭转应力、冲击、局部受摩擦	耐疲劳、局部表面耐磨、综合力学性能良好	①调质钢。热变形、调质、表面淬火或氮化，表面滚压 ②球墨铸铁。等温淬火或调质，表面淬火、表面滚压 ③渗碳钢。渗碳、淬火、低温回火	表层强化
弹簧等	交变弯曲、扭转应力、冲击、振动能量吸收及储备	高强度极限、高屈强比、疲劳强度	①弹簧钢。热变形、淬火及中温回火或铅淬冷拉、形变热处理、表面喷丸 ②铍青铜。淬火、时效 ③磷青铜。变形、强化	整个截面均匀强化

2. 耐磨性的选材与工艺

承受摩擦、磨损的零件情况比较复杂，大致可分为以下三类：①对整体硬度要求较高的零件，如刀具、冷冲模、量具、滚动轴承等；②自身要耐磨，又要求减摩，以保护配偶件，如滑动轴承、丝杠螺母等；③对心部强韧性有较高要求的零件，如齿轮、凸轮、活塞销等。它们都要求有较高耐磨性、减摩性。各种材料中，除金刚石外，陶瓷硬度最高，耐磨性最好，碳含量高的钢硬度较高，耐磨性也较好；铸铁、部分有色金属、塑料等具有较低的摩擦系数和较高的减摩性。

主要承受摩擦、磨损零件的材料及强化方法选择见表 10.2。

表 10.2 主要承受摩擦、磨损零件的材料及强化方法选择

类型	零件名称	工作条件与性能要求	材料及其强化方法
要求整体高硬度	量具、低速切削刀具、顶尖、钻套	承受摩擦,受力不大。要求高硬度、高耐磨性	碳素工具钢、低合金工具钢。淬火及低温回火
	高速切削刀具	强烈摩擦,高温。要求高硬度、高耐磨性,热硬性好	①高速工具钢,淬火及三次 560℃ 回火;②硬质合金;③陶瓷
	冷冲模	承受摩擦、冲击载荷、交变载荷。要求高硬度、高疲劳强度、高屈服强度	碳素工具钢、低合金工具钢、高碳高铬冷作模具钢。淬火及低温回火
	滚动轴承	承受滚动摩擦、交变接触应力。要求高硬度、高接触疲劳强度	滚动轴承钢。淬火及低温回火
兼有较高韧性	齿轮、凸轮、活塞销	表面摩擦、冲击载荷、交变应力。要求表硬内韧,疲劳强度和接触疲劳强度高	①调质钢,调质或正火,表面淬火或氮化;②渗碳钢,渗碳淬火及低温回火
	碎石机颚板	强烈冲击、严重挤、压、摩擦。要求高的抗磨性和韧性	高锰钢的水韧处理
减摩、耐磨	滑动轴承	承受滑动摩擦、交变应力,硬度不高于配偶件。摩擦系数小、磨合性好	①滑动轴承;②塑料;③复合材料
	缸套、活塞环	承受摩擦、振动,要求耐磨、减摩	灰铸铁

10.3.2 齿轮类与轴类零件的选材与工艺

1. 齿轮类零件的选材与工艺

(1) 齿轮的性能要求 齿轮在机器中主要担负传递功率和调节速度的任务,有时也起改变运动方向的作用。在工作时它通过齿面的接触传递动力,周期性地承受弯曲应力和接触应力的作用,在啮合的齿面上,相互运动和滑动造成强烈的摩擦,有些齿轮在换挡、启动或啮合不均匀时还承受冲击力等。其失效形式主要有齿轮疲劳冲击断裂、过载断裂、齿面接触疲劳和磨损。因此,要求材料具有高的疲劳强度和接触疲劳强度;齿面具有高的硬度和耐磨性;齿轮心部具有足够的强度和韧性。但是,对于不同机器中的齿轮,因载荷大小、速度高低、精度要求高低、冲击强弱等工作条件的差异,对性能的要求也有所不同,故应选用不同的材料及相应的强化方法。

(2) 齿轮用材的特点 机械齿轮通常采用锻造钢件制造,而且,一般均先锻成齿轮毛坯,以获得致密组织和合理的流线分布。就钢种而言,主要有调质钢齿轮和渗碳钢齿轮两类。

1) 调质钢齿轮。调质钢主要用于制造两种齿轮,一种是对耐磨性要求较高,而冲击韧度要求一般的硬齿面(>350HBW)齿轮,如车床、钻床、铣床等机床的变速箱齿轮,通常

采用45钢、40Cr、40MnB、45Mn2等。经调质后表面淬火。对于高精度、高速运转的齿轮，可采用38CrMoAlA氮化钢，进行调质后再氮化处理。另一种是对齿面硬度要求不高的软齿面（≤350HBW）齿轮，如车床溜板上的齿轮、车床挂轮架齿轮、汽车曲轴齿轮等，通常采用45钢、40Cr、35SiMn等，经调质或正火处理。

2) 渗碳钢齿轮。渗碳钢主要用于制造速度高、重载荷、冲击较大的硬齿面齿轮，如汽车、拖拉机变速箱、驱动桥齿轮、立车的重要齿轮等，通常采用20CrMnTi、20MnVB、20CrMnMo等，经渗碳淬火、低温回火处理，表面硬度高且耐磨，心部强韧耐冲击。为增加齿面残余压应力，进一步提高齿轮的疲劳强度，还可随后进行喷丸处理。

除锻钢齿轮外，还有铸钢、铸铁齿轮。铸钢（如ZG340-640）常用于制造力学性能要求较高且形状复杂的大型齿轮，如起重机齿轮。对耐磨性、疲劳强度要求较高但冲击载荷较小的齿轮，如机油泵齿轮，可采用球墨铸铁（如QT500-7）制造。而对受冲击很小的低精度、低速齿轮，如汽车发动机凸轮轴齿轮，可采用灰铸铁（如HT200、HT300）制造。

另外，塑料齿轮具有摩擦系数小、减振性好、噪音低、质量轻、耐腐蚀等优点也被广泛应用。但其强度、硬度、弹性模量低，使用温度不高，尺寸稳定性差，故主要用于制造轻载、低速、耐蚀、无润滑或少润滑条件下工作的齿轮，如仪表齿轮、无声齿轮等。

(3) 典型齿轮选材具体实例 现以车床床头箱中三联滑动齿轮为例进行选材及其强化方法分析。

图10.1所示为C620-1卧式车床床头箱中三联滑动齿轮。工作时，通过拨动主轴箱外手柄使齿轮在轴上作滑移运动，利用与不同齿数的齿轮啮合，可得到不同转速，工作时转速较高。其热处理技术条件是：轮齿表面硬度50～55HRC，齿心部硬度20～25HRC，整体强度 R_m = 780～800MPa，整体冲击韧度 a_K = 40～60J/cm²。

从下列材料中选择合适的钢种，并制定其加工工艺路线，分析每步热处理的目的：35钢、45钢、T12、20Cr、40Cr、20CrMnTi、38CrMoAl、1Cr18Ni9Ti、W18Cr4V。

1) 分析及选材。该齿轮是普通车床主轴箱滑动齿轮，是主传动系统中传递动力并改变转速的齿轮。该齿轮受力不大，在变速滑移过程中，虽然同与其相啮合的齿轮有碰撞，但冲击力不大，运动也较平稳。根据题中要求，轮齿表面硬度只要求50～55HRC，选用淬

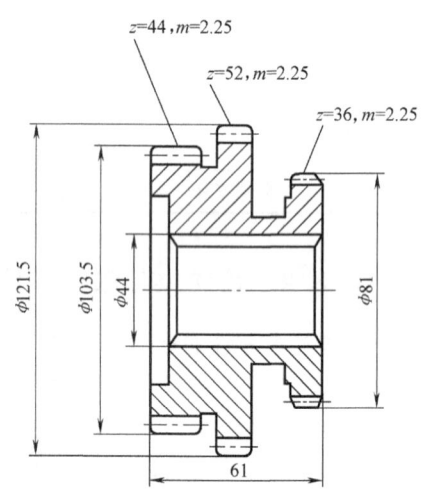

图10.1 C620-1卧式车床床头箱中三联滑动齿轮简图

透性适当的调质钢经调质、高频感应加热淬火和低温回火即可达到要求。考虑到该齿轮较厚，为提高其淬透性，可选用合金调质钢，油淬即可使截面大部分淬透，同时也可尽量减小淬火变形量，回火后基本上能满足性能要求。因此，从所给钢种中选择40Cr钢比较合适。

2) 确定加工工艺。加工工艺路线为：下料→齿坯锻造→正火（850～870℃空冷）→粗加工→调质（840～860℃油淬，600～650℃回火）→精加工→齿轮高频感应加热淬火（860～880℃高频感应加热，乳化液冷却）→低温回火（180～200℃回火）→精磨。

3) 热处理目的。正火处理可消除锻造应力，均匀组织，改善切削加工性。对于一般齿

轮，正火也可作为高频淬火前的最终热处理工序。调质处理可使齿轮获得较高的综合力学性能，齿轮可承受较大的弯曲应力和冲击载荷，并可减少淬火变形。高频淬火及低温回火提高了齿轮表面硬度和耐磨性，并且使齿轮表面产生压应力，提高了抗疲劳破坏的能力。低温回火可消除淬火应力，利于防止磨削裂纹和提高抗冲击能力。

2. 轴类零件的选材

机床主轴、丝杠、内燃机曲轴、汽车车轴等都属于轴类零件，它们是机器上的重要零件，一旦发生破坏，就会造成严重的事故。

（1）轴类零件的性能要求　轴类零件主要起支承转动零件、承受载荷和传递动力的作用。一般在较大的静、动载荷下工作，受交变的弯曲应力和扭转应力，有时还要承受一定的冲击和过载。为此，所选材料应具有良好的综合力学性能和高的疲劳强度，以防折断、扭断或疲劳断裂。对于轴颈等受摩擦部位，则要求高硬度和高耐磨性。

（2）轴类零件的用材特点　大多数轴类零件采用锻钢制造；对于阶梯直径相差较大的阶梯轴或对力学性能要求较高的重要轴、大型轴，应采用锻造毛坯；而对力学性能要求不高的光轴、小轴，则可采用轧制圆钢直接加工。具体选材时，可以从以下几方面考虑：

1）对承受交变拉应力的轴类零件，如缸盖螺栓、连杆螺栓、船舶推进器轴等，其截面受均匀分布的拉应力作用，应选用淬透性好的调质钢，如 40Cr、42Mn2V、40MnVB、40CrNi 等，以保证调质后零件整个截面的性能一致。

2）主要承受弯曲和扭转应力的轴类零件，如发动机曲轴、汽轮机主轴、机床主轴等，一般采用调质钢制造。因其最大应力在轴的表层，故一般无需选用淬透性很高的钢。其中，对磨损较轻、冲击不大的轴，如普通齿轮减速器传动轴、普通车床主轴等，可选用 45 钢经调质或正火处理，然后对要求耐磨的轴颈及配件经常装拆的部位进行表面淬火、低温回火。对磨损较重且受一定冲击的轴，可选用合金调质钢，调质处理后，再在需要高硬度部位进行表面淬火。如汽车半轴常采用 40Cr、40CrMnMo 等钢，高速内燃机曲轴常采用 35CrMo、42CrMo、18Cr2Ni4WA 等钢。

3）对磨损严重且受较大冲击的轴，如载荷较重的组合机床主轴、齿轮铣床主轴、汽车、拖拉机变速轴、活塞销等，可选用 20CrMnTi 渗碳钢，经渗碳、淬火、低温回火处理。

4）对高精度、高速转动的轴类零件，可采用氮化钢、高碳钢或高合金钢，如高精度磨床主轴或精密镗床镗杆采用 38CrMoAlA 钢，经调质、氮化处理；精密淬硬丝杠采用 9Mn2V 或 CrWMn 钢，经淬火、低温回火处理。

在轴类零件制造过程中，还可采用滚辗螺纹、滚压圆角与轴颈、横轧丝杆、喷丸等方法提高零件的疲劳强度。如，锻钢曲轴的弯曲疲劳强度，经喷丸处理后可提高 15%～25%；经圆角滚压后，可提高 20%～70%。

除锻钢曲轴类零件外，对中、低速内燃机曲轴及连杆、凸轮轴，可采用 QT600-3 等球墨铸铁来制造，经正火、局部表面淬火或软氮化处理。不仅力学性能满足要求，而且制造工艺简单，成本较低。

（3）典型轴类零件用材实例分析　以 C616 车床主轴为例来分析其选材及热处理，图 10.2 所示为其示意图。

该主轴受交变弯曲和扭转复合应力作用，载荷不大，转速中等，冲击载荷也不大，所以具有一般综合力学性能即可满足要求。但大的内锥孔、外锥体与卡盘、顶尖之间有摩擦，花键处与齿轮有相对滑动。为防止这些部位划伤和磨损，故这些部位要求有较高的硬度和耐磨性。轴颈与滚动轴承配合，硬度要求不高（220~250HBW）。

根据以上分析，C616车床主轴选用45钢即可。热处理技术条件为：整体硬度为220~250HBW；内锥孔和外锥体为45~50HRC，花键部分为48~53HRC。其加工工艺路线为：锻造→正火→粗加工→调质→半精加工→淬火、低温回火→粗磨（外圆、锥孔、外锥体）→铣花键→花键淬火、回火→精磨。

其中，正火是为了细化晶粒，消除锻造应力，改善切削加工性能，并为调质处理作组织准备；调质是为使主轴获得良好的综合力学性能，为更好地发挥调质效果，将其安排在粗加工之后。锥孔及外锥体的局部淬火和回火是为使该处获得较高的硬度。锥孔、外锥体的局部淬火、回火可采用盐浴加热。花键处的表面淬火采用高频表面淬火、回火以减小变形和达到硬度要求。

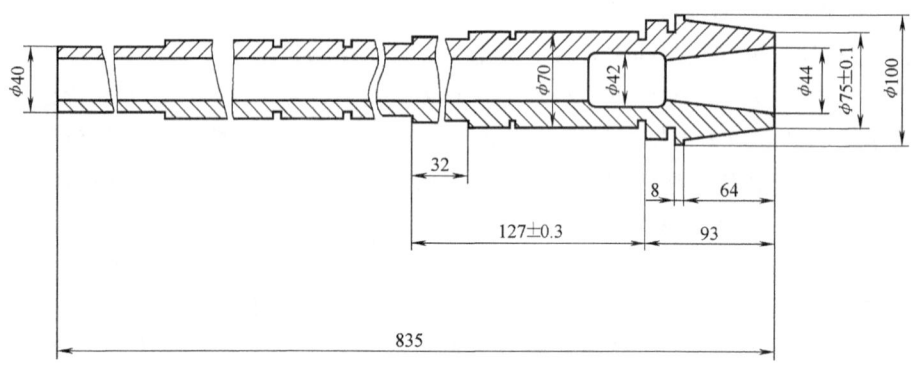

图10.2　C616车床主轴简图

其他机床主轴的工作条件、材料及热处理工艺等情况见表10.3。

表10.3　机床主轴的工作条件、选材及热处理

序号	工作条件	材料	热处理工艺	硬度要求	应用举例
1	①在滚动轴承中运转 ②低速，轻或中等载荷 ③精度要求不高 ④稍有冲击载荷	45钢	正火或调质	220~250HBW	一般简易机床主轴
2	①在滚动或滑动轴承内运转 ②低速，轻或中等载荷 ③精度要求不很高 ④有一定的冲击、交变载荷	45钢	正火或调质后轴颈局部表面淬火整体淬硬	≤229HBW（正火） 220~250HBW（调质） 46~57HRC（表面）	CB3463、CA6140、C61200等重型车床主轴
3	①在滑动轴承内运转 ②中或重载荷，转速略高 ③精度要求较高 ④有较高的交变、冲击载荷	40Cr 40MnB 40MnVB	调质后轴颈表面淬火	220~280HBW（调质） 46~55HRC（表面）	铣床、M74758磨床砂轮主轴

(续)

序号	工作条件	材料	热处理工艺	硬度要求	应用举例
4	①在滑动轴承内运转 ②重载荷,转速很高 ③精度要求极高 ④有很高的交变、冲击载荷	38CrMoAl	调质后渗氮	≤260HBW(调质) ≥850HV(渗氮表面)	高精度磨床砂轮主轴、T68镗杆、T4240A 坐标镗床主轴、C2150-6D 多轴自动车床中心轴
5	①在滑动轴承内运转 ②重载荷,转速很高 ③高的冲击载荷 ④很高的交变压力	20CrMnTi	渗碳淬火	≥50HRC(表面)	Y7163 齿轮磨床、CG1107 车床、SG8630 精密车床主轴

10.4 习 题

一、简答题

1. 零件失效形式有哪几种？失效原因一般包括哪几个方面？
2. 合理选材的原则是什么？
3. 机床床头箱齿轮与汽车变速箱齿轮的工作条件各有何特点？应选用哪种材料最合适？请写出工艺路线和强化方法。
4. 某齿轮要求具有良好的综合力学性能，表面硬度 50~55HRC，用 45 钢制造。加工路线为：下料→锻造→热处理→粗加工→热处理→精加工→热处理→精磨。试说明工艺路线中各热处理工序的名称和目的。

二、应用题

1. 机床变速箱齿轮，模数 $m=4$，要求齿面耐磨，表面硬度达到 58~63HRC，心部强度和韧性要求不高。回答下列问题：

1) 该齿轮选用下列材料中的哪种材料制作较为合适，为什么？
（20Cr、20CrMnTi、45、40Cr、T12、9SiCr）

2) 初步拟定齿轮的热处理工艺路线，指出在工艺路线中每步热处理的作用。

2. 有一 φ10mm 的杆类零件，受中等交变载荷作用，要求零件沿截面性能均匀一致。回答下列问题：

1) 该杆类零件选用下列材料中的哪种材料制作较为合适，为什么？
（Q345、45、65Mn、T12、9SiCr）

2) 初步拟定该杆类零件的热处理工艺路线，说明各热处理工序的主要作用。

参 考 文 献

[1] 于文强，陈宗民. 金属材料及工艺［M］. 2版. 北京：北京大学出版社，2017.
[2] 于文强，汤长清，尹亮，等. 机械制造基础［M］. 2版. 北京：清华大学出版社，2016.
[3] 于文强，张丽萍，范素香，等. 金工实习教程［M］. 3版. 北京：清华大学出版社，2015.
[4] 侯书林，张建国. 机械制造基础［M］. 北京：北京大学出版社，2012.
[5] 杨和. 车钳工技能训练［M］. 天津：天津大学出版社，2000.
[6] 黄观尧，刘保河. 机械制造工艺基础［M］. 天津：天津大学出版社，1999.
[7] 蒋建强，沈利平. 机械制造技术［M］. 北京：北京师范大学出版社，2018.
[8] 任家隆，刘志峰. 机械制造基础［M］. 3版. 北京：高等教育出版社，2015.
[9] 王先逵. 机械制造工艺学［M］. 4版. 北京：机械工业出版社，2019.
[10] 张世昌，李旦，张冠伟. 机械制造技术基础［M］. 3版. 北京：高等教育出版社，2014.
[11] 邓文英，郭晓鹏，邢忠文. 金属工艺学［M］. 6版. 北京：高等教育出版社，2017.
[12] 严霖元. 机械制造基础［M］. 北京：中国农业出版社，2004.
[13] 张福润. 机械制造技术基础［M］. 武汉：华中理工大学出版社，1999.
[14] 李爱菊. 现代工程材料成形与机械制造基础［M］. 北京：高等教育出版社，2006.
[15] 傅水根. 机械制造工艺基础［M］. 3版. 北京：清华大学出版社，2010.
[16] 杨继全，朱玉芳. 先进制造技术［M］. 北京：化学工业出版社，2004.
[17] 宾鸿赞，王润孝. 先进制造技术［M］. 北京：高等教育出版社，2009.
[18] 戴庆辉. 先进制造系统［M］. 2版. 北京：机械工业出版社，2019.
[19] 庄品，杨春龙，欧阳林寒. 现代制造系统［M］. 2版. 北京：科学出版社，2017.
[20] 庄万玉，丁杰雄，凌丹，等. 制造技术［M］. 2版. 北京：国防工业出版社，2008.
[21] 王运炎，朱莉. 机械工程材料［M］. 3版. 北京：机械工业出版社，2017.
[22] 史美堂. 金属材料及热处理［M］. 上海：上海科学技术出版社，1980.